AR交互动画与H5交互页面

 AR AR交互动画是指将含有字母、数字、符号或图形的信息叠加或融合到读者看到的真实世界中，以增强读者对相关知识的直观理解，具有虚实融合的特点。

 H5 H5交互页面是指将文字、图形、按钮和变化曲线等元素以交互页面的形式集中呈现给读者，帮助读者深刻理解复杂事物，具有实时交互的特点。

本书为纸数融合的新形态教材，通过运用AR交互动画与H5交互页面技术，将模拟电子技术课程中的抽象知识与复杂现象进行直观呈现，以提升课堂的趣味性，增强读者的理解力，最终实现高效"教与学"。

AR交互动画识别图

PN结的形成

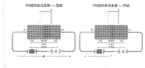

PN结的反向击穿

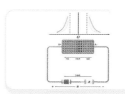

PN结的势垒电容

PN结的扩散电容

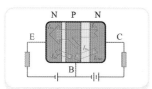

NPN型三极管内部载流子的运动

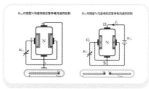

结型N道沟道效应管导电沟道夹断

绝缘栅场效应管导电沟道的形成

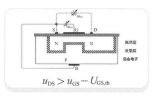

$u_{DS} > u_{GS} - U_{GS,th}$

绝缘栅场效应管漏源电压u_{DS}对导电沟道的控制

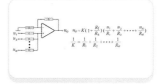

由集成运放组成的积分器与微分器

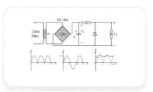

直流电源的工作过程

操作演示

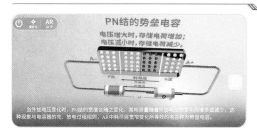

AR 交互动画操作演示·示例1

操作演示视频

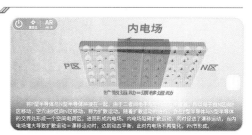

AR 交互动画操作演示·示例2

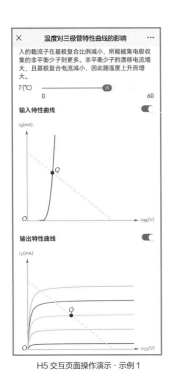

温度对三极管特性曲线的影响

入的载流子在基极复合比例减小，所以能被集电极收集的非平衡少子则更多。非平衡少子的漂移电流增大，且基极复合电流减小，因此随温度上升而增大。

输入特性曲线

输出特性曲线

H5 交互页面操作演示·示例 1

温度对三极管特性曲线的影响

共射放大电路的
波形失真分析

负反馈放大电路对
非线性失真的抑制作用

乙类功放电路的
交越失真

矩形波发生电路的
工作原理

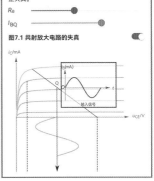

共射放大电路的波形失真分析

路中时，静态工作点应处于放大区，使放大电路实现正常的无失真的放大功能。静态工作点选取得过高或过低，都会使输出产生失真。

饱和失真：如果放大器的静态工作点偏高，会使晶体管在输入信号电压正半周的某部分进入饱和区，使输出电压波形的"底部被削掉"，这种现象称为饱和失真，如图7.1所示。出现这种现象时，应通过调节基极上偏置电阻使其偏流I_{BQ}减小或减小集电极电阻R_c，使晶体管脱离饱和区以消除饱和失真。

截止失真：如果放大器的静态工作点偏低，会使晶体管输入信号电压负半周的某部分进入截止区，使输出电压波形的"顶部被切掉"，这种现象称为截止失真，如图7.1所示。出现这种现象时，应通过加大基极偏流I_{BQ}，使晶体管脱离截止区以消除截止失真。

R_B

I_{BQ}

图7.1 共射放大电路的失真

H5 交互页面操作演示·示例 2

01 扫描二维码下载"人邮教育AR"App安装包，并在手机或平板电脑等移动设备上进行安装。

下载 App 安装包

02 安装完成后，打开App，页面中会出现"扫描AR交互动画识别图"和"扫描H5交互页面二维码"两个按钮。

"人邮教育 AR"App 首页

03 单击"扫描AR交互动画识别图"或"扫描H5交互页面二维码"按钮，扫描书中的AR交互动画识别图或H5交互页面二维码，即可操作对应的**"AR交互动画"**或**"H5交互页面"**，并且可以进行交互学习。H5交互页面亦可通过手机微信扫码进入。

高等学校电子信息类
基础课程名师名校系列教材

教育部高等学校
电工电子基础课程教学指导分委员会推荐教材

模拟电子
技术基础

 微课版｜支持AR+H5交互

北京交通大学模拟电子技术课程组 / 编

刘颖 / 主编

霍炎 李赵红 / 副主编

人民邮电出版社
北　京

图书在版编目（CIP）数据

模拟电子技术基础：微课版 支持AR+H5交互 / 北京
交通大学模拟电子技术课程组编；刘颖主编. -- 北京：
人民邮电出版社, 2023.4
高等学校电子信息类基础课程名师名校系列教材
ISBN 978-7-115-60890-1

Ⅰ. ①模… Ⅱ. ①北… ②刘… Ⅲ. ①模拟电路－电
子技术－高等学校－教材 Ⅳ. ①TN710

中国国家版本馆CIP数据核字(2023)第020279号

内 容 提 要

本书根据新工科人才培养要求与新技术发展现状，对模拟电子技术课程的知识体系进行了重构，
将纸质书与新形态元素紧密结合，形成立体化教材。本书编写思路是"基本器件→基本电路→集成电
路→典型应用电路"，即从半导体器件入手，讨论放大电路的结构、分析方法和性能指标，并在介绍模
拟集成放大电路各个单元模块的基础上，分析运放的工作状态和典型应用等。本书共9章：绪论、半
导体器件基础、基本放大电路、放大电路的频率响应、负反馈放大电路、模拟集成放大电路基础、基
于运放的信号运算与处理电路、波形发生电路、直流稳压电源。

本书可作为高等院校电子信息类、电气类、自动化类、计算机类专业及相关理工科专业本科生的
理论教材，也可供相关领域的科技人员参考使用。

◆ 编　　　　北京交通大学模拟电子技术课程组
　　主　编　刘　颖
　　副主编　霍　炎　李赵红
　　责任编辑　王　宣
　　责任印制　王　郁　陈　犇
◆ 人民邮电出版社出版发行　　北京市丰台区成寿寺路 11 号
　　邮编　100164　　电子邮件　315@ptpress.com.cn
　　网址　https://www.ptpress.com.cn
　　三河市中晟雅豪印务有限公司印刷
◆ 开本：787×1092　1/16　　　　　彩插：1
　　印张：19　　　　　　　　　　　2023 年 4 月第 1 版
　　字数：494 千字　　　　　　　　2025 年 3 月河北第 5 次印刷
　　　　　　　　　定价：69.80 元

读者服务热线：(010)81055256　印装质量热线：(010)81055316
反盗版热线：(010)81055315

推 荐 序

从第三次工业革命的信息化时代直至今天以工业 4.0 为代表的第四次工业革命，人类已经进入智能化时代。无论是信息化时代还是智能化时代，电子技术特别是微电子技术都在其发展过程中起到了十分重要的作用。

作为微电子技术的基础，模拟电子技术课程目前是电子信息类、自动化类等大类专业重要的专业基础课程。北京交通大学电工电子教学基地是教育部批准建设的"国家工科基础课程电工电子教学基地"，教学团队荣获国家级电工电子教学团队，目前主要承担学校电子信息类、自动化类专业基础课程教学等任务。教学团队在专业基础课程建设过程中不断探索学生对专业基础课程知识的认知规律，重构课程教学体系，重塑课程教学内容，并将科学精神、高阶思维和价值理念等融入其中。目前教学团队负责建设的"电路""模拟电子技术""数字电子技术""电磁场与电磁波""信号与系统""数字信号处理""微机原理与接口技术"等课程已全部建设成为国家级一流本科课程，得到了同行的高度认可，受到了学习者的普遍欢迎。

本书编写组由国家级电工电子教学团队电子技术方向的骨干教师组成，他们教学经验丰富，负责建设的"模拟电子技术"MOOC 课程广受学习者的欢迎，并荣获中国大学 MOOC 2017 年度新锐奖。

本书主要特点如下：

（1）书中嵌入了大量微课视频，课程重点和难点内容支持 AR（Augment Reality，增强现实）与 H5（Hypertext Markup Language 5，第 5 代超文本标记语言，亦可简称 HTML5）交互；

（2）本书提供了课程知识图谱，便于学生自主学习；同时注重理论联系实际，可以培养学生解决复杂工程问题的综合素质；

（3）本书为全新打造的新形态教材，配有立体化的教辅资源，可以全方位服务教师教学。

本书的编写得到了北京交通大学电子信息工程学院和国家工科基础课程电工电子教学基地的大力支持。相信本书能够为学习模拟电子技术知识的广大读者提供帮助，特此推荐读者阅读。

陈后金

国家工科基础课程电工电子教学基地 主任

教育部高等学校电工电子基础课程教学指导分委员会 副主任

国家"万人计划"教学名师，全国教材建设先进个人

2023 年 4 月于北京

前　言

时代背景

在以电子信息领域的突破与迅猛发展为标志的信息时代，模拟电子技术作为新工科基础理论与工程应用方向的核心课程，具有突出且重要的地位。

2020 年 7 月 27 日，国务院印发《新时期促进集成电路产业和软件产业高质量发展的若干政策》，提出集成电路产业和软件产业是信息产业的核心，是引领新一轮科技革命和产业变革的关键力量。

2021 年 3 月 12 日，《中华人民共和国国民经济和社会发展第十四个五年规划和 2035 年远景目标纲要》对外公布，该文件表示需要加快智能制造、高端芯片等领域关键核心技术的突破和应用。

2022 年 10 月 16 日，习近平总书记在党的二十大报告中强调，以国家战略需求为导向，集聚力量进行原创性引领性科技攻关，坚决打赢关键核心技术攻坚战。

写作初衷

围绕国家在集成电路产业和相关技术领域的关键需求，针对新时期大学生知识理解与理论学习的多元性，编者以党的二十大报告中提出的"教育、科技、人才是全面建设社会主义现代化国家的基础性、战略性支撑"为指导，立足于"理论有高度、思维有深度、文笔有力度、应用有广度"的编写理念，结合多年教学实践与科研工作经验编成本书。

本书强调模拟电子技术知识体系的建立，从半导体器件入手，分别讲述了分立放大电路和集成放大电路的基本原理、分析方法和实际应用。

本书内容

本书共 9 章。

第 1 章为绪论，在介绍电子技术的发展和相关基本概念的基础上，初步讲解模拟电子技术课程的特点与知识图谱，并针对本课程的理论性、工程性和实践性，强调三个主要的学习方法：一是理解基本概念，掌握基本器件和基本电路；二是掌握基本分析方法，全面辩证地分析问题；三是注重实践训练，以结果为导向回归实际应用。

第 2～9 章为模拟电子技术的主要内容与核心知识点，涵盖半导体器件基础、基本放大电路、放大电路的频率响应、负反馈放大电路、模拟集成放大电路基础、基于运放的信号运算与处理电路、波形发生电路、直流稳压电源。

本书各章内容所对应的学时建议如表 1 所示。

表 1 本书各章内容所对应的学时建议

章	学时建议一	学时建议二
第 1 章　绪论	1	1
第 2 章　半导体器件基础	8	10
第 3 章　基本放大电路	8	10
第 4 章　放大电路的频率响应	5	6
第 5 章　负反馈放大电路	6	8
第 6 章　模拟集成放大电路基础	6	8
第 7 章　基于运放的信号运算与处理电路	8	12
第 8 章　波形发生电路	4	5
第 9 章　直流稳压电源	2	4
合计学时	48	64

本书特色

本书特色介绍如下。

1 系统构建知识图谱，拓展读者的科技认知边界

通过对模拟电子技术知识体系进行合理设计，以"放大"为核心，以"反馈"为灵魂，构建知识图谱；同时增加能够体现领域关键技术发展现状的新内容，在提升读者理论水平与实践能力的同时，鼓励读者边学边做，激发读者的学习兴趣，拓展读者的科技认知边界。

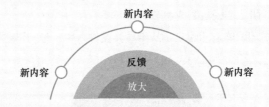

2 以半导体技术发展为引导，突出人才综合素质教育

围绕半导体技术引入实际案例，将科学精神、经典文化、社会主义主流意识形态、国家相关技术发展概况等内容融入书中，使其成为理论知识教学与专业技能训练的点睛之笔，进而辅助院校开展综合型人才培养。

3 全新打造新形态教材，助力读者开展高效自学

深度融合信息技术与传统纸书，完善专业教学资源库和国家精品在线开放课程，相关慕课视频可以通过中国大学 MOOC 官网观看；此外，针对书中的重点和难点知识，编者录制了深入细致的微课视频，读者可以扫描书中微课视频二维码进行观看。编者还针对书中的抽象知识和复杂原理，制作了生动形象的 AR 交互动画和 H5 交互页面等，并将它们植入教材，方便读者随时随地开展高效自学。

4 注重理论联系实际，扎实提升读者的工程实践能力

针对工程教育对培养学生发现问题、评估问题和解决问题的工程实践能力的相关要求，本书编排了丰富的例题与课后习题，并将理论知识与工程应用紧密结合，以提高读者的工程实践能力。

5 配套立体化教辅资源，全方位服务教师教学

在新工科教育背景下，编者为本书配套了以下5类教辅资源。

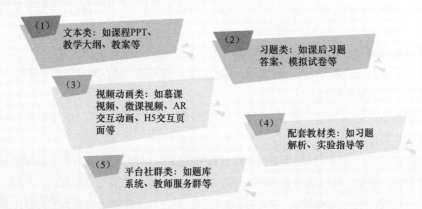

高校教师可以通过"人邮教育社区"（www.ryjiaoyu.com）下载文本类、习题类等教辅资源，并获取题库系统等的相关链接，进而灵活开展线上线下混合式教学。需要说明的是，用书教师可以通过"教师服务群"免费申请样书、获取教辅资源、咨询教学问题并与编者直接交流教学心得。

"AR 交互动画与 H5 交互页面"使用指南

AR 交互动画是指将含有字母、数字、符号或图形的信息叠加或融合到读者看到的真实世界中，以增强读者对相关知识的直观理解，具有虚实融合的特点。H5 交互页面是指将文字、图形、按钮和变化曲线等元素以交互页面的形式集中呈现给读者，帮助读者深刻理解复杂事物，具有实时交互的特点。

为了使书中的抽象知识与复杂现象能够生动形象地呈现在读者面前，编者精心打造了与之相匹配的 AR 交互动画与 H5 交互页面，以帮助读者快速理解相关知识，进而实现高效自学。

读者可以通过以下步骤使用本书配套的 AR 交互动画与 H5 交互页面：

（1）扫描二维码下载"人邮教育 AR"App 安装包，并在手机或平板电脑等移动设备上进行安装；

（2）安装完成后，打开 App，页面中会出现"扫描 AR 交互动画识别图"和"扫描 H5 交互页面二维码"两个按钮；

下载App安装包

（3）单击"扫描 AR 交互动画识别图"或"扫描 H5 交互页面二维码"按钮，扫描书中的 AR 交互动画识别图或 H5 交互页面二维码，即可操作对应的"AR 交互动画"或"H5 交互页面"，并且可以进行交互学习。H5 交互页面亦可通过手机微信扫码进入。

编者团队与致谢

北京交通大学模拟电子技术课程组由北京交通大学电子信息工程学院（涵盖国家工科基础课程电工电子教学基地及通信工程、信息工程、电子科学与技术等专业）的多位教师组成，主要负责北京交通大学模拟电子技术课程的教学与实验工作。本课程组的教师系国家级电工电子教学团队的核心成员，主持／参与了国家级精品课程、移动专用网络国家工程研究中心、国家工科基础课程电工电子教学基地等的建设工作，是一支教学经验丰富、专业特色鲜明、教育教学体系改革成果卓著的教师队伍。

本书由本课程组编写，并由本课程组中的骨干教师刘颖担任主编，霍炎、李赵红担任副主编。其中，霍炎负责编写第 1、2、3、4、5、6、9 章，李赵红负责编写第 7 章，刘颖负责编写第 8 章。最后，刘颖对全书进行了文字审定与润饰。

本书配套的微课视频由刘颖、霍炎、李赵红共同录制，AR 交互动画与 H5 交互页面的制作素材由霍炎、王晓轩共同整理。

张静秋、孙文生、杜湘瑜、吕超等多位老师对本书的目录、样章或全稿进行了细致把关，并提出了宝贵的修改建议与意见；陈后金老师在统览全稿的基础上，为本书撰写了推荐序；此外，课程组的马庆龙、路勇、白双、骆丽、周晓波、王海波、王晓轩、任杰等老师在本书的编写过程中给予了许多帮助，在此编者一并表示由衷的感谢。

联系我们

鉴于编者的水平与精力有限，书中难免存在表达欠妥之处，因此，编者由衷希望广大读者朋友和专家学者能够拨冗提出宝贵的修改建议。修改建议可以发送至编者邮箱：yhuo@bjtu.edu.cn。

编 者
2023 年春于北京

目　录

资源索引

AR 交互动画识别图

H5 交互页面二维码

微课视频二维码

第 **1** 章

绪　　论

　　电子信息系统是基于一定应用目的和规则，利用电子技术对信息进行采集、加工、存储、传输、检索等处理的系统，该定义中的电子技术是研究电子元器件和电子系统分析、设计与制造的工程实用技术。电子信息系统持续发展的本质是电子技术和信息处理技术的不断更新换代。电子技术历经了电子管、晶体管、集成电路、系统级芯片 4 个阶段。

　　目前，由于电子计算机、通信、移动互联网等信息产业的发展和普及，电子技术广泛应用于工业、农业、国防、教育、医疗等各行各业，同时，电子技术（特别是微电子技术）得到了前所未有的发展。作为现代电子工业的核心，微电子技术逐渐成为衡量国家科学技术和综合国力的重要标志之一，它在国民经济和社会发展中具有举足轻重的地位，对社会的持续进步影响巨大。

1.1 电子技术的发展

　　电子技术是 19 世纪末、20 世纪初出现的新兴技术，其发展历程如图 1-1 所示。它最早可追溯到 1883 年美国发明家托马斯·阿尔瓦·爱迪生（Thomas Alva Edison）发现的热电子效应。1904 年，英国电机工程师、物理学家约翰·安布罗斯·弗莱明（John Ambrose Fleming）利用这一效应发明了电子二极管，并将其成功应用于信号的整流和检波。随后，美国科学家李·德·福雷斯特（Lee de Forest）于 1907 年在电子二极管中间增加了一个栅板，制作出第一个电子三极管，成为早期电子技术的里程碑。

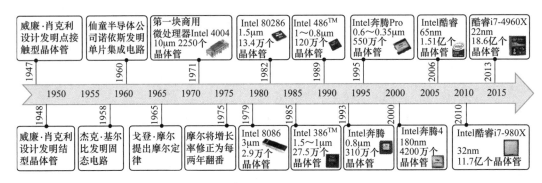

图 1-1　世界电子技术发展历程

　　电子管最早应用于 20 世纪 30 年代中期，英国工程师汤米·弗劳尔斯（Tommy Flowers）率先将其应用于电子电路的通断开关。1946 年，美藉匈牙利计算机科学家约翰·冯·诺依曼（John von Neumann）参与设计了第一台电子数字积分计算机 ENIAC（Electronic Numerical Integrator And Computer），如图 1-2 所示。它由近 1.8 万只电子管组成，每秒可运算约 5000 次，占地约 170 m^2，重达 30 t。

　　ENIAC 的发明并没有立刻引起科技革命，这是因为它依赖体积巨大、成本高昂、制造繁难、耗电量高的电子管运作，也只有企业、研究性大学等才能拥有 ENIAC。直到 1947 年，美国贝尔实验室（Bell Lab）的科学家威廉·肖克利（William Shockley）、约翰·巴丁（John Bardeen）和沃尔特·布拉顿（Walter Brattain）领导的研究小组（见图 1-3）创造性地发明了晶体管（见图 1-4），开辟了电子器件的新纪元，引发了电子科技革命。比起电子管，晶体管具有可靠性高、功耗低、体积小、重量轻、适于批量生产等优点，因此它逐渐取代了电子管。

图 1-2　ENIAC　　　　　　　图 1-3　巴丁、肖克利和布拉顿　　　　　　图 1-4　首个晶体管

1958 年，美国德州仪器公司的杰克·基尔比（Jack Kilby）研制了第一块集成电路，它实现了材料、元件、电路三者的统一，标志着电子技术发展到了一个新的阶段——微电子技术。1965 年，美国仙童半导体公司的鲍勃·维德拉（Bob Widlar）设计制造出了第一块高性能运算放大器 μA709，这就是随后被广泛应用的集成运算放大器 μA741 的前身。

随着制造工艺的不断进步，集成电路的集成度越来越高，出现了大规模、超大规模集成电路。集成电路芯片的发展基本遵循了戈登·摩尔（Gordon Moore）提出的摩尔定律，即集成电路的集成度每 3 年增长 4 倍，并且特征尺寸每 3 年缩小 50%。微电子技术的快速发展和广泛应用引发了以航天技术、电子计算机技术和通信技术为代表的第三次工业革命。第三次工业革命是人类文明史上继蒸汽技术革命和电力技术革命之后工业领域的又一次重大飞跃，不仅极大地推动了人类社会的变革，也影响了人类的生活方式和思维方式。

伴随着电子信息系统向着数字化、网络化和智能化方向的发展，集成电路设计与工艺水平不断增强，一个集成电路芯片可以集成超过 10^{10} 个晶体管，并具有微型化、高速化、低功耗的特点。这种高集成度的芯片可进一步作为独立运行的系统，由此诞生了系统级芯片（System on Chip，SoC）的概念，即将完整系统集成在一个芯片上，也称为片上系统。SoC 从完整系统的角度出发，涵盖集成电路的设计、系统集成以及芯片设计、生产、封装、测试等环节，目的是将多个具有特定功能的集成电路组合在一个芯片上，形成具有一定功能的系统。

我国微电子技术虽然起步较晚，但经过几十年的发展，已初步形成了设计、制造、封装共同发展的产业结构，目前正处于飞速高质量发展的阶段，如图 1-5 所示。华为技术有限公司自主研发设计并于 2020 年 10 月 22 日发布的麒麟 9000 芯片是第一款基于 5nm 工艺制成[1] 的手机 SoC，它将第五代移动通信技术（5th Generation Mobile Communication Technology，5G）的基带处理集成到芯片之中，拥有更为强大的 5G 能力和人工智能处理能力。虽然我国在半导体材料、设备、技术等方面不断取得突破，并且芯片设计与封测技术也基本达到世界顶尖水平，但芯片制造技术仍然较为落后，这是由于缺少紫外线光刻机，国内量产的芯片停留在 14nm。因此从整体来看，我国需要继续补齐芯片制造技术的短板，从而构建起中国芯片产业创新生态系统。

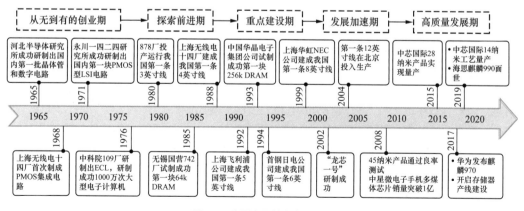

图 1-5　我国电子技术发展历程

1　由台湾积体电路制造股份有限公司代工。

1.2 电子技术的基本概念

电子技术可分为模拟电子技术和数字电子技术，对应的电路分别为模拟电路和数字电路。两类电路组成结构中的基本元件都包含了二极管、三极管和场效应管。但在实际应用中，模拟电子技术处理的是信号幅度连续的信号，即模拟信号，主要实现模拟信号产生、放大、运算、处理和变换等功能；数字电子技术处理的是信号幅度离散的信号，即数字信号，主要实现建立输入与输出间确定的逻辑关系这一功能。上述两种电子电路的比较如表 1-1 所示。

表 1-1　模拟电路与数字电路的比较

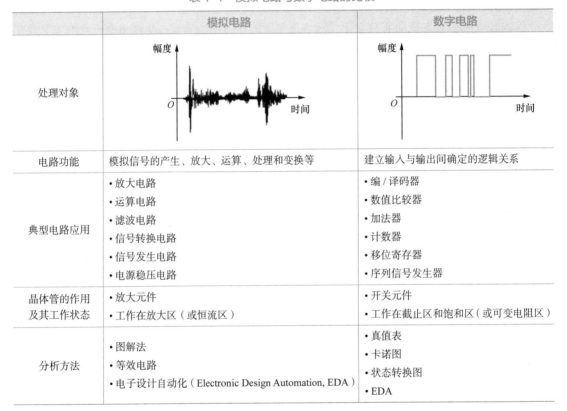

	模拟电路	数字电路
处理对象	幅度／时间波形（模拟信号）	幅度／时间波形（数字信号）
电路功能	模拟信号的产生、放大、运算、处理和变换等	建立输入与输出间确定的逻辑关系
典型电路应用	·放大电路 ·运算电路 ·滤波电路 ·信号转换电路 ·信号发生电路 ·电源稳压电路	·编／译码器 ·数值比较器 ·加法器 ·计数器 ·移位寄存器 ·序列信号发生器
晶体管的作用及其工作状态	·放大元件 ·工作在放大区（或恒流区）	·开关元件 ·工作在截止区和饱和区（或可变电阻区）
分析方法	·图解法 ·等效电路 ·电子设计自动化（Electronic Design Automation, EDA）	·真值表 ·卡诺图 ·状态转换图 ·EDA

高速发展的电子技术为信息化、智能化的电子系统奠定了基础，并渗透到人类生产生活的各个角落。诚然，数字电子技术在某些功能电路上已逐步替代了模拟电子技术，如数字功放、开关电源等，而且集成运算等更多电子电路系统实现的功能已逐步被智能芯片软件处理过程所替代。然而，无论信息处理技术和数字电子技术如何强大，由于现实物理世界中大多数需要处理的信号本质上是模拟的，电子信息系统在信号获取的过程中无法规避模拟电路，如通过传感器感知物理环境并采集数据，因此模拟电子技术在当前的电子信息系统中主要用于输入和输出接口电路，即在电子信息系统输入接口前对模拟信号进行信号提取与预处理，在电子信息系统输出接口后进行信号执行（或驱动负载）等，如图 1-6 中虚线框内所示。

以旅游景点、大型博物馆中常见的随身讲解器为例，它可将设备内部已存储的语音（或者接收到的语音）信号放大并通过耳机发出声音，这是电子技术的典型应用之一。随身讲解器的核心是语音放大器，它将输入的语音信号无失真地放大，这一过程包含了图 1-6 中的 4 个步骤：①信

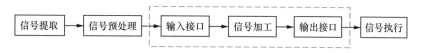

图 1-6　电子信息系统的结构框图

号提取，即将话筒收到的语音信号通过传感器转换为微小的电信号；②信号预处理，即利用滤波器去除电信号有限带宽外的干扰和噪声；③信号加工，即对电信号进行放大、转换、存储等；④信号执行，即通过功放电路驱动扬声器（执行机构），通过扬声器将电信号转换为语音信号。

在当前的电子信息系统中，虽然模拟电路大都只涉及输入和输出接口电路，但其实现的信号处理与信号执行的性能直接影响着电子信息系统的性能，因此在电子信息系统设计过程中应尽可能做到以下几点。

① 系统满足既定的功能要求和性能指标。

② 系统具有良好的可测性。系统应具有便于调试的测试点、某类故障自检测功能电路（自检电路）和测试信号。

③ 系统具有足够的可靠性。系统应具备抗干扰能力，能够在一定时间内应对复杂条件，无故障地实现指定功能。

④ 电路简单。尽可能选用集成电路，降低由分立元件、连线和焊点等因素引起的故障，提升系统的可靠性。

⑤ 系统具有电磁兼容特性。系统应既对所在环境中存在的电磁干扰具有一定的抗扰度，能符合要求地运行，又能够较少（或满足一定电磁干扰限制条件）地影响周围环境。这需要设计必要的措施抑制干扰源或阻断干扰源的传播途径（如采用金属屏蔽等）。

⑥ 系统调试和生产工艺简单易行。

⑦ 提高系统的性价比，提升系统的市场竞争力。

1.3　模拟电子技术课程的特点与知识图谱

模拟电子技术课程是高等学校电子信息类与电气类专业重要的工程基础课。通过学习，读者能掌握二极管、三极管、场效应管等常用有源电子器件的工作原理及特性，以及由此衍生出来的差分放大、小信号放大、功率放大、电流源、运算放大器等典型功能电路的分析方法与工作原理；掌握分析基本模拟电路与系统的规律与方法，积累定性、定量评估模拟系统的能力；培养设计和开发的基本能力、基本研究探索能力、创新意识以及发现问题、解决问题、评估问题的工程实践能力。

该课程是集成了理论性、工程性和实践性的综合基础课。①在理论方面，强调实际应用电路的理论与技术，以半导体理论为基础，运用电路分析、信号与系统等课程的相关知识，从功能实现、性能评估方面定量分析和设计放大电路。②在工程方面，培养以工程视角思考和处理问题的能力，包括根据电路组成、结构特征、各部分模块电路的特点，以化整为零的思想定性描述整个电路的基本功能和性能（即定性分析）。此外，放大电路中半导体器件的性能参数具有分散性、温度敏感性等特征，这导致工程上并不需要过于精确的计算，因此需要在定量分析过程中进行"合理"的工程近似，即针对目标问题，结合实际条件忽略某些参数，近似计算放大电路的性能。③在实践方面，突出理论与实际相结合，不仅要对电子电路进行理论分析、仿真调试，还要进行硬件实现，进行实际验证，在实验过程中需要正确使用电子仪器测试模拟电路的性能，判断并排除电路故障，并从实验中分析、验证、理解、掌握放大电路的实现机理。

针对模拟电子技术的特点，本课程围绕放大器件内部构造、特性分析和外围辅助电路展开，课程的核心关键词为"放大"，放大电路的灵魂为"反馈"。模拟电子技术课程的知识图谱如图 1-7 所示，本课程从 PN 结的结构与基本原理出发，分析二极管、三极管和场效应管 3 种典型器件的基本工作原理、伏安特性、使用方法、典型电路及频率响应特性，并根据实际应用需求，从电流源电路、基本放大电路、差分放大电路、功率放大电路的角度进行电路性能拓展，意图让读者理解并定性分析集成运算放大器的内部结构，在此基础上通过集成运算放大器的输入 - 输出关系，讲述集成运算放大器的典型工作状态和典型功能电路，并辅以支持电路工作的外部直流稳压电源设计。

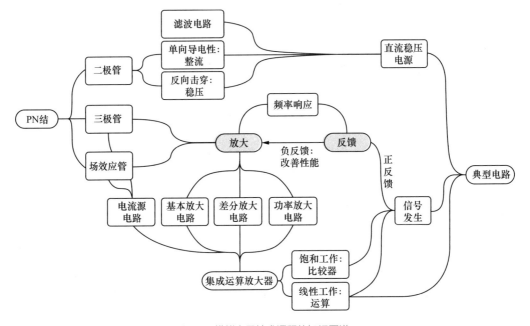

图 1-7　模拟电子技术课程的知识图谱

围绕模拟电子技术课程的知识图谱，建议学习者从以下三方面学习本课程。

1. 理解基本概念，掌握基本器件和基本电路

在掌握常用半导体器件的基本工作原理、特性曲线和主要参数的基础上，熟练掌握基本电路的组成原则，了解这些电路的设计背景和产生原因，掌握其结构特点和性能指标，明确它们在电子信息系统中的作用，能够合理地选择器件和基本电路，最终实现功能电路。

2. 掌握基本分析方法，全面辩证地分析问题

灵活运用基本分析方法，包括电路识别、工程近似估算、微变等效电路、图解法等，并能够从应用系统的角度出发，结合哲学中输入 / 输出的因果逻辑、唯物辩证法、联系和发展的观点，选择并设计特定应用场合或限制条件下的最适合电路，有效地解决复杂工程问题。

3. 注重实践训练，以结果为导向回归实际应用

实践能力是电子工程师的基本能力，本课程学习的目标是培养模拟电子技术实践能力，在学习中应注重将理论知识运用到解决实际问题之中，提高"识、算、选、调"4 方面的能力。其中

"识"是指具备识别、读懂并定性分析电路的能力;"算"是指能够设计满足一定功能和性能指标的模拟电路,并能够充分利用现代 EDA 辅助工具,提高工作效率;"选"是指能够根据设计需求正确地选择电路形式和器件;"调"是指能够使用仪器仪表对硬件电路进行性能测试、参数调整及电路改进。

本章小结

学完本章后应了解电子技术的发展历程,从处理对象、电路功能、典型电路应用、晶体管的作用及其工作状态、分析方法等角度理解模拟电子技术与数字电子技术的区别;根据模拟电子技术课程的知识图谱初步认识其知识脉络与层次结构,理解如何学习本课程内容。

📝 习题

1.1 典型电子信息系统的组成部分有哪些?各有什么功能?

1.2 模拟信号与数字信号的概念是什么?图 1-8 所示波形中哪些是模拟信号,哪些是数字信号?

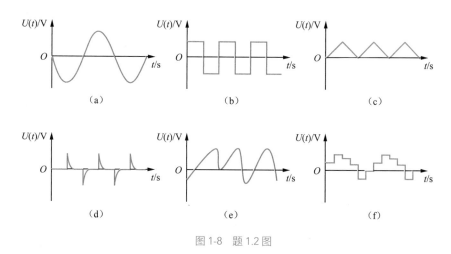

图 1-8 题 1.2 图

1.3 在电子信息系统设计过程中,一般需要注意哪些问题?

第 **2** 章

半导体器件基础

在晶体管诞生之前，电信号的放大主要通过真空电子管实现，但由于真空电子管制作困难、体积大、耗能高且使用寿命短，研究人员着手开展了其替代品的研发，包括对硅、锗等几种新材料的研究。1947 年 12 月 23 日，威廉·肖克利（见图 2-1）在贝尔实验室成功研制出了第一个基于锗半导体材料的、具有放大功能的点接触型晶体管。但由于点接触型晶体管的性能不佳，他随后提出使用 PN 结制作面接触型晶体管的方法，制成了双极结型晶体管，即现在我们常说的三极管。用晶

图 2-1　威廉·肖克利

体管替代真空电子管实现电信号的放大，成为电子工业的强大引擎，标志着现代半导体产业的诞生和信息时代的开启，晶体管也被媒体和科学界称为"20 世纪最重要的发明"。

我国在半导体领域的研究起步较晚，半导体设备产业与国际龙头企业仍存在一定的差距，但在国内研究人员的持续努力下，国内半导体设备产业的研发实力已经有了质的飞跃。2018 年 11 月，国家重大科研装备研制项目"超分辨光刻装备研制"通过验收，中国科学院光电技术研究所研制的光刻机分辨力达到了 22 nm，结合双重曝光技术后，未来还可用于制造 10 nm 级别的芯片。2020 年，中微半导体公司成为全球第一家成功研制出 5 nm 精度蚀刻机的企业，并将其成功应用于 5 nm 芯片工艺生产线，且已达到国际领先水平。在国家的强力支持和企业的自身努力下，国内半导体产业链正处在由点到面的突破期，相信我国半导体行业必将实现质的飞跃。

本质上说，晶体管的基石是半导体材料，其理论基础是半导体物理学。半导体理论与技术的发展直接影响着信息通信技术、传感技术、计算机与智能技术、控制技术等相关技术的革新，并由此促使医疗、交通、农业等各行各业产生新的变革。

本章从半导体基础知识入手，着重介绍 PN 结的形成机理及其基本特性，并以此展开对二极管、三极管、场效应管等典型半导体器件的物理结构、工作原理、特性曲线和主要参数的分析，进而为后续晶体管电路和集成电路的分析与设计奠定理论基础。

2.1 半导体基础知识

自然界的物质按导电能力大小可分为导体、半导体和绝缘体三大类。一般来说，我们在日常生活中接触到的铝、铁、铜、银等金属以及盐水等电解质溶液都是良好的导体，这些导体的电阻率（electrical resistivity）小于 $10^{-8}\Omega\cdot m$。塑料、橡胶、玻璃、陶瓷、空气等物质的电阻率大于 $10^{11}\Omega\cdot m$，它们几乎不导电，称为绝缘体。而半导体的导电能力介于导体和绝缘体之间，电阻率通常为 $10^{-5}\sim10^{6}\Omega\cdot m$。自然界中的半导体物质很多，如元素半导体硅（Silicon, Si）、锗（Germanium, Ge），无机化合物半导体砷化镓（GaAs）和碘化铅（PbI_2），氧化物半导体氧化亚铜（Cu_2O），有机化合物半导体和非晶态半导体等。在这些半导体材料中，硅与锗的应用最为广泛，是制作集成电路芯片的主要材料之一；而使用砷化镓制成的半导体器件具有高频、高温、低温性能好，噪声小，抗辐射能力强等优点，但其制作工艺较为复杂，且砷材料对人体有害，因此它没有硅材料应用广泛。

本节从本征半导体的基本结构与概念出发，结合掺杂特性介绍杂质半导体，由此构造 PN 结并分析 PN 结的伏安特性、电容特性、电致发光与光电效应等。

2.1.1 本征半导体

1. 本征半导体的基本结构与本征激发

（1）基本结构

本征半导体（intrinsic semiconductor）是指化学成分纯净、物理结构完整的半导体。从纯度上来说，制造半导体器件的材料纯度要达到 99.999 999 9%，常称为"九个 9"。从结构上来说，本征半导体包含多晶体（polycrystalline）和单晶体（monocrystalline）两种形态，而制造半导体器件必须使用单晶体。晶格是指晶体内原子按一定几何规律排列的点阵。材料内部晶格排列完全一致的晶体称为单晶体，由许多排列杂乱无章的晶格所组成的晶体称为多晶体，如图 2-2 所示。在制造半导体器件的过程中，人们会进一步提高材料的纯度。单晶体不但纯度高，在晶格结构上也是没有缺陷的，只有用这样的单晶体制造半导体器件才能保证其质量。

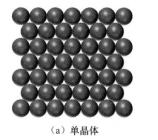

（a）单晶体　　　　　　　　（b）多晶体

图 2-2　单晶体与多晶体结构示意图

以单晶硅材料为例，图 2-3（a）所示为硅原子结构模型。我们通常把原子的内层电子和原子核看作一个整体，称为惯性核。由于原子呈中性，且硅是 4 价元素，原子的最外层轨道上有 4 个电子，被称为价电子（valence electron），故图 2-3（b）所示的硅原子结构简化模型在中间使用带圆圈的 +4 表示正离子。类似地，由于锗与硅同属 4 价元素，因此两者有相同的原子结构简化模型。

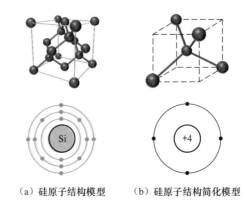

（a）硅原子结构模型　　（b）硅原子结构简化模型

图 2-3　单晶硅的结构模型

相邻两个原子的一对价电子不但各自围绕其自身所属的原子核运动，并且出现在相邻原子的所属轨道之上，形成非极性共用电子对[1]。这种共用电子间形成的强烈作用被定义为共价键（covalent bond），如图 2-4 所示。

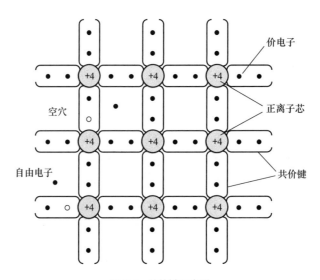

图 2-4　共价键示意图

（2）本征激发

共价键将相邻的原子牢固地连接在一起，形成比较稳定的化学结构。在热力学温度 $T = 0 \text{ K}$ 且没有外界其他能量激发的情况下，所有价电子被共价键所束缚，不存在自由移动的电子。在这种情况下，即使存在外电场，也无法使这些被束缚的电子形成电流，因此本征半导体无法导电。而在常温（$T = 300 \text{ K}$）或者光线照射情况下，价电子从外界获得能量。价电子在获得的能量足以挣脱共价键的束缚时，就成为了自由电子（free electron）。与此同时，共价键中留下一个空位置，称为空穴（hole）。我们将这种现象称为本征激发。

在本征激发情况下，若在本征半导体两端外加一电场，一方面可使自由电子产生定向移动，

1　非极性共用电子对：同种类型的两个原子形成共价键，且两个原子吸引电子的能力相同，它们共用的电子对不偏向任何一个原子，则形成共价键的两个原子都不显电性，这样的共价键称为非极性共价键，相应的电子对称为非极性共用电子对。

形成电子电流；另一方面邻近价电子会按照一定的方向依次递补空穴，使半导体晶体出现正电荷迁移，产生空穴的定向移动，进而形成空穴电流。由于自由电子和空穴所带电荷极性不同，因此两种载流子的运动方向是相反的。本征半导体中的电流是这两个电流之和。

固体物理学利用晶体能带理论[1]给出了本征激发的解释，导体、半导体、绝缘体的禁带宽度示意图如图 2-5 所示。处在原子轨道中并呈共价键键合状态的电子即价电子，图中的价带（valence band）为价电子所占据的能带。而导带（conduction band）则是晶体结构内自由电子形成的能量空间。价带与导带的间隙称为带隙（energy gap），也叫作禁带宽度。导体的禁带宽度小于 0，半导体的禁带宽度介于 0 和 4 eV 之间，而绝缘体的禁带宽度大于 4 eV。

由图 2-5 可知，金属材料中的电子不需要额外能量便可从价带中直接跃迁到晶体内任何位置，即可在整个晶体中自由移动；对于绝缘体来说，电子难以从价带中跃迁出来，即需要很大的能量才能将其从原子核中释放出来；而对于半导体材料，价电子需要一定的能量才能挣脱原子核的束缚，从价带中跃迁至导带中，从而产生一个自由电子 - 空穴对。

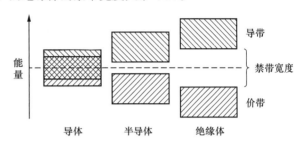

图 2-5　导体、半导体、绝缘体的禁带宽度示意图

2. 载流子及其浓度

载流子是指可以自由移动且带有电荷的物质微粒。导体通过一种载流子导电，即自由电子导电。而本征半导体中存在两种载流子，即自由电子和空穴。这是半导体导电的特殊之处。

在本征半导体中，由于存在本征激发，不仅存在脱离共价键而形成的自由电子，还存在共价键中留下的相同数量的空穴。自由电子与空穴是成对出现的，即自由电子 - 空穴对。自由电子在运动过程中可能与空穴相遇并填补空穴，从而变成价电子，同时自由电子 - 空穴对消失，这个过程被称为载流子的复合。激发和复合是随时存在的，在一定的环境温度下，本征半导体中由本征激发产生的自由电子 - 空穴对与复合的自由电子 - 空穴对数目相等，处于动态平衡状态。也就是说，在一定温度情况下，本征半导体中载流子的浓度是一定的。

当环境温度上升时，本征激发加剧，挣脱共价键束缚的自由电子增多，空穴也随之增多，载流子浓度上升，导电能力加强；当环境温度下降时，本征激发减弱，挣脱共价键束缚的自由电子减少，空穴也减少，载流子浓度降低，导电性能变差。因此，温度变化会影响本征半导体的载流子浓度，使本征半导体中自由电子 - 空穴对产生新的动态平衡。动态平衡下的载流子浓度值为

$$n_i = p_i = AT^{\frac{3}{2}}\mathrm{e}^{\frac{-E_{G0}}{2kT}} \tag{2-1}$$

其中，n_i 和 p_i 分别表示自由电子和空穴的浓度；A 是与半导体材料的有效质量和有效能级密度相关的常数（硅为 3.88×10^{16} cm^{-3}K$^{-3/2}$，锗为 1.76×10^{16} cm^{-3}K$^{-3/2}$）；T 为热力学温度；k 是玻尔兹曼常数（8.63×10^{-5} eV/K = 1.38×10^{-23} J/K）；E_{G0} 表示热力学零度时破坏共价键所需的能量，即禁带宽度（硅为 1.2 eV，锗为 0.785 eV）。

1　能带是形成分子时原子轨道构成的具有分立能级的分子轨道，而能带理论（Energy Band Theory, EBT）是用量子力学的方法研究固体内部电子状态及其运动的一种近似理论。能带包括传导带（简称导带）、价电带（简称价带）和禁带。

式（2-1）指出，当热力学温度 $T = 0$ 时，自由电子与空穴的浓度均为零，即无本征激发，本征半导体不导电；当温度升高时，本征半导体的载流子浓度近似按指数曲线升高，导电能力增强。在室温（$T = 300\ \text{K}$）下，硅的本征激发载流子浓度 $n_i = p_i \approx 1.5 \times 10^{10}\ \text{cm}^{-3}$，锗的本征激发载流子浓度 $n_i = p_i \approx 2.4 \times 10^{13}\ \text{cm}^{-3}$。

由此可见，本征半导体的载流子浓度与半导体材料、环境温度有关，这说明半导体器件的温度稳定性较差。本征半导体的这一特性可以被用于制作热敏、光敏器件。

2.1.2　杂质半导体

为了改善本征半导体的导电性能，可利用扩散工艺在本征半导体中掺入少量适当的杂质元素，这个过程称为掺杂（doping），形成杂质半导体（extrinsic semiconductor）。根据掺入杂质元素的不同，杂质半导体分为 N 型和 P 型两种。

1. N 型半导体

在本征半导体（如纯净的硅晶体）中掺入少量 5 价元素（如磷、砷、锑等），使之替代晶体中部分硅原子，便形成了 N 型半导体[1]，也称为电子型半导体。杂质原子的最外层有 5 个电子，其中的 4 个电子与其周围 4 个硅原子形成共价键，而余下 1 个电子不受共价键的束缚，只需要很少的能量就可成为自由电子，其二维晶格示意图如图 2-6 所示。晶格上的杂质原子在失去电子之后，成为不能移动的正离子，称为施主离子。由于施主离子被束缚在晶格之中，因此它不能像载流子那样起导电作用。在 N 型半导体中，由杂质原子提供的自由电子的浓度远大于由本征激发形成的空穴的浓度，故将自由电子称为多数载流子（majority carrier），简称为多子；空穴称为少数载流子（minority carrier），简称为少子。5 价元素的杂质原子可以提供电子，称为施主原子（donor atoms）。N 型半导体主要靠自由电子导电，掺入的杂质越多，多子（自由电子）的浓度就越高，导电性能也就越强。

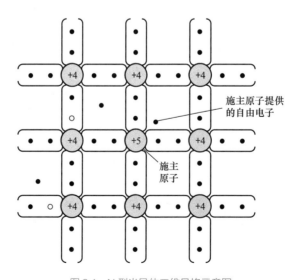

施主原子提供的自由电子

施主原子

图 2-6　N 型半导体二维晶格示意图

1　N 表示 Negative（负）的首字母，由于电子带负电，故称为 N 型半导体。

2. P 型半导体

在本征半导体（如纯净的硅晶体）中掺入少量 3 价元素（如硼、铟、铝等），使之替代晶体中部分硅原子，便形成了 P 型半导体[1]，也称为空穴型半导体。由于杂质原子的最外层只有 3 个电子，因此它与周围 4 个硅原子形成共价键后会产生一个空位。当硅原子的外层电子填补该空位时，其共价键中会产生一个空穴，如图 2-7 所示。此时，3 价元素的杂质原子捕获一个电子后，在晶格上成为不可移动的负离子，即杂质原子以空位吸收电子，称为受主原子（acceptor atoms）。在 P 型半导体中，空穴是多子，自由电子是少子，主要依靠空穴导电。类似于 N 型半导体，掺入的杂质越多，P 型半导体中多子（空穴）的浓度就越高，导电性能也就越强。

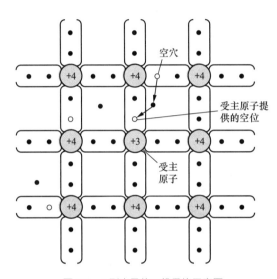

图 2-7　P 型半导体二维晶格示意图

3. 杂质半导体的载流子浓度

在杂质半导体中，杂质的掺入使多子的数目大大增加。随着多子浓度的增高，自由电子与空穴的复合率升高，本征半导体少子的浓度降低。在一定温度条件下，杂质半导体中自由电子 - 空穴对本征激发的产生与它们的复合也是平衡的，这表现为空穴浓度与自由电子浓度的乘积为常数，即

$$n \cdot p = n_i \cdot p_i = n_i^2 \tag{2-2}$$

其中，n_i 和 p_i 分别表示自由电子和空穴的浓度。

例如，室温条件下，硅晶体本征激发的载流子浓度为 $n_i = p_i \approx 1.5 \times 10^{10}\ \text{cm}^{-3}$，N 型掺杂后的杂质半导体多子（自由电子）浓度为 $n = 5 \times 10^{16}\ \text{cm}^{-3}$，少子（空穴）的浓度近似为 $p = 4.5 \times 10^3\ \text{cm}^{-3}$，即 N 型半导体中自由电子的浓度比空穴的浓度高约 10^{13} 倍。

一般可以认为多子的浓度约等于所掺杂质原子的浓度。也就是说，对于 N 型半导体来说，假设施主杂质的浓度为 N_D，则多子（自由电子）的浓度 $n = p + N_D \approx N_D$，其中 p 表示少子（空穴）的浓度；而对于 P 型半导体来说，假设受主杂质的浓度为 N_A，则多子（空穴）的浓度 $p = n + N_A \approx N_A$，其中 N_A 表示少子（自由电子）的浓度。

例如，锗原子密度为 $4.4 \times 10^{22}\ \text{cm}^{-3}$，室温条件下锗本征半导体的载流子浓度 $n_i = p_i =$

1　P 表示 Positive（正）的首字母，由于空穴带正电，故称为 P 型半导体。

$2.4 \times 10^{13}\ cm^{-3}$。若每 10^4 个锗原子中掺入 1 个磷原子（即掺杂密度为万分之一），则在单位体积中掺入了 $10^{-4} \times 4.4 \times 10^{22}\ cm^{-3} = 4.4 \times 10^{18}\ cm^{-3}$ 个磷原子，施主杂质浓度为 $N_D = 4.4 \times 10^{18}\ cm^{-3}$，远大于本征激发的载流子浓度 n_i。

杂质半导体中的多子主要由掺杂的杂质提供，因而受温度的影响很小；而少子是本征激发得到的，尽管浓度很低，却对温度非常敏感。半导体的掺杂特性和温度特性都影响着半导体器件的性能。

2.1.3　PN 结的形成

掺入杂质的类型可以决定杂质半导体的类型。因此，在一块硅片上，采用不同的掺杂工艺，可得到 P 型半导体与 N 型半导体，它们的交界面形成了一块特殊区域——空间电荷区（space charge layer），称为 PN 结，如图 2-8 所示。PN 结是二极管、三极管、场效应管以及其他半导体器件的基本单元。

PN 结的形成

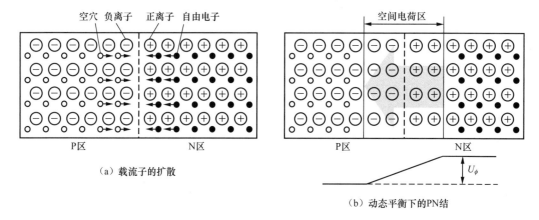

（a）载流子的扩散

（b）动态平衡下的PN结

图 2-8　PN 结的形成

物质分子会从高浓度区域向低浓度区域转移，这种由于浓度差而产生的运动称为扩散运动。在如图 2-8 所示的情况下，由于 P 型半导体的空穴具有较高浓度，而 N 型半导体的自由电子具有较高的浓度，交界面两边的载流子浓度具有很大的差别，因此 P 区的空穴会往 N 区扩散，N 区的自由电子也会往 P 区扩散，如图 2-8（a）所示。而自由电子遇到空穴时会发生复合，即扩散到 P 区的自由电子与 P 区的空穴复合，产生带负电荷的受主离子区；扩散到 N 区的空穴与 N 区的自由电子复合，产生带正电荷的施主离子区。此

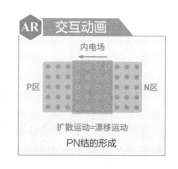

时交界面附近的多子浓度下降，在 P 区出现负离子区，而在 N 区出现正离子区。由于这些晶格中的离子是不能移动的，因此形成了内电场，也称为空间电荷区，如图 2-8（b）所示。随着扩散运动的持续进行，空间电荷区不断加宽，内电场逐渐增强，其方向由 N 区指向 P 区，阻碍了扩散运动的继续进行。在内电场的作用下，P 区中的少数载流子（自由电子）向 N 区运动，N 区中的少数载流子（空穴）向 P 区运动，这种在内电场作用下产生的少数载流子向浓度高的区域的运动现象称为漂移运动。

可以看到漂移运动与扩散运动的方向是相反的。在扩散初始阶段，内电场较小，阻碍扩散运动的作用较小，扩散运动强于漂移运动。随着扩散运动的持续进行，内电场不断增强，扩散运动逐渐减弱，在无外电场和其他激发作用的情况下，最终参与扩散运动的多子数目等于参与漂移运动的少子数目，达到动态平衡，空间电荷区的宽度也趋于稳定，其电位差为 U_ϕ（N 区电位高于 P 区），流过 PN 结的总电流为零。由于在空间电荷区中 N 区和 P 区的多子扩散后复合，几乎全部被消耗，因此空间电荷区也称为耗尽层（depletion region）。

由图 2-8（b）可知，空间电荷区的内电场阻碍 P 区空穴扩散到 N 区，同时也阻碍 N 区自由电子扩散到 P 区。从能级上考虑，由于空间电荷区——内电场的出现，在交界面附近处产生了一个阻挡载流子进一步扩散的势垒（类似于障碍），因此空间电荷区又称为势垒区（barrier region）。

2.1.4　PN 结的伏安特性

在 PN 结两端外加电压，会打破 PN 结内在的动态平衡。外加电压极性不同，PN 结的宽度也会随之发生变化，流过 PN 结的电流也有所不同。PN 结表现出独特的导电性能，即单向导电性。

1. 单向导电性

（1）PN 结外加正向电压

本章介绍的半导体器件均为有源器件，需要提供合适的外加电压才会产生需要的特性。在电子学中，"偏置"是指在半导体器件上设置满足一定工作条件的固定直流电压。将 PN 结的 P 区连接到电源的正极（高电位），N 区连接到电源的负极（低电位），称为 PN 结外加正向电压（P 区的电位高于 N 区的电位），也称为正向偏置，即正偏，如图 2-9 所示。此时，外电场与内电场的方向相反，削弱了内电场，使得扩散运动加剧，漂移运动减弱。P 区和 N 区的多子在外电场的作用下持续流向空间电荷区，P 区的空穴进入 PN 结后，会中和一部分负离子，使 P 区的空间电荷量减小，同时 N 区的自由电子进入 PN 结后，会中和一部分正离子，使 N 区的空间电荷量减小，导致空间电荷区变薄，电阻率减小。在外电场的作用下，扩散运动产生的扩散电流流过空间电荷区，形成正向电流，PN 结导通。PN 结导通时结压降范围很小，因此需要在回路中串联引入限流电阻，防止正向电流过大烧毁 PN 结。

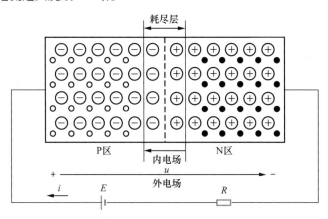

图 2-9　PN 结正偏导通

（2）PN 结外加反向电压

将 PN 结的 N 区连接到电源的正极（高电位），P 区连接到电源的负极（低电位），称为 PN

结外加反向电压（P 区的电位低于 N 区的电位），也称为反向偏置，即反偏，如图 2-10 所示。此时，外电场与内电场的方向相同，增强了内电场，使得漂移运动加剧，扩散运动减弱，形成反向电流。与 PN 结正偏相反，PN 结反偏会导致空间电荷区变厚，电阻率增大。由于 P 区和 N 区的少子数目很小，因此形成的漂移电流也非常小（一般硅管是微安数量级）。这些少子是由本征激发产生的，当半导体材料和掺杂浓度确定时，少子的数量仅与环境温度 T 有关，而与外加反向电压几乎无关，因此反向电流趋于恒定，即反向饱和电流 I_S。由于反向电流很小，在 PN 结反偏的时候，呈现出一个阻值很大的电阻，可以近似认为其不导电，因此 PN 结加反向电压时处于截止状态，在近似分析过程中通常忽略反向电流。

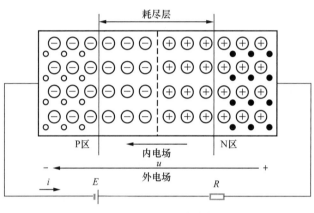

图 2-10　PN 结反偏截止

2. PN 结的电流方程

假设 PN 结两端电压为 u，流过 PN 结的电流为 i，则 PN 结的伏安特性可以用 PN 结的电流方程进行描述，即

$$i = I_S(e^{u/U_T} - 1) \tag{2-3}$$

式（2-3）中，I_S 为反向饱和电流，该电流的大小由半导体材料、环境温度所决定，几乎与外加电压无关。在一定温度 T 下，由于本征激发产生的少数载流子数量是一定的，电流趋于恒定，这时的电流就是反向饱和电流。分立元件的反向饱和电流为 $10^{-14} \sim 10^{-8}$ A；而对于集成电路中的 PN 结来说，反向饱和电流更小。U_T 为温度电压当量，定义为 $U_T = \dfrac{kT}{q}$，其中 k 表示玻尔兹曼常数，T 是热力学温度，q 为电子的电量。在常温（$T = 300$ K）下，温度电压当量典型值为 $U_T = 26$ mV。

下面针对式（2-3）进行定性讨论。当 PN 结外加正向电压且两端电压 $u \gg U_T$ 时，$e^{u/U_T} \gg 1$，因此式（2-3）可简化为 $i \approx I_S e^{u/U_T}$，即流过 PN 结的电流与 PN 结两端电压的关系近似为指数关系；而当 PN 结外加反向电压时，若 $|u| \gg U_T$，则 $e^{u/U_T} \ll 1$，因此式（2-3）可简化为 $i \approx -I_S$，即流过 PN 结的电流基本不随外加反向电压的改变而变化。

图 2-11 所示为 PN 结的伏安特性曲线。PN 结两端电压 u 大于一定门限时，流过二极管的电流随着 u 的增大而急剧增大；而 u 小于 0 时，反向电流很小。

3. PN 结的反向击穿

由图 2-11 可知，在 PN 结两端加反向电压时，起初反向电流大小基本不变且较小（约为反向饱和电流 I_S）；当反向电压 u 增大到某一数值之时，反向电流突然激增，这一现象称为 PN 结的**反向击穿**（电击穿）。发生击穿所需的反向电压为反向击穿电压 U_{BR}。本质上说，PN 结发生电击穿的原因在于，在外加反向强电场的作用下，P 区的少子（自由电子）和 N 区的少子（空穴）大大增多，引起反向电流的急剧增加。电击穿可分为雪崩击穿（avalanche breakdown）和齐纳击穿（Zener breakdown）两种类型。

（1）雪崩击穿

当 PN 结反向电压增加时，空间电荷区中的电场随之增强。在空间电荷区内进行漂移运动的少子（自由电子和空穴）在外加反向电场的作用下获得了更多的能量。这些少子不断与中性原子发生碰撞，如果少子的能量足够大，这种碰撞可以破坏共价键，并激发形成新的自由电子 - 空穴对，即发生碰撞电离。这些新产生的自由电子 - 空穴对类似于原有的少子，在外加反向电场

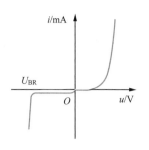

图 2-11　PN 结的伏安特性曲线

的作用下获得能量并进行漂移运动，从而继续发生碰撞，产生更多的自由电子 - 空穴对。在这种连锁反应下，空间电荷区内载流子的数目剧增，这就是载流子的倍增效应。在反向电压增大到某一数值之后，载流子的倍增情况类似于雪山上发生雪崩。载流子增加得多且快，反向电流急剧增大，于是 PN 结发生了雪崩击穿。

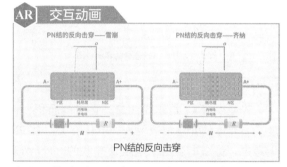

雪崩击穿通常发生在掺杂浓度较低、外加反向电压较大（一般大于 6 V）的 PN 结中，这是因为掺杂浓度较低时，空间电荷区较宽，发生碰撞电离的机会较多。

（2）齐纳击穿

不同于雪崩击穿，齐纳击穿（也称为隧道击穿）通常发生在掺杂浓度较高的 PN 结内。掺杂浓度较高导致了空间电荷区较窄，从而使载流子与中性原子碰撞的机会变少，因此难以发生碰撞电离。然而，正是由于空间电荷区较窄，因此在外加反向电压较小（一般小于 6 V）的情况下，空间电荷区可以形成一个强电场。该强电场能够直接破坏共价键，并将被束缚的价电子分离出来，形成自由电子 - 空穴对，产生大量的载流子，即发生场致激发。在反向电压的作用下，会形成较大的反向电流，即发生齐纳击穿现象。

上述两种击穿均属于电击穿，击穿过程是可逆的，即 PN 结在两端的反向电压降低之后，仍然能够恢复原来的状态。然而，如果 PN 结的反向电流与反向电压之积超过其容许的耗散功率，则会因热量难以散发出去而导致 PN 结温度上升，直到过热而烧毁，这种现象就是热击穿。显然，热击穿是不可逆的，必须尽量避免。

2.1.5　PN 结的电容特性

除了非线性伏安特性，PN 结还会因外加电压而产生一定的电荷积累，其电荷量会随着电压变化而产生非线性变化，这种特性就是 PN 结的电容特性，其极结电容 C_j 是势垒电容 C_b 与扩散电容 C_d 之和，即 $C_j = C_b + C_d$。

1. 势垒电容

当外加电压变化时，PN 结的宽度会随之变化，其电荷量会随外加电压的变化而增大或减小，这种现象与电容器的充、放电过程相同。如图 2-12（a）所示，随耗尽层宽窄变化而变化的电容

称为势垒电容（barrier capacitance）[1]。势垒电容相当于极板间距为 PN 结宽度 W 的平板电容。当 PN 结两端的外加正向电压升高时，W 减小，电容增大；反向电压升高时，W 增大，电容减小。C_b 与外加电压 u 的关系如图 2-12（b）所示。

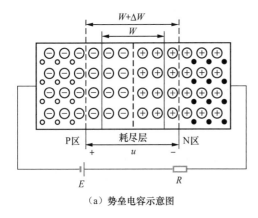

（a）势垒电容示意图

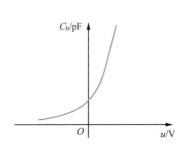

（b）势垒电容与外加电压的关系

图 2-12　PN 结的势垒电容

势垒电容 C_b 是非线性的，它与结面积、耗尽层宽度、半导体的介电常数及外加电压有关。从 PN 结结构上考虑，势垒电容与结电阻是并联的。PN 结正向偏置时的结电阻较小，虽然图 2-12（b）所示的势垒电容较大，但其电容作用反而比较小；而当 PN 结反偏时，由于结电阻很大，尽管图 2-12（b）所示的势垒电容较小，但在外加电压变化较快时，每秒充放电次数就较多，势垒电容作用更为明显，因此高频时它的作用不能忽视。

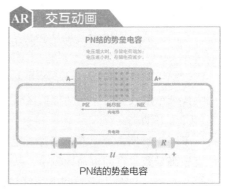

2. 扩散电容

扩散电容（diffusion capacitance）是 PN 结正偏时所表现出的一种微分电容效应，其机理在于非平衡少子在 PN 结中性区内的电荷存储变化所造成的电容效应。PN 结处于动态平衡状态时的少子称为平衡少子；而在 PN 结处于正偏时，P 区扩散到 N 区的空穴和 N 区扩散到 P 区的自由电子均称为非平衡少子。当 PN 结外加正向电压时，靠近耗尽层交界面的非平衡少子浓度较高，而远离交界面其浓度逐渐降低，如图 2-13 所示。例如，从 P 区穿过耗尽层扩散到 N 区的空穴，在刚进入 N 区时浓度较高。随着空穴在 N 区中的运动，复合概率增大，浓度 p_N 逐渐降低。

N 区中剩余的非平衡少子"空穴"，可看作 PN 结 N 区一侧存储的电荷，这类似于平板电容器一侧电极所存入的电荷。与此相同，P 区中剩余的非平衡少子"自由电子"也是 P 区中存储的

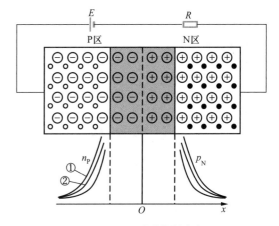

图 2-13　PN 结的扩散电容

---

[1]　势垒区存在较强电场，其中的载流子基本上都被耗尽。由于势垒区可近似为耗尽层，故势垒电容也称为耗尽层电容。

电荷。当 P 区和 N 区的掺杂浓度相同时，浓度 p_N 和 n_P 的曲线对称；而掺杂浓度不同时，曲线是非对称的。此外，外加正向电压较小时，非平衡少子较少，如图 2-13 中曲线②所示。随着外加正向电压的增大，非平衡少子增多，相应的浓度曲线会由②变为①。

由于注入载流子后，存储电荷随着电压变化所产生的扩散电容将随正向电压以指数速度增长，因此扩散电容在 PN 结正偏情况下比较大。而在反偏时，因为扩散运动较少，相应的非平衡少子也较少，所以扩散电容数值很小，可以忽略不计。

总而言之，PN 结的电容特性包括势垒电容和扩散电容两方面的综合表现。势垒电容是由于多数载流子导致 PN 结宽度变化而产生的电容效应，反偏和正偏时均存在；而扩散电容是非平衡少子表现出的电容效应，对 PN 结的开关速度有很大影响，正偏情况下电容效应明显，反偏下可以忽略。一般来说，PN 结的结电容都很小（结面积较小的约为 1 pF，结面积较大的为几十到几百皮法），且与结电阻并联，这对于低频信号来说呈现出很大的容抗，因此其作用可以忽略不计。而在处理高频信号时，必须考虑结电容的影响。

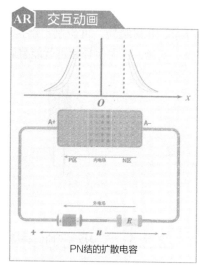

PN 结的扩散电容

2.1.6　PN 结的电致发光与光电效应

电致发光（electroluminescent）又称为电场发光，是通过加在 PN 结两电极的电压产生电场，被电场激发的电子碰击发光中心，引起电子在能级间的跃迁、变化、复合，在此过程中可能产生的发光现象。由于电子总是趋向更低的能态，因此在没有外部能量补充的时候，导带中的自由电子能量消耗到一定程度时，就会跃迁回价带并与空穴复合。在一定温度下，跃迁到导带和返回价带的电子达到平衡。

在自由电子跃迁回低能态的过程中，有可能伴随着发光现象。这里的"有可能"是因为并非所有向低能态的跃迁都伴随着发光。若跃迁过程伴随着放出光子，称为**辐射跃迁**；若跃迁过程没有光子的发射（或吸收），而是把能量传给其他原子（或吸收其他原子能量），称为**非辐射跃迁**。因此 PN 结的电致发光需要加正向电压，外电场削弱内电场对载流子扩散的阻挡作用，使电子在跃迁、复合过程中出现辐射跃迁，产生光子，并且光子的产生速率大于材料对光子的吸收速率，从而发光。

光电效应（photoelectric effect）是电致发光的逆向过程。PN 结的光电效应是指当光照射在 PN 结材料上时，若光子能量大于半导体材料的禁带宽度，使价带中的电子跃迁到导带，则在耗尽层、P 区、N 区内产生光生的自由电子 - 空穴对。在内电场的作用下，自由电子偏向 N 区外侧，空穴偏向 P 区外侧，导致 P 区带正电，N 区带负电，形成光生电动势。为了充分利用 PN 结各区内产生的光生载流子，需要在 PN 结两端引入适当的反偏电压。若 PN 结外存在回路，则在回路内形成光电流。

2.2　二极管

晶体二极管（crystal diode）简称为二极管（diode），是固态电子器件中的典型半导体双端器件，是对 PN 结直接封装形成的器件，其典型封装如图 2-14 所示。利用不同的半导体材料、掺杂分布、几何结构，可研制出结构种类繁多、功能用途各异的多种二极管，用来产生、控制、接收、变换、放大信号和进行能量转换等。

图 2-14　二极管的各种典型封装

2.2.1　二极管的结构

二极管根据结构不同，可分为点接触型、面接触型、平面型 3 种。二极管在电路中的符号如图 2-15（a）所示，其中箭头方向表示电流的方向，也是 PN 结正偏方向。

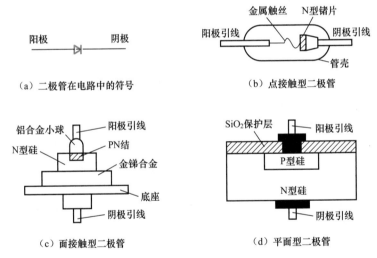

（a）二极管在电路中的符号　　　　（b）点接触型二极管

（c）面接触型二极管　　　　（d）平面型二极管

图 2-15　二极管的符号与类型

点接触型二极管是在半导体材料单晶片上表面压触一根金属触丝，然后通过瞬时正向大电流使触丝与半导体材料熔接在一起，构成 PN 结，再加上电极引线并加装管壳封装而成，如图 2-15（b）所示。由于点接触型二极管中的金属触丝很细，形成的 PN 结面积很小，因此结电容很小。这种管子不能承受高的反向电压，并且只允许通过较小的电流（不超过几十毫安），因此不能用于大电流和整流场景，通常适用于小信号的检波、整流、调制、混频和限幅等，是应用范围较广的类型之一。

面接触型二极管的 PN 结通过合金法（利用合金铟、铝等金属或合金制作）或扩散法（在高温 P 型杂质气体中，加热 N 型锗或硅单晶片，使单晶片部分表面变成 P 型）制作而成，如图 2-15（c）所示。这种结构的 PN 结面积较大，允许通过较大的电流（几安到几十安），适用于大电流整流。但由于 PN 结反偏时结电容较大，因此不适于高频检波和高频整流。

平面型二极管是在半导体单晶片（一般是 N 型硅单晶片）上扩散 P 型杂质，利用硅片表面氧化膜（SiO_2）的屏蔽作用选择性地扩散一部分而形成的 PN 结，如图 2-15（d）所示。由于半导体表面平整，因而得名。此外，由于平面型二极管的 PN 结表面进行了氧化膜覆盖，因此其稳定性好，寿命长。

2.2.2　二极管的伏安特性

　　由于二极管是由 PN 结直接封装而成的，因此其伏安特性与 PN 结基本相同，具有单向导电性，如图 2-16 所示。但由于二极管封装中存在引线电阻和半导体体电阻，因此外加正向电压时，在电流相同的情况下，二极管的端电压大于 PN 结上的电压。同时由于二极管封装表面漏电流的存在，其反偏时反向电流增大。在实际二极管的伏安特性中，当正向电压足够大时，正向电流与电压之间的关系才满足指数规律。

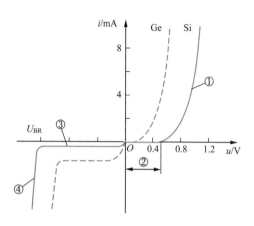

图 2-16　二极管的伏安特性曲线

1. 单向导电性

　　当二极管两端加载正向电压且小于某一阈值时，外电场难以抵消内电场对于扩散运动的阻碍，正向电流几乎为零，二极管不导通（呈现大电阻状态），如图 2-16 中②所示，通常称该区域为死区。死区对应的电压最大值称为阈值电压（或称为死区电压、开启电压）。当二极管两端所加正向电压超过阈值电压时，二极管中的 PN 结导通，流过管子的电流迅速增长，此时管子呈现低电阻特性，其正向特性曲线如图 2-16 中①所示。

二极管的
伏安特性

　　当二极管两端加载反向电压时，外电场的作用抑制了多子的扩散运动且增强了少子的漂移运动，形成反向饱和电流。但由于少子数目很小，因此反向电流很小，如图 2-16 中③所示。继续增加二极管两端的反向电压直至超过某一阈值（反向击穿电压 U_{BR}），反向电流急剧增大，二极管被反向击穿，如图 2-16 中④所示。

2. 材料特性

　　半导体材料的不同也会影响其伏安特性曲线。在相同掺杂浓度的情况下，硅的少子浓度要远远低于锗的少子浓度，因此硅二极管的反向电流比锗二极管的反向电流小得多。小功率硅二极管的反向饱和电流 $I_S < 0.1\ \mu A$，而小功率锗二极管的反向饱和电流大约为几十微安。

　　在 PN 结加载较小的正向电压（小于阈值电压）时，通过硅二极管和锗二极管的电流都很小；只有超过阈值电压，电流才快速增大。硅二极管的阈值电压大于锗二极管的阈值电压，图 2-16 中，实线表示硅二极管的伏安特性曲线，虚线表示锗二极管的伏安特性曲线。一般来说，硅二极管的阈值电压为 0.5 ～ 0.6 V，锗二极管的阈值电压为 0.1 ～ 0.2 V。

　　此外，环境温度的变化对锗二极管影响较大，而对硅二极管影响较小；锗二极管的反向击穿电压通常低于硅二极管的反向击穿电压。总体而言，硅二极管比锗二极管耐压高，响应时间短，性能稳定。在大部分电路里通常采用硅二极管，但硅二极管的阈值电压高于锗二极管，所以在某些应用（如小信号检波电路）中，锗二极管具有一定的优势。

3. 温度特性

半导体器件受温度影响比较大，这是由于温度变化会影响载流子的运动速度和本征激发的程度。当二极管工作温度发生变化时，其伏安特性曲线会发生相应的变化，如图 2-17 所示。

温度升高时，PN 结正偏时本征激发产生的少子增多，而由掺杂所引起的多子基本保持不变，使 PN 结两侧浓度差降低，内电场强度减弱，阈值电压降低。与此同时，温度升高还会导致载流子运动速度加快，在相同端电压下由多子运动产生的正向电流增大，所以特性曲线左移。而在 PN 结反偏时，温度升高会导致少子

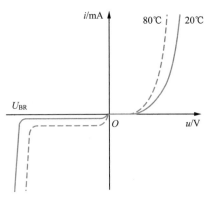

图 2-17　温度对二极管的影响

浓度升高，使反向饱和电流增大。在室温附近时，二极管的工作温度每升高 1℃，正向压降减小 2 ～ 2.5 mV；温度每升高 10℃，反向电流约增大 1 倍。

2.2.3　二极管的主要参数

二极管的寿命很长，一般可达到 10 万 h 以上。但是如果使用不合理，二极管就不能充分发挥作用，甚至会损坏。因此，我们需要掌握其主要参数，能够定量地描述它的外特性，进而合理地选择和正确使用二极管。

1. 最大整流电流 I_F

最大整流电流是指二极管长期正常工作时，允许通过的最大正向平均电流。该指标受到 PN 结结面积和散热条件的影响。电流通过二极管的 PN 结时二极管会发热，如果正向电流大于 I_F，二极管可能因为电流过大而烧坏。因此，在使用二极管整流时，流过二极管的正向平均电流（即输出直流）不能超过最大整流电流。例如，2AP1 二极管的最大整流电流为 16 mA。

2. 最高反向工作电压 U_R

最高反向工作电压 U_R 指二极管工作时所允许的最高反向电压，超过此电压时二极管有可能反向击穿。当二极管两端反向电压持续加大，达到反向击穿电压 U_{BR} 时，反向电流急剧增加，二极管的单向导电性被破坏。通常手册上给出的最高反向工作电压 U_R 约为反向击穿电压 U_{BR} 的一半，从而保证二极管的安全使用。例如，2AP1 的最高反向工作电压是 20 V，而反向击穿电压实际上大于 40 V。

3. 反向电流 I_R

I_R 表示二极管未击穿时的反向电流，其值越小，表明管子的单向导电性越好。当环境温度升高时，反向电流会增加，因此在使用二极管的时候需要注意温度的影响。

4. 最高工作频率 f_M

f_M 表示二极管正常工作时所能够承受的最高频率。若通过二极管的交流信号频率高于此值，则由于 PN 结电容的影响，二极管不能正常工作。例如，2AP1 的最高工作频率为 150 MHz，2CZ12 的最高工作频率为 3 kHz，2AP16 的最高工作频率为 40 MHz。

5. 极间电容 C_j

极间电容 C_j 反映二极管中 PN 结的电容特性，包含势垒电容 C_b 与扩散电容 C_d 两部分。在高频或电子开关应用场景下，必须考虑二极管的极间电容影响。

6. 反向恢复时间 T_R

现代脉冲电路中大量使用二极管作为电子开关，这主要是利用了它的单向导电性，即正向导通（电阻很小）和反向截止（电阻很大），这在电路中表现为二极管对正反向电流的开关作用。但由于二极管的 PN 结中存在结电容，当外加电压极性翻转时，其工作状态并不立刻改变，而是在一段时间内完成翻转。尤其是当 PN 结的外加电压由正偏变为反偏时，反向电流并不立刻成为 I_S，而是在 T_s 时间内始终很大，二极管并不关断；经过 T_s 之后，反向电流才开始逐渐变小；再经过 T_f 时间，二极管的反向电流变为 I_S。这一过程中，T_s 为储存时间，T_f 为下降时间，因此反向恢复时间 $T_R = T_s + T_f$。

2.2.4 二极管的分析方法与模型

由二极管的伏安特性曲线可知它是非线性电阻器件，直接使用传统的电路分析方法存在一定的困难。为了便于分析，通常采用图解法和等效模型法来分析二极管应用电路。

1. 图解法

图解法是利用伏安特性曲线直接分析二极管应用电路。下面通过例 2-1 来说明图解法。

例 2-1 二极管电路图及其伏安特性曲线分别如图 2-18（a）和图 2-18（b）所示，电路中的电源电压 U 和电阻 R 已知，求二极管两端电压 U_D 和流过二极管的电流 I_D。

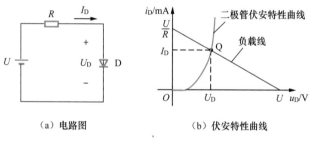

（a）电路图　　　（b）伏安特性曲线

图 2-18　例 2-1 题图

解 图 2-18（a）所示电路二极管两端电压 U_D 与流过二极管的电流 I_D 满足基尔霍夫电压定律，即

$$U_D = U - I_D R \tag{2-4}$$

即 $I_D = -\dfrac{1}{R}(U_D - U)$。由此，在图 2-18（b）中可以做出一条斜率为 $-\dfrac{1}{R}$ 的直线，该直线即负载线，它与二极管的伏安特性曲线存在交点，即静态工作点 Q。通过图 2-18（b）即可求得二极管两端电压 U_D 和流过二极管的电流 I_D。

根据二极管两端电压 U_D 和流过二极管的电流 I_D，可以进一步求得二极管的直流电阻 $R_D = \dfrac{U_D}{I_D}$，即二极管工作在伏安特性上某一点时的端电压与其电流之比。

图解法虽然简单直接，但在实际工程中很难使用，这一方面是因为二极管准确的伏安特性曲线难以获得，另一方面是因为实际电路中可能存在多个二极管。因此图解法一般用于理解电路的工作原理和工作点，而很少在实际工程中使用。

此外，例 2.1 可以通过式（2-4）与式（2-3）表示的二极管伏安特性进行联立解析求解，但由于二极管伏安特性涉及指数运算，属于对超越方程的求解，具有很高的计算复杂度，因此这种解析求解的方法也不适用。在实际工程中，通常采用等效模型法进行分析。

2. 等效模型法

二极管的等效模型

等效模型法是指根据应用场景或精度需求对二极管应用电路进行简化近似，使用其他电子元件替代二极管进行分析，即模拟二极管的特性将原始电路转化为等效电路，而替代二极管的电子元件也称为二极管的等效模型。电子器件的建模可以根据器件的物理原理建立等效电路，其等效电路的参数与物理原理相关，构建的模型精确但复杂；此外还可以通过描述器件的外特性构造相应的等效电路，采用工程近似的方法分析电路，相对简单易行。实际应用中需要根据应用场景与精度需求等选择模型。

（1）理想模型

二极管理想模型的符号如图 2-19（a）所示，其特性曲线如图 2-19（b）所示。二极管正偏时导通，压降 $u_D = 0$ V，相当于开关闭合，如图 2-19（c）所示；二极管反偏时截止，反向电流 $i_D = 0$ A，相当于开关打开，如图 2-19（d）所示。

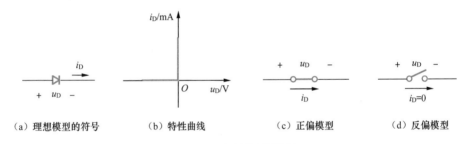

（a）理想模型的符号　　（b）特性曲线　　（c）正偏模型　　（d）反偏模型

图 2-19　二极管的理想模型

在二极管应用电路中，理想模型常用于电路中二极管导通状态的定性分析，即判断电路中二极管是否处于导通状态，这样可以简化分析过程。

（2）恒压降模型

在流过二极管的电流 $i_D \geqslant 1$ mA 时，可采用恒压降模型，如图 2-20 所示，即认为二极管导通后的管压降 u_D 是恒定不变的（不随电流变化而变化）。硅二极管的恒压降 U_{on} 近似为 0.7 V，锗二极管的恒压降 U_{on} 近似为 0.3 V。

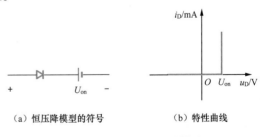

（a）恒压降模型的符号　　　　（b）特性曲线

图 2-20　二极管的恒压降模型

（3）折线模型

为了更为准确地描述二极管的伏安特性，可将恒压降模型的垂线改为斜线，尽可能与二极管正向指数曲线吻合，即得到二极管的折线模型，如图 2-21 所示。折线模型在恒压降模型基础上增加了一个交流电阻 r_D。r_D 定义为

$$r_D = \frac{u_D - U_{on}}{i_D} \tag{2-5}$$

当二极管正向电压 $u_D > U_{on}$ 时，二极管导通，其电流 i_D 与电压 u_D 成线性关系，斜率为 $1/r_D$；当 $u_D < U_{on}$ 时，二极管截止。若忽略二极管交流电阻 r_D（认为 $r_D = 0$），则二极管折线模型可退化为恒压降模型。

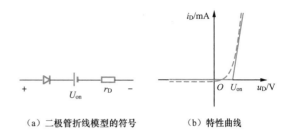

（a）二极管折线模型的符号　　（b）特性曲线

图 2-21　二极管的折线模型

（4）交流小信号模型

上述 3 种模型描述了二极管的单向导电性，适于在大电压和大电流场景下讨论，也可用于确定二极管的静态工作状态，可称为大信号模型。在实际情况中，二极管上的工作电压在某一确定值（直流值）附近波动，即电路在一定的直流信号激励作用下叠加较小的交流信号。在分析电路中交流信号的电压电流关系时，需要建立二极管的交流小信号模型。

由于存在外加的直流正向电压，图 2-22（a）所示的二极管伏安特性曲线上通过静态工作点 Q 反映该直流分量。在 Q 点之上叠加微小的变化量，即交流小信号。以 Q 点为切点做曲线的切线，近似表示微小变化的曲线，则二极管可以等效为一个动态电阻 $r_d = \Delta u_d / \Delta i_d$，如图 2-22（b）所示，该模型称为交流小信号模型，也称为二极管的微变等效电路。

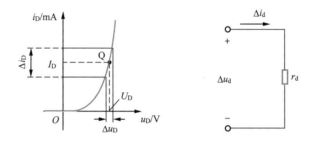

（a）二极管的伏安特性曲线与静态工作点　　（b）二极管的等效动态电阻

图 2-22　二极管的交流小信号模型

根据式（2-3）所示的 PN 结伏安特性，可以推导得到二极管的动态电导为

$$g_d = \frac{1}{r_d} = \frac{di_d}{du_d} = \frac{d}{du_d}[I_S(e^{u_d/U_T} - 1)] = \frac{I_S}{U_T}e^{u_d/U_T} \tag{2-6}$$

在静态工作点 Q 处，由于 $u_d \gg U_T$，因此式（2-6）近似为

$$g_d = \frac{I_S}{U_T}e^{u_d/U_T}\bigg|_Q \approx \frac{i_D}{U_T}\bigg|_Q = \frac{I_D}{U_T} \tag{2-7}$$

式中 I_D 表示 Q 点处的电流，因此室温（$T = 300\,K$）条件下的二极管等效动态电阻为

$$r_d = \frac{1}{g_d} = \frac{U_T}{I_D} = \frac{26\,mV}{I_D} \tag{2-8}$$

二极管正偏时，r_d 很小，约为几欧到几十欧。例如，Q 点上的直流电流 $I_D = 2\,mA$，则 $r_d = 26\,mV/2\,mA = 13\,\Omega$。需要注意的是，交流小信号模型中的动态电阻 r_d 与静态工作点 Q 有关，Q 点位置不同，r_d 的数值也不同。

2.2.5 特殊二极管

除了利用单向导电性制作而成的普通二极管，还有利用反向击穿特性制作的稳压二极管，利用 PN 结电容效应制作的变容二极管，利用 PN 结电致发光和光电效应制作的光电二极管、发光二极管，以及导通压降较低且可以高速切换的肖特基二极管。

1. 稳压二极管

稳压二极管（Zener diode）又称为齐纳二极管，简称为稳压管，电路符号如图 2-23（a）所示。它利用 PN 结的反向击穿特性，即反向电流可在很大范围内变化且 PN 结两端电压几乎维持不变，可起到稳压作用。在反向电压的作用下，它是一种在达到反向击穿电压前都具有很高电阻的半导体器件；而在临界击穿点上，反向电阻降低到一个很小的数值。这个低阻区域中电流激增，而电压则保持恒定。

基于反向击穿时表现的稳压特性，稳压管广泛应用于稳压电源和限幅电路中。稳压管的伏安特性曲线如图 2-23（b）所示。其正向特性和普通二极管相似，其反向特性：在反向电压低于反向击穿电压时，反向电阻很大，反向电流极小；但当反向电压临近反向击穿电压的临界值时，反向电流骤然增大，即导致击穿；在这一临界击穿点上，反向电阻骤降。尽管电流在很大的范围内变化，但稳压管两端的电压却基本上稳定在反向击穿电压附近（击穿区曲线很陡），从而实现稳压功能。只要控制反向电流不超过一定值，稳压管就不会因为过热而烧坏。

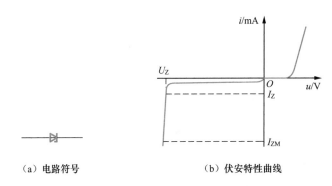

（a）电路符号　　　　　（b）伏安特性曲线

图 2-23　稳压管的符号与伏安特性曲线

稳压管的主要参数如下。

① 稳定电压 U_Z：稳压管通过额定电流时管子两端的电压，该值随工作电流和温度的不同而略有改变。由于制造工艺的差别，同一型号稳压管的稳定电压 U_Z 也不完全一致。例如，2CW51 稳压管的 $U_{Zmin} = 3$ V，$U_{Zmax} = 3.6$ V。

② 稳定电流 I_Z：稳压管工作在稳压区时通过管子的电流。保证可靠击穿时的最小电流为 I_{Zmin}。当低于这个值时，稳压管的稳压效果会变差，甚至不再具备稳压功能。稳压管的最大稳定电流为 I_{Zmax}，当高于这个值时，功率将超过稳压管的额定功率 P_{ZM}。

③ 动态电阻 r_Z：稳压管工作在稳压区时，两端电压变化与电流变化的比值，即 $r_Z = \Delta U_Z/\Delta I_Z$。动态电阻随稳定电流 I_Z 的不同而改变，稳定电流 I_Z 越大，动态电阻则越小。例如，2CW7C 稳压管工作电流为 2 mA 时，动态电阻 $r_Z = 18$ Ω；工作电流为 10 mA 时，动态电阻 $r_Z = 8$ Ω；工作电流为 20 mA 时，动态电阻 $r_Z = 2$ Ω。

④ 额定功率 P_{ZM}：由稳定电压 U_Z 和最大稳定电流 I_{ZM} 的乘积确定。稳压管超过额定功率时，

PN 结会因为温度过高而损坏。例如，2CW51 稳压管的 U_Z = 3 V，I_{ZM} = 20 mA，则该管的 P_{ZM} = 60 mW。

⑤ 温度系数 α：在环境温度变化时，稳压管的稳定电压会发生变化，温度变化 1℃引起管子两端电压的相对变化量即温度系数。稳定电压低于 6 V 时属于齐纳击穿，其温度系数是负的；高于 6 V 时属于雪崩击穿，温度系数是正的 [1]。例如，2CW58 稳压管的温度系数是 +0.07% /℃，即温度每升高 1℃，其稳定电压将升高 0.07%。

2. 变容二极管

变容二极管（varactor diode）也称为可变电抗二极管，它是利用 PN 结反偏时结电容大小随外加电压大小变化而变化的特性制成的，其电路符号如图 2-24 所示。反向电压增大时，变容二极管的结电容减小，反之结电容增大。变容二极管的电容量一般较小，其最大值为几十皮法到几百皮法。它主要用于高频电路中的自动调谐、压控振荡、调频、调相等，如在电视接收机调谐回路中用作可变电容。

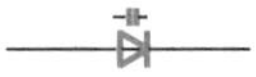

图 2-24　变容二极管的电路符号

3. 光电二极管

光电二极管（photo diode）利用了 PN 结的光电效应，是一种将光信号转换为电信号的光电传感器件，其电路符号如图 2-25（a）所示。例如，在一块低掺杂的 P 型半导体表面附近形成一层很薄的 N 型半导体，通过管壳上的玻璃窗口，使外部入射光透过 N 区照射到 PN 结上。设计和制作时应尽量使 PN 结的面积相对较大，以便接收入射光。受光面称为前极，对应 PN 结的阴极；背光面称为后极，对应 PN 结的阳极。如果将低掺杂的 P 型半导体改为 N 型，相应覆盖很薄的 P 型半导体，则光电二极管的阴、阳极也互换。

光电二极管包括 PN 型、PIN 型、雪崩型和发射键型。其中 PN 型暗电流小，但响应速度较低；PIN 型暗电流大却有着较高的响应速度；雪崩型响应速度非常快，可用于高速光通信、高速光检测；发射键型使用金薄膜与 N 型半导体结代替 PN 结，可用于紫外线等短波光的检测。

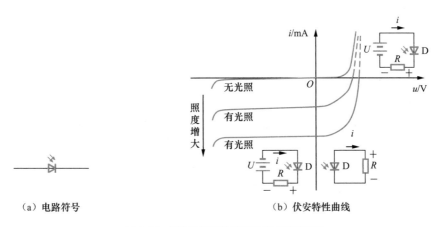

（a）电路符号　　　　　　　　　　　（b）伏安特性曲线

图 2-25　光电二极管的符号与伏安特性曲线

图 2-25（b）给出了光电二极管的伏安特性曲线。在无光照时，光电二极管类似于普通二极

1　温度升高时，耗尽层变窄，耗尽层中原子的价电子上升到较高的能量，较小的电场强度就可以把价电子从原子中激发出来，产生齐纳击穿，因此是温度系数是负的。雪崩击穿发生在耗尽层较宽、电场强度较低时，此时温度增加使晶格原子振动幅度加大，阻碍了载流子运动，只有增加反向电压，才能发生雪崩击穿，因此雪崩击穿的电压温度系数是正的。

管，具有单向导电性，此时，外加正向电压，在 2-25（b）第一象限的电路中，电流与电压成指数关系；外加反向电压时，反向电流极其微弱，称为暗电流，通常小于 0.2 μA。在有光照时，伏安特性曲线下移且在第三、四象限。反向电压在一定范围之内时（未超过反向击穿电压），伏安特性曲线是一组平行线，反向电流迅速增大到几十微安，称为光电流。光的照度越大，反向电流也越大。光的变化引起了光电二极管电流的变化，因此它可把光信号转换成电信号，作为光电传感器件。在图 2-25（b）第三象限的电路中，光电二极管工作在反向电压下，流过电阻 R 的电流 i 由光电二极管的照度确定，电阻两端电压的变化为 $u_R = iR$。在图 2-25（b）第四象限的电路中，光电二极管受光照产生电流并作用在电阻 R 上，此时光电二极管作为微型光电池。

4. 发光二极管

发光二极管（Light Emitting Diode，LED）由含镓（Ga）、砷（As）、磷（P）、氮（N）等的化合物制成，是一种常用的发光器件。它利用 PN 结的电致发光特性，通过自由电子与空穴的复合释放能量发光，已在照明领域得到广泛应用。

发光二极管加上正向电压之后，P 区注入 N 区的空穴和 N 区注入 P 区的自由电子，在 PN 结附近分别与 N 区的自由电子和 P 区的空穴复合，产生自发辐射的荧光。不同的半导体材料中自由电子和空穴所处的能级不同，复合时释放出的能量多少也不同。常用的是能发出红光、绿光、黄光等可见光以及能发出不可见光和激光等的二极管。

图 2-26（a）给出了常用发光二极管的外形，其对应的电路符号如图 2-26（b）所示。此外，也可利用发光二极管制作成七段数码管，如图 2-26（c）所示。发光二极管的反向击穿电压大于 5 V，正向伏安特性曲线很陡，使用时必须串联限流电阻，以控制流过二极管的电流。

（a）外形　　　　　（b）电路符号　　　　　（c）七段数码管

图 2-26　发光二极管的外形、电路符号及其应用

5. 肖特基二极管

肖特基二极管全称为肖特基势垒二极管（Schottky Barrier Diode，SBD），是以其发明人肖特基博士命名的。不同于传统二极管利用 P 型半导体与 N 型半导体接触形成 PN 结，它是利用金属与半导体接触形成的"金属 - 半导体结"制作的，因此也称为金属 - 半导体（接触）二极管或表面势垒二极管，电路符号如图 2-27（a）所示。肖特基二极管有两种结构，分别为点接触型和面接触型，如图 2-27（b）和图 2-27（c）所示。

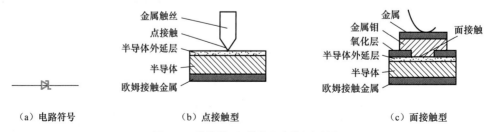

（a）电路符号　　　　　（b）点接触型　　　　　（c）面接触型

图 2-27　肖特基二极管的电路符号与结构

肖特基二极管以 N 型半导体为负极，以贵金属（如金、银等）为正极，是利用二者接触面上形成的势垒具有的整流特性而制成的金属 - 半导体器件。N 型半导体中存在着大量的电子，贵金属大都属于不活泼元素，其自由电子相对较少，因此自由电子便从浓度高的 N 型半导体中向浓度低的贵金属中扩散。但贵金属中没有空穴，不存在空穴自贵金属向 N 型半导体的扩散运动。随着电子不断扩散到交界面，电子浓度逐渐降低，交界面电中性被破坏，形成势垒，其电场方向由 N 型半导体指向贵金属。

肖特基二极管是只依靠一种载流子工作的器件，消除了 PN 结中对于少子的存储现象，结电容小；略去了 P 型半导体，具有很低的串联电阻；阻挡层很薄，相应的正向导通压降与反向击穿电压都比 PN 结低。基于以上优点，肖特基二极管广泛适用于高频高速电路，如微波混频、检测和集成化数字电路等。

2.2.6　二极管的应用

利用二极管的单向导电性、反向击穿特性等，可以构成开关、整流、限幅、钳位、稳压等各种功能电路。

1. 开关电路

利用二极管的单向导电性可以接通或断开电路，这在开关电路中得到了广泛应用。对存在二极管的开关电路进行分析时，首先需要判断二极管的工作状态，进而利用相应的二极管理想模型简化电路。

判断二极管在电路中工作状态的方法：首先假设二极管断开，分别计算二极管两极的电位；然后获知阳极与阴极之间的电压，如果该电压大于二极管的导通压降，则说明二极管导通，否则截止。

例 2-2　理想二极管电路如图 2-28 所示，其中 $R_1 = 18\ \text{k}\Omega$，$R_2 = 2\ \text{k}\Omega$，$R_3 = 25\ \text{k}\Omega$，$R_4 = 5\ \text{k}\Omega$，$R_5 = 140\ \text{k}\Omega$，$R_6 = 10\ \text{k}\Omega$，$U_1 = 15\ \text{V}$，$U_2 = 10\ \text{V}$，判断电路中的二极管 D 是否能够导通。

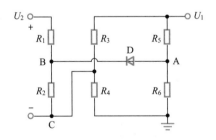

图 2-28　例 2-2 题图

解　在图 2-28 所示电路中，根据基尔霍夫电压定律和电路叠加原理，A、B 两点电位分别为

$$U_A = \frac{R_6}{R_5 + R_6} \times U_1 = 1\ \text{V} \tag{2-9}$$

$$U_B = \frac{R_4}{R_3 + R_4} \times U_1 + \frac{R_2}{R_1 + R_2} \times U_2 = 3.5\ \text{V} \tag{2-10}$$

由此可知，阳极与阴极之间的电压 $U_{AB} = U_A - U_B = -2.5\text{ V} < 0$，即电路中二极管为截止状态。

上述电路中只存在一个二极管，计算较为简单。如果电路出现两个以上的二极管，首先应断开所有二极管，分别计算各个二极管承受的电压，判定承受正向电压较大者优先导通；然后继续用上述方法判断其他二极管的状态。

例 2-3 理想二极管电路如图 2-29 所示，判断电路中的二极管 D_1 和 D_2 能否导通，并计算输出电压 U_o。

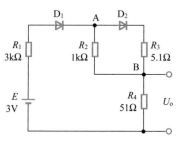

图 2-29　例 2-3 题图

解　首先断开图 2-29 所示电路中的两个二极管 D_1 和 D_2，分别计算其端电压，即 $U_{D1} = 3\text{ V}$ 和 $U_{D2} = 0\text{ V}$，因此 D_1 导通。

D_1 导通情况下，断开 D_2，A、B 两点电位分别为

$$U_A = \frac{R_2 + R_4}{R_1 + R_2 + R_4} \times E \approx 0.778\text{ V} \tag{2-11}$$

$$U_B = \frac{R_4}{R_1 + R_2 + R_4} \times E \approx 0.038\text{ V} \tag{2-12}$$

由此可知，二极管 D_2 的阳极与阴极之间的电压 $U_{AB} = U_A - U_B = 0.74\text{ V} > 0\text{ V}$，因此 D_2 也导通。

D_1 和 D_2 均导通，则输出电压 U_o 为

$$U_o = \frac{R_4}{R_1 + R_2 /\!/ R_3 + R_4} \times E \approx 50\text{ mV} \tag{2-13}$$

2. 整流电路

整流电路（rectifying circuit）是将交流电转换成单向脉动性直流电的电路，主要由整流二极管组成。经过整流电路之后的电压是一种含有直流电压和交流电压的混合电压，我们习惯上称之为单向脉动性直流电压。整流电路主要有半波整流电路和全波整流电路，本小节只介绍半波整流电路，其他形式的整流电路详见本书第 9 章。

半波整流电路是一种利用二极管的单向导电性进行整流的简单电路，如图 2-30（a）所示。电路中的二极管使用理想开关模型近似简化，当 $u_{i2} = U_m \sin\omega t$ 为正半周时，二极管导通；为负半周时，二极管截止。因此负载 R_L 上的电压为半周的正弦脉冲电压，如图 2-30（b）所示。半波整流电路输出的电压平均值为

$$U_{DC} = \frac{1}{2\pi} \int_0^\pi U_m \sin\omega t \mathrm{d}\omega t \approx 0.45\, U_{i2} \qquad (2\text{-}14)$$

式中 U_{i2} 是变压器输出的有效值。

由于整流电路的输出都是脉动电流，因此，通过理想滤波器，输出波形会变为直流。

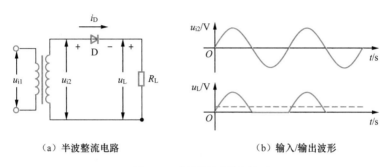

（a）半波整流电路　　　　　（b）输入/输出波形

图 2-30　半波整流电路与波形

3. 限幅电路

限幅电路（limiting circuit）是能按照限定范围"削平"信号电压波幅的电路，又称限幅器或削波器。限幅电路常用于：①整形，如削去输出波形顶部或底部的干扰；②波形变换，如将输出信号中的正脉冲削去，只留下其中的负脉冲；③过压保护，如强的输出信号或干扰有可能损坏某个部件时，可在这个部件前接入限幅电路。

限幅电路按功能分为上限限幅电路、下限限幅电路和双向限幅电路三种。在上限限幅电路中，当输入电压低于预定上门限电压时，输出电压将随输入电压而增减；但当输入电压达到或超过上门限电压时，输出电压将保持一个固定值，不再随输入电压的变化而变化，即信号幅度在输出端受到限制。同样，下限限幅电路在输入电压低于预定下门限电压时会产生限幅作用。双向限幅电路则在输入电压过高或过低的两个方向上均产生限幅作用。

图 2-31（a）是下限限幅电路，其中 U_γ 是下门限电压。若二极管 D 是理想二极管，当输入电压 $U_i > U_\gamma$ 时，二极管 D 截止，$U_o = U_i$；当 $U_i < U_\gamma$ 时，二极管 D 导通，$U_o = U_\gamma$，输出波形被限幅，如图 2-31（b）所示。

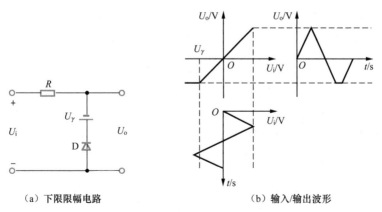

（a）下限限幅电路　　　　　（b）输入/输出波形

图 2-31　下限限幅电路与波形

图 2-32（a）给出了双向限幅电路，$U_{\gamma1}$ 和 $U_{\gamma2}$ 分别是下门限电压和上门限电压，其输入/输出波形如图 2-32（b）所示。

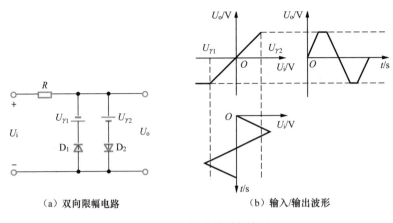

（a）双向限幅电路　　　　　　（b）输入/输出波形

图 2-32　双向限幅电路与波形

4. 钳位电路

钳位电路（clamping circuit）是将脉冲信号的某一部分固定在指定电压值上，并保持原波形形状不变的电路。它利用二极管正向导通时压降相对稳定且数值较小的特点，来限制电路中某点的电位，使周期性变化的波形的顶部或底部保持在某一确定的直流电平上。

图 2-33（a）是一个使用二极管的正钳位电路。初始时刻（$t = 0^-$），电容上的初始电压为零。合闸上电后（$t = 0^+$），输入电压 $U_i = U_m$，由于电容 C 的电压不能跳变，二极管 D 导通，因此对电容 C 进行充电，直至其电压等于 U_m，此时输出电压 $U_o = 0$ 且持续保持至 $t = t_1$ 时刻。而后 U_i 突然降到 $-U_m$，二极管 D 截止，如果电阻和电容足够大，则时间常数 RC 远大于输入信号周期，电容 C 上的充电电压一直保持为 U_m，输出电压 $U_o = U_i - U_m = -2U_m$，并一直保持至 $t = t_2$ 时刻。该电路的输入/输出波形如图 2-33（b）所示。由于输出电压一直不大于零，因此称之为正钳位电路。

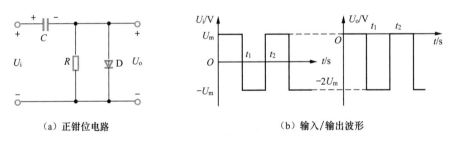

（a）正钳位电路　　　　　　　（b）输入/输出波形

图 2-33　正钳位电路与波形

钳位电路经常应用于各种显示设备中。例如，显示器中使用钳位电路能够恢复扫描信号的直流分量，以解决扫描速度改变所引起的屏幕上图像位置移动的问题。又如，电视系统中用钳位电路使全电视信号的同步脉冲顶端保持在固定电压上，以克服失去直流分量或干扰等造成的电平波动，实现电视同步信号的分离。

5. 稳压电路

稳压电路（voltage stabilizing circuit）是在输入电网电压波动或负载发生改变时仍能保持输出电压基本不变的电源电路，如图 2-34 所示。它利用的是稳压二极管的反向击穿特性，即稳压二极管反向击穿后，其伏安特性曲线很陡峭，在稳压管电流出现较大变化时，两端电压却变化很小。

图 2-34 中的 R 是限流电阻，用来限制稳压管的最大电流，以防止电流过大烧坏稳压管，同时限流电阻也能起到分压作用。当负载电阻 R_L 不变但输入电压 U_i 升高时，稳压管的稳定电流 I_Z 增大，则限流电阻 R 上的电压增大，从而保证 R_L 上的电压 U_L 稳定。而当输入电压 U_i 不变但负载电阻 R_L 减小时，流过 R_L 的电流 I_L 会增大，导致稳压管的稳定电流 I_Z 减小，从而确保限流电阻 R 上的压降稳定，因此 R_L 上的电压也保持稳定。

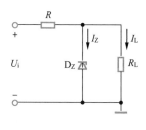

图 2-34　稳压电路

稳压电路分类繁多，按照工作状态可分为线性稳压电路和开关稳压电路，具体内容详见本书第 9 章。

2.3　三极管

双极结型晶体管（Bipolar Junction Transistor，BJT）又称为半导体三极管、晶体三极管、晶体管、三极管，后文中统一简称为三极管。常见的三极管封装（即外形）如图 2-35 所示。三极管内部有两个 PN 结，在工作过程中有自由电子和空穴两种极性载流子共同参与导电，因此称为结型晶体三极管。

图 2-35　常见的三极管封装

三极管体积小、重量轻、耗电少、寿命长、可靠性高，已广泛用于广播、电视、通信、雷达、计算机、自控装置、电子仪器、家用电器等领域，起放大、振荡、开关等作用。三极管按照不同的材料特性可分为硅三极管和锗三极管等；按照工作频率的不同可分为高频三极管和低频三极管；按照额定功率的不同可分为小功率三极管、中功率三极管和大功率三极管；按照结构特点可分为 NPN 型三极管和 PNP 型三极管。

2.3.1　三极管的结构

三极管的结构示意图及其对应的电路符号如图 2-36 所示。在一个硅片上制造出三个杂质半导体区域，可形成两个 PN 结。一个 P 区夹在两个 N 区中间的三极管称为 NPN 型三极管，其结构示意图和电路符号分别如图 2-36（a）图 2-36（b）所示；一个 N 区夹在两个 P 区中间的三极管称为 PNP 型三极管，其结构示意图和电路符号分别如图 2-36（c）和图 2-36（d）所示。

三极管的三个杂质半导体区域各自引出一个电极，分别称为发射极 E（emitter）、集电极 C（collector）和基极 B（base），它们对应的杂质半导体区域分别称为发射区、集电区和基区。三个区域之间形成两个 PN 结，发射区和基区之间的 PN 结称为发射结，集电区和基区之间的 PN 结称为集电结。根据三极管的放大性能要求，在制作时应使发射区的掺杂浓度最高，基区宽度很小（以微米计）且掺杂浓度很低，集电区的掺杂浓度远低于发射区，集电结面积大于发射结面积。

由此可见，虽然发射区和集电区具有相同类型的掺杂，但由于浓度不同，两个区域不是对称的，因此发射极和集电极不能交换使用。图 2-36（b）和图 2-36（d）所示电路符号中的箭头表示正向电流的流向，也是发射结的正偏方向。

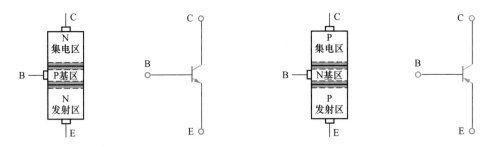

（a）NPN型三极管结构示意图 （b）NPN型三极管的电路符号 （c）PNP型三极管结构示意图 （d）PNP型三极管的电路符号

图 2-36　三极管的结构与电路符号

实际集成电路中的 NPN 型三极管的截面结构如图 2-37 所示。它是通过首先在 P 型衬底上扩散高掺杂的 N^+ 型掩埋层，然后生长出 N 型外延层，最后在 N 型外延层中扩散出 P 型基区、N^+ 型的发射区和集电区而形成的。其中 P^+ 型区域、P 型衬底与 N 型外延层形成 PN 结，并将 P 型衬底接至电路中最低电位，使这些 PN 结始终处于反偏状态，从而实现集成电路中三极管之间的隔离。N^+ 型掩埋层可以减小集电区与衬底之间 PN 结的厚度，即减小集电区的体电阻。

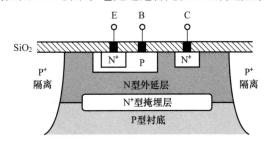

图 2-37　集成 NPN 型三极管的截面结构

2.3.2　三极管的工作原理

根据三极管的内部结构可知三极管有发射结和集电结。当两个 PN 结的偏置状态不同时，三极管呈现不同的特性。为了便于记忆，将其规律特性总结如下：

（1）发射结正偏，集电结反偏，处于放大状态；

（2）发射结正偏，集电结正偏，处于饱和状态；

（3）发射结反偏，集电结反偏，处于截止状态；

（4）发射结反偏，集电结正偏，处于倒置状态。

三极管的饱和状态、截止状态和倒置状态一般应用在数字电子器件中。而本书主要讨论放大电路，即对传感器采集到的微弱电信号等进行放大，使之获得足够能量以待后续处理，因此三极管处于放大状态，即发射结正偏，集电结反偏。三极管是放大电路的核心器件之一，它可控制能量转换，将输入的变化的小信号无失真地放大输出。在实际电路工作中，此处的"发射结正偏"是指发射结正偏导通。

下面以 NPN 型三极管为例，根据三极管在放大状态下的 PN 结偏置要求和内部载流子的运动过程，分析三极管的电流放大作用和机理。

1. 三极管内部载流子的运动

三极管发射结正偏，集电结反偏，即工作在放大状态下时，其内部载流子的运动如图 2-38 所示，可归结为发射区注入载流子，基区运输并控制载流子，集电区收集载流子。

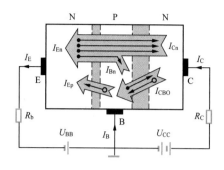

图 2-38　NPN 型三极管内部载流子的运动

图 2-38 中三极管的发射结正偏，致使发射结变窄，有利于自由电子的扩散运动。发射区高掺杂的电子大量扩散到基区（即注入载流子），形成电子电流 I_{En}。同时，基区的多子"空穴"也向发射区扩散，形成空穴电流 I_{Ep}。但实际上由于基区掺杂浓度低，所以空穴电流 I_{Ep} 非常小。而 I_{En} 与 I_{Ep} 电流方向一致，均由基区指向发射区，一起组成发射极电流，即 $I_E = I_{En} + I_{Ep}$。

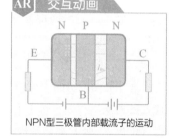

NPN型三极管内部载流子的运动

由于基区很薄且掺杂浓度很低，注入基区的自由电子仅有少部分与空穴进行复合，形成复合电流 I_{Bn}。同时在集电结反向电压的影响下，大量的自由电子作为基区的非平衡少子到达了集电结的边界（即运输载流子）。

由于集电结存在反向电压且结面积较大，基区的非平衡少子在外电场的作用下到达集电区（即"收集非平衡少子"），形成漂移电流 I_{Cn}。与此同时，集电区的平衡少子"空穴"与基区的平衡少子"自由电子"也参与漂移运动，形成了集电结反向饱和电流 I_{CBO}。因此在集电极电源 U_{CC} 的作用下，两个漂移运动形成集电极电流，即 $I_C = I_{Cn} + I_{CBO}$。

晶体三极管内部
载流子的运动

在电源 U_{BB} 和 U_{CC} 的作用下，由空穴电流 I_{Ep}、复合电流 I_{Bn} 和反向饱和电流 I_{CBO} 形成基极电流，即 $I_B = I_{Ep} + (I_{En} - I_{Cn}) - I_{CBO} = I_{Ep} + I_{Bn} - I_{CBO}$。

根据以上分析，三极管内部电子电流 I_{En}、复合电流 I_{Bn}、漂移电流 I_{Cn} 之间满足

$$I_{En} = I_{Cn} + I_{Bn} \tag{2-15}$$

三极管外部三个电极的电流关系满足

$$I_E = I_C + I_B \tag{2-16}$$

2. 三极管的电流控制关系

三极管是电流控制器件，即输入电流对输出电流起到控制作用。电流控制关系就是三极管在上述载流子运动过程中形成的各极电流间的关系。将三极管等效成双端口网络，则三极管中的某个电极必定作为输入和输出的公共端点，因此三极管的使用存在 3 种连接方式，如图 2-39 所示。

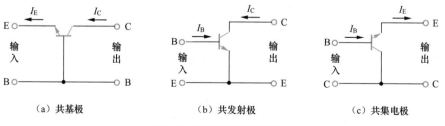

（a）共基极　　　　（b）共发射极　　　　（c）共集电极

图 2-39　三极管的 3 种连接方式

（1）发射极电流 I_E 对集电极电流 I_C 的控制作用

集电极电流 I_C 中占主导地位的是基区非平衡少子在外电场作用下到达集电区形成的漂移电流 I_{Cn}。在相同的发射极电流 I_E 下，希望能够获得更大的 I_C，需要尽可能减小载流子在基区复合的比例。因此，不仅要求基区掺杂浓度远低于发射区，且基区应尽可能薄，从而减小复合比例，使发射区注入的载流子绝大多数能够被集电区收集。这也就意味着基区与发射区掺杂浓度的差异性、基区尺寸决定了载流子在基区复合的比例。通常以 $\bar{\alpha}$ 描述这个比例，即

$$\bar{\alpha} = \frac{I_{Cn}}{I_E} \tag{2-17}$$

由于 $I_C = I_{Cn} + I_{CBO}$，因此式（2-17）可以进一步改写为

$$I_C = \bar{\alpha} I_E + I_{CBO} \tag{2-18}$$

一般来说，反向饱和电流 I_{CBO} 远远小于漂移电流 I_{Cn}，即 $I_C \approx I_{Cn}$，因此式（2-18）可进一步简化为

$$I_C = \bar{\alpha} I_E \tag{2-19}$$

式（2-19）表明了发射极电流 I_E 对集电极电流 I_C 的控制作用。图 2-39（a）中将三极管等效成双端口网络，受控量 I_C 作为输出电流（集电极作为输出），发射极电流 I_E 是输入电流（发射极作为输入），公共端是基极，因此 $\bar{\alpha}$ 也称为共基电流传输系数，在放大电路中常称为电流放大系数或电流增益。

$\bar{\alpha}$ 越大，载流子在基区的复合比例越低，即到达集电极的非平衡少子漂移电流在总发射极电流中所占比例就越高。值得注意的是，由于 I_{Cn} 肯定小于 I_E，因此 $\bar{\alpha}$ 总是小于 1 的，其数值通常为 0.95～0.99。这个数值越大，表明载流子传输效率越高。

（2）基极电流 I_B 对集电极电流 I_C 的控制作用

三极管的基极电流增大时，相应的发射结正向电压也略有提升，使发射区多子更多地向基区扩散，又由于基区很薄且掺杂浓度低，因此集电结的反偏会促使集电区收集更多的基区非平衡少子。这就是基极电流对集电极电流的影响。具体来说，以基极作为输入端，集电极作为输出端，发射极作为公共端，即构成三极管的共发射极连接方式，如图 2-39（b）所示，则基极电流 I_B 对集电极电流 I_C 的控制作用反映了集电极电流和基极电流之间的关系，即共射电流放大系数 $\bar{\beta}$ 定义为

$$\bar{\beta} = \frac{I_{Cn}}{I_{Bn} + I_{Ep}} \tag{2-20}$$

将集电极电流 $I_C = I_{Cn} + I_{CBO}$ 和基极电流 $I_B = I_{Ep} + I_{Bn} - I_{CBO}$ 代入式（2-20），得到

$$I_C = \bar{\beta} I_B + (1+\bar{\beta}) I_{CBO} = \bar{\beta} I_B + I_{CEO} \tag{2-21}$$

其中 I_{CEO} 称为三极管共发射极穿透电流，表示基极开路时发射极到集电极的直通电流。

室温情况下，硅三极管的穿透电流小于微安数量级，而锗三极管的穿透电流大于微安数量级，并且随着温度的升高穿透电流会增大，造成三极管的稳定性变差。

在 $I_{CEO} = (1+\bar{\beta}) I_{CBO}$ 中，虽然将 I_{CBO} 放大了 $(1+\bar{\beta})$ 倍，但在三极管的放大状态下，$I_{CEO} \ll \bar{\beta} I_B$，因此式（2-21）可近似为

$$I_C = \bar{\beta} I_B \tag{2-22}$$

式（2-22）表明了基极电流 I_B 对集电极电流 I_C 的控制作用。$\bar{\beta}$ 一般远大于 1，通常为几十到几百。与共基电流传输系数 $\bar{\alpha}$ 类似，它同样反映了载流子在基区复合的比例，$\bar{\beta}$ 越大，复合比例越低。

（3）$\bar{\beta}$ 与 $\bar{\alpha}$ 的关系

共基电流传输系数 $\bar{\alpha}$ 与共射电流放大系数 $\bar{\beta}$ 之间存在着关系。由式（2-16）与式（2-18）可得

$$I_C = \frac{\bar{\alpha}}{1-\bar{\alpha}} I_B + \frac{1}{1-\bar{\alpha}} I_{CBO} \tag{2-23}$$

对比式（2-23）与式（2-21）可得 $\bar{\beta}$ 与 $\bar{\alpha}$ 的关系为

$$\bar{\beta} = \frac{\bar{\alpha}}{1-\bar{\alpha}} \tag{2-24}$$

（4）基极电流 I_B 与发射极电流 I_E 的关系

$\bar{\alpha}$ 和 $\bar{\beta}$ 分别反映了共基极连接方式和共发射极连接方式中输入电流与输出电流的控制关系。而图 2-39（c）的共集电极连接方式将基极作为输入端，发射极作为输出端，集电极作为公共端，根据式（2-21）与式（2-16），可以得到输入基极电流 I_B 与输出发射极电流 I_E 的关系，即

$$I_E = (1+\bar{\beta}) I_B + I_{CEO} \tag{2-25}$$

2.3.3　三极管的特性曲线

三极管的特性曲线表征其外部各电极电压和电流的关系，是三极管内部载流子运动的外部表现，也称为三极管的伏安特性曲线或三极管的外特性。它可以反映三极管的性能，还可用于定量估算三极管的一些参数，是分析和设计三极管电路的重要依据。图 2-39 中的 3 种连接方式均可以使用三极管特性曲线进行定量描述。但由于三极管等效为双端口网络，因此需要分别对输入、输出进行伏安特性描述，即分为输入特性曲线和输出特性曲线进行描述。

1. 输入特性曲线

输入特性曲线用于描述三极管输入端口电压和电流之间的关系。以共发射极连接方式为例，输入特性曲线表征了在三极管输出电压 u_{CE} 已知的情况下，输入基极电流 i_B 与输入发射结压降 u_{BE} 之间的函数关系，即

$$i_B = f(u_{BE})|_{u_{CE}=常数} \tag{2-26}$$

由于电流 i_B 也流过发射结，因此它与 u_{BE} 呈指数关系，即发射结正偏时输入特性曲线与 PN 结的伏安特性曲线类似。具体来说，当 $u_{CE} = 0$ 时，三极管的集电极和发射极短路，相当于集电结与发射结并联，三极管的输入特性曲线与 PN 结伏安特性曲线相同；当 u_{CE} 增大且 u_{BE} 不变时，集电结承担的反向电压 $u_{CB} = u_{CE} - u_{BE}$ 增大，集电区收集载流子的能力增强，发射区注入基区的载流子在基区的停留时间变短，同时增大的反向电压会使集电结变宽，导致基区有效宽度减小，由此发射区注入载流子在基区的复合比例减小，即基极电流 i_B 减小。由图 2-40

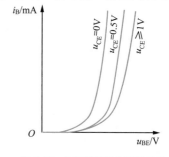

图 2-40　三极管的输入特性曲线

可知，在 u_{BE} 相同的情况下，u_{CE} 增大会导致 i_B 减小，即特性曲线右移。我们将 u_{CE} 变化导致基区有效宽度变化，并造成基极电流 i_B 变化的现象称为基区宽度调制效应。

在实际应用中，特性曲线不会一直右移。例如，对于小功率三极管来说，在 $u_{CE} > 1\ V$ 时，集电结所加反向电压已经足够强，能够收集发射区注入基区的所有非平衡少子，以至于再增大 u_{CE} 时，i_B 也不会明显减小，因此通常用一条曲线替代所有曲线。

2. 输出特性曲线

输出特性曲线用于描述三极管输出端口电压和电流之间的关系。以共发射极连接方式为例，输出特性曲线表征了在三极管输入基极电流 i_B 已知的情况下，输出集电极电流 i_C 与输出电压 u_{CE} 之间的函数关系，即

三极管的输出特性曲线

$$i_C = f(u_{CE})|_{i_B=常数} \qquad (2-27)$$

每一个确定的输入基极电流 i_B 都对应一条特性曲线，因此三极管的输出特性曲线是一组曲线，如图 2-41 所示。当 $u_{CE} = 0$ 时（即三极管发射极与集电极短路），$u_{CB} = -u_{BE}$，集电结正偏，集电区没有收集载流子的能力，因此集电极电流 $i_C = 0$；当 u_{CE} 从零逐渐增大时，集电结电场随之增强，收集基区非平衡少子的能力逐渐增强，因此集电极电流 i_C 也随之增大；当 u_{CE} 增大到一定数值时，集电结电场足以将基区大部分非平衡少子收集到集电区，即便再增大 u_{CE}，集电区的收集能力也不会明显增强，在图 2-41 中表现为曲线近似平行于横轴，此时集电极电流 i_C 的大小仅由基极电流 i_B 决定。

三极管的输出特性曲线分为三个工作区域，如图 2-41 所示，分别为饱和区、放大区、截止区。

（1）放大区

$i_B = 0$ 上方基本水平的曲线族是放大区，工作在这个区域的三极管要求发射结正偏且大于开启电压，集电结反偏。i_C 主要受 i_B 的控制，即 $i_C = \beta i_B$，其中 β 为交流电流放大系数，其定义参见 2.3.4 小节。

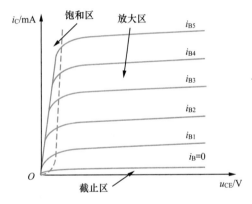

图 2-41 三极管的输出特性曲线

（2）饱和区

横轴上方左侧特性曲线快速上升的区域是饱和区。在该区域内，u_{CE} 较小，集电区收集载流子的能力较弱，即使 i_B 增加，i_C 也增加不多，即 $i_C < \beta i_B$，但 i_C 随着 u_{CE} 的增加而快速上升。在饱和区，发射结处于正偏，即 $u_{BE} > U_{on}$。同时对于共发射极连接方式来说 $u_{CE} < U_{BE}$，集电结也处于正偏。此时，i_C 随 u_{CE} 的增大而增大，而 i_B 对 i_C 的影响不明显。对于小功率三极管来说，当 $u_{CE} = u_{CES}$ 时，三极管 i_C 处于临界饱和状态（或称为临界放大状态）。u_{CES} 称为三极管饱和压降。

（3）截止区

在截止区，当发射结偏置电压小于 PN 结的开启电压时，集电结反偏，三极管无法导通，此时 $i_B = 0$，$i_C \approx I_{CEO}$。小功率三极管的 I_{CEO} 通常很小（硅三极管的 I_{CEO} 小于微安数量级，锗三极管的 I_{CEO} 为几十微安），因此可近似认为三极管截止时 $i_C \approx 0$。

实际应用中对三极管输出特性曲线进行测试时发现，集电极电流 i_C 随着 u_{CE} 的增大略有上扬，如图 2-42 所示。将输出特性曲线向负轴方向延伸，它们会相交于一点 A，该点对应的电压 U_A 称为厄尔利电压（Early voltage）。厄尔利电压的存在是因为三极管存在厄尔利效应，即基区宽度调

制效应。具体来说，当三极管的 u_{CE} 发生变化导致集电结反向电压 $u_{CB} = u_{CE} - u_{BE}$ 增大时，集电结耗尽层宽度也会随之增大，基区少子浓度分布的梯度增大，使集电极电流 i_C 增大。一般来说，基区宽度越小，厄尔利效应对 i_C 的影响就越大，$|U_A|$ 也就越小，三极管输出特性曲线的上扬程度也就越大。

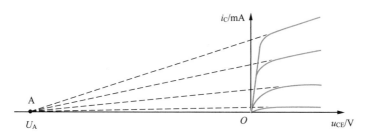

图 2-42　实测三极管输出特性曲线与厄尔利电压

2.3.4　三极管的主要参数

三极管的参数用于表征其性能，也是进行电路设计和应用的主要依据，在半导体器件手册中均可以查到相应参数的标称值。只有了解主要参数才能合理使用三极管，实现模拟电路设计的可靠性与合理性。

1. 电流放大系数

三极管的基本功能是进行电流放大，电流放大系数表征三极管的放大能力。根据电路工作状态，电流放大系数可分为直流电流放大系数和交流电流放大系数两类。

（1）直流电流放大系数

在直流工作状态下，共发射极连接方式下的电流放大系数为

$$\overline{\beta} = \frac{I_C - I_{CBO}}{I_B} \tag{2-28}$$

由于 $I_C \gg I_{CBO}$，因此式（2-28）可近似为

$$\overline{\beta} \approx \frac{I_C}{I_B} \tag{2-29}$$

$\overline{\beta}$ 反映了静态（直流工作状态）下集电极电流与基极电流之比。在理想情况下，给定三极管的 $\overline{\beta}$ 是常数。但在实际应用中，由于三极管特性曲线的非线性，各点 I_C 与 I_B 的比值不尽相同。只有在恒流特性较好且特性曲线均匀的部分，才可认为 $\overline{\beta}$ 是基本不变的。

类似地，在直流工作状态下，忽略 I_{CBO} 时的共基电流传输系数近似为

$$\overline{\alpha} \approx \frac{I_C}{I_E} \tag{2-30}$$

（2）交流电流放大系数

在动态（交流工作状态）下，共射电流放大系数 β 被定义为集电极电流变化量与基极电流变化量之比，即

$$\beta = \frac{\Delta i_C}{\Delta i_B}\bigg|_{U_{CE}=\text{常数}} \tag{2-31}$$

类似于直流工作状态下的共射电流放大系数 $\overline{\beta}$，由于三极管特性曲线的非线性，β 的值与工作点的选取有关，一般认为在特性曲线的线性部分（放大区），β 基本保持不变。

若三极管输出特性曲线间距基本相等，且忽略 I_{CBO}，共射直流电流放大系数 $\overline{\beta}$ 与共射交流电流放大系数 β 的数值基本相等。工程中可利用参数测试仪测量 β，也可在特性曲线的线性范围上分别取 Δi_B 以及相应的 Δi_C 估算 β。

由于制造工艺导致的元器件参数的分散性，相同型号三极管的 β 值也略有差异。分立三极管元件的 β 值通常为 $10 \sim 100$，而集成电路中三极管的 β 值跨度更大（小到低于 10，大到数千）。

类似地，在交流工作状态下的共基电流传输系数为

$$\alpha = \frac{\Delta i_C}{\Delta i_E}\bigg|_{U_{CE}=常数} \tag{2-32}$$

2. 极间反向电流

（1）集电极 - 基极反向饱和电流 I_{CBO}

I_{CBO} 表示发射极开路，集电极和基极之间加上一定的反向电压时的反向饱和电流。该电流是由少子运动形成的，受温度影响较大，当温度升高时，I_{CBO} 增大。在一定温度下，I_{CBO} 是个常数。小功率硅三极管的 I_{CBO} 小于 1 μA，小功率锗三极管的 I_{CBO} 约为 10 μA。

（2）集电极 - 发射极反向饱和电流 I_{CEO}

I_{CEO} 表示基极开路，集电极和发射极之间加上一定的反向电压时，由集电区穿过基区流向发射区的反向饱和电流，也称为穿透电流。当 U_{CE} 加载在集电极和发射极之间时，相当于发射结正偏，集电结反偏。集电结在反向电压的作用下，少子漂移到基区；同时发射结在正向电压的作用下，多子扩散到基区。由于基区开路，不能形成电流，但集电区漂移到基区的少子与发射区扩散到基区的多子进行复合，这一部分即是 I_{CBO}，而剩下部分在集电结反向电压的作用下到达集电区。根据三极管内部载流子运动与各区之间的控制关系，发射区每向基区提供一个复合的载流子，就要向集电区提供 β 个载流子，因此集电极 - 发射极反向饱和电流为

$$I_{CEO} = I_{CBO} + \beta I_{CBO} = (1 + \beta)\, I_{CBO} \tag{2-33}$$

3. 特征频率 f_T

由于三极管 PN 结电容的存在，交流电流放大系数是所加载信号频率的函数。信号频率较高时，集电极电流与基极电流之比在数值上会降低，而且还会出现相移。特征频率 f_T 是指共射电流放大系数 β 下降到 1 时的频率，具体分析详见本书第 4 章。

4. 极限参数

极限参数规定了三极管安全工作时的电压、电流、功率损耗。

（1）集电极最大允许电流 I_{CM}

集电极最大允许电流是指三极管允许通过的最大电流，如图 2-43 中 I_{CM} 所示。当集电极电流 I_C 增大到一定程度时，管子的 β 值会明显下降，甚至会烧坏三极管。因此，规定 β 值下降到额定值的 $\frac{2}{3}$ 时所对应的集电极电流为集电极最大允许电流 I_{CM}。

（2）集电极最大允许耗散功率 P_{CM}

三极管中两个 PN 结都消耗功率，但通常集电结上的压降远大于发射结上的压降，因此集电

结上耗散的功率 P_C 要大得多，定义为集电极电流 i_C 和集电极电压 u_{CE} 的乘积，即 $P_C = i_C u_{CE}$。而 P_{CM} 表示集电结上允许功率损耗的最大值，如图 2-43 所示。三极管工作时的耗散功率不能超过 P_{CM}，否则器件将烧毁。P_{CM} 的值与环境温度和散热条件有关，温度越高，散热越差，P_{CM} 就越小。因此使用三极管时需要注意环境温度并根据需要增加散热片。一般来说，硅三极管的上限温度可达 150℃，锗三极管约为 70℃。

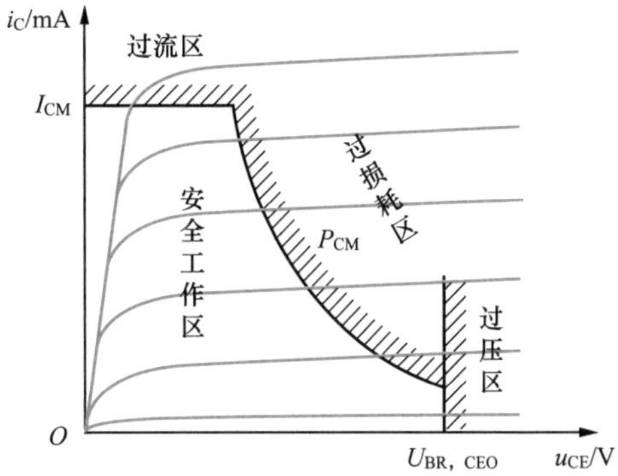

（3）极间反向击穿电压

三极管某一电极开路时，另两个电极之间所允许承载的最高反向电压为极间反向击穿电压。具体包括以下 3 种情况。

① 集电极开路时，发射极 - 基极间的反向击穿电压为 $U_{BR,EBO}$。三极管在正常放大状态时，发射结是正偏的，但在某些特殊应用下（工作在大信号或开关状态），发射极可能承担较大的反向电压。$U_{BR,EBO}$ 是发射结所允许加载的最高反向电压，其测量示意图如图 2-44（a）所示，小功率三极管一般只有几伏。

② 发射极开路时，集电极 - 基极间的反向击穿电压为 $U_{BR,CBO}$。该值较大，通常为几十伏，甚至达到几百伏，其测量示意图如图 2-44（b）所示。

③ 基极开路时，集电极 - 发射极间的反向击穿电压为 $U_{BR,CEO}$。超过该电压值时，三极管进入过压区，如图 2-43 所示。该值与穿透电流 I_{CEO} 直接相关，当 U_{CE} 增大时，I_{CEO} 明显增大，表明集电结出现雪崩击穿。$U_{BR,CEO}$ 的测量示意图如图 2-44（c）所示。

图 2-43　三极管的最大允许耗散功率 P_{CM}

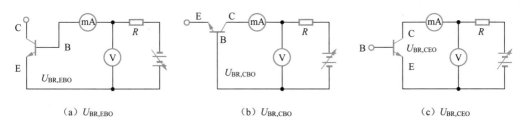

(a) $U_{BR,EBO}$　　　　　　　(b) $U_{BR,CBO}$　　　　　　　(c) $U_{BR,CEO}$

图 2-44　三极管极间反向击穿电压的测量示意图

此外，集电极 - 发射极之间的击穿电压除了 $U_{BR,CEO}$，还包括：基极与发射极之间短路时，集电极 - 发射极间的反向击穿电压 $U_{BR,CES}$；基极与发射极之间接电阻时，集电极 - 发射极间的反向击穿电压 $U_{BR,CER}$。

各个击穿电压的大小关系如下

$$U_{BR,CBO} > U_{BR,CES} > U_{BR,CER} > U_{BR,CEO} > U_{BR,EBO} \tag{2-34}$$

在设计三极管放大电路时，应根据工作条件适当选择管型，在满足指标要求的同时防止三极管在使用中损坏。通常来说需要让三极管工作在图 2-43 所示的安全工作区中，并且确保发射结的反向电压小于 $U_{BR,EBO}$。对于功率放大电路来说，功放管还需要满足散热条件。对于高频放大电路，应注意三极管的特征频率，选择高频管或超高频管等。表 2-1 列出了典型三极管在室温下（25℃）的主要参数。

表 2-1　典型三极管在室温下（25℃）的主要参数

符号	管型	$U_{BR,CBO}$ /V	$U_{BR,CEO}$ /V	$U_{BR,EBO}$ /V	I_{CM}/A	P_{CM}/W	$|U_{CES}|$ /V	$|I_{CBO}|$ /μA	$|I_{CEO}|$ /mA	f_T /MHz	β
9011	NPN	35	30	5	0.03	0.4	<0.4	<0.1		400	40 ～ 198
9012	PNP	-40	-30	-5	-0.5	0.625	<0.25	<0.1		150	64 ～ 246
9013	NPN	40	30	5	0.5	0.625	<0.25	<0.1		150	64 ～ 246
9014	NPN	50	50	5	0.15	0.4	<0.3	<0.05		150	60 ～ 1000
9015	PNP	-50	-50	-5	-0.15	0.45	<0.3	<0.05		300	60 ～ 1000
9018	NPN	40	30	4	0.02	0.4	<0.5	<0.1		800	40 ～ 198
2N3055	NPN	100	70	7	15	6	<3		<0.7	3	5 ～ 40
2N5685	NPN	60	60	5	50	300	<5		<1	2	15

2.3.5　温度对三极管参数的影响

由于半导体材料受温度影响较大，因此三极管的参数几乎都与温度相关。

1. 温度对 I_{CBO} 的影响

I_{CBO} 是集电区的平衡少子与基区的平衡少子在集电结反偏下的漂移运动形成的。当温度升高时，本征激发加剧，平衡少子浓度增大，参与漂移运动的平衡少子增多，使 I_{CBO} 增大。通常情况下，温度每升高 10℃，I_{CBO} 增大一倍。

2. 温度对 U_{BE} 的影响

类似于二极管的温度特性，当温度升高时，三极管的输入特性曲线正向部分左移，PN 结导通压降 U_{BE} 会随温度的升高而降低，如图 2-45 所示。$|U_{BE}|$ 具有负温度系数，当温度变化 1℃时，发射结导通压降 $|U_{BE}|$ 变化 2 ～ 2.5 mV。即温度每升高 1℃，U_{BE} 下降 2 ～ 2.5 mV。

3. 温度对 β 的影响

当三极管工作环境温度变化时，其输出特性曲线也会产生变化。当温度升高时，在基极电流 I_B 相同的条件下，集电极电流 I_C 增大，即三极管的共射电流放大系数 $\overline{\beta}$ 增大。这是因为，温度升高导致发射极多子运动剧烈，发射极注入的载流子在基极复合比例减小（即更不容易在基极复合），能被集电极收集的非平衡少子则增多。根据式（2-20）中 $\overline{\beta}$ 的定义可知，非平衡少子的漂移电流 I_{Cn} 增大，且基极复合电流 I_{Bn} 减小，$\overline{\beta}$ 随温度上升而增大。图 2-46 给出了温度对三极管输出特性曲线的影响。

温度对三极管特性曲线的影响

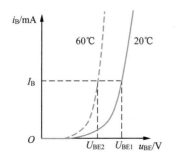

图 2-45　温度对三极管输入特性曲线的影响

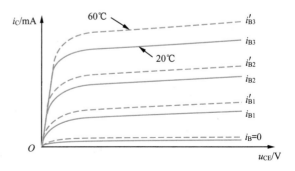

图 2-46　温度对三极管输出特性曲线的影响

2.4 场效应管

场效应晶体管（Field Effect Transistor, FET）简称场效应管，是利用输入回路中场效应管栅源两端的电场效应控制输出回路漏极电流大小的半导体器件，由半导体材料中的多数载流子（自由电子或空穴）参与导电，所以也称为单极型晶体管。它属于电压控制型半导体器件，具有输入电阻高（$10^7 \sim 10^{15}\,\Omega$）、热稳定性好、抗辐射能力强、噪声小、功耗低、动态范围大、易于集成、安全工作区宽等优点。根据结构不同，场效应管可以分为结型场效应管（Junction Field Effect Transistor，JFET）和绝缘栅场效应管（Insulated Gate Field Effect Transistor，IGFET）两种，下面依次进行介绍。

2.4.1 结型场效应管

结型场效应管包含 N 沟道和 P 沟道两种类型，其结构示意图及电路符号分别如图 2-47（a）和图 2-47（b）所示。以 N 沟道结型场效应管为例，在一块 N 型半导体材料上制作两个高掺杂的 P 区，将它们连接在一起并引出电极，称为栅极 G（gate）。N 型半导体的两端引出两个电极，分别称为漏极 D（drain）和源极 S（source）。P 区和 N 区的交界面形成耗尽层，源极和漏极之间的 N 型区域称为导电沟道。

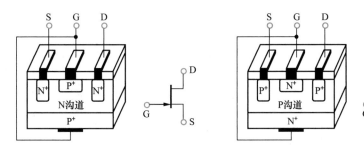

（a）N沟道结型场效应管结构示意图及电路符号　　（b）P沟道结型场效应管结构示意图及电路符号

图 2-47　结型场效应管的结构示意图与电路符号

1. 结型场效应管的工作原理

下面以 N 沟道结型场效应管为例分析其工作原理，P 沟道结型场效应管的原理与其类似。为了使结型场效应管正常工作，栅极 - 源极两端应加载反向电压，即 N 沟道 $u_{GS} \leqslant 0$，P 沟道 $u_{GS} \geqslant 0$，从而确保耗尽层反偏，栅极电流为零，场效应管的输入电阻呈现高阻状态（高达 $10^7\,\Omega$），并且可以通过 u_{GS} 的变化实现对沟道电流的控制。在漏极 - 源极之间加载正向电压 u_{DS}，形成漏极电流 i_D。为了便于读者理解，下面通过分析栅源电压 u_{GS} 和漏源电压 u_{DS} 对导电沟道的影响，说明结型场效应管的工作原理。

结型场效应管的
工作原理

（1）$u_{DS} = 0\,V$（漏极 D 和源极 S 短路）时 u_{GS} 对 i_D 的影响

当 $u_{DS} = 0\,V$ 且 $u_{GS} = 0\,V$ 时，耗尽层很窄，导电沟道很宽，如图 2-48（a）所示；当 $|u_{GS}|$ 增大时，PN 结反向电压增大，耗尽层加宽，沟道逐渐变窄，沟道电阻增大，如图 2-48（b）所示；当 $|u_{GS}|$ 增大到某一数值时，沟道消失，沟道电阻趋于无穷大，如图 2-48（c）所示，称此时 u_{GS}

的值为夹断电压 $U_{GS,off}$。

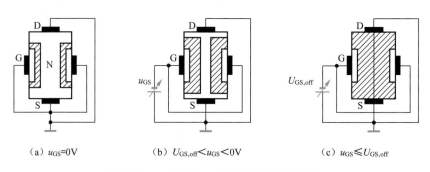

（a）$u_{GS}=0V$　　　　　　（b）$U_{GS,off}<u_{GS}<0V$　　　　　　（c）$u_{GS}\leqslant U_{GS,off}$

图 2-48　$u_{DS}=0$ V 时 u_{GS} 对导电沟道的控制作用

（2）$u_{GS}\in[U_{GS,off},0]$ 时 u_{DS} 对 i_D 的影响

当 u_{GS} 为 $U_{GS,off}\sim0$ V 的某一确定数值时，结型场效应管存在一定宽度的导电沟道。若漏源电压 $u_{DS}=0$ V，则沟道中的多子不会产生定向移动，因此漏极电流 $i_D=0$；若漏源电压 $u_{DS}>0$ V，则存在电流 i_D 从漏极流向源极，使导电沟道中各点与栅极间的电压不相等，而是沿着沟道从源极到漏极逐渐增大，使靠近漏极一侧的耗尽层宽度大于靠近源极一侧，如图 2-49（a）所示。

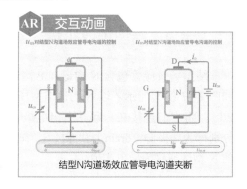

u_{GS}对结型N沟道场效应管导电沟道的控制　　u_{DS}对结型N沟道场效应管导电沟道的控制

结型N沟道场效应管导电沟道夹断

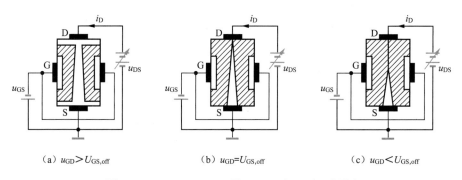

（a）$u_{GD}>U_{GS,off}$　　　　　　（b）$u_{GD}=U_{GS,off}$　　　　　　（c）$u_{GD}<U_{GS,off}$

图 2-49　$U_{GS,off}\leqslant u_{GS}<0$ V 且 $u_{DS}>0$ 时 u_{DS} 对 i_D 的影响

u_{DS} 增大时，栅漏电压 $u_{GD}=u_{GS}-u_{DS}$ 逐渐减小，使靠近漏极一侧的导电沟道变窄。但只要栅漏之间不出现夹断区，沟道电阻就由栅源电压 u_{GS} 决定。此时漏极电流 i_D 随着 u_{DS} 的增大而线性增大，场效应管呈电阻特性。

当 u_{DS} 增大到使 $u_{GD}=U_{GS,off}$ 时，漏极一侧的耗尽层出现夹断区，如图 2-49（b）所示，称为预夹断。若继续增大 u_{DS}，使 $u_{GD}<U_{GS,off}$，夹断区向沟道方向延伸，即夹断区加长，如图 2-49（c）所示。此时，一方面多子从漏极定向流向源极的阻力增大；另一方面，u_{DS} 的增大使漏源之间的电场增强，u_{DS} 的增量几乎全部用于夹断区对 i_D 形成的阻力。从结型场效应管外特性上分析，在 $u_{GD}<U_{GS,off}$ 时，u_{DS} 增大而 i_D 几乎保持不变，i_D 基本上仅由 u_{GS} 决定，场效应管表现出 i_D 的恒流特性。

（3）$u_{GD}<U_{GS,off}$ 时 u_{GS} 对 i_D 的影响

$u_{GD}<U_{GS,off}$ 时，$u_{DS}>u_{GS}-U_{GS,off}$，结型场效应管呈现恒流特性。在恒流特性区，可通过改变

u_{GS} 来控制 i_D 的大小。由于漏极电流 i_D 受栅源电压 u_{GS} 的控制，因此也称场效应管为电压控制元件。

2. 结型场效应管的特性曲线

类似于三极管，结型场效应管也可以等效为双端口网络，其特性曲线包括输出特性曲线和转移特性曲线。

（1）输出特性曲线

输出特性曲线表明了栅源电压 u_{GS} 为常量时，漏极电流 i_D 与漏源电压 u_{DS} 之间的函数关系，即

$$i_D = f(u_{DS})\big|_{u_{GS}=常数} \tag{2-35}$$

每个 u_{GS} 对应一条 i_D 曲线，因此输出特性曲线是一族曲线，如图 2-50（a）所示。

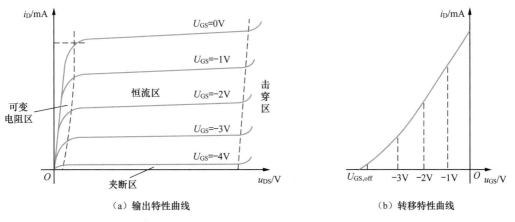

（a）输出特性曲线　　　　　　　　（b）转移特性曲线

图 2-50　N 沟道结型场效应管的输出特性曲线及转移特性曲线

由图 2-50（a）可知，场效应管存在 4 个工作区域，分别为可变电阻区、恒流区、夹断区和击穿区。下面进行详细介绍。

① 可变电阻区，又称为非饱和区。如图 2-50（a）中虚线左侧区域轨迹，根据结型场效应管的工作原理可知，当 $u_{DS} < u_{GS} - U_{GS,off}$ 时，结型场效应管工作在可变电阻区。当 u_{GS} 确定时，导电沟道的大小基本保持不变，沟道电阻也是不变的，因此相应的曲线可近似为一条直线，表明漏极电流 i_D 随 u_{DS} 线性变化。对应直线的斜率也是唯一确定的，斜率的倒数表示漏源之间的等效电阻。通过改变 u_{GS} 的大小，可改变沟道电阻的阻值，因此称为可变电阻区。

② 恒流区，也称为饱和区。虚线右边区域即恒流区。在这个区域中，$u_{DS} > u_{GS} - U_{GS,off}$，各条曲线近似为横轴的一族平行线，$i_D$ 几乎不随 u_{DS} 的变化而变化（实际上 u_{DS} 增加时，i_D 略有增加），因此可将 i_D 近似为电压 u_{GS} 控制的电流源，称该区域为恒流区。利用场效应管进行信号放大时，应确保其工作在恒流。根据半导体原理中对场效应管内部载流子的分析可得恒流区漏极电流 i_D 的近似表达式为

$$i_D = I_{DSS}\left(1 - \frac{u_{GS}}{U_{GS,off}}\right)^2 (U_{GS,off} < u_{GS} < 0) \tag{2-36}$$

其中 I_{DSS} 表示 $u_{GS} = 0$ 下产生预夹断时的漏极电流 i_D，称为漏极饱和电流。

③ 夹断区，也称为截止区。当 $u_{GS} < U_{GS,off}$ 时，导电沟道夹断，$i_D \approx 0$，图 2-50（a）中靠近横轴的区域即为夹断区。实际应用中，在漏极电流很小（如小于 5 μA）时，栅源电压 u_{GS} 被定义

为夹断电压 $U_{GS,off}$。

④ 击穿区。当 u_{DS} 增加到某一数值时，场效应管栅极和漏极之间的 PN 结被破坏，漏极电流会骤然增大。

（2）转移特性曲线

转移特性曲线表征了漏源电压 u_{DS} 为常量时，漏极电流 i_D 和栅源电压 u_{GS} 之间的函数关系，即

$$i_D = f(u_{GS})\big|_{u_{DS}=常数} \tag{2-37}$$

当场效应管工作在恒流区时，由于输出特性曲线可近似为一族平行于横轴的平行线，因此可以用一条转移特性曲线替代恒流区的所有曲线[1]，如图 2-50（b）所示。对输出特性曲线恒流区中的各条曲线在 u_{DS} 等于某一常数时做横轴的垂线，将交点平移到所建立的 $u_{GS}\text{-}i_D$ 坐标系中（注意此坐标系的横坐标为 u_{GS}），并将各个交点连成曲线，即转移特性曲线。因此转移特性曲线与输出特性曲线有着严格的对应关系。

结型场效应管的转移特性曲线与输出特性曲线如表 2-2 所示。

表 2-2　结型场效应管的转移特性曲线与输出特性曲线

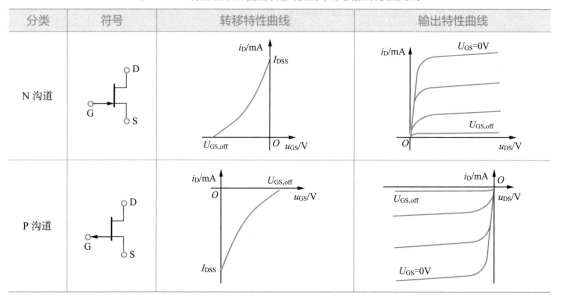

分类	符号	转移特性曲线	输出特性曲线
N 沟道			
P 沟道			

2.4.2　绝缘栅场效应管

绝缘栅场效应管广泛用于模拟电路与数字电路，它利用半导体表面的电场效应，由感应电荷的多少改变导电沟道，从而控制漏极电流。它在金属栅极与半导体之间增加了绝缘层（如 SiO_2），因此它也称为金属 - 氧化物 - 半导体场效应管（Metal-Oxide-Semiconductor FET，MOSFET，MOS 场效应管），简称 MOS 管。

MOS 场效应管根据导电沟道的建立方式可分为增强型（依靠外部偏置电压建立沟道）和耗尽型（自身已存在沟道）两类，每一类根据沟道类型又可分为 N 沟道和 P 沟道两种。本小节以

1　当场效应管工作在可变电阻区时，不同 u_{DS} 对应的转移特性曲线将有很大差别。

N 沟道增强型 MOS 管为例，详细介绍其工作原理，随后分析 N 沟道耗尽型 MOS 管的结构和性能，P 沟道增强型和 P 沟道耗尽型 MOS 管的工作原理与其类似。

1. N 沟道增强型 MOS 场效应管

N 沟道和 P 沟道增强型 MOS 场效应管的结构示意图与电路符号分别如图 2-51（a）和图 2-51（b）所示。以 N 沟道增强型 MOS 场效应管（又称增强型 NMOS 场效应管）为例，它以低掺杂 P 型硅片为衬底，在其中扩散出两个高掺杂的 N^+ 型区域，这两个 N^+ 型区域引出的电极分别称为源极 S 和漏极 D；衬底表面覆盖 SiO_2 绝缘层，绝缘层上覆盖金属，引出的电极称为栅极 G；衬底引出的电极称为衬底极 B。图 2-51 电路符号中的衬底箭头方向表示 PN 结正偏方向。

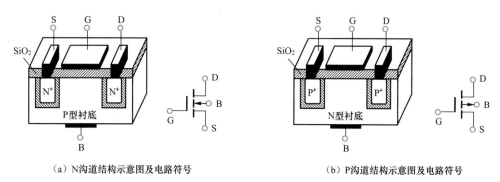

（a）N沟道结构示意图及电路符号　　　　　　　　（b）P沟道结构示意图及电路符号

图 2-51　增强型 MOS 场效应管的结构示意图与电路符号

（1）工作原理

单个场效应管放大电路正常工作时，一般将 MOS 场效应管的源极与衬底极相连，即 $u_{BS} = 0$，使衬底极保持在最低电位。而在集成电路中，多个场效应管的衬底极接在电路中的电位最低点。

① 导电沟道形成与 u_{GS} 对导电沟道的控制作用。将增强型 NMOS 场效应管的漏极和源极短接，源极、漏极所连接的 N^+ 型区域与 P 型衬底形成的两个 PN 结呈零偏。当栅源间电压 $u_{GS} = 0$ V 时，源极和漏极间的两个 PN 结的正偏方向是相反的，因此源极和漏极所连接的两个区域彼此隔离，没有形成导电沟道，如图 2-52（a）所示，即漏极和源极之间无加载电压，也不存在漏极电流。

在 $u_{DS} = 0$ V 的情况下，当栅源间加载正向电压，即 $u_{GS} > 0$ V 时，由于 SiO_2 绝缘层的存在，栅极和源极之间没有回路，栅极电流为零。而栅极与衬底极之间相当于以 SiO_2 为介质的平板电容器，栅极金属层聚集了正电荷，形成指向衬底极的电场。该电场会排斥 P 型衬底靠近栅极的空穴，形成不能移动的负离子区，即耗尽层，如图 2-52（b）所示。若继续增大 u_{GS}，则耗尽层宽度继续增加，同时会吸引更多的自由电子向耗尽层与绝缘层的交界面聚集，形成一个很薄的 N 型区域，称为反型层，如图 2-52（c）所示。反型层构成了漏极与源极之间的导电沟道，沟道刚形成时的栅源电压 u_{GS} 称为开启电压 $U_{GS,th}$，其值由场效应管的工艺参数确定，SiO_2 绝缘层越薄，N^+ 型区域掺杂浓度越高，衬底掺杂浓度越低，$U_{GS,th}$ 越小。u_{GS} 越大，反型层越厚，反型层中自由电子的浓度越大，导电沟道的电阻就越小。这种在 $u_{GS} = 0$ V 时没有导电沟道，而依靠栅源电压 u_{GS} 作用形成感生导电沟道的场效应管称为增强型（enhancement mode）MOS 场效应管。

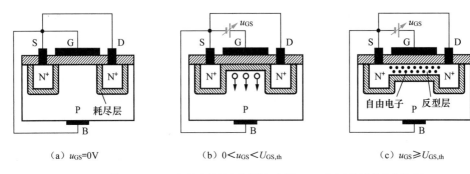

(a) $u_{GS}=0V$　　　　　　(b) $0<u_{GS}<U_{GS,th}$　　　　　(c) $u_{GS} \geqslant U_{GS,th}$

图 2-52　增强型 NMOS 场效应管导电沟道的形成与 u_{GS} 对导电沟道的控制作用

　　② u_{DS} 对导电沟道的控制作用。当 $u_{GS} \geqslant U_{GS,th}$ 且为一个确定值时，增强型 NMOS 场效应管形成了导电沟道，此时在漏极和源极之间加载正向电压，源区的自由电子沿着沟道进入漏区，形成漏极电流 i_D。i_D 流过沟道，形成从漏极到源极的电位差，因此衬底（栅极）到沟道各点的电压也随着沟道的变化而变化，造成沟道厚度不均匀。当 u_{DS} 较小时，如图 2-53（a）所示，u_{DS} 增大时，漏极电流 i_D 线性增大；当 u_{DS} 增大到一定数值（$u_{GD} = u_{GS} - u_{DS} = U_{GS,th}$）时，靠近漏极的反型层

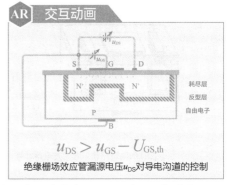

绝缘栅场效应管漏源电压 u_{DS} 对导电沟道的控制

消失，出现预夹断，如图 2-53（b）所示；继续增大 u_{DS} 时，将形成夹断区，此时 u_{DS} 的增大用于克服夹断区对漏极电流 i_D 的阻力，因此 i_D 不再随 u_{DS} 的增大而增大，场效应管进入恒流区，如图 2-53（c）所示。

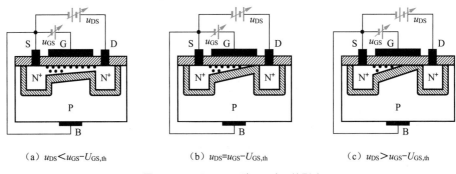

(a) $u_{DS}<u_{GS}-U_{GS,th}$　　　(b) $u_{DS}=u_{GS}-U_{GS,th}$　　　(c) $u_{DS}>u_{GS}-U_{GS,th}$

图 2-53　$u_{GS} \geqslant U_{GS,th}$ 时 u_{DS} 对 i_D 的影响

　　在实际应用中，MOS 场效应管沟道预夹断后，继续增大 u_{DS}，夹断点会向源极方向移动，从而导致夹断点到源极的有效沟道长度减小，有效沟道电阻也就随之减小，使更多自由电子由源极移到夹断点，增多了耗尽层内的漂移电子，最终会使漏极电流 i_D 略有增大，我们称这种现象为沟道长度调制效应。通常来说，在沟道较短的场效应管中，这种效应会比较明显。

　　（2）特性曲线

　　根据增强型 NMOS 场效应管的工作原理，可将其等效为双端口网络，其输出特性曲线和转移特性曲线如图 2-54 所示。

　　与结型场效应管相同，增强型 NMOS 场效应管的输出特性曲线也分为可变电阻区、恒流区、夹断区、击穿区。根据增强型 NMOS 场效应管的转移特性曲线可知，当 $u_{GS} < U_{GS,th}$ 时，导电沟

道不存在，漏极电流 i_D 为零；而当 $u_{GS} \geqslant U_{GS,th}$ 时，i_D 随 u_{GS} 的增大而增大。

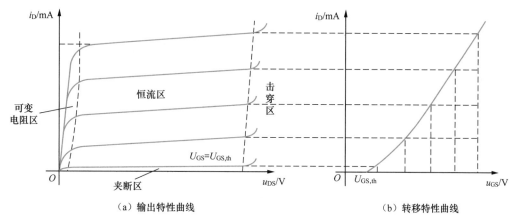

（a）输出特性曲线　　　　　　　　　　　（b）转移特性曲线

图 2-54　增强型 NMOS 场效应管的输出特性曲线及转移特性曲线

在恒流区，根据半导体原理中对 MOS 场效应管内部载流子的分析可得漏极电流 i_D 的近似表达式为

$$i_D = K(u_{GS} - U_{GS,th})^2 \tag{2-38}$$

式（2-38）中 K 为导电因子，单位为 mA/V^2，其计算公式为

$$K = \frac{\mu_n C_{OX} W}{2L}$$

其中，μ_n 为沟道自由电子表面迁移率；C_{OX} 是栅极氧化层单位面积电容；W 和 L 分别表示沟道的宽度和长度。

当沟道较短时，需要考虑漏源电压 u_{DS} 对沟道长度的调节作用，则式（2-38）可改写为

$$i_D = K(u_{GS} - U_{GS,th})^2 (1 + \lambda u_{DS}) \tag{2-39}$$

其中 λ 是沟道调制系数，其数值可以由输出特性曲线的厄尔利电压[1]的倒数求得，即 $\lambda = 1/U_A$。

2. N 沟道耗尽型 MOS 场效应管

如果在制造 MOS 场效应管时，人为在 SiO_2 绝缘层中掺杂大量正离子，则即便 $u_{GS} = 0$，在正离子的作用下，P 型衬底表面也存在反型层，即存在导电沟道。此时在漏源之间加上正向电压，则会产生漏极电流 i_D，这种场效应管称为耗尽型（depletion mode）MOS 场效应管，如图 2-55 所示。

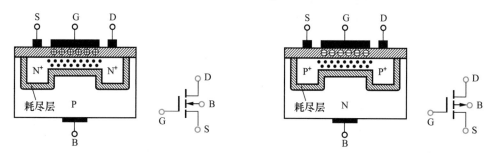

（a）N沟道结构示意图及电路符号　　　　　（b）P沟道结构示意图及电路符号

图 2-55　耗尽型 MOS 场效应管的结构示意图与电路符号

1　类似三极管的厄尔利电压，输出特性曲线在负半轴的交点。

类似增强型 NMOS 工作原理的分析过程，$u_{GS} > 0$ 时，导电沟道变厚，在相同 u_{DS} 的条件下，漏极电流 i_D 增大；$u_{GS} < 0$ 时，导电沟道变薄，在相同 u_{DS} 的条件下，漏极电流 i_D 减小。当 u_{GS} 从零减小到一定数值时，导电沟道消失，漏极电流 $i_D = 0$，此时的 u_{GS} 称为夹断电压 $U_{GS,off}$。与 N 沟道结型场效应管相同，耗尽型 NMOS 管的夹断电压 $U_{GS,off} < 0$。但 N 沟道结型场效应管只能工作在负栅压（$u_{GS} < 0$）的场景，而耗尽型 NMOS 管可以在正负一定范围内的栅源电压下实现对漏极电流 i_D 的控制，并且能够保持栅源之间的大电阻，无栅极电流。

耗尽型 NMOS 场效应管的输出特性曲线和转移特性曲线如图 2-56 所示，同样可以分为可变电阻区、恒流区、夹断区、击穿区。

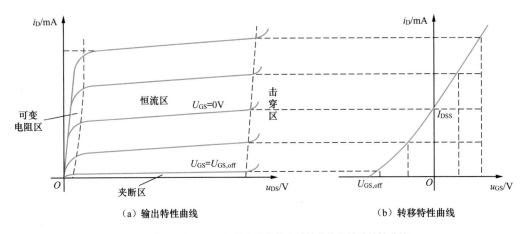

（a）输出特性曲线　　　　　　　　　（b）转移特性曲线

图 2-56　耗尽型 NMOS 场效应管的输出特性曲线及转移特性曲线

在恒流区（$u_{DS} \geq u_{GS} - U_{GS,th}$），耗尽型 MOS 场效应管 i_D 与 u_{GS} 之间的函数关系类似于式（2-38），可近似表示为

$$i_D \approx K(u_{GS} - U_{GS,off})^2 \tag{2-40}$$

若 $u_{GS} = 0$，则式（2-40）可进一步改写为

$$i_D \approx KU_{GS,off}^2 = I_{DSS} \tag{2-41}$$

将式（2-41）代入式（2-40），可得到

$$i_D \approx I_{DSS}\left(1 - \frac{u_{GS}}{U_{GS,off}}\right)^2 \tag{2-42}$$

其中 I_{DSS} 是零栅压的漏极电流，也就是转移特性曲线与纵轴交点处的 i_D。

3. P 沟道 MOS 场效应管

与 NMOS 管相对应，P 沟道增强型 MOS 场效应管的开启电压 $U_{GS,th} < 0$。当 $u_{GS} < U_{GS,th}$ 时形成沟道，场效应管导通，漏源之间加载负电源电压；P 沟道耗尽型 MOS 管的夹断电压 $U_{GS,off} > 0$，u_{GS} 可在正负值的一定范围之内实现对 i_D 的控制，漏源之间也应加载负电源电压。

综上所述，绝缘栅场效应管的转移特性曲线与输出特性曲线如表 2-3 所示。

表 2-3　绝缘栅场效应管的转移特性曲线与输出特性曲线

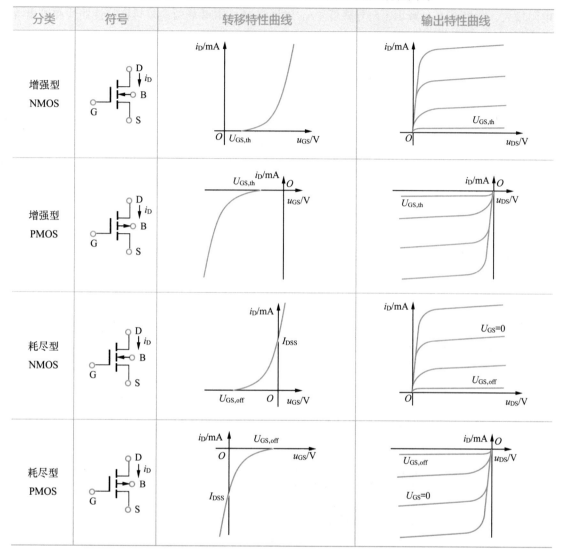

4. 衬底调制效应

MOS 场效应管是依靠表面反型层"沟道"来实现导电的，元件中存在由栅源电压所感生出来的 PN 结，即场感应结（位于沟道与衬底之间）。实际应用中需要确保沟道与衬底隔离，要求场感应结始终处于反偏状态。这在分立元件使用中是易于实现的，将 MOS 管的衬底极与源极相连即可，即 $u_{BS} = 0$。

而对于集成电路中的 MOS 管来说，它们是共用衬底的，如果再将源极与衬底极相连，就相当于将所有 MOS 管并联在一起，这显然不现实。如果不控制元件衬底的电位，就有可能出现场感应结正偏的现象。一旦发生这种现象，元件和电路就难以完成既定功能。因此，NMOS 管集成电路的衬底极需要接到电路的最低电位（$u_{BS} \leqslant 0$），而 PMOS 管集成电路的衬底极则需接到电路的最高电位（$u_{BS} \geqslant 0$）。

以 NMOS 场效应管来说，在负值衬底电压的作用下，沟道与 P 型衬底间的场感应结向衬底底部扩展，耗尽层厚度进一步展宽，引起空间电荷面密度增加，从而导致开启电压 $u_{GS,th}$ 升高。

但由于栅源电压 u_{GS} 不变，栅极上正电荷数量不变，因此沟道中的载流子面电荷密度减小，沟道电阻增大，漏极电流 i_D 减小，跨导降低。u_{BS} 对增强型 NMOS 场效应管转移特性曲线和输出特性曲线的影响如图 2-57 所示。

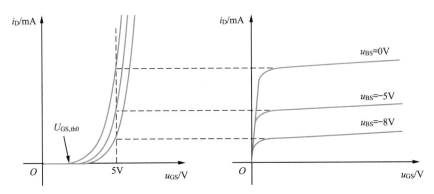

图 2-57　u_{BS} 对增强型 NMOS 场效应管转移曲线和输出特性曲线的影响

实际应用中，u_{BS} 对 i_D 的影响集中反映在对开启电压 $U_{GS,th}$ 的影响上。由图 2-57 可知，增强型 NMOS 场效应管的 $|u_{BS}|$ 越大，$U_{GS,th}$ 也就越大，这称为衬底调制效应或体效应。由于 $U_{GS,th}$ 随 $|u_{BS}|$ 增大而增大，相应的漏极电流 i_D 会减小，这也反映了衬底 u_{BS} 对 i_D 的控制作用（u_{BS} 对 i_D 的控制作用远小于 u_{GS} 对 i_D 的控制作用），因此衬底极也称为背栅极。

5. VMOS 场效应管

VMOS（V-groove Metal-Oxide-Semiconductor）场效应管全称为 V 型槽 MOS 场效应管，也称为功率场效应管。它主要针对普通 MOS 场效应管中漏极面积难以通过较大漏极电流的问题研制而成，适用于大功率应用场合。它的剖面结构示意图和电路符号如图 2-58 所示。

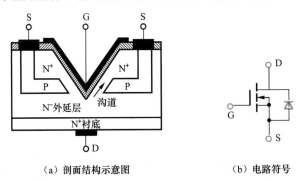

（a）剖面结构示意图　　　　　　（b）电路符号

图 2-58　VMOS 场效应管的剖面结构示意图与电路符号

VMOS 场效应管以 N$^+$ 型硅构成漏极，在其上外延一层低掺杂的 N$^-$ 型硅，形成 N$^-$ 外延层。在外延层上垂直刻蚀出一个 V 型槽，并在其表面附着一层 SiO$_2$ 绝缘层，再覆盖一层金属作为栅极。当 $u_{GS} > U_{GS,th}$ 时，V 型槽下面形成导电沟道。此时只要 $u_{DS} > 0$，载流子就会定向移动并产生漏极电流 i_D。载流子运动的方向：从高掺杂 N$^+$ 型源极出发，通过 P 沟道进入低掺杂 N$^-$ 外延层，最后到达漏极。

与传统 MOS 管相比，由于增大了漏极面积且使用垂直导电方式（传统 MOS 管是沿表面水平导电的），因此 VMOS 场效应管的漏极电流 i_D 较大。这种场效应管耐压高，功率大，被广泛用于放大器、开关电源和逆变器中，但使用时要注意加装散热器，以免烧坏管子。

2.4.3　场效应管的主要参数

1. 直流参数

（1）开启电压 $U_{GS,th}$

增强型场效应管在栅源电压 u_{GS} 的控制下形成导电沟道，在出现漏极电流 i_D 时，所对应的栅源电压 u_{GS} 称为开启电压 $U_{GS,th}$。该参数是增强型场效应管的特有参数。例如，对于 N 沟道增强型场效应管，当 $u_{GS} < U_{GS,th}$ 时，漏极电流 i_D 为 0，此时场效应管不能导通。

（2）夹断电压 $U_{GS,off}$

该参数只适用于耗尽型场效应管和结型场效应管。当 $u_{GS} = 0$ 时，场效应管导电沟道存在；当导电沟道消失时，对应的 u_{GS} 称为夹断电压 $U_{GS,off}$。

（3）漏极饱和电流 I_{DSS}

栅源电压 $u_{GS} = 0$ 时的漏极电流被定义为漏极饱和电流 I_{DSS}。漏极饱和电流只适用于耗尽型场效应管和结型场效应管。

（4）直流输入电阻

直流输入电阻定义为输入栅源电压与栅极电流之比。由于结型场效应管栅源反偏、绝缘栅场效应管存在绝缘层，因此相应的直流输入电阻很大。一般来说，结型场效应管的直流输入电阻约为 $10^7\,\Omega$，而绝缘栅场效应管的直流输入电阻超过 $10^9\,\Omega$。

2. 交流参数

（1）低频跨导 g_m

类似于三极管使用 β 描述基极电流对集电极电流的控制作用，在场效应管中使用低频跨导 g_m 描述栅源电压 u_{GS} 对漏极电流 i_D 的控制作用，它反映了场效应管的放大特性。其定义为在恒流区 u_{DS} 为一常量条件下，u_{GS} 的微小变化量所引起的 i_D 的微小变化，即

$$g_m = \frac{\Delta i_D}{\Delta u_{GS}}\bigg|_{u_{DS}=常数} \tag{2-43}$$

其中 g_m 的单位为 S 或 mS。

g_m 可以通过转移特性曲线上某一点的切线斜率，即通过对式（2-36）和式（2-38）求导而得，也可以通过图解法求得。g_m 与切点的位置相关，由于转移特性曲线是非线性的，因此 i_D 越大，g_m 也就越大。

（2）输出电阻 r_{ds}

输出电阻 r_{ds} 定义为场效应管输出端口电压变化量与电流变化量之比，是输出特性曲线某一点上切线斜率的倒数，反映了 u_{DS} 对 i_D 的影响，表示为

$$r_{ds} = \frac{\Delta u_{DS}}{\Delta i_D}\bigg|_{u_{GS}=常数} \tag{2-44}$$

在恒流区，若考虑沟道调制效应（$\lambda \neq 0$），则 r_{ds} 为式（2-39）导数的倒数，即

$$r_{ds} = \left[\lambda K(u_{GS} - U_{GS,th})^2\right]^{-1} \tag{2-45}$$

根据式（2-38）可将式（2-45）进一步简化为

$$r_{ds} \approx \frac{1}{\lambda i_D} \quad\quad (2\text{-}46)$$

r_{ds} 通常为几十千欧到几百千欧，若不考虑沟道调制效应，则 $r_{ds} \to +\infty$。

（3）极间电容

场效应管三个电极之间均存在极间电容。栅源电容（输入电容）C_{GS} 和栅漏电容 C_{GD} 的电容量为 1～3 pF，漏源电容 C_{DS} 为 0.1～1 pF。

3. 极限参数

（1）最大漏极电流 I_{DM}

最大漏极电流 I_{DM} 即场效应管正常工作时漏极电流 i_D 的上限值。

（2）漏源击穿电压 $U_{BR,DS}$

场效应管进入恒流区后，使漏极电流 i_D 骤然增大的漏源电压 u_{DS} 为漏源击穿电压。u_{DS} 超过这一值时，管子可能被烧坏。

（3）最大耗散功率 P_{DM}

最大耗散功率 P_{DM} 类似三极管中集电极最大允许耗散功率，是管子的直流功率。散热不好会影响该参数。

除上述参数之外，在一些应用中还需要考虑场效应管的其他参数，如开启时间 T_{on}、关闭时间 T_{off}、反向恢复时间 T_{rr} 等。表 2-4 列出了典型场效应管在室温下（25℃）的主要参数。

表 2-4　典型场效应管在室温下（25℃）的主要参数

符号	管型	$U_{GS,th}$ 或 $U_{GS,off}$/V	I_{DSS}/μA	g_m/mS	I_{DM}/A	$U_{BR,DS}$/V	P_{DM}/W	T_{on}/ns	T_{off}/ns
2N7002	增强型 NMOS	2.5	<1	500 (I_D = 200 mA)	0.5	60	0.225	20	40
BS270	增强型 NMOS	2.5	<1	320 (I_D = 200 mA)	0.4	60	0.625	10	10
BSS83P	增强型 PMOS	−2	−0.1	470 (I_D = −270 mA)	−0.33	−60	0.36	35	70
DMZ6005	耗尽型 NMOS	−2.7～−1.5	>12 000	15.4 (I_D = −5mA)	0.081	>600	0.5	4	14
J111	N 沟道结型	−10～−3	20 000	6 (I_D = 1 mA)		−40	0.4	13	35
J176	P 沟道结型	3～6	2 000～35 000	4.5 (I_D = −1 mA)		−30	0.4	35	35

此外，由于栅极与衬底极之间的电容很小，少量感应电荷就可能产生很高的电压。而直流输入电阻 R_{GS} 很大，感应电荷很难释放，其产生的高电压可能击穿很薄的绝缘层，损坏场效应管。因此在使用或存放场效应管时，应为栅源之间提供直流通路，避免栅极悬空；在进行管子焊接时，要注意电烙铁的良好接地。

2.5 半导体器件的故障检测

电路丧失规定功能称为故障。模拟电路中的故障类型及原因从故障性质来分有早期故障、偶然故障和损耗故障。早期故障是由设计、制造缺陷等原因造成的。在电路设计和使用初期，早期故障率较高并随时间而迅速下降。三极管的早期故障率为 0.75% ～ 2%，二极管的早期故障率为 0.2% ～ 1%。本节使用图 2-59 所示的数字万用表 PEAK METER MY60 对二极管、三极管等半导体器件进行故障检测。

很多数字万用表均有一个二极管检测挡位或通断测试挡位，一般使用一个小的二极管符号标注在功能开关的位置。在选中二极管检测挡位时，万用表会提供一个足以使 PN 结正偏和反偏的内部电压。不同的万用表内部电压不尽相同，但典型电压值通常为 2.5 ～ 3.5 V，通过相应的电压读数和蜂鸣器鸣叫指示可以明确 PN 结的状态。

图 2-59　数字万用表

对于普通二极管，可利用它的单向导电性，在数字万用表中选取通断测试挡位进行测试：把表笔分别搭接在二极管的两极，然后互换搭接两极的表笔。如果二极管没有发生故障，数字万用表应该一次鸣叫，一次不鸣叫。在鸣叫那次测试中，红表笔表示二极管 P 极，黑表笔表示 N 极。对于发光二极管，首先观察器件本身，长管脚为正极。将万用表的红表笔搭接长管脚，黑表笔搭接短管脚，如果发光二极管发光且万用表有读数，则它没有故障。

对于三极管器件本身来说，其故障可能是各个电极内部的开路或短路，如表 2-5 所示。这些都是三极管器件的典型故障，但具体情况下并非都可能发生。

表 2-5　三极管的典型故障和现象

故障类型	故障电路	现象
基极开路	V_{CC}=9V, R_C, 开路, R_B, V_{BB}=3V	晶体管处于截止状态，因此基极测量电压值为 3 V，集电极为 9V
集电极开路	V_{CC}=9V, R_C, R_B, 开路, V_{BB}=3V	发射极有正向压降，基极测量电压值为 0.5 ～ 0.7 V；集电极开路阻断了集电极电流，因此集电极测量电压值为 9 V

续表

故障类型	故障电路	现象
发射极开路		基极测量电压值为 3 V；由于没有集电极电流，集电极测量电压值为 9 V；发射极为 0V

针对这些故障，一种方法是利用数字万用表的 h_{FE} 挡位进行三极管测量。将测量挡位调至 h_{FE}，识别三极管的类型（如 9011 为 NPN 型、9012 为 PNP 型），并根据封装确定该三极管的三个电极，而后将其按照识别好的电极顺序插入万用表上三极管的测试孔，则万用表会显示出该三极管的放大倍数。但如果三极管存在故障，万用表会闪烁显示一个 1 或者显示一个 0。

另一种方法是利用数字万用表的二极管检测挡位进行三极管的故障检测。将万用表的红表笔（正极）连接到 NPN 型三极管的基极，黑表笔（COM 端）连接到发射极，使发射结正偏。如果该 PN 结是好的，万用表的读数应为 0.5 ~ 0.9 V。将红表笔和黑表笔对调，使红表笔连接到 NPN 型三极管的发射极，黑表笔连接到基极，此时 PN 结反偏。如果三极管工作正常，万用表上应显示开路状态指示（显示为 OL），表明 PN 结具有极高的反向电阻。重复上述过程即可检测三极管的集电结。而对于 PNP 型三极管来说，每次检测中万用表的接线端要反过来连接。

如果无论 PN 结正偏还是反偏，万用表都显示开路状态指示，则表明该三极管的 PN 结开路；如果存在 PN 结短路，则检测中无论正偏还是反偏，万用表读数都是 0 V。当然，有时三极管的故障并不是纯粹的短路，而是出现一个很小的电阻值，此时万用表显示的电压值远小于正确的开路电压。例如，对三极管某个结加载两种偏置，测量值都是 1.1 V，而不是正确的读数（正向为 0.7 V，反向为 OL）。

本章小结

学完本章后应理解半导体的基础知识和 PN 结的形成机理及其特性，掌握二极管、三极管、场效应管的结构、工作原理、特性曲线和主要参数，了解半导体器件故障检测的简单方法。本章具体内容如下。

1. 半导体基础与 PN 结

半导体是导电能力介于导体和绝缘体之间的物质，具有一系列特殊的性能，掺杂、光照和温度都可以改变半导体的导电性能，利用这些性能可以制作具有各种特性的半导体器件。在一块本征半导体的两端分别进行 N 型掺杂和 P 型掺杂，其中的载流子会进行扩散运动和漂移运动，并最终达到动态平衡，形成 PN 结。清晰理解 PN 结的形成过程，掌握其单向导电性、反向击穿特性、温度特性等，可为理解二极管、三极管、场效应管的工作原理和性能奠定基础。

2. 二极管

将 PN 结封装并引出电极就构成了二极管，其特性与 PN 结的特性一致，也具备单向导电性、反向击穿特性、温度特性等。二极管的主要参数包括最大整流电流、最高反向工作电压、反向电流、最高工作频率、极间电容、反向恢复时间等。二极管的简化模型包括理想模型、折线模型、交流小信号模型等，需要根据实际应用场景需求与精度要求等选择相应模型。

除了普通二极管，还有利用反向击穿特性制成的稳压二极管，利用 PN 结电容效应制成的变容二极管，利用 PN 结电致发光和光电效应制成的光电二极管、发光二极管，以及利用金属 - 半导体结制成的肖特基二极管。各种二极管在开关电路、整流电路、稳压电路、限幅电路、钳位电路中具有广泛的应用。

3. 三极管

三极管是电流控制元件，通过控制基极电流或射极电流可以控制集电极电流。当发射结正偏且集电结反偏（确保三极管工作在放大区）时，三极管具有电流放大作用。发射区多子的扩散运动形成发射极电流 I_E，基区非平衡少子与多子的复合形成基极电流 I_B，集电结少子漂移运动形成集电极电流 I_C，且 $I_E = I_B + I_C$，I_B 对 I_C 的控制作用表现为 $I_C = \bar{\beta} I_B$。

在不同外部条件下，三极管呈现出不同的工作状态，对应到特性曲线中为截止区、饱和区和放大区，主要参数包括电流放大系数、极间反向电流、特征频率、极限参数等。理解三极管的特性曲线、工作状态、典型参数等有助于读者分析和设计三极管放大电路。

4. 场效应管

场效应管是一种单极型电压控制元件，工作时只存在一种载流子导电，其输入电阻很高，一般可达到 $10^9 \, \Omega$ 以上。场效应管分为结型场效应管和绝缘栅场效应管两类，每类又包含 N 沟道和 P 沟道两种，同种沟道的绝缘栅场效应管又分为增强型和耗尽型。

场效应管工作在恒流区时，利用栅源电压 u_{GS} 控制导电沟道的宽窄，从而控制载流子定向运动产生的漏极电流 i_D。转移特性曲线反映了 u_{GS} 与 i_D 之间的控制关系，而输出特性曲线表示 u_{GS}、u_{DS}、i_D 之间的关系。不同类型的场效应管工作条件不尽相同，结型场效应管必须保证栅源电压 u_{GS} 处于反偏状态；增强型绝缘栅场效应管的 u_{GS} 只在单一极性（NMOS 管 $u_{GS} > 0$，PMOS 管 $u_{GS} < 0$）时可正常工作，而耗尽型绝缘栅场效应管由于存在原始沟道，其 u_{GS} 在一定范围内可正可负。

场效应管包含可变电阻区、恒流区、夹断区和击穿区，其主要参数包括直流参数、交流参数和极限参数等。

习题

2.1　在本征硅半导体中掺入浓度为 $5 \times 10^{15} \, \text{cm}^{-3}$ 的受主杂质，请说明常温时所形成的杂质半导体类型。若再掺入浓度为 $10^{16} \, \text{cm}^{-3}$ 的施主杂质，则将变为何种类型的杂质半导体？

2.2　二极管是非线性元件，它的直流电阻和交流电阻有何区别？用万用表欧姆挡测量的二极管电阻属于哪一种？为什么使用万用表欧姆挡的不同量程测量出的二极管阻值不相同？

2.3　既然晶体三极管具有两个 PN 结，可否用两个二极管相连构成一只三极管？请说明理由。

2.4　场效应晶体管与双极结型晶体管相比，各有什么特点？

2.5　图 2-60 所示的二极管为理想二极管，判断图中二极管是导通还是截止，并求出相应的输出电压。

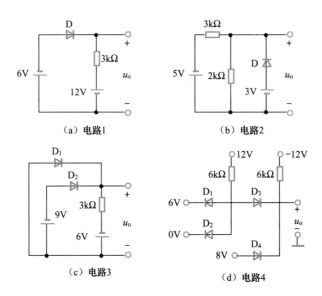

图 2-60　题 2.5 图

2.6　已知两只硅稳压管 D_{Z1} 和 D_{Z2} 的稳定电压分别为 $U_{Z1} = 6$ V、$U_{Z2} = 10$ V，若将它们串联使用，能获得几种不同的稳定电压值？若将其并联，又能获得几种不同的稳定电压值？

2.7　两个稳压电路分别如图 2-61（a）和图 2-61（b）所示，稳压管的稳定电压 $U_Z = 8$ V，输入信号 $u_i = 15 \sin \omega t$ V，分别画出电路的输出 u_o 波形。

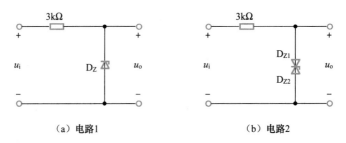

图 2-61　题 2.7 图

2.8　两个限幅电路分别如图 2-62（a）和图 2-62（b）所示，电路中的二极管为理想二极管，输入信号 $u_i = 6 \sin \omega t$ V，分别画出电路的输出 u_o 波形。

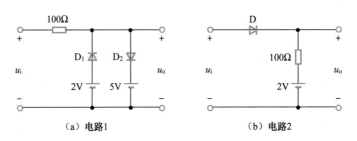

图 2-62　题 2.8 图

2.9　电路如图 2-63（a）所示，二极管的伏安特性如图 2-63（b）所示，常温下 $U_T \approx$ 26 mV，电容 C 对交流信号可视为短路，u_i 为正弦波信号，有效值为 10 mV。

（1）二极管在输入电压为 0 时的电流和电压各为多少？

（2）二极管中流过的交流电流有效值为多少？

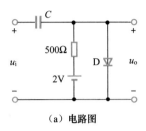
（a）电路图

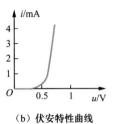
（b）伏安特性曲线

图 2-63　题 2.9 图

2.10　放大电路中各个晶体三极管 3 个电极的直流电位如图 2-64 所示，分析并判断它们的管型（NPN、PNP）、管脚以及半导体材料（硅或锗）。

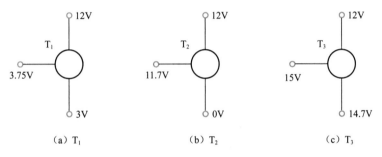

（a）T_1　　　　　　　（b）T_2　　　　　　　（c）T_3

图 2-64　题 2.10 图

2.11　测得某晶体三极管的电流为 $I_E = 2$ mA，$I_B = 50$ μA，$I_{CBO} = 1$ μA，求 $\bar{\alpha}$、$\bar{\beta}$ 及 I_{CEO}。

2.12　某放大电路中晶体三极管 3 个电极的电流如图 2-65 所示，已测得 $I_A = 1.5$ mA，$I_B = 0.03$ mA，$I_C = -1.53$ mA。试分析 A、B、C 中哪个是基极，哪个是发射极？该管的 $\bar{\beta}$ 为多少？

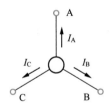

图 2-65　题 2.12 图

2.13　某放大电路中 5 只场效应管的 3 个电极的电位分别如表 2-6 所示，请分析它们分别是哪种沟道的场效应管，并指明相应的工作状态。

表 2-6　题 2.13 表

序号	$U_{GS,th}$ 或 $U_{GS,off}$/V	U_S/V	U_G/V	U_D/V	沟道类型	工作状态
结型 T_1	3	1	3	-10		
结型 T_2	-3	3	-1	10		
MOS 型 T_3	-4	5	0	-5		

续表

序号	$U_{GS,th}$ 或 $U_{GS,off}$/V	U_S/V	U_G/V	U_D/V	沟道类型	工作状态
MOS 型 T_4	4	−2	3	−1.2		
MOS 型 T_5	−3	0	0	10		

2.14　某结型场效应管的转移特性曲线如图 2-66 所示。

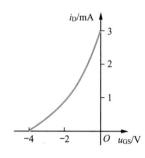

图 2-66　题 2.14 图

（1）它是 N 沟道还是 P 沟道的场效应管？

（2）它的夹断电压 $U_{GS,off}$ 和漏极饱和电流 I_{DSS} 各是多少？

2.15　N 沟道增强型 MOS 管组成的电路如图 2-67（a）所示，该管子的输出特性曲线如图 2-67（b）所示，请分析当输入信号 u_i 分别为 0 V、8 V、10 V 时管子的状态，并计算输出电压 u_o 的值。

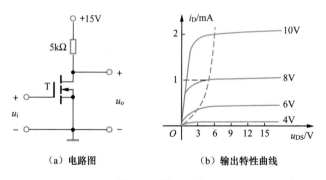

（a）电路图　　　（b）输出特性曲线

图 2-67　题 2.15 图

第 3 章

基本放大电路

晶体管一经发明就受到了广泛的关注。1952 年，贝尔实验室首次将锗晶体管应用于助听器 Sonotone 1010 中，如图 3-1 所示。然而晶体管高昂的价格与难以在高温下工作的缺点阻碍了它的发展。1954 年，贝尔实验室的化学家莫里斯·塔尼巴恩（Morris Tanenbaum）研发出了全球第一个可工作的硅晶体管，随后美国德州仪器公司的戈登·蒂尔（Gordon Teal）研制出了第一个商用化的硅晶体管。

图 3-1 Sonotone 1010

真正让晶体管流行起来的不是电话，也不是当时只有少数科学家使用的计算机，而是能够吸引大众注意的手持收音机。1954 年 10 月，美国丽晶电子公司和德州仪器公司联合推出了第一台晶体管收音机 Regency TR-1。它采用 4 个晶体管，使用 22.5 V 电池工作并提供超过 20h 的续航时间，一年之内总共售出了 10 万台。1956 年 2 月，威廉·肖克利在离开贝尔实验室之后，在美国帕洛阿托市（Palo Alto）成立了自己的实验室，即肖克利半导体实验室。数年后，越来越多的半导体实验室和高科技公司在这个地区落地生根，该地区逐渐演变成了现在的"硅谷"。

我国的"硅谷"——中关村科技园起源于 20 世纪 80 年代初期的中关村电子一条街。依托于众多高等院校和研究院所的优势，经过几十年的发展，中关村电子一条街形成了以联想、百度为代表的高新技术企业聚集地，集合了下一代互联网、移动互联网、新一代移动通信、卫星与导航、生物医药、节能环保、轨道交通等优势产业，瞄准集成电路、新材料、高端装备制造、新能源等潜力产业，推进"产、学、研、用"紧密结合，使科技成果更好地转化为现实生产力。

本章从放大电路的基本概念和性能指标入手，着重分析三极管基本放大电路（共射、共集、共基放大电路）和场效应管基本放大电路（共源、共漏、共栅放大电路），讨论放大电路的图解分析法和解析分析法，分析放大电路的静态工作点及增益、输入电阻、输出电阻等性能指标参数；为进一步提升电路的放大性能，给出多级放大电路的概念和耦合方式，并使用输入电阻法和开路电压法分析多级放大电路的性能。本章内容为后续模拟集成放大电路的分析与设计奠定基础。

3.1 放大电路基础知识

在模拟电子技术中，放大是指将输入的微弱信号（如传感器采集的信号）经过电路在输出电压或电流的幅度上进行放大（变换成足够强的电信号），以驱动后续的执行机构（如扬声器、显示器、信号处理模块等）。以图 3-2 所示的语音放大电路模块为例，先通过话筒将语音信号转换为微弱的电信号，并将该信号输入放大器，然后通过放大器的输出驱动扬声器发出较强的声音。

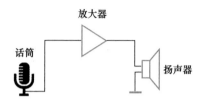

图 3-2　语音放大电路模块示意图

这一过程中的电路即放大电路，它所处理的对象是变化的信号（电压或电流），其本质是对电源能量进行控制并将其转换成输出信号。电路无论是进行电压放大还是电流放大，其本质都是进行功率放大，即通过电路控制将直流电源所提供的能量转换成负载上获得的能量，使输出信号的功率远大于输入信号的功率。放大电路中能够进行这种能量控制和转换的器件有三极管和场效应管。

理论上对信号放大的基本要求是不失真，即输出信号波形能够复现输入信号波形，并在幅度上远大于输入信号。这就需要放大电路的输出信号与输入信号之间呈线性关系。由于双极结型晶体管和场效应晶体管是放大电路的核心器件，因此需要确保其工作在适当区域，即三极管工作在放大区，场效应管工作在恒流区。但在实际应用中需要将放大器的失真限制在工程允许的范围之内。

3.1.1　放大电路的基本组成

将图 3-2 所示的语音放大电路用结构框图表示，如图 3-3 所示。它是由信号源、放大电路（含直流电源）和负载构成的。

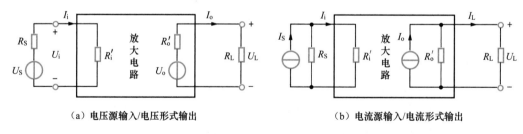

（a）电压源输入/电压形式输出　　　　　　　（b）电流源输入/电流形式输出

图 3-3　放大电路结构框图

图 3-3 中的信号源可以为电压源或电流源，输入放大电路的待处理信号可以是电压 U_i 或电流 I_i；相应地，输出信号也可以是电压 U_o 或电流 I_o。其输出信号功率要远大于输入信号功率，输出用于驱动负载 R_L。

3.1.2　放大电路的性能指标

放大电路可以看成双端口网络，如图 3-3 所示。不同放大电路在信号源和负载相同时，会呈现不同的放大能力；同一放大电路在不同频率的输入信号作用下，放大能力也有所不同。因此评估放大电路的性能主要从放大能力和失真性能两个角度进行，主要指标有放大倍数、输入电阻、输出电阻、频率特性、非线性失真及效率等。

1. 放大倍数

放大倍数是衡量电路放大能力的基本参数，也称为增益。针对图 3-3 所示放大电路，根据信号和应用场合的不同，放大电路增益的定义也有所不同，包括以下几种。

① 电压增益 A_u：定义为输出电压 U_o 与输入电压 U_i 之比，即

$$A_u = \frac{U_o}{U_i} \tag{3-1}$$

② 电流增益 A_i：定义为输出电流 I_o 与输入电流 I_i 之比，即

$$A_i = \frac{I_o}{I_i} \tag{3-2}$$

③ 互阻增益 A_R：定义为输出电压 U_o 与输入电流 I_i 之比，即

$$A_R = \frac{U_o}{I_i} \tag{3-3}$$

④ 互导增益 A_G：定义为输出电流 I_o 与输入电压 U_i 之比，即

$$A_G = \frac{I_o}{U_i} \tag{3-4}$$

⑤ 功率增益 A_P：定义为输出功率 P_o 与输入功率 P_i 之比，即

$$A_P = \frac{P_o}{P_i} = \left| \frac{U_o I_o}{U_i I_i} \right| = |A_u A_i| \tag{3-5}$$

上述放大倍数的定义均是无量纲比值。而在工程中，若放大倍数较大或者在某些特定应用中（如声音放大），通常使用分贝（decibel, dB）表示，即

$$A_X(dB) = 20 \lg |A_X|$$

其中，X 表征不同增益，如 X 为 u 时表示电压增益，X 为 i 时表示电流增益，X 为 R 时表示互阻增益，X 为 G 时表示互导增益，X 为 P 时表示功率增益。

2. 输入电阻 R_i'

放大电路输入端的等效电阻称为输入电阻，用 R_i' 表示，即

$$R_i' = \frac{U_i}{I_i} \tag{3-6}$$

一般来说，理想电压放大电路的输入电阻为无穷大，理想电流放大电路的输入电阻为零，而实际放大电路的输入电阻是有限值。

输入电阻 R_i' 的大小决定了放大电路从信号源获取信号的大小。由图 3-3（a）可知，放大电路输入电压 U_i 与信号源电压 U_S 之间的关系为

$$U_i = \frac{R_i'}{R_i' + R_S} U_S \tag{3-7}$$

对于输入电压信号来说，R_i' 越大，放大电路的输入电压 U_i 就越大，从信号源获取到的电压

也就越大。同理，对于输入电流信号来说，由于输入电阻与电流源内阻并联，如图 3-3（b）所示，因此 R'_i 越小，注入放大电路的电流 I_i 就越大，放大电路从信号源获取到的电流信号也就越大。因此放大电路输入电阻的大小需要根据实际需求而进行设计。

3. 输出电阻 R'_o

根据戴维南定理，放大电路输出端可以等效为一个电压源，如图 3-3（a）所示；同理，根据诺顿定理，放大电路输出端也可以等效为一个电流源，如图 3-3（b）所示。输出电压（或电流）源的内阻就是放大电路的输出电阻 R'_o，即从放大电路的输出端看进去，如果令放大电路的输入信号源为零，则输出电压（或电流）为零，此时若将 U_o 看作输出端的激励电压，I_o 看作激励电流，则有

$$R'_o = \frac{U_o}{I_o} \tag{3-8}$$

输出电阻 R'_o 的大小决定其带负载的能力。由图 3-3（a）可知，放大电路负载为 R_L 时，输出电压 U_o 与负载上的电压 U_L 之间的关系为

$$U_L = \frac{R_L}{R'_o + R_L} U_o \tag{3-9}$$

则输出电阻可表示为

$$R'_o = \frac{U_o - U_L}{U_L} R_L \tag{3-10}$$

对于以电压形式输出的放大电路，R'_o 越小，负载 R_L 的变化对输出电压 U_o 的影响就越小，放大电路的带负载能力就越强；同理，对于以电流形式输出的放大电路，输出电阻 R'_o 与负载电阻 R_L 并联，R'_o 越大，负载 R_L 的变化对输出电压 U_o 的影响就越小。因此放大电路输出电阻的大小应当根据负载的需要进行设计。

输入电阻和输出电阻描述了电路连接时的相互影响。在图 3-4 所示的两级放大电路中，放大电路 2 的输入电阻 R'_{i2} 是放大电路 1 的负载电阻，同时放大电路 1 的输出可以视为放大电路 2 的信号源，其内阻是放大电路 1 的输出电阻 R'_{o1}。因此输入电阻和输出电阻均会影响放大电路的放大能力。

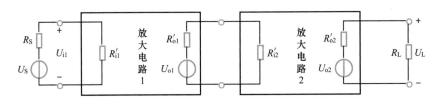

图 3-4　两级放大电路结构框图

4. 频率特性

输入信号可能由不同频率的成分组合而成，放大电路的频率特性用于衡量其对不同频率信号的放大能力。由于放大电路中存在杂散电容、杂散电感以及半导体器件的结电容等电抗元件，放大电路对不同频率信号的增益大小与相位均可能不同。因此放大电路通常只适用于某一特定频率范围内信号的放大。图 3-5 给出了放大电路增益幅度 - 频率响应示意图，我们通常称之为幅频特性曲线，它表示放大电路增益的模值与信号频率之间的函数关系。

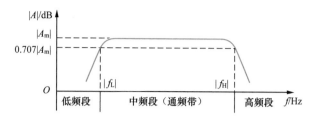

图 3-5　放大电路幅频特性曲线

由图 3-5 可知，当信号频率下降到一定值时，增益下降至 $0.707\,|A_\mathrm{m}|$，所对应的频率被定义为下限截止频率 f_L，小于 f_L 的部分为低频段。同样，当信号频率上升到一定值时，增益下降至 $0.707\,|A_\mathrm{m}|$，所对应的频率被定义为上限截止频率 f_H，大于 f_H 的部分为高频段。两个截止频率之间的频带称为中间频率段（简称中频段），也称为通频带。在中频段，放大电路的增益基本不随信号频率的变化而变化，即增益近似为固定值。超出通频带，放大电路输出信号会产生频率失真和相位失真。通频带越宽，放大电路对不同频率信号的适应能力越强。放大电路的频率特性将在第 4 章中详细阐述。

5. 非线性失真

由第 2 章介绍可知，放大电路核心器件的特性曲线，如三极管的输入特性曲线、场效应管的转移特性曲线等都是非线性特性曲线，放大电路的非线性波形失真是由半导体器件的非线性特性引起的。半导体器件的线性放大实际上是在一定范围内的近似线性放大。在输入信号幅度超过近似线性范围之后，输出电压将会产生非线性失真。这样当放大电路的输入为单一频率正弦波信号时，输出虽然依然是周期信号，但是由于失真，输出信号中除与输入频率相同的基波信号外，还将产生二次、三次等谐波信号。我们利用非线性失真系数 D 衡量放大电路的非线性失真大小，定义为

$$D = \sqrt{\left(\frac{A_2}{A_1}\right)^2 + \left(\frac{A_3}{A_1}\right)^2 + \cdots} \qquad (3\text{-}11)$$

其中，A_1 表示基波幅度值，$A_2, A_3, \cdots$ 为谐波幅度值。

虽然频率失真和非线性失真都会引起放大电路输出的波形失真，但两者的区别在于：频率失真是信号中各频率分量的增益不再是常数，其大小发生变化，并不会产生新的频率成分；而非线性失真会产生新的频率成分。

6. 最大不失真输出电压

最大不失真输出电压是指在放大电路非线性系数满足一定指标的情况下，输出信号的最大值 U_om。

7. 最大输出功率 P_om 与转换效率 η

负载能够获得的最大功率即放大电路的最大输出功率 P_om，此时输出电压达到最大不失真输出电压。

将直流电源提供的功率转化为放大电路的信号输出功率，定义最大输出功率 P_om 与直流电源供给总功率 P_DC 之间的比值为转换效率 η，则有

$$\eta = \frac{P_\mathrm{om}}{P_\mathrm{DC}} \qquad (3\text{-}12)$$

测试上述性能指标时，放大倍数 A、输入电阻 R'_i、输出电阻 R'_o 应为放大电路输入的中频段小信号。

3.2 三极管基本放大电路

三极管作为放大电路的有源器件，用于对电源能量进行控制并将其转换成输出信号，但它必须满足一定的前提条件才可以进行放大，即工作在放大区。因此需要将三极管及其他元器件按照一定的原则构成放大器，才能发挥三极管的放大作用。本节以单管共射放大电路为例，分析其电路组成、工作原理、图解分析法与解析分析法、工作稳定性，并在此基础上进一步分析共集放大电路和共基放大电路。

3.2.1 基本共射放大电路的结构与工作原理

1. 单管共射放大电路的基本构成

根据三极管的工作原理，为了使其工作在放大区，必须给发射结加正向电压，给集电结加反向电压。如图 3-6（a）所示，输入回路的电源 E_B 经过基极电阻 R_B 向发射结提供正向电压，而输出回路的电源 E_C 经过集电极电阻 R_C 向集电结提供反向电压，由此三极管满足放大区条件。

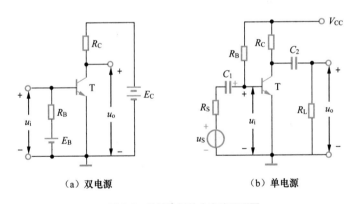

（a）双电源 　　　　　　　（b）单电源

图 3-6 单管共射放大电路原理图

然而，图 3-6（a）所示的双电源供电放大电路可以进一步简化为单电源供电放大电路，如图 3-6（b）所示，即常见的共射放大电路。图 3-6（a）中发射结的正向电压由电源 E_C 提供，由于 $E_C > E_B$，因此可通过改变基极回路的 R_B 调节基极电流 I_B；而集电结的反向电压同样由电源 E_C 经过集电极电阻 R_C 提供。图 3-6（b）中 u_S 为待放大的信号源电压，R_S 为其内阻；R_L 是放大电路的外接负载，与 R_C 一起将变化的集电极电流转换为输出电压；C_1 和 C_2 是耦合电容，起到隔离直流（防止直流电流流入信号源和负载，简称隔直）并耦合交流（通过交流信号）的作用。

图 3-6 所示电路中，输入信号 u_i 加载在三极管的基极和发射极之间，输出信号 u_o 采自三极管的集电极与发射极之间，即发射极是双端口网络的公共端，因此称图 3-6（b）所示电路为共

发射极放大电路，简称为共射放大电路（CE 放大电路）。

根据共发射极放大电路的组成结构与工作条件，三极管放大电路的组成基本原则如下。

（1）存在直流通路，确保合适的直流偏置。需要保证发射结正偏，集电结反偏，使其工作在放大区，实现放大功能。

（2）存在合适的交流通路。信源（小信号）能有效地加载到放大电路输入端，放大后的输出信号能够输出给负载。

（3）三极管须正向使用，即只能将发射结作为输入端。

例 3-1 图 3-7 所示电路中，u_S 为小信号，判断各电路是否具有交流信号的电压放大功能。

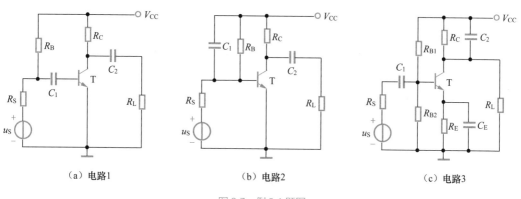

（a）电路1　　　　　　　（b）电路2　　　　　　　（c）电路3

图 3-7　例 3-1 题图

解 判断三极管放大电路是否具有电压放大功能，应遵循其组成原则，即首先断开电路中的电容（包括耦合电容和旁路电容），检查对应的直流通路是否能够提供合适的直流偏置；其次将电容和直流电源短路，判断交流信号是否能够有效地加载到放大电路输入端，且能够正常输出给负载。

在图 3-7（a）中，由于电容 C_1 的隔直作用，电源电压 V_{CC} 无法加载在发射结上，发射结无法保证正偏，因此电路没有放大功能。

在图 3-7（b）中，电容 C_1 的旁路作用会将输入的交流信号 u_S 短路，即输入交流信号无法加载在放大电路的输入端，因此电路没有放大功能。

在图 3-7（c）中，在交流信号情况下，电容 C_2 的旁路作用会将集电极电阻 R_C 短路，虽然电路有电流放大作用，但输出信号电压无法取出，因此电路没有电压放大功能。

2. 单管共射放大电路的工作原理

图 3-6（b）所示的基本共射放大电路的信号放大过程具体如下。以输入信号源 u_S 为正弦波为例，信号源 u_S 通过耦合电容 C_1 将输入信号 u_i 叠加在三极管发射结中已有的直流偏置电压 U_{BEQ} 之上，即三极管发射结上存在交直流电压 $u_{BE} = U_{BEQ} + u_i$，如图 3-8（a）所示。由此生成交直流叠加的基极电流 $i_B = I_{BQ} + i_b$，其中 I_{BQ} 和 i_b 分别为流入基极的直流电流和交流电流，如图 3-8（b）所示。根据三极管基极电流对集电极电流的控制作用，产生放大的交直流叠加的输出电流 $i_C = \beta i_B = I_{CQ} + \beta i_b$，如图 3-8（c）所示，其作用在集电极电阻 R_C 上，引起三极管集电极和发射极间压降 u_{CE} 的变化。当 R_C 上的电压增大时，管压降 u_{CE} 减小；当 R_C 上的电压减小时，管压降 u_{CE} 增大，

单管共射放大电路的工作原理

因此管压降 u_{CE} 是在直流分量 U_{CEQ} 的基础上叠加了一个与 i_C 变化方向相反的交变电压 u_{ce}，即 $u_{CE} = U_{CEQ} + u_{ce}$，如图 3-8（d）所示。经过耦合电容 C_2 滤除直流部分后，形成变化的交流输出电压 u_o，如图 3-8（e）所示。

上述过程中信号的传递可归结为 $u_S \xrightarrow{C_1} u_{BE} \to i_B \to i_C(\beta i_B) \to u_{CE} \xrightarrow{C_2} u_o$，即在信号放大过程中，交流分量与直流分量共存。而当交流输入信号为零时，电路处于直流（静态）工作状态，电压和电流数值在三极管的特性曲线上呈现为一个确定的点，称为静态工作点 Q（quiescent point），通常使用基极电流 I_{BQ}、集电极电流 I_{CQ}、发射结电压 U_{BEQ}、管压降 U_{CEQ} 表征该点。因此，放大电路中的直流分量不仅要为发射结和集电结提供正确的偏置，还需要设置合适的静态工作点，使交流信号在与直流分量叠加之后，确保三极管在输入信号完整周期之内始终工作在放大区。这也是三极管放大电路正常工作的原则之一。

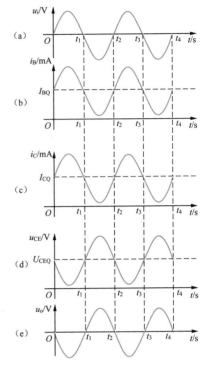

图 3-8　单管共射放大电路工作波形

3.2.2　共射放大电路的图解分析法

图解分析法是基于三极管输入、输出特性曲线求解的，优点在于能够直观形象地反映三极管的工作情况，缺点在于必须基于三极管的实测特性曲线完成，因此在进行定量分析时会存在较大的误差。此外，由于特性曲线一般只展示信号频率较低时的伏安关系，并未给出信号频率较高时极间电容产生的影响，因此图解分析法一般只适用于输出幅度较大且工作频率不高的场景。实际应用中多用这种方法确定静态工作点 Q 的位置，分析波形失真和最大不失真输出电压。

共射放大电路的图解分析法

1. 静态分析

放大电路的静态分析是指在交流输入信号 $u_i = 0$ 的情况下分析其直流工作状态，分析目标是寻找静态工作点，求基极电流 I_{BQ}、集电极电流 I_{CQ}、发射结电压 U_{BEQ} 和管压降 U_{CEQ}。针对这一目标，首先需要画出给定放大电路的直流通路。直流通路是在直流电源作用下直流电流流经的通路，画直流通路时需要遵循以下原则：①电容视为开路；②电感线圈视为短路（忽略线圈电阻）；③信号源视为短路，但保留其内阻。根据上述原则，图 3-6（b）单管共射放大电路的直流通路如图 3-9 所示。

共射放大电路的输入回路是包含发射结电压的有源回路，因此图 3-9 的直流输入回路是从直流电压源 E_C 经基极电阻 R_B、三极管 T 发射结后到达参考地的回路。静态工作点 Q 除了在输入特性曲线之上，还应在输入回路直流负载线上。输入回路方程为

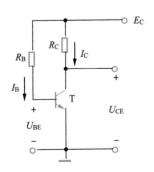

图 3-9　图 3-6（b）单管共射放大电路的直流通路

$$I_B R_B + U_{BE} = E_C \qquad （3-13）$$

将式（3-13）表示的直线画在输入特性曲线 i_B-u_{BE} 坐标系中，如图 3-10（a）所示。直线与横轴的交点为 $(E_C, 0)$，与纵轴的交点为 $(0, E_C/R_B)$，斜率为 $-1/R_B$。直线与曲线的交点就是静态工作点 Q，其坐标为 (U_{BEQ}, I_{BQ})。

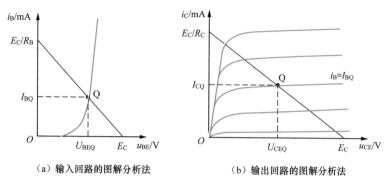

（a）输入回路的图解分析法　　　　　（b）输出回路的图解分析法

图 3-10　图解分析法求静态工作点 Q

类似地，由于共射放大电路的输出回路是包含 U_{CE} 的有源回路，即图 3-9 的输出回路是从直流电压源 E_C 经集电极电阻 R_C、三极管集电极和发射极后到达参考地的回路，则输出回路方程为

$$I_C R_C + U_{CE} = E_C \tag{3-14}$$

将式（3-14）表示的直线画在输出特性曲线 i_C-u_{CE} 坐标系中，该直线称为输出直流负载线，与横轴的交点为 $(E_C, 0)$，与纵轴的交点为 $(0, E_C/R_C)$，斜率为 $-1/R_C$。输出直流负载线与输出特性曲线簇中的 $i_B = I_{BQ}$ 曲线交于一点，即为静态工作点 Q，如图 3-10（b）所示，其坐标为 (U_{CEQ}, I_{CQ})。

2. 动态分析

放大电路的动态分析是指在输入信号 $u_i \neq 0$ 时分析放大电路的动态特性，它需要基于放大电路的交流通路进行分析。交流通路是在输入信号作用下交流信号流经的通路，画交流通路时需要遵循以下原则：①耦合电容或旁路电容视为交流短路；②直流电源（如图 3-6（b）中的 V_{CC}）的内阻很小，可视为短路。根据上述原则，图 3-6（b）单管共射放大电路的交流通路如图 3-11 所示。

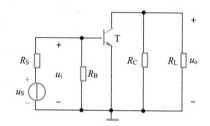

图 3-11　图 3-6（b）单管共射放大电路的
交流通路

假设信号源为正弦波信号，则放大电路的输入信号 $u_i = U_{im} \sin \omega t$，加载在三极管发射结上的电压为

$$u_{BE} = U_{BEQ} + u_i = U_{BEQ} + U_{im} \sin \omega t \tag{3-15}$$

即输入信号 u_i 叠加在 U_{BEQ} 上，因此可以将 u_i 波形叠加在图 3-10（a）之上，如图 3-12（a）所示。进而由输入特性曲线得到基极电流 $i_B = I_{BQ} + i_b$，其最大值为 I_{B1}，最小值为 I_{B2}。

由三极管基极电流对集电极电流的控制关系可得图 3-12（b）所示集电极电流 i_C 的波形。根据图 3-11 所示交流通路，可得 u_{ce} 为

$$u_{ce} = -i_c (R_C /\!/ R_L) = -(i_c - I_{CQ}) R_L' \tag{3-16}$$

其中 $R_L' = R_C /\!/ R_L$ 为放大电路的等效负载。

因此交直流管压降 u_{CE} 为

$$u_{CE} = U_{CEQ} + u_{ce} = U_{CEQ} - (i_C - I_{CQ})R'_L \qquad (3\text{-}17)$$

式（3-17）为输出回路的交流负载线，显然它也是经过静态工作点 Q 的一条直线，但斜率为 $-1/R'_L$，如图 3-12（b）中所示。由此可以求得放大电路的电压放大倍数为

$$A_u = \frac{u_o}{u_i} = \frac{u_{ce}}{u_i} = \frac{U_{om}}{U_{im}} \qquad (3\text{-}18)$$

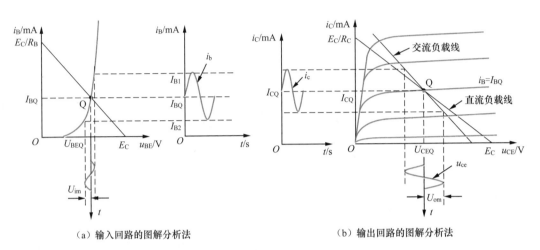

(a) 输入回路的图解分析法　　　　　　　　　(b) 输出回路的图解分析法

图 3-12　图解分析法分析图 3-6（b）单管共射放大电路的动态特性

在图 3-12 中，$u_i > 0$ 时，$i_b > 0$，$i_c > 0$，但 $u_{ce} < 0$；而 $u_i < 0$ 时，$i_b < 0$，$i_c < 0$，但 $u_{ce} > 0$。这说明输出电压 u_o 与输入电压 u_i 的极性相反。

综上所述，在使用图解分析法分析放大电路的动态特性时，首先应给定作用在静态工作点 Q 上的输入交流电压信号 u_i，根据输入特性曲线求得相应的基极电流 i_b，根据三极管的电流控制关系得到集电极电流 i_c，根据输出特性曲线上的交流负载线求得管压降 u_{ce}，最后给出放大电路的电压放大倍数 A_u。值得注意的是，利用图解分析法分析放大电路时，输入电压 u_i 的数值越大，晶体管的非线性特性越明显，对分析结果的影响也就越大。通过图 3-12（a）很容易观察，当 u_i 增大到一定值时，三极管将工作在截止区。

3. 波形失真分析

图 3-12 所示的输入信号峰值 U_{im} 较小且静态工作点 Q 位置合适时，三极管发射结交流电压 u_{be} 为正弦波，基极电流 i_b 也为正弦波。由于放大区内电流控制关系是线性的，因此集电极电流 i_c 与管压降 u_{ce} 沿交流负载线变化。

当静态工作点 Q 的位置过低时，U_{BEQ} 较小，发射结电压 u_{BE} 在负半周峰值附近会进入截止区，基极电流 i_b 将产生底部失真，如图 3-13（a）所示。由此会导致集电极电流 i_c 产生同样的波形失真。由于共射放大电路输出电压与输入电压的相位相反，因此等效负载 R'_L 上的电压 u_o 会产生顶部失真，如图 3-13(b) 所示。这种失真是因为三极管进入截止区而产生的，因此也称为截止失真[1]。

共射放大电路的
波形失真分析

1　NPN 管的截止失真是顶部失真，PNP 管的截止失真是底部失真。

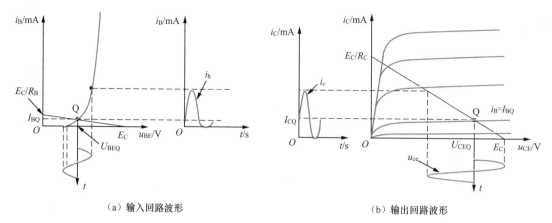

（a）输入回路波形　　　　　　　　　　　（b）输出回路波形

图 3-13　单管共射放大电路的截止失真

当静态工作点 Q 的位置过高时，U_{BEQ} 和 I_B 较大，图 3-14（a）所示的基极电流 i_b 不存在失真。但由于输入信号在正半周峰值附近会进入饱和区，因此集电极动态电流 i_c 会产生顶部失真。由于共射放大电路输出电压与输入电压的相位相反，因此等效负载 R'_L 上的电压 u_o 会产生底部失真，如图 3-14（b）所示。这种失真是因为三极管饱和而产生的，因此也称为饱和失真[1]。

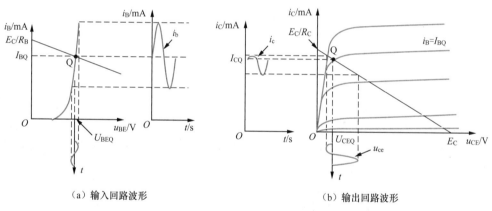

（a）输入回路波形　　　　　　　　　　　（b）输出回路波形

图 3-14　单管共射放大电路的饱和失真

消除饱和失真的方法有很多，其主要思想就是适当降低静态工作点 Q 的位置。例如，通过增大基极电阻 R_B 可以减小基极静态电流 I_{BQ}，进而减小集电极的静态电流 I_{CQ}；减小集电极电阻 R_C 改变交流负载线斜率，进而增大管压降 U_{CEQ}；还可以更换放大倍数较小的三极管，以减小 I_{CQ}。

截止失真和饱和失真是静态工作点 Q 位置选取不当引起的，实际应用中需要将其设置在输出特性曲线放大区的中间部位，以防止出现失真。在不出现截止失真和饱和失真的条件下，放大电路所能输出的电压幅度称为放大电路的最大不失真输出电压，如图 3-15 所示。

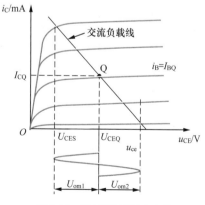

图 3-15　最大不失真输出电压

1　NPN 管的饱和失真是底部失真，PNP 管的饱和失真是顶部失真。

对于输入的正弦信号 $u_i = U_{im} \sin \omega t$，由于其正负半周是对称的，因此最大不失真输出电压的幅度是 U_{om1} 和 U_{om2} 中数值较小的一个，即

$$U_{om} = \min [U_{om1}, U_{om2}] \approx \min [(U_{CEQ} - U_{CES}), I_{CQ}R'_L] \qquad (3-19)$$

3.2.3 共射放大电路的解析分析法

解析分析法是通过建立电路方程进行分析的。但三极管具有非线性特性，直接进行解析分析十分复杂。如果在特定条件（如低频小信号）下建立线性等效电路模型，便可使用线性电路分析方法分析放大电路的性能。本小节首先基于直流通路建立输入、输出回路方程，找出静态工作点，而后阐述三极管低频小信号模型，并在此基础上使用低频小信号模型建立交流通路的等效电路，完成共射放大电路的解析分析。

1. 静态分析

对于图 3-9 所示放大电路的直流通路，I_{BQ} 与 U_{BEQ} 应满足

$$I_{BQ} = \frac{E_C - U_{BEQ}}{R_B} \qquad (3-20)$$

通常情况下，硅三极管的 $U_{BEQ} \approx 0.6 \sim 0.8\ V$，常取 $0.7\ V$；锗三极管的 $U_{BEQ} \approx 0.1 \sim 0.3\ V$，常取 $0.2\ V$。由此可以求得 I_{BQ}，进一步可以根据式（3-21）与式（3-22）求得 I_{CQ} 与 U_{CEQ}：

$$I_{CQ} = \bar{\beta} I_{BQ} \qquad (3-21)$$

$$U_{CEQ} = E_C - I_{CQ}R_C \qquad (3-22)$$

2. 三极管低频小信号模型

根据图解分析法可知，三极管处于放大状态时，在静态工作点上叠加交流小信号，三极管对低频小信号具有线性放大功能，此时可利用线性有源网络等效三极管，使网络端电压、电流关系与三极管的电压电流关系相同。该线性有源网络称为三极管的低频小信号模型。

晶体三极管交流
小信号模型

三极管的交流小信号模型包括利用双端口网络得到的输入、输出端口电压、电流关系，称为 h 参数等效模型；还包括进一步引入三极管结电容得到的混合 π 模型。本小节主要分析输入为低频小信号的放大电路，利用的是 h 参数等效模型。而混合 π 模型主要用于分析输入为高频小信号的放大电路，将在第 4 章讲述。

（1）共射组态的 h 参数等效模型

将三极管看作一个双端口网络，以基极 - 发射极为输入端口，集电极 - 发射极为输出端口，如图 3-16（a）所示。

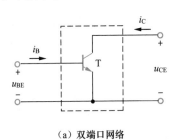

（a）双端口网络　　　　　　　　　（b）共射组态的 h 参数等效模型

图 3-16　三极管共射组态 h 参数等效模型

网络外部端电压和电流的关系就是三极管共射组态下的输入和输出特性，可表示为

$$\begin{cases} u_{BE} = f(i_B, u_{CE}) \\ i_C = f(i_B, u_{CE}) \end{cases} \tag{3-23}$$

式（3-23）中，u_{BE}、i_B、i_C、u_{CE} 为信号的瞬时总量。

为分析低频小信号作用下各变量间的关系，对式（3-23）求全微分，得到

$$\begin{cases} \mathrm{d}u_{BE} = \dfrac{\partial u_{BE}}{\partial i_B}\bigg|_{U_{CE}} \mathrm{d}i_B + \dfrac{\partial u_{BE}}{\partial u_{CE}}\bigg|_{I_B} \mathrm{d}u_{CE} \\ \mathrm{d}i_C = \dfrac{\partial i_C}{\partial i_B}\bigg|_{U_{CE}} \mathrm{d}i_B + \dfrac{\partial i_C}{\partial u_{CE}}\bigg|_{I_B} \mathrm{d}u_{CE} \end{cases} \tag{3-24}$$

因此定义三极管共射组态下的 h 参数为

$$h_{ie} = \frac{\partial u_{BE}}{\partial i_B}\bigg|_{U_{CE}} \tag{3-25}$$

$$h_{re} = \frac{\partial u_{BE}}{\partial u_{CE}}\bigg|_{I_B} \tag{3-26}$$

$$h_{fe} = \frac{\partial i_C}{\partial i_B}\bigg|_{U_{CE}} \tag{3-27}$$

$$h_{oe} = \frac{\partial i_C}{\partial u_{CE}}\bigg|_{I_B} \tag{3-28}$$

其中 h_{ie} 为共射组态下输出端交流短路时的网络输入电阻，单位为 Ω；h_{re} 为共射组态下输入端交流开路时的网络反向电压传输系数，无量纲；h_{fe} 为共射组态下输出端交流短路时的网络正向电流传输系数，无量纲；h_{oe} 为共射组态下输入端交流开路时的网络输出电导，单位为 S。

上述 4 个参数的脚标中，e 表示共射组态，i 表示输入（input），r 表示反向（reverse），f 表示正向（forward），o 表示输出（output）。由于上述 4 个参数的量纲不同，因此称其为 h（混合，hybrid）参数。利用 h 参数近似为常数这一特征可将式（3-24）整理为

$$\begin{cases} u_{be} = h_{ie}i_b + h_{re}u_{ce} \\ i_c = h_{fe}i_b + h_{oe}u_{ce} \end{cases} \tag{3-29}$$

根据式（3-29）可得到三极管的共射 h 参数等效模型，如图 3-16（b）所示。图中按规定给出了电压极性及关联电流参考方向。

（2）共射组态下 h 参数的物理意义与简化模型

从三极管特性曲线上可进一步揭示 h 参数的物理意义，如图 3-17 所示。

h_{ie} 是 $u_{CE} = U_{CEQ}$ 时 u_{BE} 对 i_B 的偏导数，在输入特性曲线中就是 $u_{CE} = U_{CEQ}$ 时曲线在 Q 点处切线斜率的倒数。在小信号作用时，$h_{ie} = \dfrac{\partial u_{BE}}{\partial i_B} \approx \dfrac{\Delta u_{BE}}{\Delta i_B}$，如图 3-17（a）所示。因此 h_{ie} 表示小信号作用下基极与发射极间的动态电阻，也记作 r_{be}。Q 点位置越高，输入特性曲线越陡，h_{ie} 也就越小。

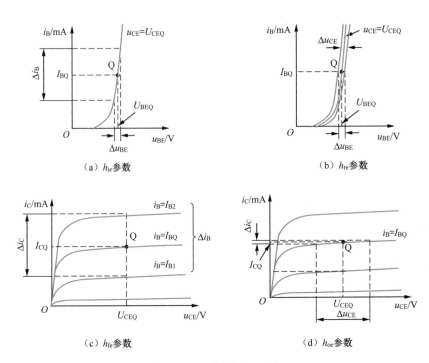

（a）h_{ie}参数　　　　　　　　　（b）h_{re}参数

（c）h_{fe}参数　　　　　　　　　（d）h_{oe}参数

图 3-17　h 参数的物理意义

h_{re} 是 $i_B = I_{BQ}$ 时 u_{BE} 对 u_{CE} 的偏导数，在输入特性曲线中反映了 $i_B = I_{BQ}$ 时 u_{CE} 对 u_{BE} 的影响，是内反馈系数，如图 3-17（b）所示。当集电极 - 发射极之间电压足够大（如 $U_{CE} \geqslant 1 \, \text{V}$）时，$h_{re}$ 数值很小（一般小于 10^2）。

h_{fe} 是 $u_{CE} = U_{CEQ}$ 时 i_C 对 i_B 的偏导数，在输出特性曲线中表现为小信号 i_B 作用在输入端对输出 i_C 的控制，如图 3-17（c）所示。因此 h_{fe} 表示三极管在 Q 点附近的电流放大系数 β。

h_{oe} 是 $i_B = I_{BQ}$ 时 i_C 对 u_{CE} 的偏导数，在输出特性曲线中是 $i_B = I_{BQ}$ 时曲线上 Q 点的导数，如图 3-17（d）所示，反映了输出特性曲线上扬的程度。通常三极管放大区的曲线几乎平行于横轴，因此 h_{oe} 很小（常小于 10^{-5} S）。$1/h_{oe}$ 也称为集电极 - 发射极间的动态电阻 r_{ce}，数值在几百千欧以上。

根据对共射组态 h 参数物理意义的分析，可对图 3-16（b）所示的等效模型进行简化，即在工程误差允许的前提下忽略 h_{re} 和 h_{oe}，则图 3-16（b）所示的三极管共射组态 h 参数等效模型的简化模型如图 3-18 所示。

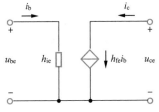

图 3-18　共射组态 h 参数等效模型的简化模型

（3）h_{ie} 的近似计算

h 参数等效模型中的 h_{ie} 可通过分析三极管输入回路的等效电阻得到。在图 3-19 所示的三极管输入回路中，$r_{bb'}$ 为基区体电阻，$r_{b'e'}$ 为发射结电阻，r_e 为发射区体电阻，其中 $r_{bb'}$ 和 r_e 仅与掺杂浓度和制造工艺有关。

由于基区很薄且多子浓度很低，因此 $r_{bb'}$ 较大，低频小功率三极管的 $r_{bb'}$ 在几百欧（典型值为 300 Ω），而高频小功率三极管的 $r_{bb'}$ 为几欧到几十欧。由于发射区多子

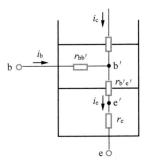

图 3-19　三极管输入回路

浓度很高，因此 r_e 数值很小，一般只有几欧，可以忽略不计。此时，可将 $r_{b'e}$ 视为 $r_{b'e}$，而 $r_{b'e}$ 可以根据 PN 结电流方程给出，即由于 $i_e = I_S(e^{u/U_T} - 1)$，u 为发射结电压，因此

$$\frac{1}{r_{b'e}} = \frac{di_e}{du} = \frac{1}{U_T} \cdot I_S \cdot e^{u/U_T} \tag{3-30}$$

由于发射结正偏，u 大于开启电压，常温下 $U_T \approx 26$ mV，因此可认为 $i_e = I_S e^{u/U_T}$，则式（3-30）可近似为 $\frac{1}{r_{b'e}} \approx \frac{I_{EQ}}{U_T}$。用三极管输入特性曲线中静态工作点 Q 的切线取代 Q 点附近曲线，则有

$$\frac{1}{r_{b'e}} \approx \frac{I_{EQ}}{U_T} \tag{3-31}$$

综上所述，根据对三极管输入回路中各电阻的分析，由图 3-19 可以得到基极 - 发射极之间的等效电阻为

$$r_{be} = h_{ie} = \frac{U_{be}}{i_b} = r_{bb'} + (1 + h_{fe})r_{b'e} = r_{bb'} + (1 + h_{fe})\frac{U_T}{I_{EQ}} \tag{3-32}$$

（4）其他组态的 h 参数等效模型

与共射组态的 h 参数类似，共集和共基组态的 h 参数分别为 h_{ic}、h_{rc}、h_{fc}、h_{oc} 和 h_{ib}、h_{rb}、h_{fb}、h_{ob}，对应的 h 参数等效模型如图 3-20 所示。

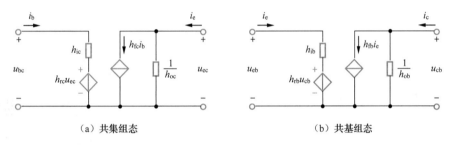

（a）共集组态   （b）共基组态

图 3-20 共集和共基组态的 h 参数等效模型

不同组态的 h 参数是可以互相转换的，转换关系如表 3-1 所示[1]。

表 3-1 不同组态的 h 参数间的换算关系

连接组态	h_e	h_b	h_c
共射	h_{ie}	$\dfrac{h_{ib}}{1 + h_{fb}}$	h_{ic}
	h_{re}	$\dfrac{h_{ib}h_{ob}}{1 + h_{fb}} - h_{rb}$	$1 - h_{rc}$
	h_{fe}	$-\dfrac{h_{fb}}{1 + h_{fb}}$	$-(1 + h_{fc})$
	h_{oe}	$\dfrac{h_{ob}}{1 + h_{fb}}$	h_{oc}

---

1 h 参数换算公式的推导参见《集成电子学：模拟、数字电路和系统》，作者是 J. 密尔曼和 C.C. 霍尔凯斯，人民邮电出版社 1981 年出版。

续表

连接组态	h_e	h_b	h_c
	$\dfrac{h_{ie}}{1+h_{fe}}$	h_{ib}	$-\dfrac{h_{ic}}{h_{fc}}$
共基	$\dfrac{h_{ie}h_{oe}}{1+h_{fe}}-h_{re}$	h_{rb}	$h_{rc}-1-\dfrac{h_{ic}h_{oc}}{h_{fc}}$
	$-\dfrac{h_{fe}}{1+h_{fe}}$	h_{fb}	$-\dfrac{1+h_{fc}}{h_{fc}}$
	$\dfrac{h_{oe}}{1+h_{fe}}$	h_{ob}	$-\dfrac{h_{oc}}{h_{fc}}$
	h_{ie}	$\dfrac{h_{ib}}{1+h_{fb}}$	h_{ic}
共集	$1-h_{re}$	$h_{rb}+1-\dfrac{h_{ib}h_{ob}}{1+h_{fb}}$	h_{rc}
	$-(1+h_{fe})$	$-\dfrac{1}{1+h_{fb}}$	h_{fc}
	h_{oe}	$\dfrac{h_{ob}}{1+h_{fb}}$	h_{oc}

3. 动态分析

放大电路动态分析是利用 h 参数等效模型求电路的放大倍数、输入电阻、输出电阻等，这种方法称为微变等效电路法或低频小信号等效电路法。在放大电路交流通路中，用 h 参数等效模型替代三极管即可得到放大电路的低频小信号等效电路。以图 3-6（b）单电源单管共射放大电路为例，其交流通路如图 3-11 所示，相应的交流等效电路如图 3-21 所示。

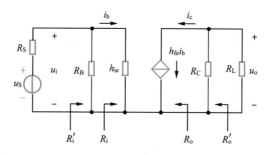

图 3-21　单管共射放大电路的低频小信号等效电路

单管共射放大电路的解析分析法

（1）确定三极管的 h 参数

根据已经求得的静态工作点 Q 的参数 I_{BQ}、I_{CQ}、U_{BEQ}、U_{CEQ}，求得三极管在 Q 点附近的动态参数值：

$$h_{ie}=r_{bb'}+\left(1+h_{fe}\right)\frac{U_T}{I_{EQ}}=r_{bb'}+\frac{U_T}{I_{BQ}} \tag{3-33}$$

$$h_{fe}=\beta \tag{3-34}$$

（2）放大电路的增益

根据增益定义，利用三极管 i_b 对 i_c 的控制关系，由图 3-21 可求得电流增益，即

$$A_i=\frac{i_o}{i_i}\approx\frac{i_c}{i_b}=h_{fe} \tag{3-35}$$

同时由于 $u_i=i_b h_{ie}$，$u_o=-i_c\left(R_C/\!/R_L\right)=-h_{fe}i_b R'_L$，因此电压增益为

$$A_u = \frac{u_o}{u_i} = -\frac{h_{fe}R_L'}{h_{ie}} \qquad (3\text{-}36)$$

在考虑信号源内阻 R_S 的情况下，电压增益 A_{us} 为

$$A_{us} = \frac{u_o}{u_S} = \frac{u_i}{u_S}\frac{u_o}{u_i} = -\frac{h_{ie}//R_B}{h_{ie}//R_B + R_S}\cdot\frac{h_{fe}R_L'}{h_{ie}} \qquad (3\text{-}37)$$

（3）放大电路的输入电阻

R_i 是放大电路输入端不考虑 R_B 时的等效电阻。对于该 CE 放大电路，输入电流 $i_i \approx i_b$，输入电压为 u_i，因此输入电阻 R_i 为

$$R_i = \frac{u_i}{i_i} = \frac{u_i}{i_b} = h_{ie} \qquad (3\text{-}38)$$

故 R_i' 为

$$R_i' = h_{ie}//R_B \qquad (3\text{-}39)$$

（4）放大电路的输出电阻

分析放大电路输出电阻时应遵循以下步骤：首先将输入信号源 u_S 短路，保留信号源内阻 R_S；其次将负载开路，使 $R_L' = +\infty$，并在输出端外加一激励信号 u_o；最后在 u_o 的激励下产生电流 i_o，从而计算出输出电阻 R_o。

根据放大电路输入电阻的分析步骤，令图 3-21 中的信号源为零（即短路），则基极电流为零，此时集电极电流为零，即受控电流源开路，因此上述放大电路的输出电阻为

$$R_o = \frac{u_o}{i_o}\bigg|_{u_S=0} \approx +\infty \qquad (3\text{-}40)$$

故 R_o' 为

$$R_o' \approx R_C \qquad (3\text{-}41)$$

虽然使用 h 参数等效模型分析的是放大电路的动态参数，但由于 h_{ie} 与静态工作点 Q 密切相关，因此放大电路的动态参数也与 Q 点相关。故在分析放大电路时应遵循"先静态后动态"的原则，只有确定了合适的静态工作点 Q，放大电路的分析与设计才是有意义的。

例 3-2　在图 3-22 所示电路中，已知 $V_{CC} = 5\ V$，$R_S = 100\ \Omega$，$R_{B1} = 430\ k\Omega$，$R_{B2} = 2.4\ k\Omega$，$R_C = R_L = 2\ k\Omega$；三极管的 $r_{bb'} = 200\ \Omega$，$\beta = h_{fe} = 100$，导通时的 $U_{BEQ} = 0.7\ V$。求：①放大电路的静态工作点 Q；② A_u、A_{us}、R_i'、R_o'。

解　①图 3-22 所示电路的直流通路如图 3-23（a）所示，由此得到静态工作点 Q 为

$$I_{BQ} = \frac{V_{CC} - U_{BEQ}}{R_{B1}} = \frac{5\,V - 0.7\,V}{430\,k\Omega} = 10\,\mu A$$

$$I_{CQ} = \bar{\beta}I_{BQ} \approx \beta I_{BQ} = 100 \times 10\,\mu A = 1\,mA$$

$$U_{CEQ} = V_{CC} - I_{CQ}R_C = 5\,V - 1\,mA \times 2\,k\Omega = 3\,V$$

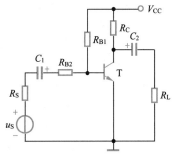

图 3-22　例 3-2 题图

$U_{CEQ} > U_{BEQ}$，发射结正偏，集电结反偏，说明三极管工作在放大区。

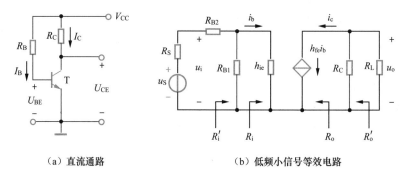

（a）直流通路　　　　　　　　　（b）低频小信号等效电路

图 3-23　例 3-2 等效电路图

② 图 3-22 所示电路的低频小信号等效电路如图 3-23（b）所示。动态分析时，首先求出 h_{ie}，即

$$h_{ie} = r_{bb'} + \frac{U_T}{I_{BQ}} = 200\,\Omega + \frac{26\,\text{mV}}{10\,\mu\text{A}} = 2.8\,\text{k}\Omega$$

输入电阻

$$R_i = h_{ie} = 2.8\,\text{k}\Omega, \quad R_i' = h_{ie}//R_{B1} + R_{B2} = 2.8\,\text{k}\Omega//430\,\text{k}\Omega + 2.4\,\text{k}\Omega \approx 5.2\,\text{k}\Omega$$

电压增益

$$A_u = \frac{u_o}{u_i} = -\frac{h_{ie}//R_{B1}}{R_i'} \frac{h_{fe}R_L'}{h_{ie}} = -19$$

考虑信号源内阻时的电压增益

$$A_{us} = \frac{R_i'}{R_i' + R_S} A_u \approx -18.6$$

输出电阻

$$R_o' \approx R_C = 2\,\text{k}\Omega$$

3.2.4　放大电路静态工作点的稳定

在实际放大电路中，直流电源电压的波动、器件的老化、温度的变化等都会引起三极管基本放大电路静态工作点的变化，造成静态工作点不稳定。而静态工作点的变化会影响放大电路的动态性能参数，甚至导致电路产生失真。在引起静态工作点不稳定的诸多因素中，温度是主要影响因素。温度对三极管参数的影响参见 2.3.5 小节。

稳定静态工作点意味着在温度发生变化时，静态集电极电流 I_{CQ}、管压降 U_{CEQ} 基本保持不变，即 Q 点在三极管输出特性曲线中的位置基本不变。这一般需要依靠 I_{BQ} 的变化抵消 I_{CQ} 和 U_{CEQ} 的变化，通常通过引入直流负反馈或温度补偿的方法使 I_{BQ} 与 I_{CQ} 呈现相反的变化。

1. 稳定静态工作点的典型共射放大电路与原理

稳定静态工作点的典型共射放大电路如图 3-24（a）所示，称为分压式电流负反馈电路。R_{B1} 与 R_{B2} 构成分压器，为三极管基极提供一个固定电位 U_B；R_E 为发射极电阻，提供直流负反馈；R_{B1}、R_{B2} 及 R_E 构成偏置电路，为三极管提供合适的偏置电压，确保其工作在放大区。该电路的直流通路如图 3-24（b）所示。

由图 3-24（b）可知，节点 B 的电流方程为 $I_1 = I_2 + I_{BQ}$。为了稳定静态工作点，通常调整参数使 $I_2 \gg I_{BQ}$，因此 $I_1 \approx I_2$，则节点 B 的电位 U_B 为

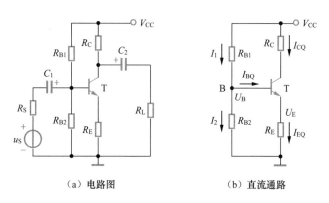

（a）电路图　　　　　　　　（b）直流通路

图 3-24　分压式电流负反馈电路

$$U_B = \frac{R_{B2}}{R_{B1} + R_{B2}} V_{CC} \tag{3-42}$$

这表明三极管的基极电位基本保持不变，只取决于 R_{B1} 和 R_{B2} 对电源电压 V_{CC} 的分压，而与环境温度无关。

当温度升高时，β 增大，集电极电流 I_C 增大，发射极电流 I_E 必然增大，则发射极电阻 R_E 的电压 U_E 也随之增大。但由于基极电位 U_B 保持不变，$U_{BE} = U_B - U_E$ 一定会减小，导致基极电流 I_B 减小，集电极电流 I_C 也相应减小。从定性分析的角度考虑，I_C 因温度升高而增加的部分被 I_B 的减小抵消，I_C 基本不变，因此 U_{CE} 也保持不变，静态工作点 Q 在输出特性曲线上的位置基本不变。稳定静态工作点的这一过程可描述为

$$I_C \downarrow \longleftarrow I_B \downarrow \longleftarrow U_{BE} \downarrow = (U_B - U_E) \downarrow$$
$$\uparrow$$
$$T \uparrow \longrightarrow I_C \uparrow \longrightarrow I_E \uparrow \longrightarrow U_E \uparrow = I_E R_E \uparrow$$

温度降低时，各参数的变化过程与上述过程类似，只是向着相反方向变化，最终 I_C 和 U_{CE} 保持稳定，基本不变。

综上所述，图 3-24（a）所示电路能够稳定静态工作点的主要原因是发射极电阻 R_E 引入了直流电流负反馈，直流电流负反馈可以稳定静态电流。负反馈相关内容将在第 5 章详细介绍。

2. 静态工作点的估算

当 $I_2 \gg I_{BQ}$ 时，$U_B = \dfrac{R_{B2}}{R_{B1} + R_{B2}} V_{CC}$，则发射极电流为

$$I_{EQ} = \frac{U_E}{R_E} = \frac{U_B - U_{BEQ}}{R_E} \tag{3-43}$$

由于 $I_{CQ} \approx I_{EQ}$，因此管压降为

$$U_{CEQ} = V_{CC} - I_{CQ}R_C - I_{EQ}R_E \approx V_{CC} - I_{CQ}(R_C + R_E) \tag{3-44}$$

基极电流为

$$I_{BQ} = \frac{I_{EQ}}{1+\overline{\beta}} \tag{3-45}$$

3. 动态分析

图 3-25 给出了图 3-24（a）分压式电流负反馈电路的交流通路与低频小信号等效电路。

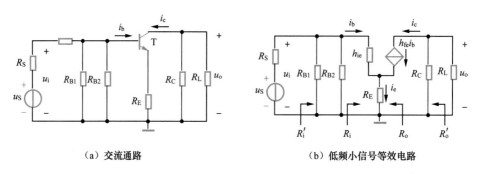

（a）交流通路 　　　　　　　　　　（b）低频小信号等效电路

图 3-25　交流通路与低频小信号等效电路

由图 3-25（b）可知

$$u_i = i_b h_{ie} + i_e R_E = i_b h_{ie} + i_b(1 + h_{fe})R_E$$

$$u_o = -i_c(R_C // R_L) = -i_b h_{fe} R_L'$$

则有输入电阻

$$R_i = \frac{u_i}{i_b} = h_{ie} + (1 + h_{fe})R_E$$

$$R_i' = R_{B1} // R_{B2} // \left[h_{ie} + (1 + h_{fe})R_E \right]$$

输出电阻

$$R_o \approx +\infty$$

$$R_o' = R_C$$

电压增益

$$A_u = \frac{u_o}{u_i} = -\frac{h_{fe}R_L'}{h_{ie} + (1 + h_{fe})R_E}$$

若 $(1 + h_{fe})R_E \gg h_{ie}$ 且 $h_{fe} \gg 1$，则电压增益表达式可进一步简化为

$$A_u \approx \frac{R_L'}{R_E} \tag{3-46}$$

由此可见，由于 R_E 的引入，A_u 仅由电阻的取值决定，几乎不受环境温度的影响，所以温度稳定性好。但同时 R_E 也引入了交流负反馈，使放大器增益大幅降低。为了在稳定静态工作点的

同时不降低放大器增益，可在发射极电阻 R_E 上并联容抗较大的旁路电容，使其在交流信号情况下可视为短路。

3.2.5　共集与共基放大电路

除共射放大电路外，由三极管组成的放大电路还存在以集电极为公共端的共集放大电路和以基极为公共端的共基放大电路，其电路组成原则、分析方法与共射放大电路相同，但电路性能和应用场合不同。

1. 共集放大电路

图 3-26（a）给出了共集放大电路的原理图，其中三极管应工作在放大区，即确保发射结正偏，集电结反偏。三极管的基极静态电流由电源电压 V_CC、基极电阻 R_B 和发射极电阻 R_E 共同确定。图 3-26（b）给出了该共集放大电路的直流通路，图 3-26（c）给出了该共集放大电路的交流通路。

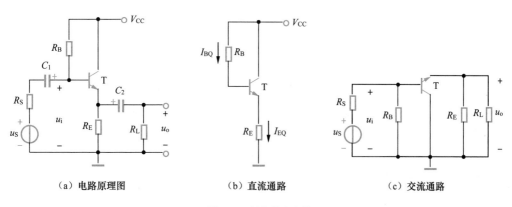

（a）电路原理图　　　（b）直流通路　　　（c）交流通路

图 3-26　共集放大电路

（1）静态分析

根据图 3-26（b）所示的直流通路，其输入回路方程和输出回路方程分别为

$$V_\text{CC} = I_\text{BQ}R_\text{B} + U_\text{BEQ} + I_\text{EQ}R_\text{E} = I_\text{BQ}R_\text{B} + U_\text{BEQ} + \left(1+\bar\beta\right)I_\text{BQ}R_\text{E} \tag{3-47}$$

$$V_\text{CC} = U_\text{CEQ} + I_\text{EQ}R_\text{E} \tag{3-48}$$

可以得到基极静态电流 I_BQ、集电极电流 I_CQ 和管压降 U_CEQ 分别为

$$I_\text{BQ} = \frac{V_\text{CC} - U_\text{BEQ}}{R_\text{B} + \left(1+\bar\beta\right)R_\text{E}} \tag{3-49}$$

$$I_\text{CQ} = \bar\beta I_\text{BQ} \tag{3-50}$$

$$U_\text{CEQ} = V_\text{CC} - \left(1+\bar\beta\right)I_\text{BQ}R_\text{E} \tag{3-51}$$

（2）动态分析

用共射组态下的 h 参数等效模型替代图 3-26（c）中的三极管，得到共集放大电路的交流等效电路，如图 3-27 所示。

根据增益的定义，可推导出电压增益表达式为

$$A_u = \frac{u_o}{u_i} = \frac{i_e R_L'}{i_b h_{ie} + i_e R_L'} = \frac{(1 + h_{fe}) R_L'}{h_{ie} + (1 + h_{fe}) R_L'} \quad （3-52）$$

式（3-52）中，$R_L' = R_E // R_L$。

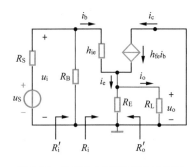

图 3-27　共集放大电路的低频小信号
等效电路

显而易见，$0 < A_u < 1$，这表明输出电压 u_o 与输入电压 u_i 同相，且 $u_o < u_i$。当 $(1 + h_{fe}) R_L' \gg h_{ie}$ 时，$u_o \approx u_i$，因此又称共集放大电路为射极跟随器。虽然共集放大电路的电压增益 $|A_u| < 1$ 表示其无电压放大能力，但输出电流 i_e 远大于输入电流 i_b，电流增益为

$$A_i = \frac{i_o}{i_i} = \frac{i_e}{i_b} = 1 + h_{fe} \quad （3-53）$$

根据输入电阻 R_i 的定义，可以求得其表达式为

$$R_i = \frac{u_i}{i_i} = \frac{u_i}{i_b} = h_{ie} + (1 + h_{fe}) R_L' \quad （3-54）$$

$$R_i' = R_B // R_i \quad （3-55）$$

由此可见，发射极电阻 R_E 与负载电阻 R_L 并联的等效电阻 R_L' 引入输入回路后增大了 $(1 + h_{fe})$ 倍，因此共集放大电路的输入电阻比共射放大电路的输入电阻大，有时可达到几十千欧到几百千欧。

依据输出电阻分析求解的原则：将输入信号源 u_S 短路，保留信号源内阻 R_S；再将等效负载开路，使 $R_L' = +\infty$，并在输出端外加一激励电压信号 u_o，假设在 u_o 的激励下产生的激励电流为 i_o。图 3-28 给出了共集放大电路输出电阻的求解电路图。

图 3-28 中，$u_o = -i_b [R_S // R_B + h_{ie}]$，$i_o = -(i_b + h_{fe} i_b)$，因此输出电阻表达式为

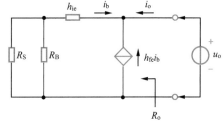

图 3-28　共集放大电路输出电阻的求解电路图

$$R_o = \frac{u_o}{i_o} = \frac{R_S // R_B + h_{ie}}{1 + h_{fe}} \quad （3-56）$$

因此，在图 3-27 中，$R_o' = R_E // R_o$。

一般来说，电压源内阻 R_S 取值较小，h_{ie} 在千欧级别，h_{fe} 至少为几十，因此输出电阻 R_o 可以小到几十欧。

综上所述，共集放大电路输入电阻高，输出电阻低，致使其从信号源获取的电流小且带负载能力强（具有很强的电流驱动能力），常用于多级放大电路的输入级和输出级，也可以用作中间缓冲级，减少电路间直接相连所产生的相互影响。

2. 共基放大电路

共基放大电路如图 3-29（a）所示，同样需要确保三极管工作在放大区，即确保发射结正偏，集电结反偏。其直流通路与图 3-24（b）相同，分析过程也一致，此处忽略。其交流通路、低频小信号等效电路分别如图 3-29（b）和图 3-29（c）所示。

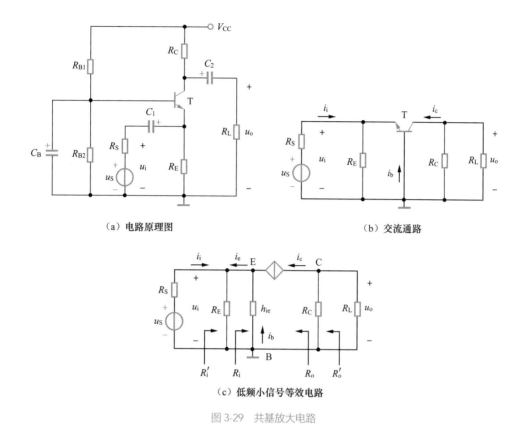

（a）电路原理图 　　　　　　　　　　　　　　　（b）交流通路

（c）低频小信号等效电路

图 3-29　共基放大电路

根据图 3-29（c）可得共基放大电路的动态分析结果：

电压增益

$$A_{\mathrm{u}} = \frac{u_{\mathrm{o}}}{u_{\mathrm{i}}} = \frac{i_{\mathrm{c}}\left(R_{\mathrm{C}}\,//\,R_{\mathrm{L}}\right)}{i_{\mathrm{b}}h_{\mathrm{ie}}} = \frac{h_{\mathrm{fe}}R_{\mathrm{L}}'}{h_{\mathrm{ie}}} \tag{3-57}$$

电流增益

$$A_{\mathrm{i}} = \frac{i_{\mathrm{c}}}{i_{\mathrm{e}}} = \frac{h_{\mathrm{fe}}}{1+h_{\mathrm{fe}}} \tag{3-58}$$

输入电阻

$$R_{\mathrm{i}} = \frac{u_{\mathrm{i}}}{i_{\mathrm{i}}} = \frac{i_{\mathrm{b}}h_{\mathrm{ie}}}{i_{\mathrm{c}}+i_{\mathrm{b}}} = \frac{h_{\mathrm{ie}}}{1+h_{\mathrm{fe}}} \tag{3-59}$$

$$R_{\mathrm{i}}' = R_{\mathrm{E}}\,//\,R_{\mathrm{i}}$$

输出电阻

$$R_{\mathrm{o}} = +\infty \tag{3-60}$$

$$R_{\mathrm{o}}' = R_{\mathrm{o}}//R_{\mathrm{C}} \approx R_{\mathrm{C}}$$

图 3-29 所示共基放大电路的电压增益与图 3-21 所示共射放大电路的电压增益幅值大小相等，但输出电压与输入电压同相；电流增益小于 1，近似等于 1，具有电流跟随功能；输入电阻很小，

为共射组态输入电阻 h_{ie} 的 $\dfrac{1}{1+h_{fe}}$；输出电阻与共射放大电路相当，远大于共集组态的输出电阻。共基放大电路的最大优点是频率响应特性好，常用于高频小信号的放大。

3.2.6　三极管三种组态放大电路的比较

以上分析了共射、共集和共基三种三极管基本放大电路的静态与动态参数。根据各自性能的不同，它们的应用场合也不尽相同。共射放大电路的电压、电流、功率增益都比较大，广泛应用于低频小信号的主放大电路；而在高频小信号情况下通常采用共基放大电路；共集放大电路的优点是输入电阻高，输出电阻低，有较强的驱动能力，常用于多级放大电路的输入级、输出级和中间缓冲级。表 3-2 给出了共射、共集、共基三种基本放大电路的性能比较。

表 3-2　共射、共集、共基三种基本放大电路的性能比较

性能比较	共射放大电路	共集放大电路	共基放大电路
典型电路	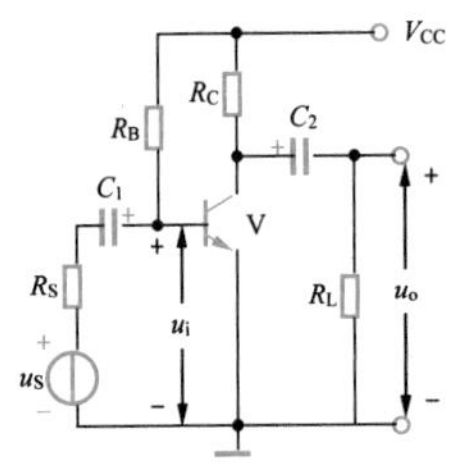	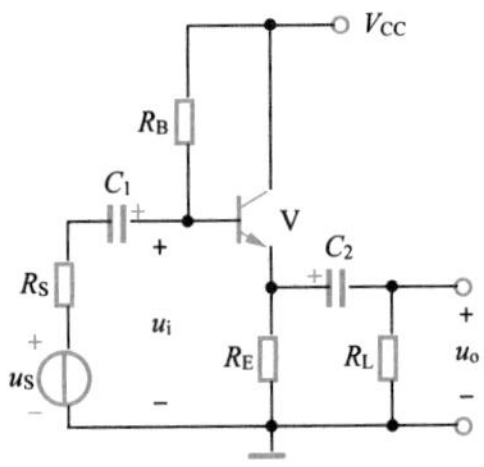	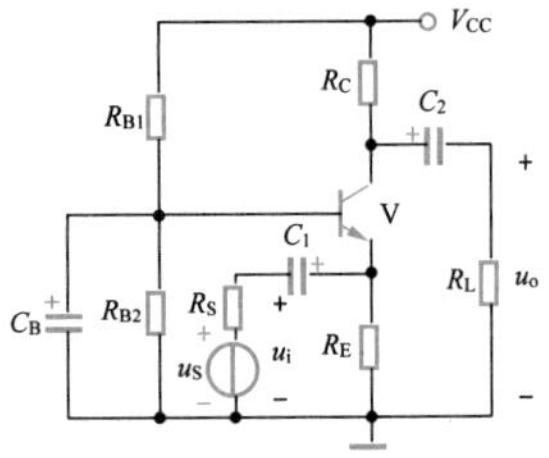
电压增益	$A_u=\dfrac{u_o}{u_i}=-\dfrac{h_{fe}R_L'}{h_{ie}}$	$A_u=\dfrac{u_o}{u_i}=\dfrac{(1+h_{fe})R_L'}{h_{ie}+(1+h_{fe})R_L'}$	$A_u=\dfrac{u_o}{u_i}=\dfrac{h_{fe}R_L'}{h_{ie}}$
u_o 与 u_i 的相位关系	反相	同相	同相
最大电流增益	h_{fe}	$1+h_{fe}$	$\dfrac{h_{fe}}{1+h_{fe}}$
输入电阻 R_i 及 R_i'	$R_i=h_{ie}$ $R_i'=h_{ie}//R_B$	$R_i=h_{ie}+(1+h_{fe})R_L'$ $R_i'=R_B//R_i$	$R_i=\dfrac{h_{ie}}{1+h_{fe}}$ $R_i'=R_E//R_i$
输出电阻 R_o 及 R_o'	$R_o=+\infty$ $R_o'\approx R_C$	$R_o=\dfrac{R_S//R_B+h_{ie}}{1+h_{fe}}$ $R_o'=R_E//R_o$	$R_o=+\infty$ $R_o'=R_o//R_C\approx R_C$
用途	主放大电路	输入级、输出级、中间缓冲级	高频或宽带放大电路

3.3　场效应管基本放大电路

场效应管是电压控制元件，它通过栅源电压 u_{GS} 控制导电沟道，从而控制漏极电流 i_D。它同样可以控制直流电源所提供的能量，将其转换成输出信号的能量，作用于负载。由于栅源之间电阻很高（可达到 $10^7\sim10^{15}\,\Omega$），一般在高阻抗输入的需求下作为放大器的输入级。

类似于三极管，场效应管放大电路也有三种组态，分别为共源放大电路、共漏放大电路、共栅放大电路。以结型场效应管为例的三种组态的放大电路如图 3-30 所示。需要注意的是，无论

哪种组态，均需要通过直流偏置电路确保场效应管工作在恒流区，使其能够实现 u_{GS} 对 i_D 的线性控制，从而正常放大信号。因此本节也从直流偏置电路（静态）和交流等效电路（动态）两个角度分析场效应管放大电路。

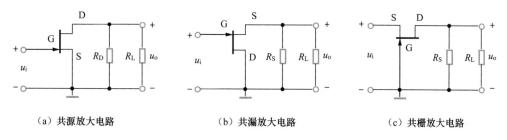

（a）共源放大电路　　　　（b）共漏放大电路　　　　（c）共栅放大电路

图 3-30　结型场效应管放大电路的三种组态

3.3.1　场效应管放大电路的直流偏置电路

根据场效应管的工作原理与特性曲线，它必须工作在恒流区才能确保对输入信号进行不失真的线性放大。与三极管放大电路一样，场效应管放大电路也需要设置合适的静态工作点 Q，以确保电路正常放大信号。

1. 场效应管的直流模型

场效应管的直流模型如图 3-31 所示。

增强型 MOS 场效应管处于恒流区时，漏极电流 I_D 与栅源电压 U_{GS} 之间的控制关系为

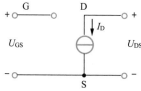

图 3-31　场效应管的直流模型

$$I_D \approx K \left(U_{GS} - U_{GS,th}\right)^2 \tag{3-61}$$

式（3-61）中，K 为导电因子，$U_{GS,th}$ 为开启电压。

结型和耗尽型 MOS 场效应管和结型场效应管处于恒流区时，漏极电流 I_D 与栅源电压 U_{GS} 之间的控制关系为

$$I_D \approx I_{DSS} \left(1 - \frac{U_{GS}}{U_{GS,off}}\right)^2 \tag{3-62}$$

式（3-62）中，I_{DSS} 为零栅压时的漏极饱和电流；$U_{GS,off}$ 为夹断电压。

2. 直流偏置电路与静态分析

场效应管的直流偏置电路用于提供栅源电压 U_{GS}。根据导电沟道产生和消失的条件与机理，场效应管直流偏置电路分为自给偏置电路和分压式偏置电路，如图 3-32 所示。

下面对上述两种直流偏置电路分析其静态工作点 Q，包括栅源直流电压 U_{GSQ}、漏极直流电流 I_{DQ}、漏源电压 U_{DSQ}。由于场效应管的栅极电阻很大，因此栅极电流近似为零。具体分析方法同样包括图解分析法和解析分析法，图解分析法与三极管的类似，此处不再赘述，主要介绍解析分析法。

（1）自给偏置电路

自给偏置电路主要应用于结型场效应管和耗尽型 MOS 场效应管，因为这两种管子在外加栅源电压 $U_{GS} = 0$ 时存在导电沟道，如图 3-32（a）所示，直接在漏源之间加载电压后便存在漏极电流 I_{DQ}。但由于这两种管子的特性曲线稍有不同，因此结型场效应管的栅源只能反偏（N

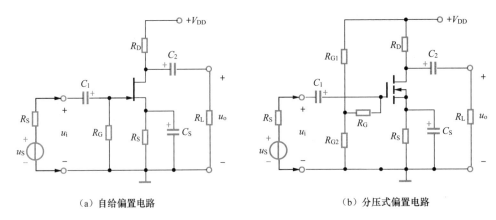

（a）自给偏置电路　　　　　　　　（b）分压式偏置电路

图 3-32　场效应管的典型直流偏置电路

沟道结型场效应管的栅源电压 <0，P 沟道结型场效应管的栅源电压 >0），而耗尽型 MOS 场效应管的栅源电压可正可负。

对于图 3-32（a）来说，静态时栅极电流为零，因此电阻 R_G 上的电流为零，栅极电位 U_G 为零。漏极电流 I_D 流过源极电阻 R_S，使源极电位 $U_S = I_D R_S > 0$，因此其栅源电压为

$$U_{GS} = U_G - U_S = -I_D R_S < 0 \tag{3-63}$$

这确保了满足 N 沟道结型场效应管的栅源电压反偏这一条件。将式（3-63）与式（2-36）联立解方程组，可以得到 U_{GSQ} 和 I_{DQ}，从而计算得到

$$U_{DSQ} = V_{DD} - I_D(R_S + R_D) \tag{3-64}$$

由于是通过源极电阻 R_S 提供栅源之间的反向电压（并没有外加偏置电路），因此该电路称为自给偏置电路。

（2）分压式偏置电路

增强型 MOS 场效应管在栅源电压 $U_{GS} = 0$ 时不存在导电沟道，漏极没有电流流过，因此不能使用自给偏置电路，只能使用外加偏置电路。对于图 3-32（b）所示的分压式偏置电路，其直流通路如图 3-33 所示。

直流通路中栅极电位 U_G 由电阻 R_{G1} 和 R_{G2} 对电源电压 V_{DD} 分压得到，即 $U_G = \dfrac{R_{G2}}{R_{G1} + R_{G2}} V_{DD}$，源极电位 U_S 由漏极电流 I_D 流过源极电阻 R_S 提供，即 $U_S = I_D R_S$，因此栅源两端电压为

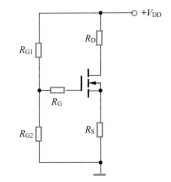

图 3-33　图 3-32（b）分压式偏置电路的直流通路

$$U_{GS} = U_G - U_S = \frac{R_{G2}}{R_{G1} + R_{G2}} V_{DD} - I_D R_S \tag{3-65}$$

将式（3-65）与式（2-38）联立解方程组，可以得到 U_{GSQ} 和 I_{DQ}，从而计算得到

$$U_{DSQ} = V_{DD} - I_D(R_S + R_D) \tag{3-66}$$

值得注意的是，电路中 R_G 取值很大，一般在几兆欧以上，目的是保持场效应管输入电阻大的优点。

例 3-3 在图 3-32（b）所示的场效应管放大电路中，若 $U_{GSQ} = 2$ V，$V_{DD} = 5$ V，$U_{GS,th} = 1$ V，导电因子 $K = 0.2$ mA/V^2，$R_{G1} = 3$ kΩ，$R_{G2} = 2$ kΩ，$R_D = 12$ kΩ，$R_S = 0$，试求电路的 Q 点，并讨论场效应管的工作状态。

解　画出图 3-32（b）所示电路的直流通路，如图 3-33 所示。由于 $R_S = 0$，因此栅源电压 $U_{GS} = U_G - U_S = \dfrac{R_{G2}}{R_{G1} + R_{G2}} V_{DD} = 2$ V。显然 $U_{GS} > U_{GS,th}$，即导电沟道已经形成。

假设该管子工作在恒流区，则漏极电流为

$$I_D \approx K(U_{GS} - U_{GS,th})^2 = 0.2 \text{ mA/V}^2 \times (2 \text{ V} - 1 \text{ V})^2 = 0.2 \text{ mA}$$

因此，漏源电压为

$$U_{DS} = V_{DD} - I_D R_D = 5 \text{ V} - 0.2 \text{ mA} \times 12 \text{ kΩ} = 2.6 \text{ V}$$

由此可见，$U_{DS} > U_{GS} - U_{GS,th}$，说明管子未工作在可变电阻区，经分析也未工作在击穿区，而是工作在恒流区，假设成立。因此静态工作点 Q 的参数为 $I_D = 0.2$ mA，$U_{GSQ} = 2$ V，$U_{DSQ} = 2.6$ V。

3.3.2　场效应管的交流等效电路

类似于三极管交流电路的分析方法，场效应管的动态分析也包括图解分析法和等效电路解析分析法。本节只介绍等效电路解析分析法，图解分析法与三极管放大电路类似。由于输入小信号的频率不同，场效应管的工作频段也不相同，其交流等效电路包含低频小信号模型和高频小信号模型。两个模型的主要差别在于极间电容，即极间电容在低频小信号情况下进行断开处理，而在高频小信号条件下需要考虑极间电容的容抗对电路性能的影响。

1. 场效应管的低频小信号模型

同样将场效应管看成一个双端口网络，栅极与源极之间为输入端口，漏极与源极之间为输出端口。以 N 沟道增强型场效应管为例，如图 3-34（a）所示，栅极电流为零但存在栅源电压 u_{gs}，漏极电流 i_D 是栅源电压 u_{GS} 和漏源电压 u_{DS} 的函数，即

$$i_D = f(u_{GS}, u_{DS}) \tag{3-67}$$

用式（3-67）的全微分形式讨论场效应管放大电路输入动态信号后的表现，即

$$\mathrm{d}i_D = \left. \frac{\partial i_D}{\partial u_{GS}} \right|_{U_{DS}} \mathrm{d}u_{GS} + \left. \frac{\partial i_D}{\partial u_{DS}} \right|_{U_{GS}} \mathrm{d}u_{DS} \tag{3-68}$$

式（3-68）中，$\left. \dfrac{\partial i_D}{\partial u_{GS}} \right|_{U_{DS}} = g_m$ 即低频跨导，$\left. \dfrac{\partial i_D}{\partial u_{DS}} \right|_{U_{GS}} = g_{ds}$ 为输出电导。

当输入低频小信号时，场效应管的电流和电压只在静态工作点附近变化，可近似认为 Q 点附近是线性变化的，因此可用交流小信号 i_d、u_{gs}、u_{ds} 替代变化量 $\mathrm{d}i_D$、$\mathrm{d}u_{GS}$、$\mathrm{d}u_{DS}$，即

$$i_d = g_m u_{gs} + g_{ds} u_{ds} \tag{3-69}$$

由式（3-69）可得到图 3-34（b）所示的 N 沟道增强型场效应管低频小信号模型。其中，栅

源之间开路，输出漏源电压 u_{ds} 受到输入栅源电压 u_{gs} 的控制，控制因子为低频跨导 g_m。r_{ds} 为输出电阻，是输出电导 g_{ds} 的倒数。请注意，g_m 与 Q 点紧密相关，Q 点位置越高，g_m 就越大。因此场效应管与三极管相同，Q 点不仅影响电路的失真，也会影响放大电路的动态性能参数。g_m 和 r_{ds} 的计算方法已在第 2 章 2.4.3 小节中进行了介绍，此处不再赘述。

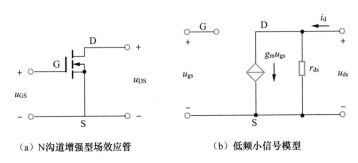

（a）N 沟道增强型场效应管　　　　　　　　（b）低频小信号模型

图 3-34　N 沟道增强型场效应管及其低频小信号等效电路

2. 场效应管的高频小信号模型

当图 3-35 所示的 N 沟道增强型场效应管放大电路的输入信号为高频小信号时，同样需要考虑结电容的影响。根据场效应管的物理结构，其结电容主要包括栅源电容 C_{gs}、栅漏电容 C_{gd}、漏源电容 C_{ds}，相应的高频小信号模型如图 3-35（b）所示，该模型可用于场效应管放大电路的频率响应特性分析。特别需要注意的是，高频小信号等效电路中忽略了衬底极与其他各极之间的电容。

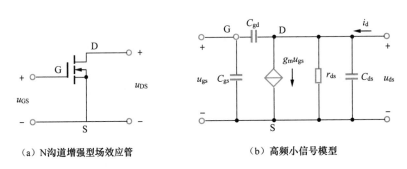

（a）N 沟道增强型场效应管　　　　　　　　（b）高频小信号模型

图 3-35　N 沟道增强型场效应管及其高频小信号等效电路

3.3.3　共源放大电路

图 3-32（b）是用 N 沟道增强型场效应管构建的共源放大电路，首先需要对其进行静态分析，分析过程见 3.3.1 小节，此处不再赘述。其次分析该放大电路的交流特性，其交流通路和低频小信号等效电路分别如图 3-36（a）和图 3-36（b）所示。

共源放大电路的
解析分析法

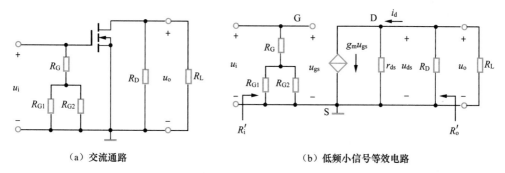

（a）交流通路　　　　　　　　　　　（b）低频小信号等效电路

图 3-36　图 3-32（b）共源放大电路的交流通路和低频小信号等效电路

电压增益为

$$A_u = \frac{u_o}{u_i} = -\frac{i_d(R_D // R_L)}{u_{gs}} \tag{3-70}$$

考虑到场效应管的输出电阻 r_{ds} 很大（在恒流区通常认为 $r_{ds} = +\infty$），即流过 r_{ds} 的电流几乎为零，因此 $i_d \approx g_m u_{gs}$，则式（3-70）可近似简化为

$$A_u \approx -g_m(R_D // R_L) = -g_m R_D' \tag{3-71}$$

输入电阻为

$$R_i' = R_G + R_{G1} // R_{G2} \tag{3-72}$$

输出电阻为

$$R_o' = r_{ds} // R_D \tag{3-73}$$

上述分析的前提是图 3-32（b）所示放大电路的源极电阻 R_S 并联了旁路电容 C_S，因此其交流通路中的 R_S 被 C_S 短路了。但如果电路中未接旁路电容 C_S，则源极电阻 R_S 仍然存在，此时低频小信号等效电路如图 3-37 所示。

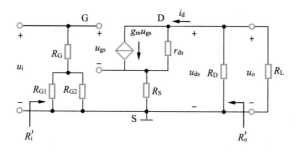

图 3-37　共源放大电路未接旁路电容 C_S 时的低频小信号等效电路

考虑到 $r_{ds} \gg R_S$，因此工程分析时可忽略 r_{ds}，则电压增益为

$$A_u = \frac{u_o}{u_i} = \frac{-g_m u_{gs} R_D'}{u_{gs} + g_m u_{gs} R_S} = -\frac{g_m R_D'}{1 + g_m R_S} \tag{3-74}$$

3.3.4 共漏放大电路

同样以 N 沟道增强型场效应管为例，其共漏放大电路如图 3-38（a）所示。

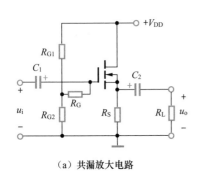

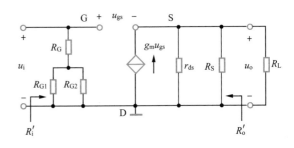

（a）共漏放大电路　　　　　　　　　　　（b）低频小信号等效电路

图 3-38　典型共漏放大电路及其低频小信号等效电路

类似于共源放大电路，分析共漏放大电路时也应首先分析该电路的静态工作点，前文已有类似分析，故此处不再赘述。对共漏放大电路的动态分析也需要画出其低频小信号等效电路，如图 3-38（b）所示，则其电压增益为

$$A_{\mathrm{u}} = \frac{u_{\mathrm{o}}}{u_{\mathrm{i}}} = \frac{g_{\mathrm{m}} u_{\mathrm{gs}} R_{\mathrm{S}}'}{u_{\mathrm{gs}} + g_{\mathrm{m}} u_{\mathrm{gs}} R_{\mathrm{S}}'} = \frac{g_{\mathrm{m}} R_{\mathrm{S}}'}{1 + g_{\mathrm{m}} R_{\mathrm{S}}'} < 1 \qquad (3\text{-}75)$$

其中，$R_{\mathrm{S}}' = r_{\mathrm{ds}} /\!/ R_{\mathrm{S}} /\!/ R_{\mathrm{L}} \approx R_{\mathrm{S}} /\!/ R_{\mathrm{L}}$。

当 $g_{\mathrm{m}} R_{\mathrm{S}}' \gg 1$ 时，$A_{\mathrm{u}} \approx 1$，因此共漏放大电路也称为源极跟随器。

输入电阻为

$$R_{\mathrm{i}}' = R_{\mathrm{G}} + R_{\mathrm{G1}} /\!/ R_{\mathrm{G2}} \qquad (3\text{-}76)$$

共漏放大电路的输出电阻同样根据计算输出电阻的方法求得，即将输入端 u_{i} 短路，将负载 R_{L} 开路，并在输出端外加一激励信号 u_{o}，定义在 u_{o} 的激励下产生电流 i_{o}。图 3-39 给出了共漏放大电路输出电阻的求解电路图。

图 3-39 中，$i_{\mathrm{o}} = \dfrac{u_{\mathrm{o}}}{R_{\mathrm{S}} /\!/ r_{\mathrm{ds}}} - g_{\mathrm{m}} u_{\mathrm{gs}}$，$u_{\mathrm{o}} = -u_{\mathrm{gs}}$，于是输出电阻为

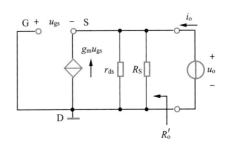

图 3-39　共漏放大电路输出电阻的求解电路图

$$R_{\mathrm{o}}' = \frac{u_{\mathrm{o}}}{i_{\mathrm{o}}} = \frac{u_{\mathrm{o}}}{\dfrac{u_{\mathrm{o}}}{R_{\mathrm{S}} /\!/ r_{\mathrm{ds}}} + g_{\mathrm{m}} u_{\mathrm{o}}} = \frac{1}{\dfrac{1}{R_{\mathrm{S}} /\!/ r_{\mathrm{ds}}} + g_{\mathrm{m}}} = \frac{1}{g_{\mathrm{m}}} /\!/ R_{\mathrm{S}} /\!/ r_{\mathrm{ds}} \qquad (3\text{-}77)$$

由此可见，共漏放大电路具有很低的输出阻抗，电压增益小于且近似等于 1。

3.3.5 共栅放大电路

N 沟道增强型场效应管共栅放大电路如图 3-40（a）所示，其低频小信号等效电路如

图 3-40（b）所示。

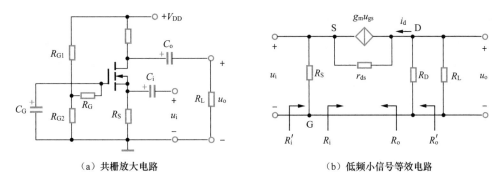

（a）共栅放大电路　　　　　　　　　　　（b）低频小信号等效电路

图 3-40　典型共栅放大电路及其低频小信号等效电路

根据图 3-40（b）所示的等效电路可知

$$i_d = g_m u_{gs} + \frac{u_{ds}}{r_{ds}} \tag{3-78}$$

其中 $u_{ds} = u_o - u_i = -i_d(R_D /\!/ R_L) - u_i$，且 $u_i = -u_{gs}$，则式（3-78）可整理为

$$i_d = \frac{-(g_m + g_{ds})u_i}{1 + g_{ds}(R_D /\!/ R_L)} \tag{3-79}$$

于是电压增益为

$$A_u = \frac{u_o}{u_i} = -\frac{i_d(R_D /\!/ R_L)}{u_i} = \frac{(g_m + g_{ds})(R_D /\!/ R_L)}{1 + g_{ds}(R_D /\!/ R_L)} \tag{3-80}$$

通常情况下，$r_{ds} = \dfrac{1}{g_{ds}} \gg (R_D /\!/ R_L)$，因此电压增益可以化简为

$$A_u = g_m(R_D /\!/ R_L) \tag{3-81}$$

放大电路的输入电阻为

$$R_i = \frac{u_i}{-i_d} = \frac{1 + g_{ds}(R_D /\!/ R_L)}{g_m + g_{ds}} \tag{3-82}$$

当 $r_{ds} = \dfrac{1}{g_{ds}} \gg (R_D /\!/ R_L)$ 且 $g_m r_{ds} \gg 1$ 时，式（3-82）可简化为

$$R_i = \frac{1}{g_m} \tag{3-83}$$

故 $R_i' = \dfrac{1}{g_m} /\!/ R_S$。

此外，共栅放大电路的输出电阻 $R_o = r_{ds}$。当 $r_{ds} \gg R_D$ 时，$R_o' = r_{ds} /\!/ R_D \approx R_D$。

3.3.6　场效应管三种组态放大电路的比较

以上分析了共源、共漏和共栅三种场效应管基本放大电路的静态与动态参数。类似于三极管的放大电路，场效应管的放大电路因各自性能不同，应用场合也不尽相同。共源放大电路类似于共射放大电路，其电压增益很大，输入和输出电压相位相反，且具有很高的输入电阻，而输出电阻主要取决于漏极电阻 R_D。共漏放大电路则类似于共集放大电路，其电压增益小于 1 但接近于 1，输入和输出电压相位相同，具有电压跟随的效果，输入电阻高，输出电阻低，可用于阻抗变换。共栅放大电路的电压增益也较高，但其输入电阻较小，输出电阻主要取决于漏极电阻 R_D。表 3-3 给出了场效应管三种基本放大电路的性能比较。

表 3-3 共源、共漏、共栅三种基本放大电路的性能比较

性能比较	共源放大电路	共漏放大电路	共栅放大电路
典型电路			
电压增益	$A_u = -g_m (R_D /\!/ R_L)$	$A_u = \dfrac{g_m (R_S /\!/ R_L)}{1 + g_m (R_S /\!/ R_L)} < 1$	$A_u = g_m (R_D /\!/ R_L)$
u_o 与 u_i 的相位关系	反相	同相	同相
输入电阻	$R'_i = R_G + R_{G1} /\!/ R_{G2}$	$R'_i = R_G + R_{G1} /\!/ R_{G2}$	$R'_i = \dfrac{1}{g_m} /\!/ R_S$
输出电阻	$R'_o = r_{ds} /\!/ R_D$	$R'_o = \dfrac{1}{g_m} /\!/ R_S /\!/ r_{ds}$	$R'_o = r_{ds} /\!/ R_D \approx R_D$

3.4 多级放大电路

在实际放大电路应用中，无论是三极管还是场效应管，只用单管组成的基本电路一般难以满足对增益、输入电阻、输出电阻的需求。此时则需要级联多个基本放大电路，从而获得更好的性能。第 6 章将介绍的模拟集成放大电路就是采用了这种多级放大的思想，也称为多级放大电路。

3.4.1 多级放大电路的耦合方式

多级放大电路中每个单管基本放大电路称为"级"，级与级之间的连接称为耦合。常用的耦合方式包括阻容耦合、变压器耦合、光电耦合和直接耦合。无论采用何种耦合方式，都必须满足下列基本要求，多级放大电路才能正常工作：

① 保证交流信号能够顺利地由前级传送到后级；

② 耦合之后，各级放大器均有正常的静态工作点；

③ 信号在传送过程中失真要小，级间传输效率要高。

1. 阻容耦合放大电路

图 3-41 所示电路为共射 - 共集阻容耦合放大电路。两级放大电路之间通过耦合电容连接起来，后级放大电路的输入电阻充当了前级放大电路的负载，因此称为阻容耦合。由于电容具有隔离直流、耦合交流的作用，在电容取值较大的情况下，前级放大电路的输出信号经耦合电容后可以几乎无衰减地传递到后级放大电路的输入端。由于电容对直流分量的隔离作用，两级放大电路的静态工作点 Q 互不影响，分析或调试 Q 点时可按照

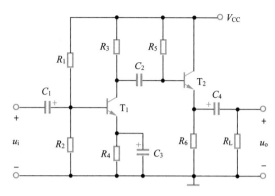

图 3-41 共射 - 共集阻容耦合放大电路

单级放大电路处理，因此便于放大器的设计、调试和维修。

虽然阻容耦合放大电路的体积小、质量轻，在多级放大电路中得到了广泛的应用，但阻容耦合放大电路低频特性差（由于电路中存在大量耦合电容），不能放大缓慢变化的信号（或直流信号）。另外，由于大电容不易于集成，因此它只适合分立元件电路。

2. 变压器耦合放大电路

利用变压器实现级间耦合的放大电路称为变压器耦合放大电路，如图 3-42 所示，即变压器 T_{r1} 将第一级放大电路的输出信号传递给第二级放大电路，变压器 T_{r2} 将第二级放大电路的输出信号耦合给负载。由于变压器利用电磁互感效应实现前、后级之间的信号传递，因此采用变压器耦合方式的放大电路，其各级静态工作点 Q 是独立的，便于设计、调试和维修。

这种耦合方式的最大优点是能够实现电压、电流和阻抗的变换，特别适合于放大电路之间、放大电路与负载之间的匹配，这是高频信号传递和功放电路设计所需重点考虑的问题。然而变压器耦合放大电路的缺点是体积大、不能放大直流信号、不能集成化。此外，由于其频率特性差，一般只应用于低频功率放大和中频调谐电路。

3. 光电耦合放大电路

光电耦合放大电路利用光信号完成多级放大电路之间的信号传递。实现"电—光—电"转换的器件称为光电耦合器（简称为光耦），是由相互电气隔离的发光元件（如发光二极管）和光敏元件（如光敏二极管、光敏三极管、光敏电阻等）封装而成的。典型的光电耦合放大电路如图 3-43 所示。

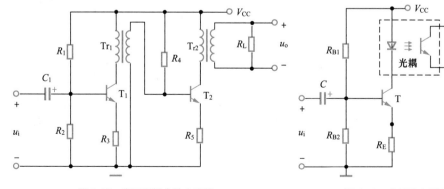

图 3-42 变压器耦合放大电路   图 3-43 典型光电耦合放大电路

光电耦合放大电路的主要优点在于信号的单向传输，输入端和输出端完全实现了电气隔离，图 3-43 中前级电路与后级电路不共地，输出信号对输入端无影响，抗干扰能力强，工作稳定，无触点，使用寿命长。

4. 直接耦合放大电路

直接耦合放大电路是集成电路中主要的一种级联方式，它将前、后级电路直接连接（或采用电阻、二极管元件的连接方式），如图 3-44 所示。这种方式不但能放大中频交流信号，还能放大低频、直流信号，其低频特性较好。但直接耦合放大器的直流通路是互相连通的，各级放大器的静态工作点 Q 相互影响，不便于调试和维修。

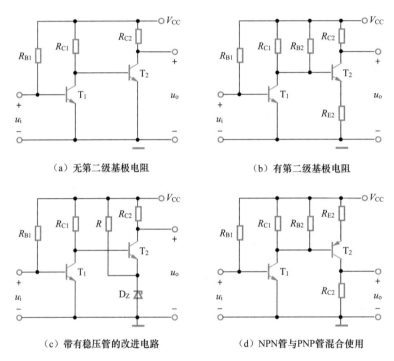

（a）无第二级基极电阻   （b）有第二级基极电阻

（c）带有稳压管的改进电路   （d）NPN管与PNP管混合使用

图 3-44　直接耦合放大电路

图 3-44（a）省略了第二级的基极电阻，而用 R_{C1} 同时作为第一级的集电极负载电阻和第二级的基极电阻。静态时，T_1 的管压降 U_{CEQ} 等于 T_2 的发射结电压 U_{BEQ}。假如图 3-44 中的三极管均为硅三极管，则 $U_{CEQ} = U_{BEQ} = 0.7\ V$，$T_1$ 的静态工作点 Q 靠近饱和区，容易出现饱和失真，因此需要提高 T_2 的基极电位，即在 T_2 发射极增加电阻 R_{E2}，如图 3-44（b）所示。然而，R_{E2} 的引入会降低第二级放大电路的增益，因此 R_{E2} 的阻值不宜过大。改善方法是用稳压二极管 D_Z 替代发射极电阻 R_{E2}，如图 3-44（c）所示。此时，D_Z 为 T_1 提供合适的直流偏置，而在交流情况下相当于很小的动态电阻 r_z，降低了对第二级放大电路增益的影响。

然而，为使各管都工作在放大区，需要管子的集电结反偏（即集电极电位高于基极电位）。若级联级数增多，则类似图 3-44（c）的电路的集电极电位逐级升高，以至于接近电源电压 E_C，导致后级放大电路的静态工作点难以选取。因此通常方法是混合使用 NPN 管和 PNP 管，如图 3-44（d）所示。其中 T_1 的集电极电位 U_{C1} 高于其基极电位 U_{B1}，而 T_2 的集电极电位 U_{C2} 应低于其基极电位 $U_{B2} = U_{C1}$。

值得注意的是，直接耦合放大电路还存在零点漂移的问题，即输入信号为零时，输出电压产生变化。温度变化引起的半导体器件参数的变化是产生零点漂移现象的主要原因。这种现象导致在输出端无法区分有用信号和干扰噪声。可以通过引入直流负反馈、温度补偿的方法抑制零点漂移，也可以使用第 6 章中介绍的差分放大电路抑制零点漂移。

3.4.2　多级放大电路的交流分析

多级放大电路的示意图如图 3-45 所示，若第 i 级放大电路的电压增益为 A_{Ui}，则总的电压增益为

$$A_u = A_{U1}A_{U2}\cdots A_{UN} = \prod_{i=1}^{N}A_{Ui} \qquad （3-84）$$

即多级放大电路的总电压增益等于各级放大电路的电压增益之积。

图 3-45　多级放大电路示意图

实际应用的多级放大电路需要根据输入电阻、输出电阻、增益、频带宽度等要求进行设计。通常情况下，输入级采用共集基本放大电路或共集差分放大电路，其输入电阻较大；中间级采用共射或共源放大电路，提高放大电路增益；输出级使用共集放大电路，以增强带负载能力。

分析多级放大电路时需要考虑前后级的相互影响，常用的分析方法包括输入电阻法和开路电压法。

1. 输入电阻法

以图 3-46（a）所示的共源 - 共射级联放大电路为例，输入电阻法是将图中虚线框里的 T_2 级输入电阻 R'_{i2} 作为 T_1 级的负载电阻，如图 3-46（b）所示。首先计算 T_2 级的增益 A_{U2} 和 R'_{i2}，然后计算 T_1 级的增益 A_{U1}，最后使用式（3-84）计算多级放大电路的增益 $A_u = A_{U1}A_{U2}$。

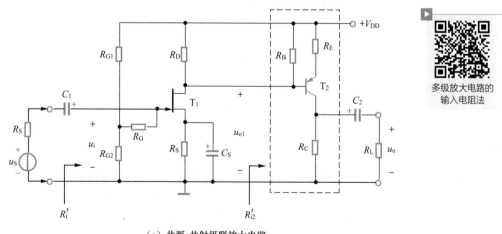

多级放大电路的
输入电阻法

（a）共源-共射级联放大电路

图 3-46　输入电阻法计算多级放大电路的电压增益

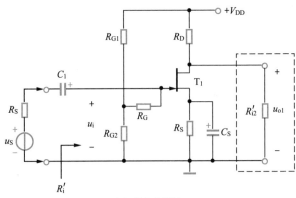

（b）输入电阻法

图 3-46 输入电阻法计算多级放大电路的电压增益（续）

首先对图 3-46 进行静态分析，求得 T_2 级放大电路的 h_{ie}，即

$$h_{ie} = r_{bb'} + \frac{U_T}{I_{BQ}} \tag{3-85}$$

则 T_2 级放大电路的输入电阻 R'_{i2} 为

$$R'_{i2} = R_B \,//\, \left[h_{ie} + (1 + h_{fe}) R_E \right] \tag{3-86}$$

将 R'_{i2} 作为 T_1 级放大电路的负载电阻，计算 T_1 级电路的电压增益 A_{U1} 为

$$A_{U1} = \frac{u_{o1}}{u_i} = -g_m (R_D \,//\, R'_{i2}) \tag{3-87}$$

同时，T_2 级电路的电压增益 A_{U2} 为

$$A_{U2} = \frac{u_o}{u_{o1}} = -\frac{h_{fe}(R_C \,//\, R_L)}{h_{ie} + (1 + h_{fe})R_E} \tag{3-88}$$

因此图 3-46（a）所示的级联放大电路的电压增益为

$$A_u = A_{U1}A_{U2} = g_m(R_D \,//\, R'_{i2}) \times \frac{h_{fe}(R_C \,//\, R_L)}{h_{ie} + (1 + h_{fe})R_E} \tag{3-89}$$

T_1 级放大电路的输入电阻即是该级联放大电路的输入电阻，为

$$R'_i = R'_{i1} = R_G + R_{G1} \,//\, R_{G2} \tag{3-90}$$

则考虑信号源内阻时，电压增益为

$$A_{us} = \frac{R'_i}{R_S + R'_i} A_u \tag{3-91}$$

2. 开路电压法

以图 3-47（a）为例，开路电压法是将两级电路断开，首先计算 T_1 级放大电路电压增益 A_{U1}；然后利用戴维南定理，将 T_1 级电路的输出电压 u_{o1} 和输出电阻 R'_{o1} 作为 T_2 级放大电路信号源的电压及其内阻，并在考虑信号源内阻的情况下计算 T_2 级电路的电压增益 A_{US2}；最后使用式（3-84）计算多级放大电路的电压增益 $A_u = A_{U1}A_{US2}$。

多级放大电路的
开路电压法

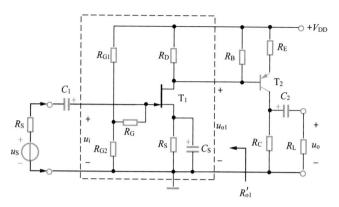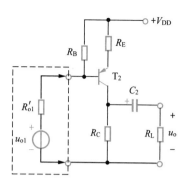

（a）共源-共射级联放大电路 　　　　　　　　　（b）开路电压法

图 3-47　开路电压法计算多级放大电路的电压增益

T_1 级电路的开路电压增益为

$$A_{U1} = \frac{u_{o1}}{u_i} = -g_m R_D \tag{3-92}$$

T_1 级电路的输出电阻为

$$R'_{o1} = r_{ds} /\!/ R_D \approx R_D \tag{3-93}$$

将 T_1 级电路的开路输出电压 u_{o1} 和输出电阻 R'_o 作为 T_2 级放大电路信号源的电压和内阻，计算 T_2 级电路在带信号源内阻情况下的电压增益，即

$$A_{US2} = \frac{u_o}{u_{o1}} = -\frac{R_B /\!/ \left[h_{ie} + \left(1 + h_{fe}\right) R_E \right]}{R'_{o1} + R_B /\!/ \left[h_{ie} + \left(1 + h_{fe}\right) R_E \right]} \times \frac{h_{fe}\left(R_C /\!/ R_L\right)}{h_{ie} + \left(1 + h_{fe}\right) R_E} \tag{3-94}$$

其中 $h_{ie} = r_{bb'} + \dfrac{U_T}{I_{BQ}}$。

则图 3-47（a）所示的多级放大电路的电压增益为

$$A_u = A_{U1} A_{US2} = g_m R_D \times \frac{R_B /\!/ \left[h_{ie} + \left(1 + h_{fe}\right) R_E \right]}{R'_{o1} + R_B /\!/ \left[h_{ie} + \left(1 + h_{fe}\right) R_E \right]} \times \frac{h_{fe}\left(R_C /\!/ R_L\right)}{h_{ie} + \left(1 + h_{fe}\right) R_E} \tag{3-95}$$

例 3-4　在图 3-48 所示的两级级联放大电路中，已知两个三极管的动态参数相同，均为 $h_{fe} = 100$，$U_{BE} = 0.7\ \mathrm{V}$，$r_{bb'} = 300\ \Omega$。分别用输入电阻法和开路电压法分析该电路的总电压增益 A_u。

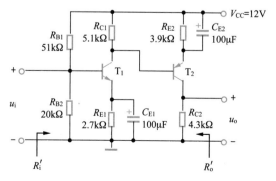

图 3-48　例 3-4 题图

解 （1）分析放大电路的静态工作状态

① 对于 T_1 级放大电路来说，可知基极电位

$$U_{B1} = \frac{R_{B2}}{R_{B1} + R_{B2}} V_{CC} = \frac{20\,\text{k}\Omega}{51\,\text{k}\Omega + 20\,\text{k}\Omega} \times 12\,\text{V} \approx 3\,4\,\text{V}$$

集电极电流

$$I_{CQ1} \approx I_{EQ1} = \frac{U_{B1} - U_{BE1}}{R_{E1}} = \frac{3.4\,\text{V} - 0.7\,\text{V}}{2.7\,\text{k}\Omega} \approx 1\,\text{mA}$$

基极电流

$$I_{BQ1} = I_{CQ1}/h_{fe} = 1\,\text{mA}/100 = 10\,\mu\text{A}$$

管压降

$$U_{CEQ1} \approx V_{CC} - I_{CQ1}(R_{C1} + R_{E1}) = 12\,\text{V} - 1\,\text{mA} \times (5.1\,\text{k}\Omega + 2.7\,\text{k}\Omega) = 4.2\,\text{V}$$

② 对于 T_2 级放大电路来说，可知基极电位

$$U_{B2} = U_{C1} = V_{CC} - I_{CQ1}R_{C1} = 12\,\text{V} - 1\,\text{mA} \times 5.1\,\text{k}\Omega = 6.9\,\text{V}$$

发射极电位

$$U_{E2} = U_{B2} + U_{BE2} = 6.9\,\text{V} + 0.7\,\text{V} = 7.6\,\text{V}$$

集电极电流

$$I_{CQ2} \approx I_{EQ2} = \frac{V_{CC} - U_{E2}}{R_{E2}} = \frac{12\,\text{V} - 7.6\,\text{V}}{3.9\,\text{k}\Omega} = 1.1\,\text{mA}$$

基极电流

$$I_{BQ2} = I_{EQ2}/(1 + h_{fe}) = 11\,\mu\text{A}$$

管压降

$$U_{CEQ2} = U_{C2} - U_{E2} = I_{CQ2}R_{C2} - U_{E2} \approx -2.9\,\text{V}$$

（2）使用输入电阻法分析电压增益

T_1 和 T_2 两个三极管的输入电阻分别为

$$h_{ie1} = r_{bb'} + \frac{U_T}{I_{BQ1}} = 300\,\Omega + \frac{26\,\text{mV}}{10\,\mu\text{A}} \approx 2.9\,\text{k}\Omega$$

$$h_{ie2} = r_{bb'} + \frac{U_T}{I_{BQ2}} = 300\,\Omega + \frac{26\,\text{mV}}{11\,\mu\text{A}} \approx 2.7\,\text{k}\Omega$$

则 T_1 级电压增益为

$$A_{U1} = -\frac{h_{fe}(R_{C1}/\!/R_{i2})}{h_{ie1}} = -\frac{h_{fe}(R_{C1}/\!/h_{ie2})}{h_{ie1}} \approx -60.9$$

T_2 级电压增益为

$$A_{U2} = -\frac{h_{fe}R_{C2}}{h_{ie2}} \approx -159.3$$

总电压增益为

$$A_u = A_{U1} \times A_{U2} \approx 9701$$

（3）使用开路电压法分析电压增益

T_1 级的开路电压增益

$$A_{U1} = -\frac{h_{fe}R_{C1}}{h_{ie1}} \approx -175.8$$

T_1 级的输出电阻

$$R_{o1} \approx R_{C1} = 5.1 \text{ k}\Omega$$

T_2 级电压增益

$$A_{US2} = -\frac{R_{i2}}{R_{o1}+R_{i2}} \times \frac{h_{fe}R_{C2}}{h_{ie2}} = -\frac{h_{ie2}}{R_{o1}+h_{ie2}} \times \frac{h_{fe}R_{C2}}{h_{ie2}} \approx -55.1$$

总电压增益为

$$A_u = A_{U1} \times A_{US2} = 9687$$

由此可见，无论是输入电阻法还是开路电压法，都可以用于分析多级放大电路，且分析得到的级联放大电路的电压增益 A_u 的表达式是相同的，但由于分步计算过程中存在近似，两者的结果可能不完全相同。例 3-4 中，输入电阻法和开路电压法的总电压增益相差 14，这在工程分析计算过程中是可以接受的。

3.4.3 复合管及其放大电路

将多个三极管按照一定的规则组合，其外特性可以等效成新的晶体管，我们称这种管子为复合管或达林顿管（Darlington tube）。设计复合管的目的是增大电流放大倍数，用于在高灵敏放大电路中放大非常微小的信号，常用于功放电路和稳压电源之中。

1. 三极管组成的复合管

常见的由三极管组成的复合管如图 3-49 所示，其中图 3-49（a）由两个 NPN 管组成，图 3-49（b）由两个 PNP 管组成，图 3-49（c）和图 3-49（d）都由一个 PNP 管和一个 NPN 管共同组成。不同管子复合后的类型取决于第一个三极管的类型。

复合管构成原则：①在正确的外加电压下，每个管子的各极电流均有正确的通路，且管子均处在放大区；②为了实现电流放大功能，应将前一级的集电极或发射极电流作为后一级的基极电流。

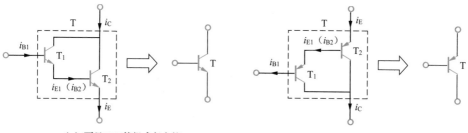

（a）两只NPN管组成复合管   （b）两只PNP管组成复合管

图 3-49 三极管组成的复合管

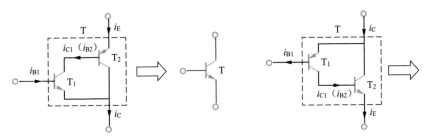

（c）NPN管和PNP管组成复合管　　　　（d）PNP管和NPN管组成复合管

图 3-49　三极管组成的复合管（续）

以图 3-49（a）为例，复合管的基极电流 i_B 与 T_1 的基极电流 i_{B1} 相同，T_2 的基极电流 i_{B2} 等于 T_1 的发射极电流 i_{E1}，因此该复合管的集电极电流为

$$i_C = i_{C1} + i_{C2} = \beta_1 i_{B1} + \beta_2 (1 + \beta_1) i_{B1} = (\beta_1 + \beta_2 + \beta_1 \beta_2) i_{B1} \tag{3-96}$$

通常 $\beta_1 \beta_2 \gg (\beta_1 + \beta_2)$，因此式（3-96）在工程上可简化为

$$i_C \approx \beta_1 \beta_2 i_{B1} \tag{3-97}$$

即复合管的共射电流放大系数为

$$\beta \approx \beta_1 \beta_2 \tag{3-98}$$

例3-5　已知 T_1 与 T_2 的电流放大系数分别为 β_1 和 β_2，分析图 3-50（a）所示电路的电压增益。

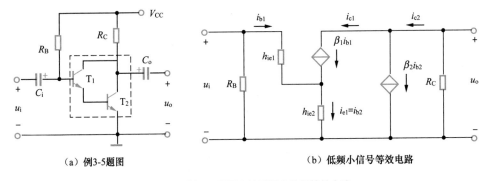

（a）例3-5题图　　　　　　　　　（b）低频小信号等效电路

图 3-50　例 3-5 题图及其低频小信号等效电路

解　解法一：图 3-50（a）的低频小信号等效电路如图 3-50（b）所示，其中

$$i_{c2} = \beta_1 i_{b1} + \beta_2 i_{b2} = \beta_1 i_{b1} + \beta_2 (1 + \beta_1) i_{b1} \approx \beta_1 \beta_2 i_{b1}$$

故电路的电压增益为

$$A_u = \frac{u_o}{u_i} = \frac{-i_{c2} R_C}{i_{b1} h_{ie1} + (1 + \beta_1) i_{b1} h_{ie2}} = -\frac{\beta_1 \beta_2 R_C}{h_{ie1} + (1 + \beta_1) h_{ie2}}$$

解法二：由于 T_1 与 T_2 组成了复合管，其电流放大系数 $\beta = \beta_1 \beta_2$，因此该电路的电压增益为

$$A_u = \frac{u_o}{u_i} = -\frac{\beta_1 \beta_2 R_C}{h_{ie}}$$

其中 h_{ie} 表示复合管的输入电阻，即 $h_{ie} = h_{ie1} + (1 + \beta_1) h_{ie2}$。

由此可见，两种方法均可分析计算复合管放大电路的电压增益。

2. 场效应管与三极管组成的复合管

使用场效应管与三极管同样可以组成复合管，其组成原则类似三极管组成复合管的原则，需要同时确保场效应管工作在恒流区，三极管工作在放大区，并且应将前一级的漏极或源极电流作为后一级的基极电流。

下面以增强型 NMOS 管和 NPN 管组成的增强型 NMOS 复合管为例进行介绍，该复合管如图 3-51（a）所示，其交流等效电路如图 3-51（b）所示。

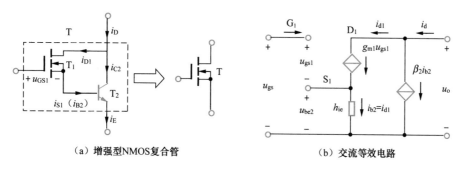

（a）增强型NMOS复合管　　　　　　　　（b）交流等效电路

图 3-51　增强型 NMOS 管与三极管组成的复合管

由图 3-51（b）可知，复合管栅源电压 u_{gs} 和漏极电流 i_d 分别为

$$u_{gs} = u_{gs1} + u_{be2} = u_{gs1} + g_{m1}u_{gs1}h_{ie} = (1 + g_{m1}h_{ie}) u_{gs1}$$

$$i_d = i_{d1} + i_{c2} = g_{m1}u_{gs1} + \beta_2 g_{m1}u_{gs1} = (1 + \beta_2) g_{m1}u_{gs1}$$

因此复合管的跨导为

$$g_m = \frac{i_d}{u_{gs}} = \frac{(1 + \beta_2) g_{m1}}{1 + g_{m1}h_{ie}} \tag{3-99}$$

由于 $\beta_2 \gg 1$，因此式（3-99）可简化为

$$g_m \approx \frac{\beta_2 g_{m1}}{1 + g_{m1}h_{ie}} \tag{3-100}$$

例3-6 分析图 3-52 所示的复合管共源放大电路的电压增益。

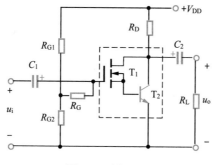

图 3-52　例 3-6 题图

解　由于 T_1 与 T_2 组成了复合管，其低频跨导 $g_m \approx \dfrac{\beta_2 g_{m1}}{1+g_{m1}h_{ie}}$，因此该电路的电压增益为

$$A_u = \frac{u_o}{u_i} \approx -g_m\left(R_D // R_L\right) = -\frac{\beta_2 g_{m1}}{1+g_{m1}h_{ie}} R_D'$$

其中 $R_D' = R_D // R_L$。

相比单管放大电路的输出电流只有几毫安，由于复合管的放大系数很高，在输入电流不变的情况下，其输出电流可达几安，这对于微弱信号的功率放大来说是非常有意义的。

本章小结

本章首先给出了放大电路的基本概念和组成原则，即将有源器件（双极结型晶体管或场效应管）作为放大电路的核心器件，在确保管子工作在放大区或恒流区的基础上，将输入信号作用于有源器件的输入回路，使输出信号作用在负载之上，根据这一原则，可组成三极管和场效应管基本放大电路；然后从静态和动态两个角度，用图解分析法和解析分析法分析了放大电路的性能；在此基础上进一步讨论了多级放大电路的组成方式和分析方法、复合管及其放大电路的组成和性能。具体内容如下。

1. 基本放大电路

三极管基本放大电路包括共射、共集、共基三种。共射放大电路既能放大电流又能放大电压，广泛应用于低频小信号的主放大电路；共集放大电路只能放大电流不能放大电压，具有电压跟随作用，并且具有输入电阻高、输出电阻低的优点，有较强的驱动能力，常用于多级放大电路的输入级、输出级和中间缓冲级；共基放大电路只能放大电压不能放大电流，具有电流跟随作用，输入电阻小，输出电阻大，但其高频特性好，适用于高频小信号的放大。

场效应管基本放大电路包括共源、共漏、共栅三种，其性能分别对应于三极管基本放大电路的共射、共集、共基。此外，由于场效应管的输入电阻较高、噪声系数低、抗辐射能力强，因此适用于电压放大电路的输入级。

2. 放大电路的分析方法

分析放大电路需要遵循"先静态后动态"的原则。只有确定了合适的静态工作点，放大电路的分析与设计才是有意义的。

静态分析是确定静态工作点 Q，即在交流输入信号为零的情况下，分析管子流过各极的电流以及极间电压，可以通过图解分析法或解析分析法求解。

动态分析用于求电路的增益、输入电阻、输出电阻等动态参数，并分析输出波形。一般来说可通过图解分析法分析输出波形，求出电路的极限参数，进行失真分析；而电路的动态参数分析一般在输入交流小信号的情况下，通过等效电路的方法计算求解。

3. 多级放大电路

多级放大电路包含阻容耦合、变压器耦合、光电耦合和直接耦合方式。由于存在耦合电容，阻容耦合方式一般仅用于分立元件电路；变压器耦合方式能够实现阻抗变换，可用作调谐放大电路；光电耦合方式具有电气隔离作用，抗干扰能力强；直接耦合广泛用于集成电路中，能够放大变化缓慢的信号。

　　分析多级放大电路也需要遵循"先静态后动态"的原则。进行动态分析时，多级放大电路的电压增益等于各级放大电路电压增益之积。求每级放大电路的电压增益可使用输入电阻法，也可使用开路电压法。通常，输入电阻法是先计算最后一级的电压增益与输入电阻，然后向前分级计算；而开路电压法是先计算第一级的电压增益与输出电阻，然后向后分级计算。

习题

　3.1　图 3-53 为三极管放大电路的分压式直流偏置电路，$R_1 = 27\ \text{k}\Omega$，$R_2 = 3.9\ \text{k}\Omega$，$R_\text{C} = 2.7\ \text{k}\Omega$，$R_\text{E} = 470\ \Omega$。

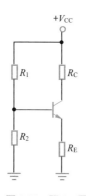

图 3-53　题 3.1 图

　（1）计算此电路的静态工作点 Q。

　（2）画出直流负载线，标注出静态工作点的位置，并讨论此静态工作点是否合适。如偏高或偏低，应如何调整？

　3.2　图 3-54（a）所示的电路输入信号是一个正弦信号时，分别输出图 3-54（b）、图 3-54（c）、图 3-54（d）所示的波形，请判断每一个输出信号的失真类型，并讨论如何消除这些失真。

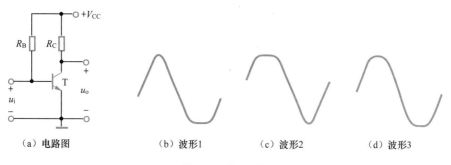

（a）电路图　　　　（b）波形1　　　　（c）波形2　　　　（d）波形3

图 3-54　题 3.2 图

　3.3　两个典型共射放大电路如图 3-55（a）和图 3-55（b）所示。

　（1）试分别计算图 3-55（a）和图 3-55（b）中的基极电流 I_{BQ}。

　（2）试分别计算图 3-55（a）和图 3-55（b）中的输入电阻 R_i。

　（3）推导出两个放大电路的电压增益 A_u，讨论如果移走图 3-55（b）中的旁路电容 C_E，对电

压增益 A_u 有何影响。

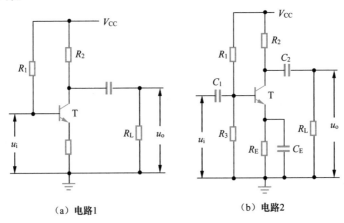

（a）电路1　　　　（b）电路2

图 3-55　题 3.3 图

3.4　试判断图 3-56（a）和图 3-56（b）中的放大电路是否能正常放大。如果不能，请解释原因。

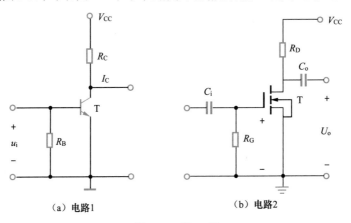

（a）电路1　　　　（b）电路2

图 3-56　题 3.4 图

3.5　图 3-57（a）、图 3-57（b）和图 3-57（c）均为场效应管放大电路。

（1）试计算三个放大电路的电压增益。

（2）试计算三个放大电路的输入电阻和输出电阻。

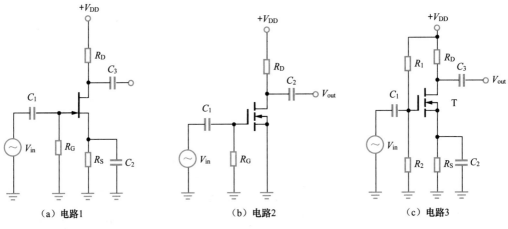

（a）电路1　　　　　　（b）电路2　　　　　　（c）电路3

图 3-57　题 3.5 图

3.6　图 3-58 所示为一个两级放大电路，假设第一级电路中 MOS 场效应管的 g_m = 2 700 μS，第二级电路中三极管的 β = 150，电源电压 V_{CC} = 15 V，各电阻值分别为 R_1 = 20 kΩ，R_2 = R_3 = 5.1 kΩ，R_4 = 15 kΩ，R_D = 1.5 kΩ，R_S = 330 Ω，R_C = 2.7 kΩ，R_E = 500Ω，R_L = 4.7 kΩ。

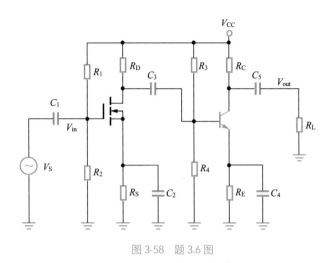

图 3-58　题 3.6 图

（1）分别判断第一级放大电路和第二级放大电路的类型。
（2）计算整个放大电路的电压增益 A_u、输入电阻 R'_i、输出电阻 R'_o。

3.7　图 3-59 所示为一个两级放大电路，假设第一级电路中结型场效应管的 g_m = 2 700 μS，第二级电路中三极管的 β = 150，电源电压 V_{CC} = 15V，各电阻值分别为 R_G = 1 MΩ，R_D = 1.5 kΩ，R_S = 270 Ω，R_1 = 33 kΩ，R_2 = 10 kΩ，R_C = 2.7 kΩ，R_{E1} = 100 Ω，R_{E2} = 1 kΩ，R_L = 4.7 kΩ。

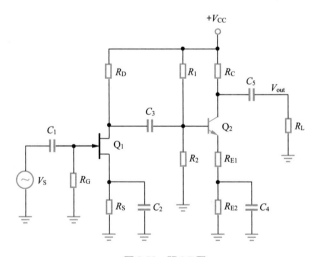

图 3-59　题 3.7 图

（1）判断两级电路间的耦合方式。
（2）计算整个放大电路的电压增益 A_u、输入电阻 R'_i、输出电阻 R'_o。

3.8　给定一个 g_m = 1 mS 的 N 沟道耗尽型场效应管，一个 β = 100 的 NPN 型晶体三极管，以及若干电容和电阻，试设计一个两级放大电路，要求电路的输入电阻 R'_i = 1 MΩ，输出电阻 R'_o = 1 kΩ，电压增益 A_u = 40 dB，给出设计电路中每一个元件的具体数值。

3.9　图 3-60 所示为两级放大电路，三个三极管的电流放大系数分别为 $\beta_1 = \beta_2 = \beta_3 = 50$，各电阻值分别为 $R_1 = 20\ \text{k}\Omega$，$R_2 = R_3 = 5.1\ \text{k}\Omega$，$R_4 = 15\ \text{k}\Omega$，$R_C = 1\ \text{k}\Omega$，$R_{E1} = 47\ \Omega$，$R_{E2} = 330\ \Omega$，$R_{E3} = 16\ \Omega$，扬声器电阻 $R_L = 16\ \Omega$。

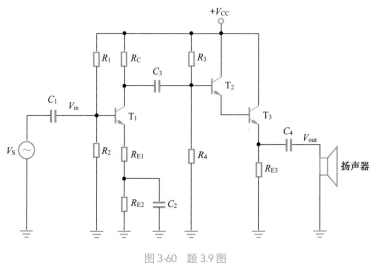

图 3-60　题 3.9 图

（1）分别判断第一级放大电路和第二级放大电路的类型。

（2）判断由 T_2 与 T_3 组成的复合管类型；若 T_2 与 T_3 的电流放大系数分别为 β_2 和 β_3，计算复合管的电流放大倍数。

（3）分别计算第一级放大电路和第二级放大电路的电压增益。

（4）计算电路的总电压增益、输入电阻和输出电阻。

（5）计算电路的功率放大倍数。

第 **4** 章

放大电路的频率响应

　　频率响应是分析系统动态特性的有效方法，在电子学上用于描述仪器或系统对不同频率信号处理能力的差异。系统频率响应分析可以追溯到 1822 年法国数学家让·巴普蒂斯·约瑟夫·傅里叶（Baron Jean Baptiste Joseph Fourier）在研究热传导理论时发表的《热的分析理论》，其中提出并证明了周期函数展开为正弦级数的原理。法国数学家西莫恩·德尼·泊松（Siméon Denis Poisson）、德国数学家约翰·卡尔·弗里德里希·高斯（Johann Carl Friedrich Gauss）等人将这一成果引入电子学和系统控制理论，使其得到了广泛应用。

　　在系统控制和稳定性理论中，贝尔实验室的瑞典裔美国电气工程师哈里·奈奎斯特（Harry Nyquist）于 1932 年提出了用于反馈系统的奈奎斯特稳定性准则及相应的图形方法。美籍荷兰人亨德里克·韦德·波特（Hendrik Wade Bode）（见图 4-1）于 1930 年设计了频率响应的相位和幅度近似画法，并在自动控制分析频率法中引入了对数坐标系，使频率特性的绘制更适用于工程设计。基于此，波特于 1945 年出版了专著《网络分析和反馈放大器设计》（*Network Analysis and Feedback Amplifier*

图 4-1　波特

Design），其中总结了控制系统频域分析方法——波特图（Bode plots）法。该方法较传统基于时域的方法更为简单、实用，为工程设计与研发提供了快速、直观的稳定性分析和系统设计方法，至今仍被广泛使用。

　　本章在频率响应概念和基本分析方法的基础上，利用三极管和场效应管的高频模型，重点分析单管共射、共集、共基、共源放大电路的频率响应，定性讨论多级放大电路的频率响应特征，为负反馈放大电路的合理使用奠定理论基础。

4.1 频率响应的基本概念

第 3 章中使用低频小信号等效电路方法计算的放大电路增益表现为常数，这要求输入信号频率在放大电路的通频带内，此时忽略晶体管的结电容、电路的耦合电容、旁路电容、电感线圈的影响。然而实际电路中存在的电抗元件在输入信号频率过低或过高时，不仅电路增益会变小，还会产生相移。这说明放大电路增益不再是常数，而是输入信号频率的函数，这种函数关系称为频率响应（或频率特性），记为 $A(\omega)$ 或 $A(f)$，它反映了放大电路对不同频率信号的放大能力。一般来说，影响放大电路高频增益的因素主要是晶体管的结电容，而影响放大电路低频增益的因素主要是耦合电容和旁路电容。因此在设计放大电路时，首先需要明确输入信号的频率范围，通过查阅手册和资料合理地选择晶体管，从而确保输入信号在电路的通频带范围之内，避免产生频率失真。

频率特性示意图如图 4-2 所示。频率特性可分为幅频特性 $|A(\omega)|$ 或 $|A(f)|$ 和相频特性 $\varphi(\omega)$ 或 $\varphi(f)$ 两部分，对应的频率失真分为幅度频率失真和相位频率失真两种，其中幅度频率失真表现为幅频特性偏离中频值的现象，相位频率失真表现为相频特性偏离中频值的现象。具有常数特性的中间频率段增益称为中频增益 $|A|$，这一频率段称为通频带或频带宽度（bandwidth，BW），简称带宽，定义为上限截止频率（也称为上限频率或高频截频）f_H 与下限截止频率（也称为下限频率或低频截频）f_L 之差，即 $BW = f_H - f_L$。需要注意的是，上限截止频率 f_H 和下限截止频率 f_L 处的增益幅值约为 $0.707\,|A|$（3 dB 处）。

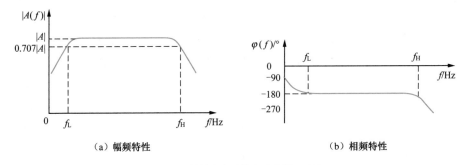

（a）幅频特性　　　　　　　　（b）相频特性

图 4-2　某放大电路的频率特性示意图

4.2 频率响应的基本分析方法

频率响应直观地反映了系统对不同频率输入信号的响应特性，其基本思想是把系统中的各变量看成由不同频率分量组成的信号。

4.2.1 线性系统的传输函数

对于一个线性时不变系统，其传输函数 $H(s)$ 定义为零初始条件下输出变量的拉普拉斯变换与输入变量的拉普拉斯变换之比。如图 4-3 所示，线性时不变系统的传输函数定义为

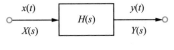

图 4-3　线性时不变系统

$$H(s) = \frac{Y(s)}{X(s)} \tag{4-1}$$

线性系统的传输函数可进一步整理为如下形式

$$H(s) = \frac{Y(s)}{X(s)} = \frac{a_0 s^m + a_1 s^{m-1} + \cdots + a_{m-1}s + a_m}{b_0 s^n + b_1 s^{n-1} + \cdots + b_{n-1}s + b_n} \tag{4-2}$$

其中 $m \leqslant n$ ；$a_0, a_1, \cdots, a_m, b_0, b_1, \cdots, b_n$ 为常数。

式（4-2）中使传递函数 $H(s)$ 的分子等于零的根称为零点 z_j （$j = 1, 2, \cdots, m$），使 $H(s)$ 的分母等于零的根称为极点 p_i （$i = 1, 2, \cdots, n$）。使用零极点方式，式（4-2）可进一步改写成

$$H(s) = K \frac{(s-z_1)(s-z_2)\cdots(s-z_m)}{(s-p_1)(s-p_2)\cdots(s-p_n)} = K \frac{\displaystyle\prod_{j=1}^{m}(s-z_j)}{\displaystyle\prod_{i=1}^{n}(s-p_i)} \tag{4-3}$$

其中 K 为标尺因子。

假设输入信号是角频率为 ω 的正弦信号，在稳态条件下 $s = j\omega$，此时根据式（4-3），s 域系统函数可转换为频域系统函数

$$H(j\omega) = K \frac{\displaystyle\prod_{j=1}^{m}\left(j\omega - z_j\right)}{\displaystyle\prod_{i=1}^{n}\left(j\omega - p_i\right)} \tag{4-4}$$

因此 $H(j\omega)$ 的幅频特性和相频特性分别为

$$\left|H(j\omega)\right| = K \sqrt{\frac{\displaystyle\prod_{j=1}^{m}\left(\omega^2 + z_j^2\right)}{\displaystyle\prod_{i=1}^{n}\left(\omega^2 + p_i^2\right)}} \tag{4-5}$$

$$\varphi(j\omega) = \sum_{j=1}^{m}\arctan\left(-\frac{\omega}{z_j}\right) - \sum_{i=1}^{n}\arctan\left(-\frac{\omega}{p_i}\right) \tag{4-6}$$

下面以无源单级 RC 电路为例分析其频率响应。

1. 高通电路

一阶 RC 高通电路如图 4-4（a）所示。

该电路的电压传输函数可表示为

$$A_u = \frac{u_o}{u_i} = \frac{R}{\dfrac{1}{j\omega C} + R} = \frac{1}{1 + \dfrac{1}{j\omega RC}} \tag{4-7}$$

其中 ω 表示输入信号的角频率。

若 τ 为 RC 回路的时间常数，$\omega_L = \dfrac{1}{RC} = \dfrac{1}{\tau}$ （或 $f_L = \dfrac{\omega_L}{2\pi} = \dfrac{1}{2\pi RC}$ ），则

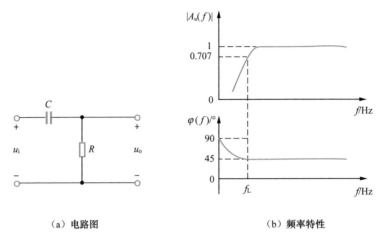

（a）电路图　　　　　　　　（b）频率特性

图 4-4　一阶 RC 高通电路

$$A_u = \cfrac{1}{1+\cfrac{\omega_L}{j\omega}} = \cfrac{j\cfrac{\omega}{\omega_L}}{1+j\cfrac{\omega}{\omega_L}} \qquad (4\text{-}8)$$

因此 A_u 的幅频特性与相频特性分别为

$$|A_u| = \cfrac{\cfrac{\omega}{\omega_L}}{\sqrt{1+\left(\cfrac{\omega}{\omega_L}\right)^2}} = \cfrac{\cfrac{f}{f_L}}{\sqrt{1+\left(\cfrac{f}{f_L}\right)^2}} \qquad (4\text{-}9)$$

$$\varphi = 90° - \arctan\cfrac{\omega}{\omega_L} = 90° - \arctan\cfrac{f}{f_L} \qquad (4\text{-}10)$$

根据幅频特性和相频特性，可画出 $|A_u|$ 与 φ 的示意图，如图 4-4（b）所示。图中 f_L 即下限截止频率，该频率的 $|A_u|$ 的幅值下降到最大值的 70.7%，对应的相移为 45°。

2. 低通电路

一阶 RC 低通电路如图 4-5（a）所示。

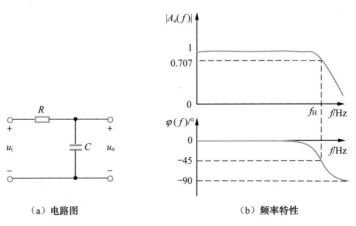

（a）电路图　　　　　　　　（b）频率特性

图 4-5　一阶 RC 低通电路

该电路的电压传输函数可表示为

$$A_u = \frac{u_o}{u_i} = \frac{\dfrac{1}{j\omega C}}{\dfrac{1}{j\omega C} + R} = \frac{1}{1 + j\omega RC} \tag{4-11}$$

若 τ 为 RC 回路的时间常数，$\omega_H = \dfrac{1}{RC} = \dfrac{1}{\tau}$（或 $f_H = \dfrac{\omega_H}{2\pi} = \dfrac{1}{2\pi RC}$），则

$$A_u = \frac{1}{1 + j\dfrac{\omega}{\omega_H}} \tag{4-12}$$

因此 A_u 的幅频特性与相频特性分别为

$$\left|A_u\right| = \frac{1}{\sqrt{1 + \left(\dfrac{\omega}{\omega_H}\right)^2}} = \frac{1}{\sqrt{1 + \left(\dfrac{f}{f_H}\right)^2}} \tag{4-13}$$

$$\varphi = -\arctan\frac{\omega}{\omega_H} = -\arctan\frac{f}{f_H} \tag{4-14}$$

根据幅频特性和相频特性，可画出 $|A_u|$ 与 φ 的示意图，如图 4-5（b）所示。图中 f_H 即上限截止频率，该频率的 $|A_u|$ 的幅值下降到最大值的 70.7%，对应的相移为 $-45°$。

4.2.2 频率响应的波特图

为在同一坐标系中表示较宽范围的频率变化，贝尔实验室的荷兰裔科学家亨德里克·韦德·波特于 1930 年提出了使用半对数坐标图绘制频率响应曲线的方法，即波特图。

波特图包含对数幅频特性和对数相频特性，其横轴采用对数坐标 $\lg f$，幅频特性的纵轴采用 $20\lg|A|$ 表示（单位为 dB），相频特性的纵轴仍用 φ 表示，因此一阶 RC 高通电路幅频特性式（4-9）可改写为

$$20\lg\left|A_u\right| = 20\lg\frac{f}{f_L} - 20\lg\sqrt{1 + \left(\frac{f}{f_L}\right)^2} \tag{4-15}$$

当 $f \gg f_L$ 时，式（4-15）可近似为 $20\lg|A_u| \approx 0$，且 $\varphi \approx 0°$；当 $f = f_L$ 时，式（4-15）可近似为 $20\lg|A_u| = -20\lg\sqrt{2} \approx -3\text{dB}$，且 $\varphi \approx 45°$；当 $f \ll f_L$ 时，式（4-15）可近似为 $20\lg|A_u| \approx 20\lg\dfrac{f}{f_L}$，且 $\varphi \approx 90°$，即对数幅频特性在 $f \ll f_L$ 区间内以 20 dB/ 十倍频的速度增长。

类似地，一阶 RC 低通电路幅频特性式（4-13）可改写为

$$20\lg\left|A_u\right| = -20\lg\sqrt{1 + \left(\frac{f}{f_H}\right)^2} \tag{4-16}$$

当 $f \ll f_\mathrm{H}$ 时，式（4-16）可近似为 $20\lg|A_\mathrm{u}| \approx 0$，且 $\varphi \approx 0°$ ；当 $f = f_\mathrm{H}$ 时，式（4-16）可近似为 $20\lg|A_\mathrm{u}| = -20\lg\sqrt{2} \approx -3\mathrm{dB}$，且 $\varphi \approx 45°$ ；当 $f \gg f_\mathrm{H}$ 时，式（4-16）可近似为 $20\lg|A_\mathrm{u}| \approx -20\lg\dfrac{f}{f_\mathrm{H}}$，且 $\varphi \approx 90°$ ，即对数幅频特性在 $f \gg f_\mathrm{H}$ 区间内以 20dB/ 十倍频的速度下降。

类似以上对一阶 RC 电路传输函数的分析，在工程分析中可以采用波特图的近似描绘方法，即采用渐近线描绘方法近似分析频率特性，具体如下。

1. 一阶零点

一阶零点的渐近线描绘如图 4-6 所示。

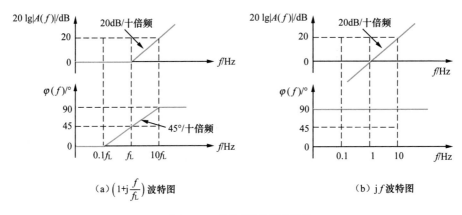

（a）$\left(1+\mathrm{j}\dfrac{f}{f_\mathrm{L}}\right)$ 波特图　　　　　（b）$\mathrm{j}f$ 波特图

图 4-6　一阶零点的渐近线描绘

对于 $\left(1+\mathrm{j}\dfrac{f}{f_\mathrm{L}}\right)$ 形式的一阶零点来说，其幅频特性与相频特性如表 4-1 所示。

表 4-1　$\left(1+\mathrm{j}\dfrac{f}{f_\mathrm{L}}\right)$ 形式的一阶零点的幅频特性与相频特性

条件	特性	
	幅频特性	相频特性
$f \ll f_\mathrm{L}$ 时	$20\lg\left|1+\mathrm{j}\dfrac{f}{f_\mathrm{L}}\right| \approx 20\lg 1 = 0$	$0°$
$f = f_\mathrm{L}$ 时	$20\lg\left|1+\mathrm{j}\dfrac{f}{f_\mathrm{L}}\right| = 20\lg\sqrt{2} = 3\mathrm{dB}$	$-45°$
$f \gg f_\mathrm{L}$ 时	$20\lg\left|1+\mathrm{j}\dfrac{f}{f_\mathrm{L}}\right| \approx 20\lg\dfrac{f}{f_\mathrm{L}}$	$-90°$

对于 $\mathrm{j}f$ 形式的一阶零点来说，其幅频特性为 $20\lg|\mathrm{j}f|$，表现为一条通过 $f = 1$、斜率为 20dB/ 十倍频的直线；相频特性表现为 $\varphi = 90°$ 。

2. 一阶极点

一阶极点的渐近线描绘如图 4-7 所示。

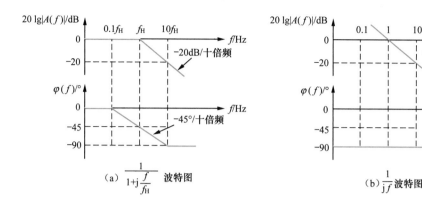

图 4-7 一阶极点的渐近线描绘

对于 $\dfrac{1}{1+\text{j}\dfrac{f}{f_{\text{H}}}}$ 形式的一阶极点来说，其幅频特性与相频特性如表 4-2 所示。

表 4-2 $\left(\dfrac{1}{1+\text{j}\dfrac{f}{f_{\text{H}}}}\right)$ 形式的一阶极点的幅频特性与相频特性

条件	特性	
	幅频特性	相频特性
$f \ll f_{\text{H}}$ 时	$-20\lg\left\|1+\text{j}\dfrac{f}{f_{\text{H}}}\right\| \approx 20\lg 1 = 0$	$0°$
$f = f_{\text{H}}$ 时	$-20\lg\left\|1+\text{j}\dfrac{f}{f_{\text{H}}}\right\| = -20\lg\sqrt{2} = -3\text{dB}$	$-45°$
$f \gg f_{\text{H}}$ 时	$20\lg\left\|1+\text{j}\dfrac{f}{f_{\text{H}}}\right\| \approx -20\lg\dfrac{f}{f_{\text{H}}}$	$-90°$

对于 $\dfrac{1}{\text{j}f}$ 形式的一阶极点来说，其幅频特性为 $-20\lg|\text{j}f|$，表现为一条通过 $f = 1$、斜率为 $-20\text{dB}/$ 十倍频的直线；相频特性表现为 $\varphi = -90°$。

根据一阶零点和一阶极点的渐近线分析，绘制传输函数的波特图的一般步骤如下：
① 将传输函数整理为一阶零点和一阶极点的标准表达式，找出常数项；
② 画出各个零、极点的幅频、相频渐近线；
③ 合成波形，完成传输函数波特图的绘制。

例 4-1 已知某放大电路的传输函数为

$$A(\text{j}\omega) = \frac{2\times10^{6}\,\text{j}\omega(\text{j}\omega+10)}{(\text{j}\omega+20)(\text{j}\omega+100)(\text{j}\omega+10^{4})}$$

请画出该电路的传输函数波特图，给出下限截止频率 f_{L}、上限截止频率 f_{H} 和通频带 BW。

解 列出题目中传输函数的标准表达式

$$A(j\omega) = \frac{j\omega\left(1 + j\dfrac{\omega}{10}\right)}{\left(1 + j\dfrac{\omega}{20}\right)\left(1 + j\dfrac{\omega}{100}\right)\left(1 + j\dfrac{\omega}{10^4}\right)}$$

其中常数项 $A = 1$，即 $20\lg|A| = 0\,\text{dB}$；以 0 dB 为起点，存在两个零点 $\omega = 0$ 和 $\omega = 10$，三个极点 $\omega = 20$、$\omega = 100$ 和 $\omega = 10^4$；分别画出各个零、极点的渐近线，最后合成波形，如图 4-8 所示。

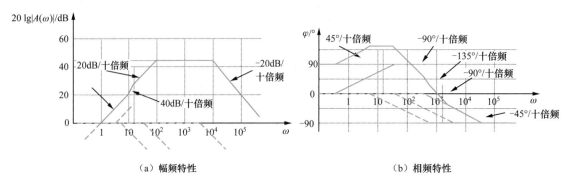

（a）幅频特性　　　　　　　　　　　　　　（b）相频特性

图 4-8　例 4-1 的频率特性波特图

由图 4-8 可知，下限截止频率 $f_L = \dfrac{\omega_L}{2\pi} = \dfrac{100}{2\pi} \approx 16\,\text{Hz}$，上限截止频率 $f_H = \dfrac{10\text{k}}{2\pi} \approx 1.6\,\text{kHz}$，通频带 $BW = f_H - f_L \approx 1.6\,\text{kHz}$。

针对该题目的传输函数，使用 MATLAB 软件绘制的波特图如图 4-9 所示，可见 MATLAB 软件绘制的波特图与图 4-8 渐近线描绘的结果基本一致。

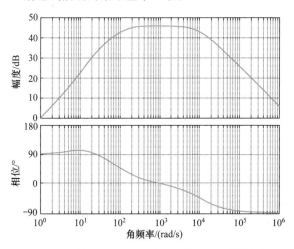

图 4-9　使用 MATLAB 软件绘制的例 4-1 的波特图

4.3 三极管放大电路的频率响应分析

本节主要分析三极管放大电路的频率特性，从三极管的物理结构出发，考虑发射结和集电结结电容的影响，将三极管的高频小信号模型——混合 π 模型用于放大电路增益的频率特性分析。

4.3.1　三极管的高频小信号模型

1. 高频小信号模型

晶体三极管的物理模型如图 4-10（a）所示。图中 b′、e′ 和 c′ 分别为基区、发射区和集电区内的等效集中点，$r_{\text{bb}'}$ 表示基区体电阻，$r_{\text{b}'\text{e}'}$ 和 $C_{\text{b}'\text{e}'}$ 分别表示更小发射结电阻和结电容，$r_{\text{b}'\text{c}'}$ 和 $C_{\text{b}'\text{c}'}$ 分别表示等效集电结电阻和结电容，r_e 和 r_c 分别表示发射区和集电区的体电阻（一般较小，可以忽略，因此 e′ 与 e 等价，c′ 与 c 等价）。

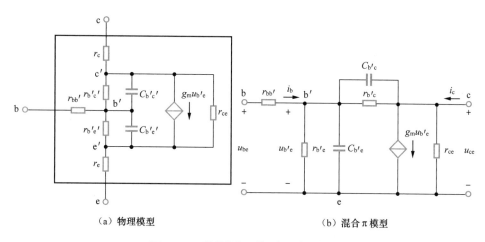

（a）物理模型　　　　　　　　（b）混合 π 模型

图 4-10　三极管的物理模型与混合 π 模型

图 4-10（b）给出了物理模型对应的混合 π 模型。其中 r_{ce} 即三极管的输出电阻（等价于 h 参数等效模型中的 $\dfrac{1}{h_{\text{oe}}}$），该电阻很大，一般可以忽略。由于集电结反偏，等效集电结电阻 $r_{\text{b}'\text{c}}$ 也远大于 $C_{\text{b}'\text{c}}$ 的容抗模值，通常也可忽略。因此图 4-10（b）可进一步简化，得到图 4-11 所示的混合 π 简化模型。

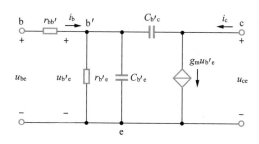

图 4-11　三极管的混合 π 简化模型

由于结电容的存在，基极电流 i_b 和集电极电流 i_c 的大小和相位关系均与输入信号频率相关，因此对应的电流放大系数 $\beta = i_\text{c}/i_\text{b}$ 也是输入信号频率的函数，用 $\beta(\omega)$ 或 $\beta(f)$ 表示。为此混合 π 模型中引入新的变量 g_m，该变量描述了发射结电压 $u_{\text{b}'\text{e}}$ 对控制电流 i_c 的控制能力，即

$$g_\text{m} = \left. \frac{i_\text{c}}{u_{\text{b}'\text{e}}} \right|_{U_{\text{CE}}}$$

。经分析可知，g_m 与信号频率几乎无关。

当输入中低频信号时，图 4-11 中的结电容可视为开路，如图 4-12（a）所示，进而与图 4-12（b）所示的 h 参数等效模型等价，即 $r_{be} = r_{bb'} + r_{b'e}$，$u_{b'e} = i_b r_{b'e}$，$r_{b'e} = (1 + h_{fe})r_e$，$r_e = \dfrac{U_T}{I_{EQ}}$，$g_m u_{b'e} = h_{fe} i_b$，于是存在如下公式：

$$g_m = \frac{h_{fe}}{r_{b'e}} = \frac{h_{fe}}{(1 + h_{fe})r_e} \approx \frac{1}{r_e} = \frac{I_{EQ}}{U_T} \tag{4-17}$$

其中 $h_{fe} = \beta_0 = g_m r_{b'e}$，表示输入低频小信号时三极管的共射电流放大系数。

由此可知，g_m 与输入信号的频率几乎无关，而与静态工作点 Q 有关。

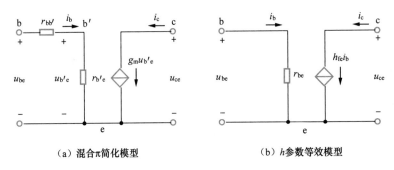

（a）混合π简化模型　　　　　　　　　　（b）h 参数等效模型

图 4-12　输入中低频信号时三极管的两种模型比较

2. 电流放大系数的频率响应

根据混合 π 简化模型可知，由于 b′、e 之间存在结电容 $C_{b'e}$，电压 $u_{b'e}$ 的大小与输入交流基极电流 i_b 的频率有关，从而影响集电极电流 i_c，因此三极管电流的放大系数是输入信号频率的函数。根据三极管共射电流放大系数的定义可得

$$\beta = \left. \frac{i_c}{i_b} \right|_{U_{CE}} \tag{4-18}$$

式（4-18）中的下标 U_{CE} 为常数，说明此时在集电极与发射极间没有动态电压，即 $u_{ce} = \Delta U_{CE} = 0$，此时图 4-11 可整理为图 4-13 所示的形式。

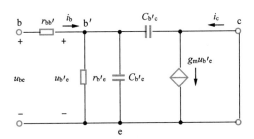

图 4-13　三极管共射电流放大系数 β 的分析原理图

此时基极电流 i_b 为

$$i_b(\omega) = \left[\frac{1}{r_{b'e}} + j\omega(C_{b'e} + C_{b'c}) \right] u_{b'e} \tag{4-19}$$

集电极短路电流 i_c 为

$$i_c(\omega) = (g_m - j\omega C_{b'c})u_{b'e} \qquad (4\text{-}20)$$

将式（4-19）和式（4-20）代入式（4-18），则三极管共射电流放大系数可表示为

$$\beta(\omega) = \frac{g_m - j\omega C_{b'c}}{\dfrac{1}{r_{b'e}} + j\omega\left(C_{b'e} + C_{b'c}\right)} \qquad (4\text{-}21)$$

通常 $g_m \gg \omega C_{b'c}$，因此式（4-21）可进一步近似为

$$\beta(\omega) \approx \frac{\beta_0}{1 + j\omega\left(C_{b'e} + C_{b'c}\right)r_{b'e}} \qquad (4\text{-}22)$$

由式（4-17）可得

$$\beta(f) = \frac{\beta_0}{1 + j\dfrac{f}{f_\beta}} \qquad (4\text{-}23)$$

其中 $f_\beta = \dfrac{1}{2\pi r_{b'e}\left(C_{b'e} + C_{b'c}\right)}$，称为共射截止频率，表示 $|\beta(f)|$ 下降到 $0.707\beta_0$ 时的信号频率。

式（4-23）对应的对数幅频特性和相频特性分别为

$$20\lg\left|\beta\left(f\right)\right| = 20\lg\beta_0 - 20\lg\sqrt{1 + \left(\frac{f}{f_\beta}\right)^2} \qquad (4\text{-}24)$$

$$\varphi = -\arctan\frac{f}{f_\beta} \qquad (4\text{-}25)$$

式（4-23）的波特图渐近线描绘如图 4-14 所示。

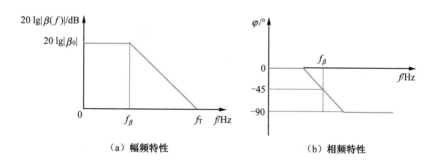

（a）幅频特性　　　　　　　　　（b）相频特性

图 4-14　三极管共射电流放大系数 β 的波特图

图中 f_T 为特征频率，表示 $|\beta(f)| = 1(0\text{ dB})$ 时对应的信号频率，它与三极管的制造工艺有关，一般会在器件手册中给出。f_T 越高，三极管的高频性能也就越好。根据定义

$$20\lg\beta_0 - 20\lg\sqrt{1 + \left(\frac{f_T}{f_\beta}\right)^2} = 0$$

有

$$f_\mathrm{T} \approx \beta_0 f_\beta \tag{4-26}$$

同样，利用式（4-23）可得到共基电流放大系数与输入信号频率之间的关系，即

$$\alpha(f) = \frac{\beta(f)}{1 + \beta(f)} = \frac{\dfrac{\beta_0}{1 + \mathrm{j}f/f_\beta}}{1 + \dfrac{\beta_0}{1 + \mathrm{j}f/f_\beta}} = \frac{\beta_0}{1 + \beta_0 + \mathrm{j}f/f_\beta} = \frac{\dfrac{\beta_0}{1 + \beta_0}}{1 + \mathrm{j}\dfrac{f}{(1 + \beta_0)f_\beta}} = \frac{\alpha_0}{1 + \mathrm{j}\dfrac{f}{f_\alpha}} \tag{4-27}$$

其中 $\alpha_0 = \dfrac{\beta_0}{1 + \beta_0}$，为输入低频小信号时三极管的共基电流放大系数；$f_\alpha = (1 + \beta_0)f_\beta$，称为共基截止频率。

由于 $f_\alpha \gg f_\beta$，因此共基放大电路一般应用于宽频放大电路。

4.3.2　混合 π 模型的单向化——密勒定理

根据第 2、3 章的分析可知，三极管基本放大电路具有单向放大特征。图 4-11 所示的混合 π 简化模型中存在跨接在输入与输出之间的电容 $C_{\mathrm{b'c}}$。为了便于工程分析，需要将该电容分别等效到输入回路和输出回路中，从而简化分析过程。利用密勒定理（Miller's theorem）可实现 π 模型的单向化。

密勒定理：假设在图 4-15（a）所示的双端口网络线性电路中，节点 0 为参考点，节点 1 和节点 2 之间存在一阻抗 Z。若节点 2 与节点 1 之间的电位比值为 $K = U_2/U_1$，则该线性电路可以等效为图 4-15（b）所示电路，其中 $Z_1 = \dfrac{1}{1-K}Z$，$Z_2 = \dfrac{K}{1-K}Z$。

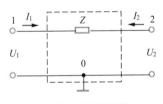
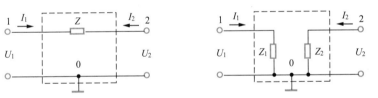

混合π模型的单向化——密勒定理

（a）双端口网络线性电路　　　　　（b）密勒等效电路

图 4-15　密勒定理示意图

证明

① 对于 Z_1 来说，由图 4-15（a）可得 $I_1 = \dfrac{U_1 - U_2}{Z} = \dfrac{U_1(1 - U_2/U_1)}{Z} = \dfrac{U_1}{Z/(1-K)}$，由图 4-15（b）

可得 $I_1 = \dfrac{U_1}{Z_1}$，即 $\dfrac{U_1}{Z_1} = \dfrac{U_1}{Z/(1-K)}$，因此 $Z_1 = \dfrac{1}{1-K}Z$。

② 对于 Z_2 来说，由图 4-15（a）可得 $I_2 = \dfrac{U_2 - U_1}{Z} = \dfrac{U_2(1 - U_1/U_2)}{Z} = \dfrac{U_2}{KZ}$，由图 4-15（b）

可得 $I_2 = \dfrac{U_2}{Z_2}$，即 $\dfrac{U_2}{Z_2} = \dfrac{U_2(K-1)}{KZ}$，因此 $Z_2 = \dfrac{K}{K-1}Z$。

若 Z 为容抗，即 $Z = \dfrac{1}{\mathrm{j}\omega C}$，根据密勒定理可知，$C_1 = (1 - K)C$，$C_2 = \dfrac{K-1}{K}C$。因此可将

图 4-11 所示的混合 π 简化模型单向化，得到图 4-16。

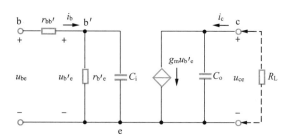

图 4-16　三极管的混合 π 单向化模型

实际情况下 C_o 非常小，为简化分析，忽略图 4-16 中 C_o 影响，$K = \dfrac{u_{ce}}{u_{b'e}} = \dfrac{-g_m u_{b'e} R_L}{u_{b'e}} = -g_m R_L$，

因此输入电容 $C_i = C_{b'e} + (1 + g_m R_L) C_{b'c}$，输出电容 $C_o = \dfrac{-g_m R_L - 1}{-g_m R_L} C_{b'c} \approx C_{b'c}$。需要注意的是：在共

射组态情况下，$C_{b'c}$ 等效到输入端的电容放大了 $(1 + g_m R_L)$ 倍，因此，输入电容对于共射电路放大高频小信号的影响不能忽略，这种现象称为共射放大电路的密勒倍增效应；$C_{b'c}$ 等效到输出端的值近似为 $C_{b'c}$。

4.3.3　单管共射放大电路的频率响应

下面针对图 4-17（a）所示的单管共射放大电路，分析其全频段频率特性。考虑三极管结电容、电路中耦合电容的影响，该电路的交流小信号等效电路如图 4-17（b）所示。

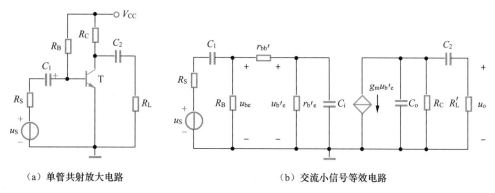

（a）单管共射放大电路　　　　　　　（b）交流小信号等效电路

图 4-17　单管共射放大电路及其交流小信号等效电路

为了分析方便，下面根据输入小信号的频率范围分别从中频、高频、低频三个角度分析图 4-17（b）所示的交流小信号等效电路。

1. 中频段分析

输入中频小信号 u_S 时，电路耦合电容 C_1 和 C_2 很大，其容抗很小，可将其视为短路；而三极管内的结电容 C_i 和 C_o 较小，导致其容抗很大（即 $\dfrac{1}{\omega C_i} \gg r_{b'e}$，

$\dfrac{1}{\omega C_o} \gg R_C \mathbin{/\mkern-4mu/} R_L$），可将其视为开路。因此，图 4-17（b）退化成 h 参数等效模型，考虑信号源

单管共射放大
电路的频率响应

内阻时的中频电压增益为

$$A_{us} = \frac{u_o}{u_S} = \frac{u_{be}}{u_S} \cdot \frac{u_{b'e}}{u_{be}} \cdot \frac{u_o}{u_{b'e}} = \frac{R_B \mathbin{/\!/} (r_{bb'} + r_{b'e})}{R_S + \left[R_B \mathbin{/\!/} (r_{bb'} + r_{b'e}) \right]} \frac{r_{b'e}}{r_{bb'} + r_{b'e}} (-g_m R_L') \qquad (4\text{-}28)$$

其中 $R_L' = R_C \mathbin{/\!/} R_L$。

2. 高频段分析

输入高频小信号 u_S 时，电路的耦合电容相当于短路，但需要考虑三极管内的结电容影响，因此利用图 4-16 的混合 π 模型分析图 4-17（b）的高频响应，其高频小信号等效电路如图 4-18（a）所示。

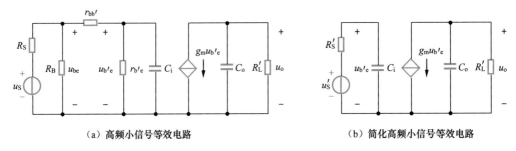

（a）高频小信号等效电路　　　　　　　　（b）简化高频小信号等效电路

图 4-18　单管共射放大电路的高频小信号等效电路

为了便于分析计算，使用戴维南定理进一步简化图 4-18（a），结果如图 4-18（b）所示。图中各等效元件的参数如下：

等效电源电压

$$u_S' = \frac{R_B \mathbin{/\!/} (r_{bb'} + r_{b'e})}{R_S + \left[R_B \mathbin{/\!/} (r_{bb'} + r_{b'e}) \right]} \cdot \frac{r_{b'e}}{r_{bb'} + r_{b'e}} u_S \qquad (4\text{-}29)$$

等效电源电阻

$$R_S' = (R_S \mathbin{/\!/} R_B + r_{bb'}) \mathbin{/\!/} r_{b'e} \qquad (4\text{-}30)$$

等效输入电容

$$C_i = C_{b'e} + (1 + g_m R_L') C_{b'c} \qquad (4\text{-}31)$$

等效输出电容

$$C_o = \frac{1 + g_m R_L'}{g_m R_L'} C_{b'c} \qquad (4\text{-}32)$$

等效负载电阻

$$R_L' = R_C \mathbin{/\!/} R_L \qquad (4\text{-}33)$$

由此可进一步求得三极管输入电压 $u_{b'e}$ 和输出电压 u_o，即

$$u_{b'e}(j\omega) = \frac{1 / j\omega C_i}{R_S' + 1 / j\omega C_i} u_S' = \frac{u_S'}{1 + j\omega R_S' C_i} \qquad (4\text{-}34)$$

$$u_o(j\omega) = -g_m u_{b'e} \cdot \left(R_L' \mathbin{/\!/} \frac{1}{j\omega C_o} \right) = -\frac{g_m u_{b'e} R_L'}{1 + j\omega R_L' C_o} \qquad (4\text{-}35)$$

因此图 4-18（b）所示的简化高频小信号等效电路的电压增益函数为

$$A_{us'}(j\omega) = \frac{u_o}{u_S'} = -\frac{g_m R_L'}{(1 + j\omega R_S' C_i)(1 + j\omega R_L' C_o)} \qquad (4\text{-}36)$$

其中中频电压比值 $A_{us'} = \dfrac{u_o}{u_{b'e}} = -g_m R_L'$。

进一步代入式（4-29），可以得到图 4-18（a）所示的单管共射放大电路交流通路的高频增益函数为

$$A_{us}(j\omega) = \frac{u_o}{u_S} = \frac{u_o}{u_S'}\frac{u_S'}{u_S} = \frac{A_{us}}{(1 + j\omega R_S' C_i)(1 + j\omega R_L' C_o)} \qquad (4\text{-}37)$$

其中 A_{us} 的表达式如式（4-28）所示，表示考虑信号源内阻时的中频电压增益。

注意：高频段增益 $A_{us}(j\omega)$ 存在两个极点，分别对应于输入回路时间常数 $\tau_i = R_S' C_i$ 和输出回路时间常数 $\tau_o = R_L' C_o$，两个极点的频率分别为

$$\omega_{H1} = \frac{1}{\tau_i} = \frac{1}{R_S' C_i} \;\left(\text{或} f_{H1} = \frac{1}{2\pi R_S' C_i}\right) \qquad (4\text{-}38)$$

$$\omega_{H2} = \frac{1}{\tau_o} = \frac{1}{R_L' C_o} \;\left(\text{或} f_{H2} = \frac{1}{2\pi R_L' C_o}\right) \qquad (4\text{-}39)$$

根据这两个极点可以求出高频截频。求解方法有两种，分别为图解近似法和解析法。

（1）图解近似法

图解近似法首先需要对增益函数式（4-37）做幅频特性波特图渐近线，如图 4-19 所示。幅频特性曲线中增益 $|A_{us}|$ 下降 3 dB 的频率点即为高频截频（上限截止频率）。由于单管共射放大电路输入端的等效输入电容 C_i 很大，通常情况下 $\omega_{H1} <$ ω_{H2}（或 $f_{H1} < f_{H2}$），因此高频截频 $\omega_H = \omega_{H1} = \dfrac{1}{R_S' C_i}$（或 $f_H = f_{H1} = \dfrac{1}{2\pi R_S' C_i}$）。

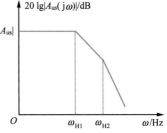

图 4-19　增益函数式（4-37）的幅频特性波特图渐近线

（2）解析法

根据高频截频定义，当 $\omega = \omega_H$ 时，电路的增益 $|A_{us}(j\omega)| = \dfrac{|A_{us}|}{\sqrt{2}}$，即

$$\left|\left(1 + j\frac{\omega_H}{\omega_{H1}}\right)\left(1 + j\frac{\omega_H}{\omega_{H2}}\right)\right| = \sqrt{\left[1 + \left(\frac{\omega_H}{\omega_{H1}}\right)^2\right]\left[1 + \left(\frac{\omega_H}{\omega_{H2}}\right)^2\right]} = \sqrt{2} \qquad (4\text{-}40)$$

显然，$\omega_H < \omega_{H1} < \omega_{H2}$，若 $\left(\dfrac{\omega_H}{\omega_{H1}}\right)^2 \left(\dfrac{\omega_H}{\omega_{H2}}\right)^2 \ll \left(\dfrac{\omega_H}{\omega_{H2}}\right)^2$，整理式（4-40）可求得高频截频的近似解为

$$\omega_H = \frac{1}{\sqrt{\dfrac{1}{\omega_{H1}^2} + \dfrac{1}{\omega_{H2}^2}}} \qquad (4\text{-}41)$$

根据式（4-41），若某电路存在 n 个高频极点，则该电路的高频截频为

$$\omega_H = \cfrac{1}{\sqrt{\cfrac{1}{\omega_{H1}^2} + \cfrac{1}{\omega_{H2}^2} + \cdots + \cfrac{1}{\omega_{Hn}^2}}} \qquad （4\text{-}42）$$

3. 低频段分析

在输入信号为低频电压信号时，需要考虑耦合电容 C_1 和 C_2 的影响，图 4-17（a）的低频小信号等效电路如图 4-20 所示。

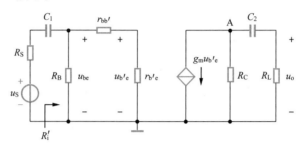

图 4-20　单管共射放大电路的低频小信号等效电路

图中 $R_i' = R_B /\!/ (r_{bb'} + r_{b'e})$，则输入回路存在以下关系

$$\frac{u_{b'e}}{u_S} = \frac{u_{be}}{u_S} \cdot \frac{u_{b'e}}{u_{be}} = \frac{R_i'}{R_S + \cfrac{1}{j\omega C_1} + R_i'} \cdot \frac{r_{b'e}}{r_{bb'} + r_{b'e}} \qquad （4\text{-}43）$$

假设图中 A 点电位为 u_A，则输出回路存在以下关系

$$u_A = \frac{R_L + \cfrac{1}{j\omega C_2}}{R_L} u_o = -g_m u_{b'e} \cdot \left[R_C /\!/ \left(R_L + \frac{1}{j\omega C_2} \right) \right]$$

即

$$\frac{u_o}{u_{b'e}} = \frac{-g_m \left[R_C /\!/ \left(R_L + \cfrac{1}{j\omega C_2} \right) \right]}{1 + \cfrac{1}{j\omega R_L C_2}} \qquad （4\text{-}44）$$

根据式（4-43）和式（4-44）可得单管共射放大电路的低频电压增益为

$$A_{us}(j\omega) = \frac{u_o}{u_S} = \frac{u_o}{u_{b'e}} \cdot \frac{u_{b'e}}{u_S} = \frac{-g_m \left[R_C /\!/ \left(R_L + \cfrac{1}{j\omega C_2} \right) \right]}{1 + \cfrac{1}{j\omega R_L C_2}} \cdot \frac{R_i'}{R_S + \cfrac{1}{j\omega C_1} + R_i'} \cdot \frac{r_{b'e}}{r_{bb'} + r_{b'e}} \qquad （4\text{-}45）$$

整理得到

$$A_{us}(j\omega) = -\frac{g_m R_C r_{b'e}}{r_{bb'} + r_{b'e}} \cdot \frac{j\omega R_i' C_1}{1 + j\omega(R_S + R_i')C_1} \cdot \frac{j\omega R_L C_2}{1 + j\omega(R_C + R_L)C_2} \qquad （4\text{-}46）$$

由式（4-46）可得出如下结论。

① 低频电压增益函数 $A_{us}(j\omega)$ 存在 $(j\omega)^2$ 形式的 2 阶零点和两个极点，两个极点的频率分别为

$$\omega_{L1} = \frac{1}{(R_S + R_i')C_1} \quad (\text{或} f_{L1} = \frac{1}{2\pi(R_S + R_i')C_1}) \tag{4-47}$$

$$\omega_{L2} = \frac{1}{(R_C + R_L)C_2} \quad (\text{或} f_{L2} = \frac{1}{2\pi(R_C + R_L)C_2}) \tag{4-48}$$

通常 $\omega_{L2} < \omega_{L1}$，因此低频截频为 $\omega_L = \omega_{L1} = \frac{1}{(R_S + R_i')C_1}$（或 $f_L = f_{L1} = \frac{1}{2\pi(R_S + R_i')C_1}$）。

② 在 ω 趋向于无穷大时，零点和极点的贡献相互抵消，低频电压增益函数 $A_{us}(j\omega)$ 的幅值趋于中频电压增益。

③ 放大电路空载（$R_L \to +\infty$）时，低频电压增益函数 $A_{us}(j\omega)$ 只有 1 对零极点，极点由输入回路决定。

4.3.4　单管共集、共基放大电路的高频响应

4.3.3 小节给出了共射放大电路的频率响应分析结果，而共集和共基放大电路的频率特性与共射放大电路有区别。本小节同样使用混合 π 模型分析这两种放大电路的频率特性。

单管共集、共基放大电路的高频响应

1. 共集放大电路的高频响应分析

单管共集放大电路及其高频等效电路如图 4-21 所示。

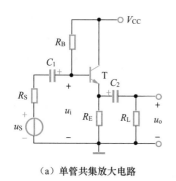

（a）单管共集放大电路　　　　　（b）高频等效电路

图 4-21　单管共集放大电路及其高频等效电路

定性分析，共集放大电路中的结电容 $C_{b'c}$ 直接接在三极管的输入端，不存在密勒效应；而 $C_{b'e}$ 是跨接在输入端与输出端之间的电容，虽然 $C_{b'e}$ 存在密勒效应，但由于共集放大电路的增益小于且近似等于 1，在输入和输出端的等效电容不倍增，因此共集放大电路的高频特性较好。

定量分析，可使用密勒定理进一步化简图 4-21（b）所示电路，结果如图 4-22 所示。假设共集放大电路的电压增益为 A_u，则图中等效输入电容 $C_i = C_{b'c} + (1 - A_u)C_{b'e}$，等效输入电阻 $r_i = \frac{1}{1 - A_u}r_{b'e}$，等效输出电容 $C_o = \left|\frac{A_u - 1}{A_u}\right|C_{b'e}$，等效负载电阻 $R_L' = R_E // R_L // r_o = R_E // R_L // \left(\frac{A_u}{A_u - 1}r_{b'e}\right)$。

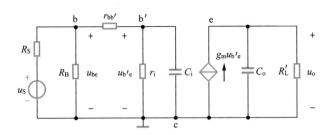

图 4-22　单管共集放大电路的密勒等效电路

由图 4-22 可知

$$A_u'\left(\mathrm{j}\omega\right)=\frac{u_o}{u_{b'e}}=\frac{g_m R_L'}{1+\mathrm{j}\omega R_L' C_o}$$

则

$$A_u\left(\mathrm{j}\omega\right)=\frac{u_o}{u_{be}}=\frac{u_o}{u_{b'e}}\cdot\frac{u_{b'e}}{u_{be}}=\frac{g_m R_L'}{1+\mathrm{j}\omega R_L' C_o}\cdot\frac{r_i/\left(r_i+r_{bb'}\right)}{1+\mathrm{j}\omega\left(r_i/\!/r_{bb'}\right)C_i} \tag{4-49}$$

注意：高频段增益 $A_u(\mathrm{j}\omega)$ 存在两个极点，分别对应于输入回路时间常数 $\tau_i=(r_i/\!/r_{bb'})C_i$ 和输出回路时间常数 $\tau_o=R_L' C_o$。两个极点的频率分别为

$$\omega_{H1}=\frac{1}{\tau_i}=\frac{1}{\left(r_i/\!/r_{bb'}\right)C_i}\ (\text{或}f_{H1}=\frac{1}{2\pi\left(r_i/\!/r_{bb'}\right)C_i}) \tag{4-50}$$

$$\omega_{H2}=\frac{1}{\tau_o}=\frac{1}{R_L' C_o}\ (\text{或}f_{H2}=\frac{1}{2\pi R_L' C_o}) \tag{4-51}$$

式（4-50）与式（4-51）中，ω_{H1} 和 ω_{H2} 的大小分别取决于输入回路的时间常数和输出回路的时间常数。由于 C_i、C_o、$r_i/\!/r_{bb'}$、R_L' 均较小，因此共集放大电路的通频带比共射放大电路的宽。

2. 共基放大电路的高频响应分析

单管共基放大电路如图 4-23（a）所示。由于三极管的 $r_{bb'}$ 很小，工程中可忽略 $r_{bb'}$ 的影响，因此共基放大电路的高频等效电路如图 4-23（b）所示，$C_{b'e}$ 和 $C_{b'c}$ 分别只作用于电路输入端和输出端，三极管结电容不存在密勒效应。

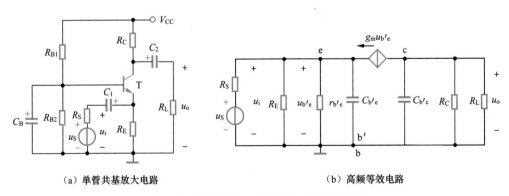

（a）单管共基放大电路　　　　　　　　　　（b）高频等效电路

图 4-23　单管共基放大电路及其高频等效电路

由图 4-23（b）可知

$$A_{u}\left(j\omega\right)=\frac{u_{o}}{u_{i}}\approx\frac{u_{o}}{u_{b'e}}=-g_{m}\left(R'_{L}\;//\;\frac{1}{j\omega C_{b'c}}\right)=-\frac{g_{m}R'_{L}}{1+j\omega R'_{L}C_{b'c}}$$

其中 $R'_{L}=R_{L}\,//\,R_{C}$。

若考虑到信号源内阻 R_{S} 对电压增益的影响，则有

$$A_{us}\left(j\omega\right)=\frac{u_{o}}{u_{S}}=\frac{u_{o}}{u_{i}}\frac{u_{i}}{u_{S}}=\frac{g_{m}R'_{L}}{1+j\omega R'_{L}C_{b'c}}\cdot\frac{1}{1+g_{m}R'_{S}+j\omega R'_{S}C_{b'e}} \tag{4-52}$$

其中 $R'_{S}=R_{S}\,//\,R_{E}\,//\,r_{b'e}$。

注意：频段增益 $A_{us}(j\omega)$ 存在两个极点，分别对应于输入回路时间常数 $\tau_{i}=R'_{S}C_{b'e}$ 和输出回路时间常数 $\tau_{o}=R'_{L}C_{b'c}$。两个极点的频率分别为

$$\omega_{H1}=\frac{1+g_{m}R'_{S}}{R'_{S}C_{b'e}}\;\left(\text{或}\;f_{H1}=\frac{1+g_{m}R'_{S}}{2\pi R'_{S}C_{b'e}}\right) \tag{4-53}$$

$$\omega_{H2}=\frac{1}{R'_{L}C_{b'c}}\;\left(\text{或}\;f_{H2}=\frac{1}{2\pi R'_{L}C_{b'c}}\right) \tag{4-54}$$

对于纯电阻负载来说，由于 $C_{b'e}$、$C_{b'c}$、R'_{S}、R'_{L} 均很小，因此输入端和输出端的时间常数 τ_{i} 和 τ_{o} 也很小，共基放大电路的上限截止频率远远高于共射放大电路。但如果共基放大电路驱动容性负载（即输出电容 $C_{L}\neq0$）时，负载电容 C_{L} 与 $C_{b'c}$ 并联，则 ω_{H2} 改写为

$$\omega_{H2}=\frac{1}{R'_{L}\left(C_{b'c}+C_{L}\right)}\;\left(\text{或}\;f_{H2}=\frac{1}{2\pi R'_{L}\left(C_{b'c}+C_{L}\right)}\right) \tag{4-55}$$

此时 ω_{H2} 将减小许多，但依然能够满足一定的通频带需求。

4.4 场效应管放大电路的频率响应分析

类似于三极管放大电路，场效应管放大电路的频率响应分析也需要使用其高频小信号模型讨论 PN 结电容对放大电路频率特性的影响。

4.4.1 场效应管的高频模型

3.3.2 小节已经给出了场效应管的高频小信号等效电路。以 MOS 场效应管为例，4 个电极之间共存在 4 个结电容，即栅源电容 C_{gs}、栅漏电容 C_{gd}、源衬电容 C_{sb} 和漏衬电容 C_{db}。在分立元件电路中，MOS 管的源极和衬底极经常连在一起，因此 C_{sb} 被短路，C_{db} 变为漏源电容 C_{ds}，即高频小信号通用模型如图 4-24（a）所示。各个结电容的容量与器件的尺寸和工艺相关，集成电路的结电容很小，大约在几皮法，而分立小功率管的结电容在几十皮法。根据各个结电容对频率特性的不同影响，工程上通常忽略漏源电容 C_{ds}，得到高频小信号简化模型，如图 4-24（b）所示。

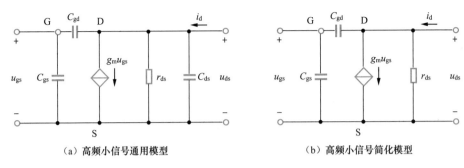

（a）高频小信号通用模型　　　　　　　（b）高频小信号简化模型

图 4-24　MOS 场效应管高频小信号模型

4.4.2　单管共源放大电路的高频响应

对图 4-25（a）所示单管共源放大电路使用场效应管高频小信号简化模型，得到相应的高频小信号等效电路，如图 4-17（b）所示。

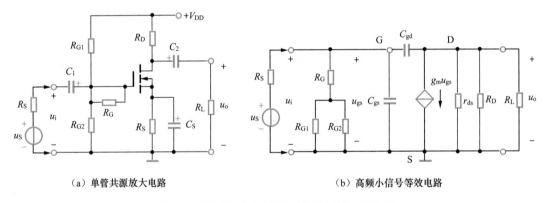

（a）单管共源放大电路　　　　　　　　（b）高频小信号等效电路

图 4-25　单管共源放大电路及其高频小信号等效电路

为了便于分析计算，使用密勒定理进一步简化图 4-25（b），得到图 4-26 所示的简化等效电路。

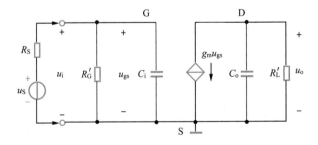

图 4-26　单管共源放大电路的简化高频小信号等效电路

图中各等效元件的参数如下：

等效输入电容

$$C_i = C_{gs} + (1 + g_m R_L')C_{gd} \tag{4-56}$$

等效输出电容

$$C_{o} = \frac{1 + g_{m}R_{L}'}{g_{m}R_{L}'}C_{gd} \tag{4-57}$$

等效输入电阻

$$R_{i}' = R_{G}' = R_{G1} /\!/ R_{G2} + R_{G} \tag{4-58}$$

等效负载电阻

$$R_{L}' = r_{ds} /\!/ R_{D} /\!/ R_{L} \tag{4-59}$$

因此图 4-25（a）所示的共源放大电路的源电压增益函数为

$$A_{us}(j\omega) = \frac{u_{o}}{u_{S}} = \frac{u_{i}}{u_{S}}\frac{u_{o}}{u_{i}} = \frac{R_{G}'}{R_{S} + R_{G}'}\cdot\frac{1}{1 + j\omega(R_{S} /\!/ R_{G}')C_{i}}\cdot\frac{A_{u}}{1 + j\omega R_{L}'C_{o}} \tag{4-60}$$

其中 $A_{u} = -g_{m}R_{L}'$，为共源放大电路的中频电压增益。

注意：高频段增益函数 $A_{us}(j\omega)$ 存在两个极点，分别对应于输入回路时间常数 $\tau_{i} = (R_{S} /\!/ R_{G}')C_{i}$ 和输出回路时间常数 $\tau_{o} = R_{L}'C_{o}$。两个极点的频率分别为

$$\omega_{H1} = \frac{1}{\tau_{i}} = \frac{1}{(R_{S} /\!/ R_{G}')C_{i}} \quad (\text{或} f_{H1} = \frac{1}{2\pi(R_{S} /\!/ R_{G}')C_{i}}) \tag{4-61}$$

$$\omega_{H2} = \frac{1}{\tau_{o}} = \frac{1}{R_{L}'C_{o}} \quad (\text{或} f_{H2} = \frac{1}{2\pi R_{L}'C_{o}}) \tag{4-62}$$

根据 ω_{H1} 与 ω_{H2}，可以通过解析法求得上限截止频率为

$$\omega_{H} = \frac{1}{\sqrt{\dfrac{1}{\omega_{H1}^{2}} + \dfrac{1}{\omega_{H2}^{2}}}} \tag{4-63}$$

根据高频增益函数的分析结果可得如下结论。

① 提高共源放大电路的上限截止频率 ω_{H}，需要 C_{gd} 小的场效应管。

② 漏极电阻 R_{D} 对上限截止频率 ω_{H} 和中频电压增益 A_{u} 都有影响，增大 R_{D} 会提高 A_{u}，但会增大等效负载电阻 R_{L}' 并降低 ω_{H2}，因此需要合理选择漏极电阻 R_{D}。

③ 由于等效输入电容 C_{i} 会影响共源放大电路的高频特性，因此应当选用低内阻 R_{S} 的电压源 u_{S}，从而降低输入回路的时间常数 τ_{i}，即提高 ω_{H1}。

4.5　多级放大电路的频率响应分析

3.4 节明确了多级放大电路的目的是满足电路设计中对增益、输入电阻、输出电阻的需求。由于多级放大电路中存在多个晶体管（三极管或场效应管），其高频小信号等效电路中就有多个结电容，分别对应多个高频段极点；而在阻容耦合放大电路中存在多个耦合电容或旁路电容，也分别对应了多个低频段极点。本节首先对多级放大电路的频率特性进行定性分析，然后以典型多级放大电路为例，分析其高频响应。

4.5.1　频率特性的定性分析

在多级放大电路分析中，其总增益是考虑级间负载效应之后各级增益的乘积。假设 N 级放大电路中，每级的电压增益函数为 $A_{u1}(j\omega)$，$A_{u2}(j\omega)$，$\cdots$，$A_{uN}(j\omega)$，则该多级放大电路的电压增益函数为

$$A_u(j\omega) = \prod_{n=1}^{N} A_{un}(j\omega) \tag{4-64}$$

1. 上限截止频率

若第 n 级的高频电压增益为 $A_{un}(j\omega) = \dfrac{A_{un}}{1 + j\dfrac{\omega}{\omega_{Hn}}}$，其中 A_{un} 是第 n 级的中频电压增益，ω_{Hn} 是

第 n 级的上限截止频率，则多级放大电路的高频增益函数为

$$A_{uH}(j\omega) = \prod_{n=1}^{N} \frac{A_{un}}{1 + j\dfrac{\omega}{\omega_{Hn}}} \tag{4-65}$$

其幅频特性为

$$|A_u(j\omega)| = \frac{\displaystyle\prod_{n=1}^{N} A_{un}}{\sqrt{\displaystyle\prod_{n=1}^{N}\left[1 + \left(\dfrac{\omega}{\omega_{Hn}}\right)^2\right]}} \tag{4-66}$$

经整理，该多级放大电路的上限截止频率近似为

$$\omega_H \approx \frac{1}{\sqrt{\dfrac{1}{\omega_{H1}^2} + \dfrac{1}{\omega_{H2}^2} + \cdots + \dfrac{1}{\omega_{Hn}^2}}} \tag{4-67}$$

由此可见，多级放大电路的上限截止频率 ω_H 比任何一级电路的截止频率 ω_{Hn} 都低。

2. 下限截止频率

若第 n 级的低频电压增益为 $A_{un}(j\omega) = \dfrac{A_{un}}{1 - j\dfrac{\omega_{Ln}}{\omega}}$，其中 A_{un} 是第 n 级的中频电压增益，ω_{Ln} 是

第 n 级的下限截止频率，则多级放大电路的低频增益函数为

$$A_{uL}(j\omega) = \prod_{n=1}^{N} \frac{A_{un}}{1 - j\dfrac{\omega_{Ln}}{\omega}} \tag{4-68}$$

其幅频特性为

$$|A_u(j\omega)| = \frac{\displaystyle\prod_{n=1}^{N} A_{un}}{\sqrt{\displaystyle\prod_{n=1}^{N}\left[1 + \left(\dfrac{\omega_{Ln}}{\omega}\right)^2\right]}} \tag{4-69}$$

该多级放大电路的下限截止频率近似为

$$\omega_{\mathrm{L}} \approx \sqrt{\omega_{\mathrm{L}1}^2 + \omega_{\mathrm{L}2}^2 + \cdots + \omega_{\mathrm{L}n}^2} \qquad (4\text{-}70)$$

由此可见，多级放大电路的下限截止频率 ω_{L} 比任何一级电路的 $\omega_{\mathrm{L}n}$ 都高。

综上所述，对多级放大电路频率特性进行定性分析后可得到如下结论。

① 多级放大电路虽然提高了增益，但通频带变窄了；并且级数越多，增益越高，通频带越窄。

② 各级放大电路通频带不同且相差较大时，多级放大电路的上限截止频率 ω_{H} 主要取决于高频截频最低的一级，下限截止频率 ω_{L} 主要取决于低频截频最高的一级。

4.5.2　典型多级放大电路的高频响应

1. 共集 - 共射放大电路

共集 - 共射放大电路如图 4-27（a）所示，其交流等效电路如图 4-27（b）所示。它利用共集电路的低输出电阻作为共射电路的信号源内阻，使共射电路的等效输入电阻 R'_{S} 降低，即降低了输入回路时间常数 τ_{i}，进而提高了 $\omega_{\mathrm{H}1}$，扩展了电路的上限截止频率。共集 - 共射放大电路一般应用于信号源电阻较大的场景。

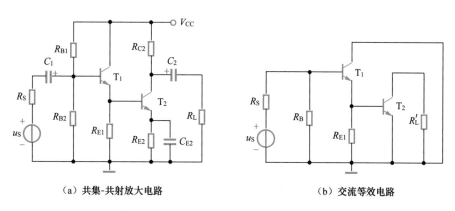

（a）共集-共射放大电路　　　　　　（b）交流等效电路

图 4-27　共集 - 共射放大电路及其交流等效电路

2. 共射 - 共基放大电路

共射 - 共基放大电路如图 4-28 所示。由于共射电路的上限截止频率远小于共基电路，因此该多级放大电路的上限截止频率主要由共射电路确定。由于共基电路具有低输入电阻特性，作为共射电路的负载电阻时，大幅降低了共射电路的增益，减小了密勒效应，从而提高了 $\omega_{\mathrm{H}1}$，扩展了电路的上限截止频率。共射 - 共集放大电路一般应用于负载电阻较大的场景。

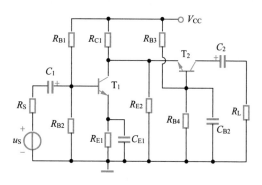

图 4-28　共射 - 共基放大电路

本章小结

本章讲述了放大电路的上限截止频率、下限截止频率、通频带、频率响应波特图等基本概念和放大电路频率响应的分析方法，在此基础上讨论了三极管放大电路、场效应管放大电路、多级放大电路的频率特性，具体内容如下。

1. 频率响应

频率响应用于描述放大电路对不同频率信号的放大能力。放大电路增益与信号频率之间的关系称为幅频特性，放大电路相位与信号频率之间的关系称为相频特性，两者统称为频率响应。晶体管结电容是影响电路高频增益的主要因素，电路中耦合电容和旁路电容是影响低频增益的主要因素。

2. 高频小信号模型与密勒定理

分析放大电路频率响应时需要使用高频小信号模型。使用密勒定理可将三极管高频小信号模型中的集电结电容 $C_{b'c}$ 分别等效在输入端和输出端；同样，使用密勒定理可将漏源电容 C_{ds} 分别等效在输入端和输出端。

3. 单级放大电路的频率响应

放大电路的上限截止频率 ω_H（或 f_H）和下限截止频率 ω_L（或 f_L）取决于电容所在回路的时间常数。

分析放大电路的高频响应时可借助于晶体管的高频小信号模型，即混合 π 模型，具体分析步骤：①画出放大电路的交流通路；②用高频模型（如混合 π 模型）代替晶体管，画出放大电路的高频等效电路，确定高频极点；③求出中频增益；④分析低频增益。

分析放大电路的低频响应可使用 h 参数等效模型，但需要保留电路中的耦合电容和旁路电容，再列出电路方程分析频率响应。

4. 多级放大电路的频率响应

分析多级放大电路的频率特性需要考虑前后级的相互影响。若各级放大电路截频相差较大，多级放大电路的上限截止频率主要取决于高频截频最低的一级，下限截止频率主要取决于低频截频最高的一级。若各级放大电路截频相近，可通过解析法求多级放大电路的截止频率。

习题

4.1　某放大电路的中频电压增益 $A_{us} = 10^4$，三个极点对应的角频率分别为 10^4 rad/s、10^4 rad/s、10^5 rad/s。

（1）写出该放大电路的传输函数，并画出它的渐近线波特图。

（2）求上限截止角频率 ω_H。

4.2　已知放大电路的电压增益函数如下：

（1）$A_u(jf) = \dfrac{10f^2}{(1+jf)\left(1+j\dfrac{f}{10}\right)\left(1+j\dfrac{f}{2.5\times10^5}\right)}$ ；

（2）$A_u(jf) = \dfrac{10^{19}jf(100+jf)}{(jf+10^3)(f+10^5)(jf+10^6)(jf+10^7)}$;

（3）$A_u(jf) = \dfrac{10^{18}}{(jf+10^2)(jf+10^4)}$;

（4）$A_u(jf) = \dfrac{100jf(jf+10)}{(jf+10^4)(jf+10^5)}$。

（1）该电压增益函数属于低频、高频还是高低频增益函数？

（2）求该增益函数的中频电压增益 A_u、下限截止频率 f_L 和上限截止频率 f_H。

（3）画出该放大电路的幅频特性波特图。

4.3　某两级放大电路如图 4-29 所示，各级电压增益分别为 $A_{u1} = \dfrac{U_{o1}}{U_i} = \dfrac{-25jf}{\left(1+j\dfrac{f}{4}\right)\left(1+j\dfrac{f}{10^5}\right)}$ 和

$A_{u2} = \dfrac{U_o}{U_{i2}} = \dfrac{-2jf}{\left(1+j\dfrac{f}{50}\right)\left(1+j\dfrac{f}{10^5}\right)}$ 。

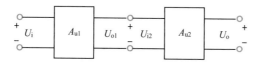

图 4-29　题 4.3 图

（1）写出该放大电路电压增益函数的表达式。

（2）求该电路的下限截止频率 f_L 和上限截止频率 f_H。

（3）画出该电路的幅频响应波特图。

4.4　已知某电路的幅频特性如图 4-30 所示。

（1）该电路的耦合方式是什么？

（2）该电路为几级放大电路？

（3）当 $f = 10^4$ Hz 和 $f = 10^5$ Hz 时，附加相移分别为多少？

（4）该电路的上限截止频率约为多少？

4.5　某共射电路中晶体三极管的参数为 $\beta = 40$，$r_{bb'} = 100\ \Omega$，$r_{b'e} = 1\ k\Omega$，$C_{b'e} = 100\ pF$，$C_{b'c} = 3pF$，其他电路参数如图 4-31 所示。

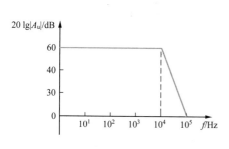

图 4-30　题 4.4 图

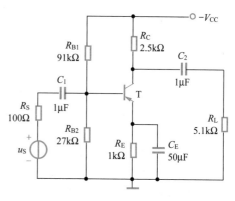

图 4-31　题 4.5 图

（1）画出电路的高频小信号等效电路，并确定上限截止频率。

（2）求中频源电压增益。

（3）如果 R_L 提高 10 倍，则中频源电压增益、上限截止频率各为多少？

4.6 共集放大电路如图 4-32 所示。若 $R_S = 500\ \Omega$，$R_{B1} = 51\ \text{k}\Omega$，$R_{B2} = 20\ \text{k}\Omega$，$R_E = 2\ \text{k}\Omega$，$R_L = 2\ \text{k}\Omega$，$C_1 = C_2 = 10\ \mu\text{F}$，晶体三极管 T 的参数为 $h_{fe} = 100$，$r_{bb'} = 80\ \Omega$，$C_{b'c} = 2\ \text{pF}$，$f_T = 200\ \text{MHz}$，$U_{BE} = 0.7\ \text{V}$，$V_{CC} = 12\text{V}$。

（1）求静态工作点、I_{CQ} 和 U_{CEQ}。

（2）求中频源电压增益 A_{us}、输入电阻 R_i'、输出电阻 R_o'。

（3）若忽略 $C_{b'c}$，求上限截止频率 f_H，并对引起的误差进行讨论。

4.7 共基放大电路的交流通路如图 4-33 所示。晶体三极管在 $I_{CQ} = 5\ \text{mA}$ 时的参数为 $\beta_0 = 40$，$r_{bb'} = 30\ \Omega$，$r_{b'e} = 500\ \Omega$，$C_{b'c} = 2\ \text{pF}$，$f_T = 300\ \text{MHz}$，负载电阻 $R_L' = 3\ \text{k}\Omega$。

（1）若忽略 $r_{bb'}$，分别求 R_S 为 $10\ \Omega$、$100\ \Omega$ 和 $1\ \text{k}\Omega$ 时的上限截止频率 f_H。

（2）若负载电阻 $R_L' = 200\ \Omega$，重复（1）中的计算。

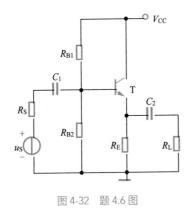 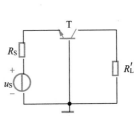

图 4-32 题 4.6 图　　　　图 4-33 题 4.7 图

4.8 某级联放大电路如图 4-34 所示。

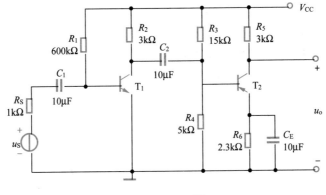

图 4-34 题 4.8 图

定性分析下列问题，并简述理由。

（1）哪一个电容决定电路的下限截止频率？

（2）若 T_1 和 T_2 静态时发射极电流相等，且 $r_{bb'}$ 和 $C_{b'e}$ 相等，则哪一级的上限截止频率低？

第**5**章

负反馈放大电路

反馈（feedback）是控制论的基本概念，指将系统输出返回到输入端，以某种方式改变输入并影响系统功能的过程。这一概念首先诞生于电子学领域。

早期，在放大器的使用中存在非线性问题，经过放大电路的信号会引入大量的噪声和失真。贝尔实验室的电子工程师哈罗德·史蒂芬·布莱克（Harold Stephen Black）（见图 5-1）发明了前馈放大器。他将相同幅值的输入与输出信号之差定义为失真，并利用该失真抵消原始放大器输出中的失真。然而噪声和失真问题并未完全解决，于是布莱克经过多年的研究又进一步发明了负反馈放大电路。他利用负反馈将高增益非线性放大器转换成低增益线性放大器，使其具有更低的噪声和失真。

图 5-1　布莱克

负反馈放大器的发明降低了贝尔电话系统中语音信号失真现象的影响，促进了长途电话、无线电和高保真度放大器的发展，并促成了精确火控系统的设计，为运算放大器的广泛应用和精确变频音频振荡器的设计奠定了基础。现在，反馈的概念及理论不仅超越了电子学领域，而且超越了工程领域，渗透到了各个科学领域。

本章首先介绍反馈的基本概念、判别方法和基本组态，然后介绍负反馈对放大电路性能的影响和负反馈放大电路的基本分析方法，从工程近似的角度讨论深度负反馈情况下的增益近似计算方法，最后从自激振荡条件出发分析负反馈放大电路的稳定性。

5.1 反馈的基本概念与判别方法

实用放大电路中通常根据需要引用反馈，从而改善放大电路性能。理解反馈的基本概念和判别方法是分析和应用反馈放大电路的基础。

5.1.1　反馈的定义

反馈是将电路输出信号（电压或电流）的一部分或全部通过一定的电路形式送回到放大电路的输入回路，与原输入信号（电压或电流）相加或相减后再作用到基本放大电路的输入端，其组成框图如图 5-2 所示。

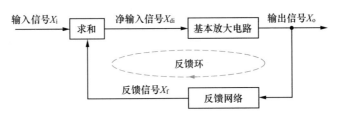

图 5-2　反馈放大电路的组成框图

引入反馈的放大电路称为反馈放大电路，其中输出信号 X_o（可以是电压信号 u_o 或电流信号 i_o）通过反馈网络变为反馈信号 X_f（可以是电压信号 u_f 或电流信号 i_f）；反馈信号 X_f 与输入信号 X_i 通过求和单元获得净输入信号 X_{di}（可以是电压信号 u_{di} 或电流信号 i_{di}）；净输入信号直接加载到基本放大电路的输入端，产生输出信号 X_o。如此形成了一个闭合环路（简称闭环），称为反馈环路；而没有反馈网络的放大电路称为开环。

5.1.2　基本反馈方程式

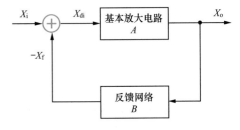

图 5-3　单环负反馈放大电路的方框图

下面以图 5-3 所示的单环负反馈放大电路方框图为例分析负反馈放大电路的基本反馈方程式。

图 5-3 中用 X 表示各点信号符号（可以为电压信号，也可以为电流信号），定义如下：

基本放大电路增益（开环增益）

$$A = \frac{X_o}{X_{di}} \tag{5-1}$$

反馈网络的反馈系数

$$B = \frac{X_f}{X_o} \tag{5-2}$$

反馈网络的净输入

$$X_{di} = X_i - X_f \tag{5-3}$$

负反馈放大电路闭环增益

$$A_f = \frac{X_o}{X_i} \tag{5-4}$$

整理式（5-1）~式（5-4），得到负反馈放大电路的基本反馈方程式为

$$A_f = \frac{X_o}{X_i} = \frac{AX_{di}}{X_{di} + ABX_{di}} = \frac{A}{1+AB} \tag{5-5}$$

显然，负反馈放大电路的闭环增益 A_f 是开环基本放大电路增益的 $\dfrac{A}{1+AB}$。

反馈深度 F 定义为

$$F = 1 + AB \tag{5-6}$$

其中 AB 表示环路增益。

F 越大，闭环增益 A_f 就越小。当反馈深度 F 很大（反馈很深）时，存在 $F \approx AB \gg 1$，则式（5-5）可进一步简化为

$$A_f \approx \frac{1}{B} \tag{5-7}$$

式（5-7）表明，在深度负反馈情况下，反馈电路的闭环增益 A_f 与开环增益 A 几乎无关，而仅与反馈系数 B 有关。一般情况下，反馈网络由无源器件构成，其稳定性优于有源器件，因此深度负反馈电路的放大倍数较为稳定。

5.1.3　反馈分类与判别方法

反馈判别是指对电路中的反馈进行定性分析。正确识别并判断反馈网络是讨论反馈放大器的基础。

1. 反馈网络的存在性判断

确定一个放大电路是否存在反馈就是判断该电路是否存在反馈网络。若放大电路中存在既与输入回路有关又与输出回路有关的网络，则称其为反馈网络。

反馈分类与
判别方法

例 5-1　判断图 5-4 所示的放大电路是否存在反馈网络。

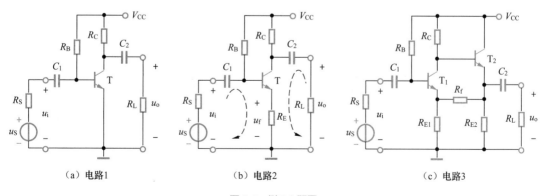

（a）电路1　　　　　　　（b）电路2　　　　　　　（c）电路3

图 5-4　例 5-1 题图

解　图 5-4（a）所示电路为基本共射放大电路，电路中没有与三极管 T 的输出回路有关且与输入回路也有关的器件所组成的网络，因此电路没有引入反馈。

图 5-4（b）所示电路也为基本共射放大电路，发射极电阻 R_E 既与输入回路有关，又与输出回路有关，存在反馈网络，反馈网络由 R_E 构成。

图 5-4（c）所示电路为共射 - 共集放大电路，电路中的 R_f 和 R_{E1} 连接了输出端与输入端，即 R_f 和 R_{E1} 既与输入回路有关，又与输出回路有关，电路中存在反馈网络，反馈网络由 R_f 和 R_{E1} 共同组成，该反馈为 T_1 和 T_2 的级间反馈。

2. 正反馈和负反馈

反馈信号对输入信号的影响表征了反馈的极性。反馈信号使基本放大电路的净输入信号增大的反馈称为正反馈，使基本放大电路的净输入信号减小的反馈称为负反馈。由于反馈信号影响了净输入信号的大小，从而也会影响输出信号大小，因此从电路输出角度来看，加载反馈网络后使输出量的变化增大的为正反馈，使输出量的变化减小的为负反馈。

可以通过定义直接判断反馈的极性，即反馈使基本放大电路的净输入信号减小的为负反馈，使净输入信号增大的则为正反馈。

除了定义法，还可以通过"瞬时极性法"进行判断，即假设已知放大电路输入信号对地的电压极性（可假设为正极性"+"或负极性"−"），按照信号经"基本放大电路→输出→反馈网络"的顺序依次判断电路各位置的瞬时极性，直至判断出反馈信号的瞬时电压极性。如果反馈信号的瞬时极性能够使净输入信号减小，则为负反馈；反之为正反馈。

请注意，共射和共源放大电路的输出相位与输入相反，而共集、共基、共漏、共栅放大电路的输出相位与输入相同，并且在放大电路的通频带内，信号通过电容、电阻等元件时，认为信号的瞬时极性不发生改变。

例 5-2　判断图 5-4（b）和图 5-4（c）所示放大电路的反馈极性。

解　使用定义法判断图 5-4（b）所示电路的反馈极性。根据第 3 章的共射组态电路分析可知，增加 R_E 会使放大电路增益减小，所以该反馈为负反馈。

使用瞬时极性法判断图 5-4（c）所示电路的极性。在瞬时极性法判断过程中，各点信号的瞬时极性如图 5-5 所示。假设三极管 T_1 的基极信号为正极性"+"，按照信号经"基本放大电路→输出→反馈网络"的顺序依次判断电路各位置的瞬时极性。考虑第一级放大电路

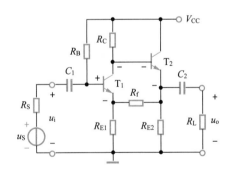

图 5-5　使用瞬时极性法判断图 5-4（c）所示电路的反馈极性

为共射组态，反相放大，则 T_1 的集电极 u_{C1} 为"−"，T_2 的基极 u_{B2} 为"−"；考虑第二级放大电路为共集组态，同相放大，则放大电路的输出端即 T_2 的发射极 u_{E2} 为"−"，输出信号经过反馈网络中电阻 R_{E1} 和 R_f 分压，引入到 T_1 的发射极 u_{E1} 信号的瞬时极性为"−"。由于净输入电压 $u_{BE1} = u_{B1} - u_{E1}$，$u_{BE1}$ 增大，所以该电路为正反馈。

3. 电压反馈和电流反馈

根据反馈网络的输入端口对放大电路输出信号的采样对象的不同，可以将反馈分为电压反馈

和电流反馈两种。电压反馈是将输出电压的部分或全部送回放大电路的输入回路，反馈信号 X_f 与输出电压 u_o 成比例，即 $X_f = Bu_o$；电流反馈是将输出电流的部分或全部送回放大电路的输入回路，反馈信号 X_f 与输出电流 i_o 成比例，即 $X_f = Bi_o$。

判断电压反馈或电流反馈的基本方法是定义法，即反馈信号的大小与输出电压成比例为电压反馈，与输出电流成比例为电流反馈。

除了定义法，还可以使用"输出短路法"进行判断，即假设输出电压 $u_o = 0$（或负载 $R_L = 0$），检查反馈信号 X_f 是否存在或反馈网络是否存在。若不存在（$X_f = 0$），则说明反馈信号与输出电压成比例，即为电压反馈；若反馈信号仍然存在（$X_f \neq 0$），则说明反馈信号与输出电流成比例，即为电流反馈。

例 5-3　判断图 5-4（b）和图 5-4（c）所示放大电路是电压反馈还是电流反馈。

解　使用定义法判断图 5-4（b）所示电路。由电路关系可知，反馈电压 u_f 加载在发射极电阻 R_E 上，$u_f = R_E i_o$，表明反馈信号与输出电流成比例，因此该反馈为电流反馈。

使用输出短路法判断图 5-4（c）所示电路。设置 $R_L = 0$，即将输出短路。在由 R_f 和 R_{E1} 串联组成的 T_1-T_2 级间反馈中，R_f 和 R_{E1} 的另外两端均接地，使级间反馈网络消失，反馈信号为 0，即反馈信号不存在，因此该反馈为电压反馈。

需要注意的是，如果电路引入电流负反馈，则可以稳定输出电流。例如，例 5-3 中，若输入信号 u_i 保持不变，但负载 R_L 变化或温度、器件老化等造成输出电流 i_o 增大，电流负反馈工作过程如下：

$$\begin{matrix} R_L \downarrow \\ \beta \uparrow \\ 温度 \uparrow \end{matrix} \searrow i_o \uparrow \longrightarrow u_f (=R_E i_o) \uparrow \longrightarrow u_{di}(=u_i-u_f) \downarrow$$

$$i_o \downarrow \longleftarrow i_B \downarrow \longleftarrow$$

由此可见，电流负反馈能够减小输出电流 i_o 受负载、环境温度、器件等因素的影响，提高电路的稳定性。

类似地，如果电路引入电压负反馈，则可以稳定输出电压。

4. 串联反馈和并联反馈

反馈网络输出 X_f 与基本放大电路输入 X_{di} 之间的连接方式表征了反馈信号在输入端的引入方式，分为串联反馈和并联反馈两种。串联反馈表明反馈网络的输出端口与基本放大电路的输入端口以串联形式连接，输入回路的信号 X_i、X_f 和 X_{di} 以电压形式出现，即 u_i、u_f 和 u_{di}。并联反馈表明反馈网络的输出端口与基本放大电路的输入端口以并联形式连接，输入回路的信号 X_i、X_f 和 X_{di} 以电流形式出现，即 i_i、i_f 和 i_{di}。

判断串联反馈或并联反馈的基本方法是定义法，即反馈信号是以电压形式引入输入回路的则为串联反馈，以电流形式引入输入回路的则为并联反馈。

除了定义法，还可以使用更为简单的方法进行判断，即反馈信号与输入信号分别接至基本放大电路（放大元件）的不同输入端（不同电极）时为串联反馈（反馈信号与输入信号是电压相加减的关系），而反馈信号与输入信号接至基本放大电路（放大元件）的相同输入端（相同电极）时为并联反馈（反馈信号与输入信号是电流相加减的关系）。

例如，对于三极管（或场效应管）放大电路来说，反馈信号与输入信号同时加在输入三极管的基极或发射极的，则为并联反馈；一个加在基极，另一个加在发射极的，则为串联反馈。而对于后续章节中的差分放大电路或集成运算放大器来说，如果输入信号接在某一个输入端，反馈信号接在另一个输入端，则为串联反馈，反之为并联反馈。

例 5-4 判断图 5-6 所示的放大电路是串联反馈还是并联反馈。

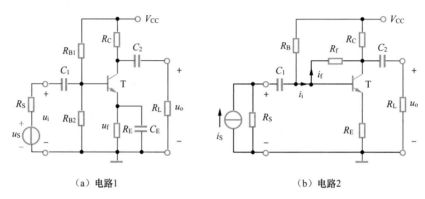

（a）电路1　　　　　　　　　　　（b）电路2

图 5-6　例 5-4 题图

解 在图 5-6（a）所示电路中，输入信号 u_i 加载在三极管 T 的基极，反馈信号 u_f 加载在 T 的发射极，即加载在不同电极上，因此该反馈为串联反馈。

在图 5-6（b）所示电路中，输入信号 i_i 和反馈信号 i_f 同时加载在三极管 T 的基极，即加载在相同电极上，因此该反馈为并联反馈。

需要注意的是，信号源的内阻 R_S 大小会影响串联负反馈和并联负反馈的性能。图 5-7 给出了串联反馈与并联反馈的方框图，其中 R_i 为基本放大电路的输入电阻。

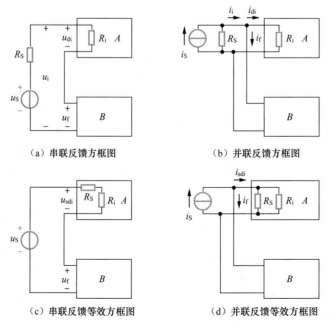

（a）串联反馈方框图　　　　　　　　　（b）并联反馈方框图

（c）串联反馈等效方框图　　　　　　　（d）并联反馈等效方框图

图 5-7　串联反馈和并联反馈方框图

对于图 5-7（a）所示的串联负反馈来说，基本放大电路的电压增益为 A_u，将电压源内阻 R_S 归入基本放大电路后，方框图如图 5-7（c）所示，此时的净输入电压为 u_{sdi}，开环源电压增益 $A_{us} = \dfrac{u_o}{u_{sdi}} = \dfrac{R_i}{R_S + R_i} \cdot \dfrac{u_o}{u_{di}} = \dfrac{R_i}{R_S + R_i} A_u$，闭环源电压增益 $A_{usf} = \dfrac{u_o}{u_S} = \dfrac{A_{us}}{1 + A_{us} B}$。若信号源内阻 $R_S \rightarrow +\infty$，则开环源电压增益 $A_{us} \rightarrow 0$，因此 $A_{usf} = A_{us}$ 表明负反馈放大电路失去了负反馈作用。故串联负反馈电路应选用低内阻 R_S 的信号源。

对于图 5-7（b）所示的并联负反馈来说，基本放大电路的电流增益为 A_i，将电压源内阻 R_S 归入基本放大电路后，方框图如图 5-7（d）所示，此时的净输入电流为 i_{sdi}，开环源电流增益 $A_{is} = \dfrac{i_o}{i_{sdi}} = \dfrac{R_S}{R_S + R_i} \cdot \dfrac{i_o}{i_{di}} = \dfrac{R_S}{R_S + R_i} A_i$，闭环源电流增益 $A_{isf} = \dfrac{i_o}{i_{sdi}} = \dfrac{A_{is}}{1 + A_{is} B}$。若信号源内阻 $R_S \rightarrow 0$，则开环源电流增益 $A_{is} \rightarrow 0$，因此 $A_{isf} = A_{is}$ 表明负反馈放大电路失去了负反馈作用。故并联负反馈电路应选用高内阻 R_S 的信号源。

5. 直流反馈与交流反馈

如果反馈信号只含有直流量，则称为直流反馈；如果反馈信号只含有交流量，则称为交流反馈；如果反馈信号既含有直流量又含有交流量，则称为交直流混合反馈。

可以通过定义判断直流反馈或交流反馈。除了定义法，还可以使用"电容观察法"进行判断，即反馈通路中存在隔直电容，则为交流反馈；反馈通路中存在旁路电容，则为直流反馈；反馈通路中不存在电容，则为交直流混合反馈。

例 5-5　判断图 5-6 所示的放大电路是直流反馈还是交流反馈。

解　在图 5-6（a）所示电路中，反馈通路中存在旁路电容 C_E，因此该反馈为直流反馈。

在图 5-6（b）所示电路中，反馈通路没有电容，因此该反馈为交直流混合反馈。

5.2　负反馈放大电路的组态

根据输出端采样物理量的不同以及输入端信号引入方式的不同，负反馈放大电路分为四种组态，包括电流串联负反馈、电压串联负反馈、电流并联负反馈、电压并联负反馈。

5.2.1　电流串联负反馈

在图 5-8（a）所示的共射放大电路中，射极电阻 R_E 跨接在输入回路和输出回路之间，引入了反馈。根据瞬时极性法，假设放大电路的输入电压 u_i（三极管 T 的基极电位）为"+"，三极管 T 的集电极电位为"−"，输出电流方向 i_o 如图 5-8（a）所示。i_o 在电阻 R_E 上产生压降 u_f（即反馈电压），极性为"+"，使净输入电压 $u_{di} = u_i - u_f$ 减小，因此引入了负反馈。

将输出电压 u_o 短路，反馈电压信号 u_f 仍然存在，因此电路引入了电流反馈，反馈电压 $u_f = R_E i_o$。反馈信号 u_f 与输入信号 u_i 分别加载在三极管的发射极和基极上，因此引入了串联反馈。由于反馈网络中不存在电容，即反馈同时存在于放大电路的直流通路和交流通路之中，因此属于交直流混合反馈。

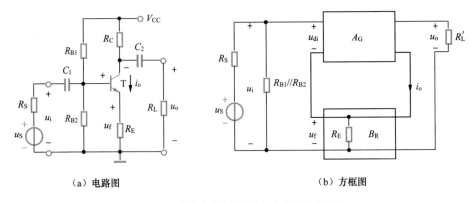

（a）电路图　　　　　　　　　　　（b）方框图

图 5-8　电流串联负反馈放大电路及其方框图

综上所述，图 5-8（a）引入了电流串联交直流混合负反馈，其方框图如图 5-8（b）所示。由图 5-8（b）可知，电流串联负反馈通过采样输出电流 i_o，得到反馈电压信号 u_f，在输入端以电压形式调节净输入电压信号 u_{di}。因此通常采用输出电流 i_o 和输入电压 u_i、反馈电压 u_f 和净输入电压 u_{di} 来分析该反馈组态的增益和反馈系数。

开环增益

$$A_G = \frac{i_o}{u_{di}} \tag{5-8}$$

反馈系数

$$B_R = \frac{u_f}{i_o} \tag{5-9}$$

净输入电压

$$u_{di} = u_i - u_f \tag{5-10}$$

闭环增益

$$A_{Gf} = \frac{i_o}{u_i} \tag{5-11}$$

于是，电流串联负反馈放大电路的基本反馈方程式为

$$A_{Gf} = \frac{i_o}{u_i} = \frac{A_G}{1 + A_G B_R} \tag{5-12}$$

反馈深度为

$$F = 1 + A_G B_R \tag{5-13}$$

电流串联负反馈放大电路的开环增益和闭环增益均具有电导量纲，由于电流和电压分别来自放大电路的输出端与输入端，因此该反馈的增益也称为互导增益。相应的反馈系数具有电阻量纲，称为互阻反馈系数。根据式（5-11）给出的闭环增益 A_{Gf} 可以得到电流串联负反馈电路的闭环电压增益 A_{uf}：

$$A_{uf} = \frac{u_o}{u_i} = \frac{-i_o R'_L}{u_i} = -R'_L A_{Gf} \tag{5-14}$$

其中，图 5-8（a）中负载电阻 $R'_L = R_C // R_L$。

5.2.2　电压串联负反馈

在图 5-9（a）所示的共射 - 共射放大电路中，只考虑多级放大电路的级间反馈，电阻 R_f 和 R_{E1} 将输入回路和输出回路连接起来，引入了反馈。根据瞬时极性法，假设放大电路的输入电压 u_i（三极管 T_1 基极电位）瞬时极性为"+"时，三极管 T_1 的集电极电位为"–"，三极管 T_2 的基极电位为"–"，三极管 T_2 的集电极电位为"+"，则电阻 R_{E1} 上产生的反馈电压 u_f 为"+"，使净输入电压 $u_{di} = u_i - u_f$ 减小，因此引入了负反馈。

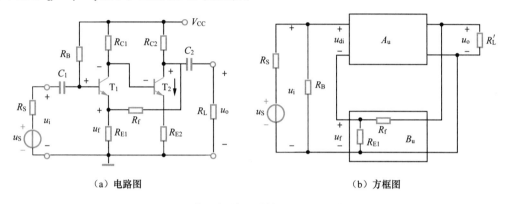

（a）电路图　　　　　　　　　　　　　　　　　（b）方框图

图 5-9　电压串联负反馈放大电路及其方框图

将输出电压 u_o 短路，则反馈电压 $u_f = 0$，即反馈消失，因此电路引入了电压反馈。电路中反馈电压 $u_f = \dfrac{R_{E1}}{R_{E1} + R_f} u_o$。反馈信号 u_f 与输入信号 u_i 分别加载在三极管的发射极和基极上，因此引入了串联反馈。由于反馈网络中不存在电容，即反馈同时存在于放大电路的直流通路和交流通路之中，因此属于交直流混合反馈。

综上所述，图 5-9（a）引入了电压串联交直流混合负反馈，其方框图如图 5-9（b）所示。由图 5-9（a）可知，电压串联负反馈通过采样输出电压 u_o，得到反馈电压信号 u_f，在输入端以电压形式调节净输入电压信号 u_{di}。因此通常采用输出电压 u_o 和输入电压 u_i、反馈电压 u_f 和净输入电压 u_{di} 来分析该反馈组态的增益和反馈系数。

开环增益

$$A_u = \frac{u_o}{u_{di}} \tag{5-15}$$

反馈系数

$$B_u = \frac{u_f}{u_o} \tag{5-16}$$

净输入电压

$$u_{di} = u_i - u_f \tag{5-17}$$

闭环增益

$$A_{uf} = \frac{u_o}{u_i} \tag{5-18}$$

于是，电压串联负反馈放大电路的基本反馈方程式为

$$A_{uf} = \frac{u_o}{u_i} = \frac{A_u}{1 + A_u B_u}$$ （5-19）

反馈深度为

$$F = 1 + A_u B_u$$ （5-20）

注意：电压串联负反馈放大电路的开环增益、闭环增益、反馈系数均无量纲。

5.2.3　电流并联负反馈

在图 5-10（a）所示的共射 - 共射放大电路中，只考虑多级放大电路的级间反馈，电阻 R_f 和 R_{E2} 将输入回路和输出回路连接起来，引入了反馈。根据瞬时极性法，假设放大电路的输入电流 i_i 如图中箭头所示，三极管 T_1 的基极电位为"+"，三极管 T_1 的集电极电位为"-"，三极管 T_2 的基极电位为"-"，三极管 T_2 的发射极电位为"-"，则电阻 R_f 上的电流 i_f 如图中箭头所示，净输入电流 $i_{di} = i_i - i_f$ 减小，因此引入了负反馈。

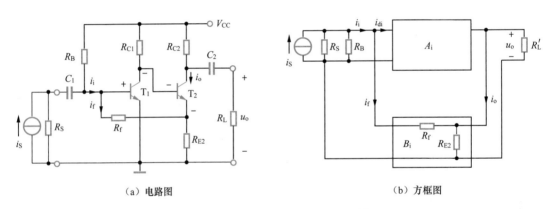

（a）电路图　　　　　　　　　　　　　（b）方框图

图 5-10　电流并联负反馈放大电路及其方框图

将输出电压 u_o 短路，输出电流 i_o 存在，即反馈电压信号 u_f 仍然存在，因此电路引入了电流反馈，反馈电流 $i_f = -\dfrac{R_{E2}}{R_{E2} + R_f} i_o$。反馈信号 i_f 与输入信号 i_i 同时加载在三极管的基极上，因此引入了并联反馈。由于反馈网络中不存在电容，即反馈同时存在于放大电路的直流通路和交流通路之中，因此属于交直流混合反馈。

综上所述，图 5-10（a）引入了电流并联交直流混合负反馈，其方框图如图 5-10（b）所示。由图 5-10（a）可知，电流并联负反馈通过采样输出电流 i_o，得到反馈电流信号 i_f，在输入端以电流形式调节净输入电流信号 i_{di}。因此通常采用输出电流信号和输入端的电流信号来分析该反馈组态的增益和反馈系数。

开环增益

$$A_i = \frac{i_o}{i_{di}}$$ （5-21）

反馈系数

$$B_i = \frac{i_f}{i_o}$$ （5-22）

净输入电流

$$i_{\mathrm{di}} = i_{\mathrm{i}} - i_{\mathrm{f}} \tag{5-23}$$

闭环增益

$$A_{\mathrm{if}} = \frac{i_{\mathrm{o}}}{i_{\mathrm{i}}} \tag{5-24}$$

于是，电流并联负反馈放大电路的基本反馈方程式为

$$A_{\mathrm{if}} = \frac{i_{\mathrm{o}}}{i_{\mathrm{i}}} = \frac{A_{\mathrm{i}}}{1 + A_{\mathrm{i}} B_{\mathrm{i}}} \tag{5-25}$$

反馈深度为

$$F = 1 + A_{\mathrm{i}} B_{\mathrm{i}} \tag{5-26}$$

注意：电流并联负反馈放大电路的开环增益、闭环增益、反馈系数均无量纲。根据式（5-24）给出的闭环增益可以得到电流并联负反馈电路的电压增益为

$$A_{\mathrm{uf}} = \frac{u_{\mathrm{o}}}{u_{\mathrm{i}}} = \frac{-i_{\mathrm{o}} R_{\mathrm{L}}'}{i_{\mathrm{i}} R_{\mathrm{if}}} = -\frac{R_{\mathrm{L}}'}{R_{\mathrm{if}}} A_{\mathrm{if}} \tag{5-27}$$

其中，R_{if} 为负反馈放大电路的等效输入电阻，图 5-10（a）中负载电阻 $R_{\mathrm{L}}' = R_{\mathrm{C2}}//R_{\mathrm{L}}$。

5.2.4　电压并联负反馈

在图 5-11（a）所示的共射放大电路中，电阻 R_{f} 将输入回路和输出回路连接起来，引入了反馈。根据瞬时极性法，假设放大电路的输入电流 i_{i} 如图中箭头所示，三极管 T 的基极电位 u_{i} 为 "+" 时，其集电极电位为 "-"，则电阻 R_{f} 上的反馈电流 i_{f} 如图中箭头所示，使净输入电流 $i_{\mathrm{di}} = i_{\mathrm{i}} - i_{\mathrm{f}}$ 减小，因此引入了负反馈。

将输出电压 u_{o} 短路，则反馈电阻 R_{f} 只与输入回路有关，而与输出回路无关，反馈网络消失，因此电路引入了电压反馈，反馈电流 $i_{\mathrm{f}} = -\dfrac{1}{R_{\mathrm{f}}} u_{\mathrm{o}}$。反馈信号 i_{f} 与输入信号 i_{i} 同时加载在三极管的基极上，因此引入了并联反馈。由于反馈网络中不存在电容，即反馈同时存在于放大电路的直流通路和交流通路之中，因此属于交直流混合反馈。

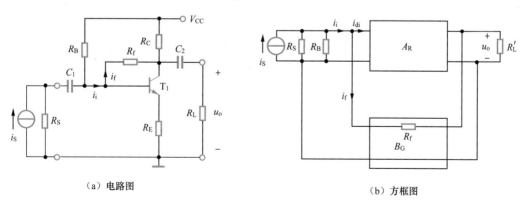

（a）电路图　　　　　　　　　　　　　　　（b）方框图

图 5-11　电压并联负反馈放大电路及其方框图

综上所述，图 5-11（a）引入了电压并联交直流混合负反馈，其方框图如图 5-11（b）所示。由图 5-11（a）可知，电压并联负反馈通过采样输出电压 u_o，得到反馈电流信号 i_f，在输入端以电流形式调节净输入电流信号 i_{di}。因此通常采用输出电压信号和输入端的电流信号来分析该反馈组态的增益和反馈系数。

开环增益

$$A_R = \frac{u_o}{i_{di}} \tag{5-28}$$

反馈系数

$$B_G = \frac{i_f}{u_o} \tag{5-29}$$

净输入电流

$$i_{di} = i_i - i_f \tag{5-30}$$

闭环增益

$$A_{Rf} = \frac{u_o}{i_i} \tag{5-31}$$

于是，电压并联负反馈放大电路的基本反馈方程式为

$$A_{Rf} = \frac{u_o}{i_i} = \frac{A_R}{1 + A_R B_G} \tag{5-32}$$

反馈深度为

$$F = 1 + A_R B_G \tag{5-33}$$

注意：电压并联负反馈放大电路的开环增益和闭环增益均具有电阻量纲，由于电压和电流分别来自放大电路的输出端与输入端，因此该反馈的增益也称为互阻增益。相应的反馈系数具有电导量纲，称为互导反馈系数。根据式（5-31）给出的闭环增益 A_{Rf} 可以得到电压并联负反馈电路的电压增益为

$$A_{uf} = \frac{u_o}{u_i} = \frac{u_o}{i_i R_{if}} = \frac{1}{R_{if}} A_{Rf} \tag{5-34}$$

其中，R_{if} 为负反馈放大电路的等效输入电阻。

5.3　负反馈对放大电路性能的影响

在放大电路中引入负反馈，以降低增益为代价，改善了电路诸多方面的性能。具体来说，负反馈可以提升增益稳定性，展宽通频带，减小非线性失真，改变电路输入电阻与输出电阻的大小。

5.3.1　负反馈对增益稳定性的影响

环境温度改变、晶体管器件老化、电源电压波动等都可能造成放大电路增益的改变。通过引

入负反馈可以极大地提高增益稳定性。

根据式（5-5）所示的负反馈基本反馈方程式可知，无论何种负反馈都会使闭环增益下降至 $\dfrac{A}{1+AB}$，只是不同反馈组态的开环增益 A 和反馈系数 B 的量纲不同。假设由于某种原因开环增益由 A 变为 A'，则闭环增益的变化量为

$$\Delta A_{\mathrm{f}} = \frac{A}{1+AB} - \frac{A'}{1+A'B} = \frac{A-A'}{(1+AB)(1+A'B)} = \frac{\Delta A}{(1+AB)(1+A'B)} \tag{5-35}$$

将增益变化量与增益大小之比定义为增益变化率，有

$$\frac{\Delta A_{\mathrm{f}}}{A_{\mathrm{f}}} = \frac{1}{(1+A'B)}\frac{\Delta A}{A} = \frac{1}{(1+AB+\Delta AB)}\frac{\Delta A}{A} \tag{5-36}$$

由于 $\Delta A \ll A$，因此式（5-36）可进一步简化为

$$\frac{\Delta A_{\mathrm{f}}}{A_{\mathrm{f}}} \approx \frac{1}{(1+AB)}\frac{\Delta A}{A} = \frac{1}{F}\frac{\Delta A}{A} \tag{5-37}$$

由式（5-37）可知，在基本放大电路中加入负反馈，闭环增益变化率 $\dfrac{\Delta A_{\mathrm{f}}}{A_{\mathrm{f}}}$ 是开环增益变化率 $\dfrac{\Delta A}{A}$ 的 $\dfrac{1}{(1+AB)}$，即存在反馈时的增益稳定性比无反馈时提高了 AB 倍。在深度负反馈情况下，$F \approx AB \gg 1$，闭环增益近似为 $A_{\mathrm{f}} \approx \dfrac{1}{B}$，其几乎仅与无源反馈器件参数有关。因此即便开环增益不稳定，闭环增益也能够保持稳定。

例 5-6 某负反馈放大电路的闭环增益 $A_{\mathrm{f}} = 100$，当开环增益变化 $\pm 10\%$ 时，闭环增益变化不超过 $\pm 0.1\%$。请给出开环增益 A 和反馈系数 B 的大小。

解 根据式（5-37）可知，反馈深度 F 应满足

$$F = \frac{\Delta A / A}{\Delta A_{\mathrm{f}} / A_{\mathrm{f}}} = 100\frac{A_{\mathrm{f}}}{A}$$

5.3.2 负反馈对通频带的影响

基本放大电路引入负反馈后，增益变化率降低（即增益稳定性提高），这一结论同样适用于输入信号频率在较小范围内变化所引起的增益变化，其表现形式为展宽了放大电路的通频带。

假设基本放大电路的中频增益为 A_{m}，上限截止频率为 f_{H}，则无反馈时单极点高频增益函数为

$$A_{\mathrm{H}}(\mathrm{j}f) = \frac{A_{\mathrm{m}}}{1+\mathrm{j}\dfrac{f}{f_{\mathrm{H}}}} \tag{5-38}$$

因此引入负反馈后的放大电路高频增益函数为

$$A_{Hf}(jf) = \frac{A_H(jf)}{1 + A_H(jf)B} = \frac{\dfrac{A_m}{1 + j\dfrac{f}{f_H}}}{1 + \dfrac{A_m}{1 + j\dfrac{f}{f_H}}B} = \frac{\dfrac{A_m}{1 + A_m B}}{1 + j\dfrac{f}{(1 + A_m B)f_H}} = \frac{A_{mf}}{1 + j\dfrac{f}{f_{Hf}}}$$ （5-39）

其中 $A_{mf} = \dfrac{A_m}{1 + A_m B}$，表示负反馈放大电路的中频增益；$f_{Hf} = (1 + A_m B)f_H$，为引入负反馈后的上限截止频率，相对开环上限截止频率 f_H 增大了 $A_m B$ 倍。

类似地，若基本放大电路的下限截止频率为 f_L，则无反馈时单极点低频增益函数为

$$A_L(jf) = \frac{A_m}{1 - j\dfrac{f_L}{f}}$$ （5-40）

因此引入负反馈后的放大电路低频增益函数为

$$A_{Lf}(jf) = \frac{A_L(jf)}{1 + A_L(jf)B} = \frac{\dfrac{A_m}{1 - j\dfrac{f_L}{f}}}{1 + \dfrac{A_m}{1 - j\dfrac{f_L}{f}}B} = \frac{\dfrac{A_m}{1 + A_m B}}{1 - j\dfrac{f_L}{(1 + A_m B)f}} = \frac{A_{mf}}{1 - j\dfrac{f_{Lf}}{f}}$$ （5-41）

其中 $f_{Lf} = \dfrac{1}{1 + A_m B}f_L$，为引入负反馈后的下限截止频率，相对开环下限截止频率 f_L 减小到它的 $\dfrac{1}{1 + A_m B}$。

根据第 4 章内容可知，影响放大电路高频增益的主要因素在于晶体管的结电容，而影响低频增益的主要因素在于放大电路中的耦合电容和旁路电容，因此放大电路的频率响应函数呈现带通特性。对于基本放大电路的通频带来说，$f_H \gg f_L$，因此基本放大电路的通频带为

$$BW = f_H - f_L \approx f_H$$ （5-42）

而负反馈放大电路的通频带也可近似为

$$BW_f = f_{Hf} - f_{Lf} = (1 + A_m B)f_H - \frac{f_L}{1 + A_m B} \approx (1 + A_m B)f_H = f_{Hf}$$ （5-43）

因此引入负反馈可使放大电路的通频带展宽到基本放大电路的 $(1+AB)$ 倍。负反馈放大电路展宽通频带的示意图如图 5-12 所示。

图 5-13 给出了带通函数开环增益与闭环增益波特图的比较。

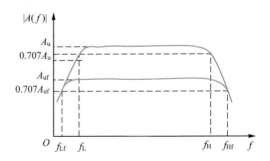

图 5-12 负反馈放大电路展宽通频带示意图

$$A(\mathrm{j}f) = \frac{A_{\mathrm{m}}}{1+\mathrm{j}\dfrac{f}{f_{\mathrm{H}}}} \cdot \frac{A_{\mathrm{m}}}{1-\mathrm{j}\dfrac{f_{\mathrm{L}}}{f}} \qquad (5\text{-}44)$$

$$A(\mathrm{j}f) = \frac{A(\mathrm{j}f)}{1+A(\mathrm{j}f)B} \qquad (5\text{-}45)$$

其中 $A_{\mathrm{m}} = 10$，$f_{\mathrm{L}} = 200\ \mathrm{Hz}$，$f_{\mathrm{H}} = 8\ \mathrm{kHz}$，$B = 0.1$。由 MATLAB 仿真图可知，引入负反馈后，$f_{\mathrm{Lf}} = 150\ \mathrm{Hz}$，$f_{\mathrm{Hf}} = 1.3\ \mathrm{kHz}$，扩展了通频带。

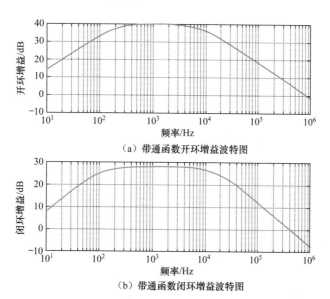

（a）带通函数开环增益波特图

（b）带通函数闭环增益波特图

图 5-13　负反馈放大电路展宽通频带 MATLAB 仿真图

5.3.3　负反馈对非线性失真的影响

理想放大电路要求晶体管工作在放大区或恒流区，将输出信号与输入信号近似看成线性关系。然而在实际应用中，半导体器件均具有非线性，当输入幅值较大时，输出会产生非线性失真。如图 5-14（a）所示，当输入信号 u_{be} 为正弦信号时，由于三极管的输入特性曲线存在非线性，相应的基极交流输入电流 i_{b} 存在非线性失真（正半周幅度大，负半周幅度小），使单管开环放大电路的集电极交流输出电流 $i_{\mathrm{c}} = \beta i_{\mathrm{b}}$ 和交流输出电压 $u_{\mathrm{o}} = -i_{\mathrm{c}} R_{\mathrm{L}}'$ 产生非线性失真，如图 5-14（b）所示。

在放大电路中引入负反馈能够一定程度上抑制基本放大电路的非线性失真。图 5-15 定性说明了负反馈对基本放大电路非线性失真的抑制过程。图中假设基本放大电路输入信号与输出信号的相位相同。

图 5-15 中，输入信号 X_{i} 为标准正弦信号。若基本放大电路存在非线性失真，相应的输出信号 X_{o} 会产生非线性失真，即正半周大，负半周小；非线性失真输出信号 X_{o} 经过反馈网络变为反馈信号 X_{f}，由于反馈网络在通频带内一般是纯阻型的，因此反馈信号 X_{f} 与 X_{o} 类似，同样具有正半周大且负半周小的特征；将反馈信号 X_{f} 引入输入端，可以得到净输入信号 $X_{\mathrm{di}} =$

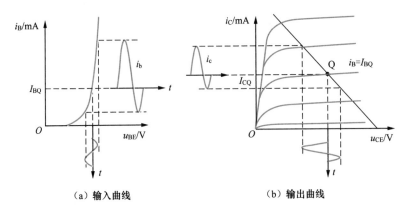

（a）输入曲线　　　　　　（b）输出曲线

图 5-14　放大电路的非线性失真

$X_i - X_f$，使其具有正半周小且负半周大的特点，产生"预失真"；而后将"预失真"的净输入信号送入基本放大电路，得到的闭环输出信号 X_o' 非线性失真减小。

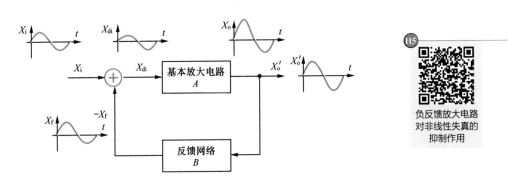

图 5-15　负反馈放大电路对非线性失真的抑制作用

负反馈放大电路
对非线性失真的
抑制作用

事实上，使用负反馈改善电路的非线性失真，其本质是利用失真减小失真，但不能完全消除失真。通过负反馈只能减小反馈环内（基本放大电路）的失真，而如果输入信号本身存在失真，则负反馈并没有任何抑制作用。

5.3.4　负反馈对输入电阻的影响

负反馈放大电路的输入电阻是从电路输入端看进去的等效电阻，它只与反馈信号在输入端的引入方式有关，而与输出采样方式无关。负反馈信号在放大电路输入端引入方式不同，会对负反馈放大电路的输入电阻产生不同的影响。

1. 串联负反馈

串联负反馈在输入端以反馈电压 u_f 形式调节净输入信号。图 5-16 所示为串联负反馈放大电路的简化方框图。

根据输入电阻的定义，基本放大电路 A 的输入电阻 R_i 为

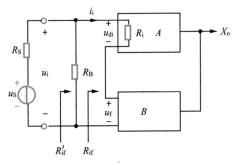

图 5-16　串联负反馈放大电路的简化方框图

$$R_{i} = \frac{u_{di}}{i_i} \tag{5-46}$$

而负反馈放大电路的输入电阻 R_{if} 为

$$R_{if} = \frac{u_i}{i_i} = \frac{u_{di} + u_f}{i_i} = \frac{u_{di} + ABu_{di}}{i_i} = (1 + AB)R_i = FR_i \tag{5-47}$$

式（5-47）表明引入串联负反馈后，输入电阻增大到 R_i 的 $(1 + AB)$ 倍。考虑到 R_B 的影响，整个负反馈放大电路的输入电阻为

$$R'_{if} = R_B//R_{if} \tag{5-48}$$

2. 并联负反馈

并联负反馈在输入端以反馈电流 i_f 形式调节净输入电流信号。图 5-17 所示为并联负反馈放大电路的简化方框图。

根据输入电阻的定义，基本放大电路 A 的输入电阻 R_i 为

$$R_i = \frac{u_i}{i_{di}} \tag{5-49}$$

而负反馈放大电路的输入电阻 R_{if} 为

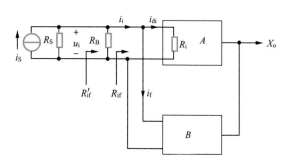

图 5-17　并联负反馈放大电路的简化方框图

$$R_{if} = \frac{u_i}{i_i} = \frac{u_i}{i_{di} + i_f} = \frac{u_i}{i_{di} + ABi_{di}} = \frac{1}{1 + AB}R_i = \frac{1}{F}R_i \tag{5-50}$$

式（5-50）表明引入并联负反馈后，输入电阻减小到 R_i 的 $\frac{1}{1 + AB}$。考虑到 R_B 的影响，整个负反馈放大电路的输入电阻为

$$R'_{if} = R_B//R_{if} \tag{5-51}$$

综上所述，负反馈对电路输入电阻的影响总结如下：

① 放大电路引入负反馈后，输入电阻的变化只取决于输入端反馈的引入方式，而与输出采样无关；

② 串联负反馈使输入电阻增大，增大到原来的 $F = 1 + AB$ 倍；并联负反馈使输入电阻减小，减小到原来的 $\frac{1}{F} = \frac{1}{1 + AB}$。

5.3.5　负反馈对输出电阻的影响

负反馈放大电路的输出电阻是从电路输出端看进去的等效电阻，它只与输出采样方式有关，而与输入端的引入方式无关。负反馈在放大电路输出端采样信号不同，会对负反馈放大电路的输出电阻产生不同的影响。

1. 电压负反馈

电压负反馈在输出端采集输出电压 u_o，根据输出电阻的计算方法，将电压负反馈放大电路简

化为图 5-18 所示的方框图，图中 R_o 表示基本放大电路 A 的输出电阻，该电阻已经考虑了反馈网络在输出端的负载效应。

令输入信号 $X_i = 0$，则 $X_{di} = -X_f = -Bu_o$，于是

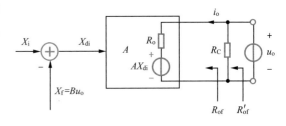

$$i_o = \frac{u_o - AX_{di}}{R_o} = \frac{(1+AB)u_o}{R_o} \quad （5\text{-}52）$$

图 5-18　电压负反馈放大电路的简化方框图

则电压负反馈放大电路的输出电阻表达式为

$$R_{of} = \frac{u_o}{i_o} = \frac{1}{1+AB}R_o = \frac{1}{F}R_o \quad （5\text{-}53）$$

式（5-53）表明引入电压负反馈后，电路输出电阻仅为基本放大电路输出电阻的 $\dfrac{1}{1+AB}$。当 $(1+AB) \to +\infty$ 时，R_{of} 近似为零。考虑到 R_C 的影响，整个负反馈放大电路的输入电阻为

$$R'_{of} = R_C // R_{of} \quad （5\text{-}54）$$

2. 电流负反馈

电流负反馈在输出端采集输出电流 i_o，根据输出电阻的计算方法，将电流负反馈放大电路简化为图 5-19 所示的方框图，图中 R_o 表示基本放大电路 A 的输出电阻。

令输入信号 $X_i = 0$，则 $X_{di} = -X_f = -Bi_o$，于是

$$u_o = (i_o - AX_{di})R_o = (1+AB)i_oR_o \quad （5\text{-}55）$$

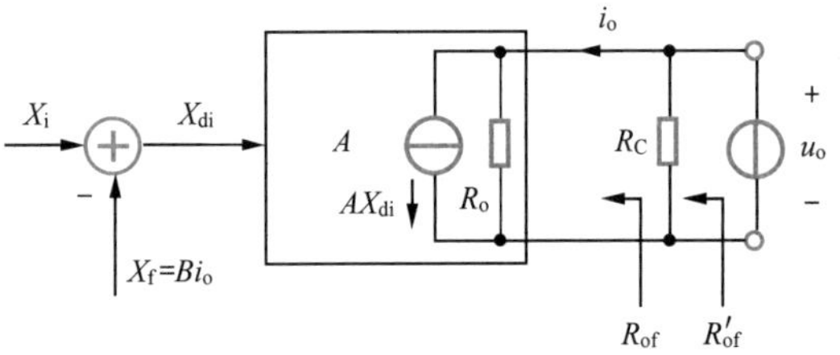

图 5-19　电流负反馈放大电路的简化方框图

则电流负反馈放大电路的输出电阻表达式为

$$R_{of} = \frac{u_o}{i_o} = (1+AB)R_o = FR_o \quad （5\text{-}56）$$

式（5-56）表明引入电流负反馈后，电路输出电阻为基本放大电路输出电阻的 $(1+AB)$ 倍。当 $(1+AB) \to +\infty$ 时，R_{of} 也趋近于无穷大。考虑到 R_C 的影响，整个负反馈放大电路的输入电阻为

$$R'_{of} = R_C // R_{of} \quad （5\text{-}57）$$

综上所述，负反馈对电路输入电阻的影响总结如下：

① 放大电路引入负反馈后，输出电阻的变化只取决于输出端的采样信号，而与输入端反馈的引入方式无关；

② 电压负反馈使输出电阻减小，减小到原来的 $\dfrac{1}{F} = \dfrac{1}{1+AB}$；电流负反馈使输出电阻增大，增大到原来的 $F = 1+AB$ 倍；

③ 图 5-18 和图 5-19 的分析过程忽略了信号源内阻，在实际输出电阻的计算中应考虑信号源内阻的影响。

5.4　负反馈放大电路的方框图分析法

分析负反馈放大电路的常用方法包括等效电路法和方框图分析法。

等效电路法不用考虑反馈网络的组态和类型，直接画出电路的交流等效电路，列出电压电流方程，再使用电路分析方法求出放大电路的性能指标。无论电路如何复杂，只要等效电路正确就能得到计算结果。但随着电路复杂度的增大，计算工作量也会增大。

方框图分析法是将负反馈放大电路分解成两个双端口网络（基本放大电路 A 和反馈网络 B）。在分解电路时应满足信号传递的单向化，在分解出基本放大电路 A 时应考虑反馈网络 B 的负载效应（将反馈网络 B 作为放大电路输入端和输出端的等效负载）。然后分别求出基本放大电路 A 的性能指标和反馈网络 B 的反馈系数，再利用反馈方程式分析负反馈放大电路的性能。这种分析法的优点是物理概念清晰，能够明确地显示出电路性能与反馈量之间的关系。

当考虑反馈网络 B 在输入端的负载效应时，应令输出量的作用为零；而考虑反馈网络 B 在输出端的负载效应时，应令输入量的作用为零。根据双端口网络理论，考虑反馈网络 B 的负载作用时，绘制基本放大电路 A 的规则如下。

① 基本放大电路等效输入端：对于电压反馈，令 $u_o = 0$，即将输出端对地短路；对于电流反馈，令 $i_o = 0$，即将输出回路开路。这样就得到考虑反馈网络在输入端的负载效应时的基本放大电路等效输入回路。

② 基本放大电路等效输出端：对于并联反馈，令 $u_i = 0$，即将输入端对地短路；对于串联反馈，令 $i_i = 0$，即将输入回路开路。这样就得到考虑反馈网络在输出端的负载效应时的基本放大电路等效输出回路。

下面用两个例题来说明如何使用方框图分析法计算负反馈放大电路的性能指标。

例 5-7　使用方框图分析法计算图 5-20（a）所示的电压并联负反馈放大电路的闭环互阻增益 A_{Rfo}。

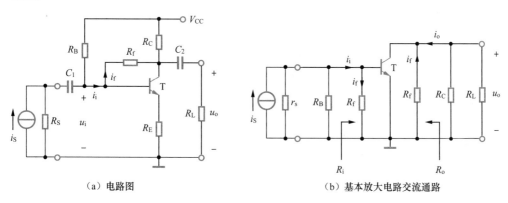

（a）电路图　　　　　　　　　　　（b）基本放大电路交流通路

图 5-20　例 5-7 题图及分析图

解　根据双端口网络理论，图 5-20（a）所示电路的基本放大电路交流通路如图 5-20（b）所示。首先计算基本放大电路的开环互阻增益为

$$A_R = \frac{u_o}{i_i} = \frac{-i_c \left(R_f \; // \; R_C \; // \; R_L \right)}{i_i} = \frac{-h_{fe} R_f \left(R_f \; // \; R_C \; // \; R_L \right)}{R_f + h_{ie}}$$

其次计算反馈网络的互导反馈系数为

$$B_G = \frac{i_f}{u_o} = \frac{i_f}{-i_f R_f} = -\frac{1}{R_f}$$

最后根据基本反馈方程式 $A_{Rf} = \dfrac{A_R}{1 + A_R B_G}$，使用上述两个表达式计算得到反馈放大电路的闭环互阻增益。

例5-8 图 5-21（a）所示电路为电流串联负反馈放大电路，已知 $R_{B1} = 100 \text{ k}\Omega$，$R_{B2} = 50 \text{ k}\Omega$，$R_C = 2 \text{ k}\Omega$，$R_E = 100 \ \Omega$，$R_L = 2 \text{ k}\Omega$，三极管参数为 $h_{fe} = 100$，$h_{ie} = 1 \text{ k}\Omega$，$h_{re} \approx h_{oe} \approx 0$。分别使用方框图分析法和等效电路法计算电压增益 A_u、输入电阻 R_i' 和输出电阻 R_o'。

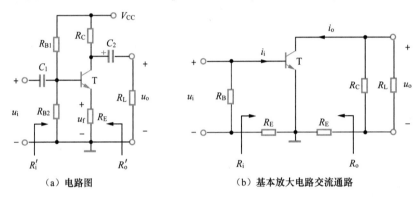

（a）电路图　　　　　（b）基本放大电路交流通路

图 5-21　例 5-8 题图及分析图

解 ① 使用方框图分析法，根据双端口网络理论，图 5-21（a）所示电路的基本放大电路交流通路如图 5-21（b）所示，其中 $R_B = R_{B1} // R_{B2}$，则基本放大电路的参数为

$$R_i = h_{ie} + R_E = 1.1 \ (\text{k}\Omega)$$

$$R_o = 1 / h_{oe} + R_E \to +\infty$$

$$A_G = \frac{i_o}{u_i} = \frac{h_{fe} i_i}{i_i R_i} = \frac{h_{fe}}{R_i} = 90.9 (\text{mA} / \text{V})$$

反馈系数为

$$B_R = \frac{u_f}{i_o} = \frac{i_o R_E}{i_o} = R_E = 0.1 \ (\text{k}\Omega)$$

反馈深度为

$$F = 1 + A_G B_R = 10.1$$

根据基本反馈方程式计算反馈放大电路参数为

$$A_{Gf} = \frac{A_G}{1 + A_G B_R} = 9.09 (\text{mA} / \text{V})$$

$$R_{if} = F \cdot R_i = 11.1 \ (\text{k}\Omega)$$

$$R_i' = R_{if} // R_B = 8.33 \ (\text{k}\Omega)$$

$$R_{\mathrm{of}} = F \cdot R_{\mathrm{o}} \to +\infty$$

$$R_{\mathrm{o}}' = R_{\mathrm{of}} /\!/ R_C = 2 \ (\mathrm{k\Omega})$$

$$A_u = A_{\mathrm{uf}} = \frac{u_{\mathrm{o}}}{u_{\mathrm{i}}} = -\frac{i_{\mathrm{o}}\left(R_C /\!/ R_L\right)}{u_{\mathrm{i}}} = -A_{\mathrm{Gf}}\left(R_C /\!/ R_L\right) = -9$$

② 使用等效电路法，根据三极管 h 参数等效模型画出等效电路（参考第 3 章 3.2 节，此处略），直接写出图 5-21（a）所示放大电路的电压增益为

$$A_u = \frac{u_{\mathrm{o}}}{u_{\mathrm{i}}} = -\frac{h_{\mathrm{fe}}\left(R_C /\!/ R_L\right)}{h_{\mathrm{ie}} + \left(1 + h_{\mathrm{fe}}\right) R_{\mathrm{e}}} = -9$$

由此可见，使用方框图分析法或等效电路法分析放大电路，结果相同。

综上所述，使用方框图分析法分析负反馈放大电路的一般步骤：
① 找出反馈网络，判断反馈组态；
② 考虑反馈网络对基本放大电路输入端和输出端的等效负载作用，画出分解后的基本放大电路，并使用电路分析方法分析计算出该基本放大电路的增益 A、输入电阻 R_{i} 和输出电阻 R_{o}；
③ 分析计算反馈系数 B；
④ 根据基本反馈方程式和负反馈对放大电路的性能影响，计算出闭环增益 A_{f}、闭环输入电阻 R_{if} 和闭环输出电阻 R_{of}。

5.5　深度负反馈放大电路增益的近似计算

实用放大电路中常引入深度负反馈。根据基本反馈方程式可知，反馈深度很大时可近似为 $F = AB$，则负反馈放大电路闭环增益 $A_{\mathrm{f}} \approx \dfrac{1}{B}$，即近似只与反馈系数有关。因此分析深度负反馈条件下的放大电路重点是从电路中分离出反馈网络，并求出反馈系数 B。

计算反馈网络的反馈系数 B 的简单规则：对于并联负反馈，令 $u_{\mathrm{i}} = 0$；对于串联负反馈，令 $i_{\mathrm{i}} = 0$。进而利用反馈网络中反馈信号与输出信号间的关系直接给出相应结果。例如，例 5-7 中，图 5-20（a）是电压并联负反馈放大电路，计算反馈系数 B 时，令 $u_{\mathrm{i}} = 0$，此时 $u_{\mathrm{o}} = -i_{\mathrm{f}} R_{\mathrm{f}}$，所以 $B_{\mathrm{G}} = \dfrac{i_{\mathrm{f}}}{u_{\mathrm{o}}} = -\dfrac{1}{R_{\mathrm{f}}}$。再如，例 5-8 中，图 5-21（a）是电流串联负反馈放大电路，计算反馈系数 B 时，令 $i_{\mathrm{i}} = 0$，即将输入回路开路，此时反馈系数 $B_{\mathrm{R}} = \dfrac{u_{\mathrm{f}}}{i_{\mathrm{o}}} = R_{\mathrm{E}}$。

计算得到反馈系数 B 后，在深度负反馈情况下，根据反馈系数的定义可得闭环增益为

$$A_{\mathrm{f}} \approx \frac{1}{B} = \frac{X_{\mathrm{o}}}{X_{\mathrm{f}}} \tag{5-58}$$

由式（5-58）可知 $X_{\mathrm{i}} \approx X_{\mathrm{f}}$，即深度负反馈分析的本质是近似忽略净输入信号 X_{di}。具体来说，对于串联负反馈，忽略了净输入电压信号 u_{di}；而对于并联负反馈，忽略了净输入电流信号 i_{di}。

例5-9 电流串联负反馈放大电路如图 5-22（a）所示，已知场效应管和三极管的参数，若电路满足深度负反馈条件，求电路的闭环电压增益 $A_{\rm uf}$、输入电阻 $R'_{\rm if}$ 和输出电阻 $R'_{\rm of}$。

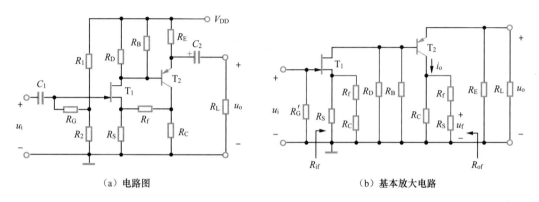

（a）电路图 　　　　　　　　　　（b）基本放大电路

图 5-22　例 5-9 题图及分析图

解 图 5-22（a）所示电流串联负反馈放大电路的基本放大电路如图 5-22（b）所示，其中 $R'_{\rm G} = R_{\rm G} + (R_1 // R_2)$。由此可知互阻反馈系数为

$$B_{\rm R} = \frac{u_{\rm f}}{i_{\rm o}} = \frac{R_{\rm S}\left[R_{\rm C} // \left(R_{\rm S} + R_{\rm f}\right)\right]}{R_{\rm S} + R_{\rm f}} = \frac{R_{\rm S} R_{\rm C}}{R_{\rm S} + R_{\rm f} + R_{\rm C}}$$

因此深度负反馈条件下的互导反馈系数为

$$A_{\rm Gf} = \frac{i_{\rm o}}{u_{\rm i}} \approx \frac{1}{B_{\rm R}} = \frac{R_{\rm S} + R_{\rm f} + R_{\rm C}}{R_{\rm S} R_{\rm C}}$$

则闭环电压增益为

$$A_{\rm uf} = \frac{u_{\rm o}}{u_{\rm i}} = \frac{-i_{\rm o} R'_{\rm L}}{u_{\rm i}} = -A_{\rm Gf} R'_{\rm L}$$

其中，$R'_{\rm L} = R_{\rm E} // R_{\rm L}$。

图 5-22（b）所示的基本放大电路的输入电阻 $R_{\rm i} \to +\infty$，则闭环输入电阻 $R_{\rm if} = (1 + R_{\rm i}) \approx +\infty$，因此电路的输入电阻为 $R'_{\rm if} = R_{\rm if} // R'_{\rm G} \approx R'_{\rm G}$。此外，电路输出电阻 $R'_{\rm of} = R_{\rm E} // R_{\rm of} = R_{\rm E} // [(1 + A_{\rm G} B_{\rm R}) R_{\rm o}] \approx R_{\rm E}$。

5.6 ◀ 负反馈放大电路的稳定性

引入负反馈可以牺牲部分放大增益为代价，改善放大电路的性能，并且反馈深度越大，性能改善效果越好。然而，随着反馈深度的不断增大，可能出现输入信号为零时，放大电路也会产生一定幅度的单频信号输出的现象。这种现象称为自激振荡，会使放大电路工作不稳定。

5.6.1　自激振荡的产生原因和条件

前面分析负反馈放大电路的前提条件是输入信号在中频段，电路中耦合电容、旁路电容、晶体管结电容等电抗元件的影响均可忽略。在式（5-5）所示的负反馈放大电路基本反馈方程式中，环路增益 $AB > 0$，即开环增益 A 和反馈系数 B 的相位 $\varphi_A + \varphi_B = 2n\pi$（$n$ 为整数），使反馈量 X_f 与输入量 X_i 相位相同，因此净输入量 $X_{di} = X_i - X_f$ 减小，为负反馈。

基于第 4 章的电路频率响应分析，耦合电容和旁路电容在增益函数的低频段贡献零、极点，环路增益 AB 将产生附加相移；而在高频段，晶体管结电容在增益函数中贡献极点，环路增益 AB 也将产生附加相移。相对于中频段电路的相位来说，附加相移表示为 $(\varphi_A' + \varphi_B')$。当某一输入信号频率使附加相移 $\varphi_A' + \varphi_B' = 2(n + 1)\pi$（$n$ 为整数）时，反馈量 X_f 相较于中频段产生了超前或滞后 $180°$ 的附加相移，则净输入量 X_{di} 增大，此时将产生正反馈。

例如，图 5-23（a）所示的负反馈放大电路方框图，其电路输入信号 $X_i = 0$，环路增益 AB 的高频增益函数的幅频、相频特性曲线如图 5-23(b) 所示。在通频带 $0 \sim f_H$ 范围内，电路正常工作；在 $f = f_c$ 时，环路增益 AB 的相位 $\varphi(AB) = -180°$，增益 $|AB| = 1$，此时 $AB = -1$。根据基本反馈方程式可知，此时 $A_f \rightarrow +\infty$，电路工作不稳定。

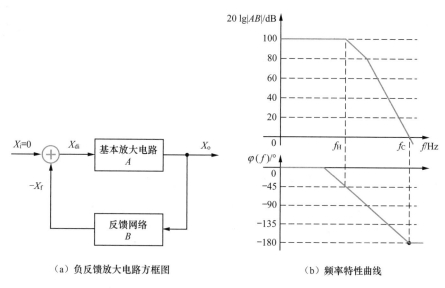

（a）负反馈放大电路方框图　　　　　（b）频率特性曲线

图 5-23　负反馈放大电路的频率特性示意图

由图 5-23（a）可知，当电路输入信号 $X_i = 0$ 时，$X_{di} = X_i - X_f = -ABX_{di}$。由于 $X_o = AX_{di}$，因此 $X_o = -ABX_o$，即下一时刻的输出等于前一时刻的输出乘 $(-AB)$。此时若电路存在很小的扰动输入且该扰动存在 f_c 的频率成分，就能够使环路增益 AB 产生 $\pm 180°$ 的附加相移。扰动经过反馈环送入输入端，即净输入信号 $X_{di} = X_f$，再经过基本放大电路和反馈网络，如果环路增益 AB 模值大于 1，则输出信号不断增大，电路就产生了自激振荡现象。产生自激振荡后，输出信号的幅度不会持续增大。当净输入信号的幅度超出线性放大范围时，开环增益 A 将下降，而反馈系数 B 保持不变。当 $AB = -1$ 时，电路达到动态平衡。

负反馈放大电路自激振荡的起振条件为

$$AB < -1 \qquad\qquad (5\text{-}59)$$

写成模与相位的形式：

幅度条件

$$|AB| > 1$$

相位条件

$$\varphi_A + \varphi_B = 2(n+1)\pi \quad (n \text{ 为整数}) \tag{5-60}$$

负反馈放大电路自激振荡的平衡条件为

$$AB = -1 \tag{5-61}$$

写成模与相位的形式：

幅度条件

$$|AB| = 1$$

相位条件

$$\varphi_A + \varphi_B = 2(n+1)\pi \quad (n \text{ 为整数}) \tag{5-62}$$

5.6.2　负反馈放大电路稳定性的判断

由式（5-59）和式（5-62）可知，负反馈放大电路的稳定性由负反馈放大电路环路增益的频率特性所决定。为了直观地使用这个条件，工程上常使用环路增益 AB 的波特图判断负反馈放大电路的稳定性，即

负反馈放大电路
稳定性的判断

$$20\lg|AB| = 20\lg|A| - 20\lg\left|\frac{1}{B}\right| \tag{5-63}$$

对于自激振荡的幅度条件 $|AB| = 1$ 来说，$20\lg|AB| = 20\lg|A| - 20\lg\left|\frac{1}{B}\right| = 0$，在放大电路的开

环增益 $20\lg|A|$ 上减去 $20\lg\left|\frac{1}{B}\right|$ 便可得到环路增益 $20\lg|AB|$ 的波特图。

图 5-24 给出了环路增益波特图的三种情况。图中 f_0 称为增益交界频率，表示满足自激振荡幅度条件 $|AB| = 1$ 时的频率；f_c 称为相位交界频率，表示满足自激振荡相位条件 $\varphi_A + \varphi_B = 2(n+1)\pi$（$n$ 为整数）时的频率。

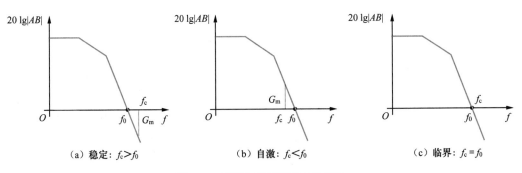

图 5-24　环路增益波特图的三种情况

在图 5-24（a）中，$f = f_c$ 时对应的环路增益 $20\lg|AB| < 0$，即 $|AB| < 1$，不满足自激振荡起振或平衡条件，因此具有图 5-24（a）所示环路增益频率特性的负反馈放大电路不会产生自激振荡。

在图 5-24（b）中，$f = f_c$ 时对应的环路增益 $20\lg|AB| > 0$，即 $|AB| > 1$，满足自激振荡的起振条件，因此具有图 5-24（b）所示环路增益频率特性的负反馈放大电路必然产生自激振荡，振荡频率为 f_c。

在图 5-24（c）中，$f=f_c$ 时对应的环路增益 $20 \lg |AB| = 0$，即 $|AB| = 1$，满足自激振荡的平衡条件，因此具有图 5-24（c）所示环路增益频率特性的负反馈放大电路处于自激振荡的临界状态。

定义 $f=f_c$ 时所对应的环路增益 $20 \lg |AB|$ 的值为幅度裕量 G_m，即

$$G_m = 20 \lg |AB| \big\|_{f=f_c} \tag{5-64}$$

负反馈放大电路稳定时，$G_m < 0$，并且 $|G_m|$ 越大，电路越稳定。在工程设计中，通常认为 $G_m \leqslant -10 \text{ dB}$，电路具备足够的幅度裕量。

定义 $f=f_0$ 时，$|\varphi_A + \varphi_B|$ 与 180° 的差值为相位裕量，即

$$\varphi_m = 180^\circ - |\varphi_A + \varphi_B| \big\|_{f=f_0} \tag{5-65}$$

负反馈放大电路稳定时，$\varphi_m > 0$，并且 φ_m 越大，电路越稳定。在工程设计中，通常认为 $\varphi_m \geqslant 45^\circ$，电路具备足够的相位裕量。

综上所述，只有当 $G_m \leqslant -10 \text{ dB}$ 且 $\varphi_m \geqslant 45^\circ$ 时，才可认为负反馈放大电路具有可靠的稳定性。

例5-10 假设某放大电路的开环电压增益表达式为

$$A_u(jf) = \frac{10^4}{\left(1 + j\dfrac{f}{10^4}\right)\left(1 + j\dfrac{f}{10^5}\right)\left(1 + j\dfrac{f}{10^6}\right)}$$

电路中通过电阻引入电压串联负反馈，试分析反馈系数分别为 $B_1 = 10^{-3}$、$B_2 = 10^{-2}$、$B_3 = 10^{-1}$ 时，电路是否稳定。

解 基本放大电路存在三个极点，即 $f_{H1} = 10^4 \text{ Hz}$、$f_{H2} = 10^5 \text{ Hz}$、$f_{H3} = 10^6 \text{ Hz}$。开环增益的通频带由 f_{H1} 决定，即 f_{H1} 为上限截止频率。开环电压增益函数 $A_u(jf)$ 的幅频特性曲线和相频特性曲线如图 5-25 所示。

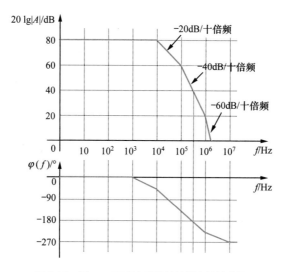

图 5-25 例 5-10 开环电压增益的频率特性曲线

反馈系数 B 为常数，因此 $\varphi_B = 0$，则 $\varphi_A + \varphi_B = \varphi_A$。

① 当 $B_1 = 10^{-3}$ 时，$20\lg\left|\dfrac{1}{B_1}\right| = 60\text{dB}$，该水平线与图 5-25 中基本放大电路的幅频特性曲线交于 M_1 点，对应的频率为增益交界频率 f_0。根据式（5-63）得到 $20\lg|AB|$ 的幅频特性曲线和相频特性曲线如图 5-26（a）所示，此时 $f_0 < f_c$，电路稳定，相应的幅度裕量 $G_m = -20\text{ dB}$，相位裕量 $\varphi_m = 45°$。

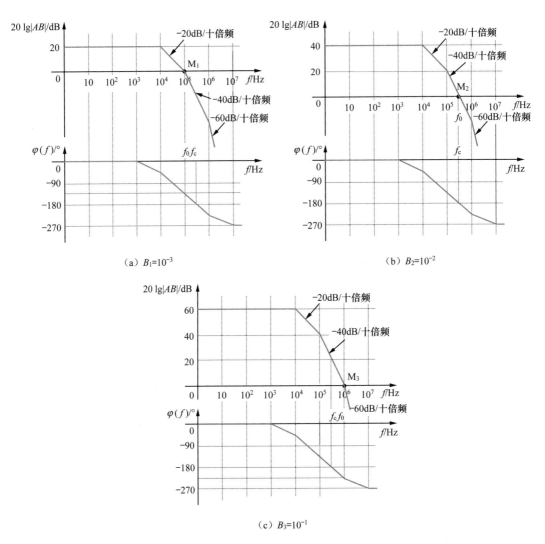

（a）$B_1 = 10^{-3}$ （b）$B_2 = 10^{-2}$

（c）$B_3 = 10^{-1}$

图 5-26　不同反馈系数下的频率特性曲线

② 当 $B_2 = 10^{-2}$ 时，$20\lg\left|\dfrac{1}{B_2}\right| = 40\text{dB}$，该水平线与图 5-25 中基本放大电路的幅频特性曲线交于 M_2 点，对应的频率为增益交界频率 f_0。根据式（5-63）得到 $20\lg|AB|$ 的幅频特性曲线和相频特性曲线如图 5-26（b）所示，此时 $f_0 = f_c$，电路处于临界状态，幅度裕量 $G_m = 0\text{ dB}$。

③ 当 $B_3 = 10^{-1}$ 时，$20\lg\left|\dfrac{1}{B_3}\right| = 20\text{dB}$，该水平线与图 5-25 中基本放大电路的幅频特性曲线交于 M_3 点，对应的频率为增益交界频率 f_0。根据式（5-63）得到 $20\lg|AB|$ 的幅频特性曲线和

相频特性曲线如图 5-26（c）所示，此时 $f_0 > f_c$，电路自激振荡。

根据例 5-10，可总结得出以下几点结论。

① 对于同一个基本放大电路，当满足起振相位条件时，反馈系数 B 越大（即引入的负反馈越深），电路越容易产生自激，因此需要对反馈深度加以限制。

② 对于纯电阻的反馈网络来说，如果反馈线 $20\lg\left|\dfrac{1}{B}\right|$ 与幅频特性曲线 $20\lg|A|$ 相交于斜率为 -20 dB/ 十倍频的直线上，则电路必定稳定。

③ 对于只存在一个极点的放大电路，若引入纯电阻反馈网络，其最大附加相移为 $-90°$，起振相位条件无法满足，因此不能产生自激；而对于存在两个或两个以上极点的放大电路，相位裕量 φ_m 超过 $-180°$，则电路会产生自激。

5.6.3　消除负反馈放大电路自激振荡的方法

负反馈放大电路中的自激振荡是有害的，需要设法避免。简单来说，通过减少多级放大电路的级联个数即可实现，但减少级联个数会减小放大倍数，可能难以达到设计需求。也可以通过限制反馈深度（减小反馈系数）来消除自激振荡，但这又不利于改善放大电路的其他性能。设计者通常采用相位补偿的方法破坏自激振荡的产生条件，即在反馈环路内增加一些电抗元件，改变环路增益 AB 的频率特性，使其在满足起振幅度条件 $|AB|>1$ 的频率范围内不满足相位条件，即 $\varphi_A + \varphi_B \neq 2(n+1)\pi$。

常用的消除自激振荡的方法包括滞后补偿和超前补偿。为简单起见，假设基本放大电路采用直接耦合，且反馈网络由纯电阻构成。

1. 滞后补偿

滞后补偿的基本思想是在放大电路中增加一定的电抗元件，则放大电路的附加相位相对滞后，使相位交界频率 f_c 处的环路增益 $|AB|<1$（即幅度裕量 $G_m < 0$），电路能够稳定工作。

若某负反馈放大电路的环路增益频率特性曲线如图 5-27（a）中虚线所示，为了消除自激振荡，可以在产生第一个极点的基本放大电路单元增加一个补偿电路，如图 5-27（b）所示。

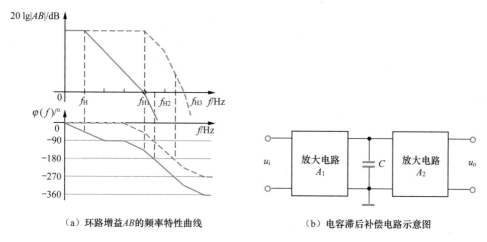

（a）环路增益 AB 的频率特性曲线　　　（b）电容滞后补偿电路示意图

图 5-27　电容滞后补偿

假设图 5-27（b）中电路 A_1 的输出电阻为 r_{o1}，电路 A_2 的输入电阻为 r_{i2}，输入电容为 C_{i2}，则未引入电容滞后补偿的高频截频为

$$f_{H1} = \frac{1}{2\pi\left(r_{o1} /\!/ r_{i2}\right)C_{i2}} \tag{5-66}$$

而采用电容滞后补偿电路后，其高频截频为

$$f_H = \frac{1}{2\pi\left(r_{o1} /\!/ r_{i2}\right)\left(C_{i2} + C\right)} \tag{5-67}$$

采用电容滞后补偿后的频率特性曲线如图 5-27（a）中实线所示。通过滞后补偿，增益交界频率 $f_0 = f_{H1}$，对应的相位为 $\varphi_A = -135°$，相位裕量 $\varphi_m = 45°$，负反馈放大电路稳定。

然而，滞后补偿是以牺牲通频带为代价的（补偿前通频带为 f_{H1}，补偿后通频带为 f_H，$f_H < f_{H1}$，即高频截频点左移）。注意，补偿后的环路增益相位更加滞后，因此称这种方法为滞后补偿。

除了电容滞后补偿外，还有 RC 滞后补偿、密勒补偿等，对应的电路示意图如图 5-28 所示。

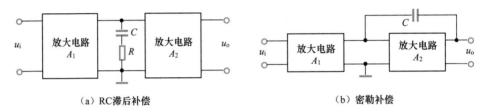

（a）RC 滞后补偿　　　　　　　　　　　　　（b）密勒补偿

图 5-28　其他滞后补偿电路示意图

图 5-28（a）所示的 RC 滞后补偿电路与电容滞后补偿电路类似，它主要是改善了使用电容滞后补偿时所牺牲的通频带，通常要求选择 $R \ll r_{o1} /\!/ r_{i2}$。

图 5-28（b）所示的密勒补偿方法可以使用较小的电容实现滞后补偿，它将补偿电容跨接在放大电路输入端和输出端之间，利用密勒定理进行电容等效。该方法可以通过引入较小的电容获得较好的补偿效果。

2. 超前补偿

超前补偿的基本思想是在易于产生自激振荡的频率点左边引入一个零点，利用零点产生的超前相移获得所需的闭环稳定性，即改变增益交界频率 f_0 点的相位，使 $f_c > f_0$，破坏自激振荡条件。

例如，例 5-10 中引入 $B_3 = 10^{-1}$ 的反馈时，其相位交界频率点位于 f_{H2} 与 f_{H3} 之间，即 $f_c = 3.2 \times 10^5$ Hz，相应的幅度裕量 $G_m = 20$ dB > 0，如图 5-26（c）所示。若引入超前补偿电路 A_c，如图 5-29（a）所示，该补偿电路的频率特性为

$$A_c(\mathrm{j}f) = \frac{u_2}{u_1} = \frac{R_2}{R_1 + R_2}\frac{1 + \mathrm{j}\omega R_1 C}{1 + \mathrm{j}\omega\left(R_1 /\!/ R_2\right)C} = A_{cm}\frac{1 + \mathrm{j}\dfrac{f}{f_z}}{1 + \mathrm{j}\dfrac{f}{f_p}}$$

其中，$A_{cm} = \dfrac{R_2}{R_1 + R_2}$，零点频率 $f_z = \dfrac{1}{2\pi R_1 C}$，极点频率 $f_p = \dfrac{1}{2\pi\left(R_1 /\!/ R_2\right)C}$。

显然 $f_z < f_p$。通过调整电阻 R_1、R_2 和电容 C 的大小，将 f_z 设定在例 5-10 中的 f_{H2} 与 f_c 之间（如 $f_z = 10^5$ Hz），f_p 设定为大于例 5-10 中的 f_c（如 $f_p = 10^7$ Hz），则可以实现对 $B_3 = 10^{-1}$ 负反馈的超前补偿。

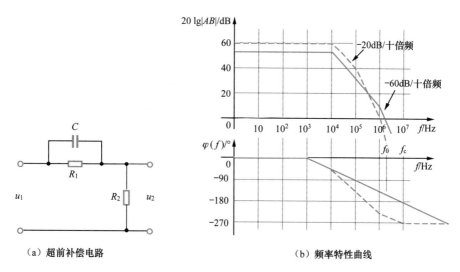

（a）超前补偿电路　　　　　　　　　（b）频率特性曲线

图 5-29　超前补偿电路及其频率特性曲线

根据上述超前补偿电路零、极点频率的设定，10^5 Hz 处的原极点和新引入的零点相互抵消，10^4 Hz、10^6 Hz 和 10^7 Hz 处存在三个极点，相应的开环电压增益表达式改写为

$$A_u'(f) = A_c(\mathrm{j}f) \cdot A_u(f) = \frac{10^4 A_{cm}\left(1 + \mathrm{j}\dfrac{f}{f_z}\right)}{\left(1 + \mathrm{j}\dfrac{f}{f_p}\right)\left(1 + \mathrm{j}\dfrac{f}{10^4}\right)\left(1 + \mathrm{j}\dfrac{f}{10^5}\right)\left(1 + \mathrm{j}\dfrac{f}{10^6}\right)}$$

因此环路增益频率特性曲线如图 5-29（b）所示，其中虚线表示没有引入超前补偿电路的频率特性曲线，实线表示引入超前补偿电路后的频率特性曲线。注意，$f_0 < f_c$，即破坏了自激振荡条件。在反馈系数 $B_3 = 10^{-1}$ 的情况下，电路稳定。此外，使用超前补偿并未改变第一个极点频率 f_{H1}，通频带保持不变。

本章小结

本章讲述了反馈的基本概念与判别方法，给出了负反馈放大电路的四种组态，分析了负反馈对放大电路性能的影响，使读者能够根据实际需求合理引入反馈网络并设计负反馈放大电路；随后讲解了方框图分析法和深度负反馈情况下的近似计算方法，讨论了负反馈放大电路的稳定性和自激振荡的产生原因，使读者了解了消除自激振荡的方法。具体内容如下。

1. 反馈的基本概念与判别

反馈是将电路输出信号的一部分或全部通过反馈网络，用一定的方式送回电路输入回路，从而影响放大电路的输入信号。反馈信号使输入信号减小的称为负反馈，反之则称为正反馈；反馈信号与输出电压成比例的为电压反馈，而与输出电流成比例的则为电流反馈；反馈信号以电压形式引入输入回路的为串联反馈，而以电流形式引入输入回路的为并联反馈；反馈信号只存在于直流通路的为直流反馈，只存在于交流通路的为交流反馈，同时存在于直流和交流通路的则称为交直流混合反馈。

正、负反馈可以通过定义判别，也可以使用瞬时极性法判别；电压、电流反馈可以在输出短路时，通过检查反馈信号是否存在进行判别；串联、并联反馈可以根据反馈信号与输入信号在输入回路中是否连接同一电极进行判断；直流、交流反馈可以通过电容观察法进行判断。

2. 负反馈对放大电路性能的影响

实际应用中几乎所有放大电路都需要引入负反馈。负反馈放大电路包含电流串联负反馈（互导放大器或压控电流源）、电压串联负反馈（电压放大器或压控电压源）、电流并联负反馈（电流放大器或流控电流源）、电压并联负反馈（互阻放大器或流控电压源）。

引入负反馈虽然降低了增益，但改善了放大电路诸多方面的性能指标：①提高了增益稳定性，电压负反馈可稳定输出电压，电流负反馈可稳定输出电流；②改善了反馈环内的非线性失真，抑制了反馈环内的干扰和噪声；③扩展了放大电路的通频带；④改变了放大电路的输入、输出电阻，串联负反馈使输入阻抗增加，并联负反馈使输入阻抗减小，电压负反馈使输出阻抗减小，电流负反馈使输出阻抗增加。

3. 方框图分析法与深度负反馈电路的近似计算

方框图分析法可用于各种类型负反馈放大电路的分析，它将负反馈放大电路分解成基本放大电路和反馈网络。在分解电路时应考虑反馈网络对基本放大电路输入、输出端的负载效应，然后分别求出基本放大电路的性能指标和反馈系数，最后利用反馈方程式 $A_f = \dfrac{A}{1+AB}$ 分析负反馈放大电路的性能。

在深度负反馈条件下，$AB \gg 1$，此时闭环增益 $A_f \approx \dfrac{1}{B}$。反馈电路的闭环增益 A_f 与开环增益 A 几乎无关，仅与反馈系数 B 有关。因为反馈网络一般由无源器件构成，其稳定性优于有源器件，故深度负反馈电路的放大倍数较为稳定。

4. 电路稳定性的判断与自激振荡的消除

负反馈放大电路的级数越多、反馈越深，产生自激振荡的可能性就越大。在环路增益波特图中，可根据增益交界频率 f_0 与相位交界频率 f_c 间的关系判断电路稳定性。若 $f_0 < f_c$，则电路稳定，不会产生自激振荡；若 $f_0 = f_c$，则电路处于临界状态；若 $f_0 > f_c$，则电路不稳定，会产生自激振荡。要使负反馈放大电路具有可靠的稳定性，其应满足幅度裕量 $G_m \leqslant 10\ dB$ 且相位裕量 $\varphi_m \geqslant 45°$。消除自激振荡的方法有滞后补偿和超前补偿两种，是通过在放大电路中引入电抗元件实现的。

📝 习题

5.1　在图 5-30 所示电路中，指明反馈网络是由哪些元件组成的，并判断所引入的反馈类型（正 / 负反馈、直流 / 交流反馈或交直流混合反馈、电压 / 电流反馈、串联 / 并联反馈）。

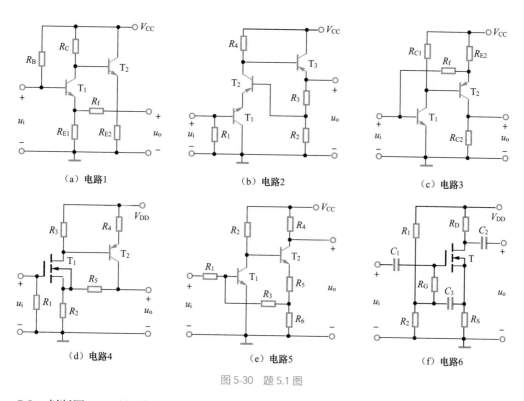

图 5-30 题 5.1 图

5.2 判断图 5-31 所示各电路中引入了哪种组态的交流负反馈，并计算它们的反馈系数。设图中所有电容对交流信号均可视为短路。

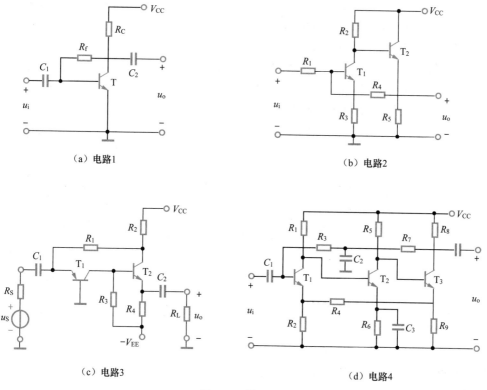

图 5-31 题 5.2 图

5.3 某半导体收音机的输入级电路如图 5-32 所示。试判断该电路中有没有反馈。如果有反馈，属于何种反馈组态？

5.4 放大电路如图 5-33 所示，其中晶体三极管的参数为 $h_{fe1} = h_{fe2} = 50$，$h_{ie1} = h_{ie2} = 1 \text{ k}\Omega$，$r_{ce} = 100 \text{ k}\Omega$。

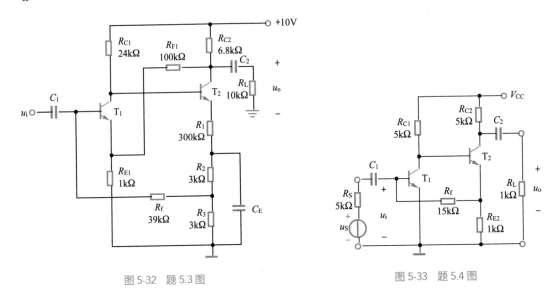

图 5-32 题 5.3 图   图 5-33 题 5.4 图

（1）判断电路中引入的反馈类型。

（2）求反馈系数以及满足深度负反馈条件时放大电路的电压增益 A_{uf}。

5.5 一个多级放大器如图 5-34 所示。试说明为了实现以下要求，应该分别引入什么类型的反馈组态，分别画出加入反馈后的电路图。

（1）要求进一步稳定各直流工作点。

（2）要求负载电阻 R_L 变动时，输出电压 u_o 基本不变，而且输入级向信号源索取的电流较小。

（3）要求负载电阻 R_L 变动时，输出电流 i_o 基本不变。

5.6 多级负反馈放大电路如图 5-35 所示。

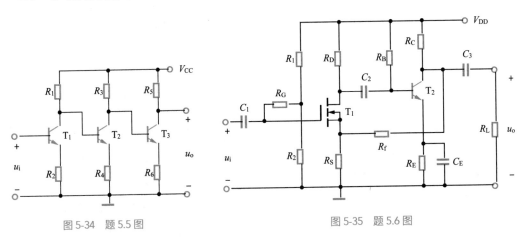

图 5-34 题 5.5 图   图 5-35 题 5.6 图

（1）判断电路中引入何种负反馈。

（2）计算反馈系数。

（3）画出交流通路。

（4）在深度负反馈条件下，求 A_{uf}。

5.7　已知负反馈放大电路如图 5-36 所示，图中 $R_{C1} = 20$ kΩ，$R_{C2} = 4.3$ kΩ，$R_{E2} = 0.62$ kΩ，$R_L = 5$ kΩ，$R_S =500$ kΩ，$R_f = 100$ kΩ，晶体管参数 $h_{fe1} = h_{fe2} = 100$，$h_{ie1} = 6.7$ kΩ，$h_{ie2} = 2.7$ kΩ，h_{oe}、h_{re} 忽略不计。分别使用方框图分析法、深度负反馈条件计算法分析该电路的 A_{if}、R'_{if}、R'_{of}，并说明两种方法产生偏差的原因。

5.8　某放大器如图 5-37 所示。求深度负反馈条件下放大电路的闭环电压增益 A_{uf}、反馈系数 B_u、输入电阻 R'_{if} 和输出电阻 R'_{of} 的表达式。

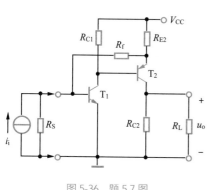

图 5-36　题 5.7 图

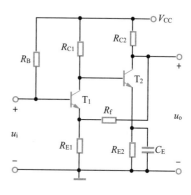

图 5-37　题 5.8 图

5.9　图 5-38 所示的多级放大电路工作在室温环境下，图中的电源 V_{CC}、各个电阻、场效应管 T_1 的 g_m、三极管 T_2 的 h_{fe} 和 $r_{bb'}$ 均已知，且场效应管的 $r_{ds} = +\infty$。

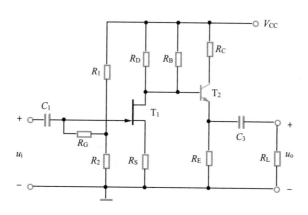

图 5-38　题 5.9 图

（1）若需要提高电路输入电阻并稳定输出电流，应如何引入负反馈？

（2）若问题（1）中的负反馈为深度负反馈，请给出级联放大电路的闭环电压增益 A_{uf}。

5.10　已知某负反馈放大电路，其基本放大电路增益 $A = 10^5$，反馈系数 $B = 2 \times 10^{-3}$。

（1）计算闭环增益 A_f。

（2）若 A 的相对变化率为 20%，则 A_f 的相对变化率为多少？

5.11　已知一个负反馈放大电路的基本放大电路的对数幅频特性曲线如图 5-39 所示，反馈网络由纯电阻组成。试问：若要求电路稳定工作，即不产生自激振荡，则反馈系数的上限为多少分贝？简述理由。

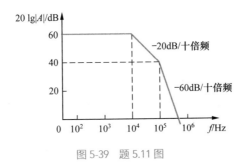

图 5-39　题 5.11 图

5.12 已知负反馈放大电路的增益 $A = \dfrac{10^4}{\left(1+j\dfrac{f}{10^4}\right)\left(1+j\dfrac{f}{10^5}\right)^2}$，试分析：为了使放大电路能

够稳定工作（即不产生自激振荡），反馈系数的上限值为多少？

5.13 级联放大电路的电压增益 $A_u = \dfrac{10^4 jf}{\left(1+j\dfrac{f}{10}\right)\left(1+j\dfrac{f}{10^4}\right)\left(1+j\dfrac{f}{10^5}\right)\left(1+j\dfrac{f}{10^6}\right)}$。

（1）画出该放大电路的幅频响应波特图。

（2）在工程应用中，引入负反馈可使放大电路能够稳定工作，在保证稳定的相位裕量前提下，反馈系数的上限值为多少？

5.14 图 5-40（a）所示放大电路的波特图如图 5-40（b）所示。

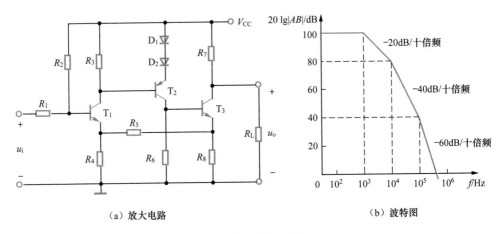

（a）放大电路　　　　　　　　　　（b）波特图

图 5-40　题 5.14 图

（1）判断该电路是否会产生自激振荡，简述理由。

（2）若电路产生了自激振荡，应采取什么措施消振？

（3）若仅有一个 50 pF 的电容，分别接在三个晶体三极管的基极和地之间均未能消振，则将其接在何处有可能消振？为什么？

5.15 两个负反馈放大电路如图 5-41（a）和图 5-41（b）所示。若每个电路中各管参数相同，不考虑分布电容的影响，请分析电路是否可能产生自激振荡。如果有自激振荡，为保持输出电压稳定，应在电路的何处增加电容补偿?

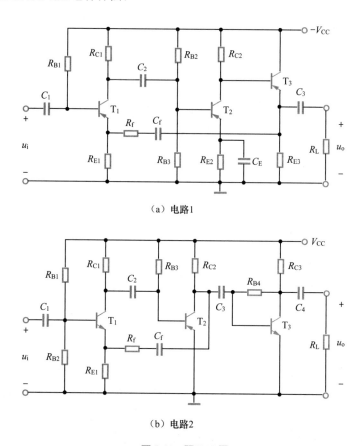

（a）电路1

（b）电路2

图 5-41　题 5.15 图

第 **6** 章

模拟集成放大电路基础

　　1957 年，在晶体管诞生 10 周年之际，贝尔实验室的杰克·莫顿（Jack Morton）在其论文中提到"数字暴政（The tyranny of numbers）"问题："随着电路元件数量的增加，连接数量也会增加，而且增速要快得多。"若系统有 1 万个元件，则电路板上至少有 10 万条更细小的手工焊接连线，这不是可靠的生产工艺。莫顿指出的"数字暴政"为创新提供了契机，是"集成电路"半导体制造工艺产生的前提条件。该工艺独立地诞生在德州仪器和仙童半导体这两家不同的公司。

　　德州仪器公司的工程师杰克·基尔比（Jack Kilby）（见图 6-1）在 1958 年 7 月提出了"单片"概念。他认为电阻、电容、分布电容、晶体管等电路元件可以放在单个薄片上，并于 1958 年 9 月在硅芯片上成功制作了振荡器。与此同时，仙童半导体公司的工程师罗伯特·诺依斯（Robert Noyce）等人（见图 6-2）提出了"平面工艺"，在氧化硅层覆盖的半导体材料中，让杂质分散到特定位置，产生所需的半导体属性以及电阻、电容等元件，同时可在氧化层顶部印上铜线以替代传统布线。诺依斯曾在他的笔记本上写下了这样一句话："理想的结果是把多个设备做到单个硅片上。"

图 6-1　基尔比和他的集成电路　　　　　图 6-2　仙童半导体公司的工程师

　　基尔比和诺依斯各自独立地构想出集成电路的概念，两人殊途同归。基尔比的初衷是解决布线过多的问题，于是他制作出无焊接线便能带有许多元件的电路；诺依斯的出发点是挖掘平面工艺的所有潜能。今天，以集成电路为核心的电子信息产业超过了以汽车、石油、钢铁为代表的传统工业，成为第一大产业并在拉动传统产业迈向数字时代。作为电子信息产业的基础和核心，集成电路是关系国民经济和社会发展全局的基础性、先导性和战略性产业。

　　本章从集成电路的基本结构和工艺特征出发，分析集成电路中普遍使用的电流源电路，从输入和输出角度分别讨论集成电路的基本单元——差分放大电路和功率放大电路，最后介绍典型的模拟集成运算放大器的主要性能参数。

6.1 集成电路基础知识

集成电路（Integrated Circuit, IC）是一种微型电子器件，它采用氧化、光刻、扩散、外延、蒸铝等半导体制造工艺，将电路中所需的有源器件（三极管、场效应管、二极管等）、无源器件（电阻、电容、电感等）以及布线相互连接，制作在一小块或几小块半导体晶片或介质基片上，然后封装（包括圆壳式、扁平式或双列直插式等）在管壳内，成为具有所需电路功能的微型结构。集成电路中所有元件在结构上已成为一个整体，促使电子元件向着微小型化、低功耗、智能化、高可靠性方向发展。

按照处理信号的类别，集成电路分为模拟集成电路和数字集成电路。模拟集成电路又称为线性电路，用于产生、放大和处理各种模拟信号（指幅度随时间变化的信号，如半导体收音机的音频信号、录放机的磁带信号等），其输入信号和输出信号成比例关系；数字集成电路用于产生和处理各种数字信号（指在时间上和幅度上离散取值的信号）。本书重点讲述模拟集成电路。

根据工程应用领域，模拟集成电路可分为通用集成电路和专用集成电路。常见的通用集成电路主要有运算放大器（简称运放）、模拟乘法器（除法器）、函数发生器、锁相环、有源滤波器、压控振荡器、集成功放电路、集成稳压电源、电源管理芯片等。专用集成电路根据应用领域的不同可分为控制系统专用集成电路、通信系统专用集成电路、测试系统专用集成电路、仪器专用电路等。

虽然模拟集成电路的应用种类很多，构成也千差万别，但就通用集成电路来说，其基本组成结构都可以按照模块划分，如图 6-3 所示。

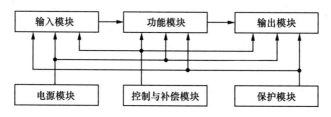

图 6-3　模拟集成电路的基本组成结构

图 6-3 中有输入模块、功能模块、输出模块、电源模块、控制与补偿模块、保护模块六大部分，简介如下。

① 输入模块：根据实际电路需要设计输入电阻，降低输入噪声。

② 功能模块：完成集成电路基本功能的部分，如信号的放大、相乘、变换等。

③ 输出模块：提供满足负载要求的输出电阻和输出电路。

④ 电源模块：实现电源电压的转换、电源波动的抑制、元件的电源保护等功能，为集成电路内各单元电路提供合适的电源。

⑤ 控制与补偿模块：为提高集成电路性能引入的模块，如温度补偿、非线性补偿等。

⑥ 保护模块：为集成电路的输入模块、输出模块和功能模块提供保护，如过压保护、过流保护等。

作为模拟集成电路的重要组成部分，集成运放应用广泛，其基本组成结构包括输入级、中间级、输出级和偏置电路四部分，如图 6-4 所示。

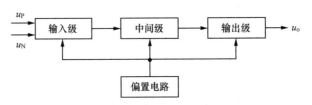

图 6-4　集成运放的基本组成结构

其中各部分的功能如下。

① 输入级：又称为前置级，通常由双端输入的高性能差分放大电路构成，u_P 为同相输入端，u_N 为反相输入端。一般要求输入电阻高，差模信号电压放大倍数大，共模信号电压放大倍数小，抑制零点漂移的能力强，静态电流小，输入端耐压高。

② 中间级：是运放的主放大级，其作用是使运放具有较强的放大能力，多采用共射或共源放大电路。为了提高放大倍数，中间级常采用复合管或多级放大电路，并以恒流源作为集电极负载，可将电压放大倍数提升到几千倍。

③ 输出级：又称为功率级，常采用准互补输出级，应具有输出电压线性范围宽、输出电阻小、非线性失真小、最大不失真输出电压尽可能大等特点。

④ 偏置电路：用于为各级放大电路设置合适的静态工作点。与分立元件放大电路不同，运放使用电流源电路提供合适的静态电流。

虽然上述模块化结构比较简单，但在实际的集成电路工艺中，需要重点考虑半导体材料上集成晶体管、电阻、电容等元件的特性，具体原则如下。

① 集成电路中的电容通常采用 PN 结电容和 MOS 管电容，一般不超过 100pF。为了提高集成度，电路中应尽量少用电容或不用电容，因此集成电路的中间级基本采用直接耦合，而不采用阻容耦合。

② 集成电阻的大小与半导体材料的面积有关，面积越大，阻值越大。而在实际应用中受芯片面积的限制，电阻值通常不宜过大，因此集成电路中要避免使用大电阻，可采用有源器件替代电阻。

③ PN 结的温度效应导致晶体管参数精度不高，温度特性较差。而同一块半导体材料上的相邻元件具有同向偏差，温度特性一致，相对误差较小，匹配性和对称性都较好，因此集成电路中常采用对称电路。

6.2　电流源电路及其应用

电流源电路是模拟集成电路中应用广泛的单元电路，不仅可以为各级放大电路提供合适的静态电流，还可以作为有源负载替代电路中的电阻。对电流源电路的要求包括：①输出符合要求的直流电流；②输出电阻尽可能大；③温度稳定性好；④受电源电压等因素的影响小。下面分别介绍三极管和场效应管构成的电流源电路。

6.2.1　典型的电流源电路

1. 镜像电流源电路

图 6-5（a）给出了三极管构成的镜像电流源电路，它由两个完全对称的三极管 T_1 和 T_2 构成。由于两个三极管的特性完全相同，因此 $U_{BE1} = U_{BE2} = U_{BE}$，$I_{B1} = I_{B2} = I_B$，$\beta_1 = \beta_2 = \beta$，$I_{C1} = I_{C2} = I_C$。

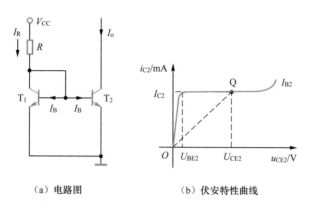

（a）电路图　　　　　（b）伏安特性曲线

图 6-5　三极管镜像电流源电路及其伏安特性曲线

由图 6-5（a）可知，基准电流 $I_R = \dfrac{V_{CC} - U_{BE}}{R} = I_{C1} + 2I_B = I_{C1}\left(1 + \dfrac{2}{\beta}\right) = I_o\left(1 + \dfrac{2}{\beta}\right)$，则输出电流为

$$I_o = \frac{\beta}{\beta + 2} I_R = \left(1 - \frac{2}{\beta + 2}\right) I_R \tag{6-1}$$

一般来说 $\beta \gg 1$，则 $I_o \approx I_R$。I_o 与 I_R 呈现镜像关系，故称为镜像电流源或电流镜。图 6-5（b）给出了图 6-5（a）所示电路图的伏安特性曲线。为了确保电流源具有恒流特性，T_2 需要工作在放大区，即 $U_{CE2} > U_{BE2} \approx 0.7$ V。若 T_2 的静态工作点为 Q，电流源输出端和地之间的直流等效电阻数值较小，为 $R_{DC} = \dfrac{U_{CE2}}{I_{C2}}$；而动态电阻 r_o 的数值很大，并且该电流源具有一定的温度补偿作用，即当温度升高时有如下变化过程：

$$\text{温度升高} \rightarrow I_{C1} \uparrow \rightarrow I_R \uparrow \rightarrow U_R(I_R R) \uparrow \rightarrow U_B \downarrow \rightarrow I_B \downarrow$$
$$\hookrightarrow I_{C2}(I_o) \uparrow \Longleftarrow \Longrightarrow I_{C2}(I_o) \downarrow$$

而在温度降低时，电流和电压的变化过程与上述相反。因此该电流源电路具备一定的稳定性。类似地，使用两个几何尺寸相同的 MOS 管也可以组成镜像电流源电路，如图 6-6 所示。图 6-6 中，T_1 为基准管，T_2 为输出管，两个 MOS 管均工作在恒流区。I_R 为基准电流，I_o 为输出电流。

由于两个 MOS 管的几何尺寸相同（即沟道宽长比相同），因此有

$$I_o = I_R \tag{6-2}$$

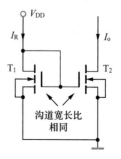

图 6-6　MOS 管镜像电流源电路

即电路为 MOS 管镜像电流源电路。

镜像电流源电路简单，应用广泛。但在电源电压确定的前提下，若要增大输出电流 I_o，则 I_R 一定也要增大，则电阻 R 或场效应管沟道电阻上的功耗也会增大，这在集成电路中应当加以避免。如果要求 I_o 很小，则需要较小的 I_R，则电阻 R 或场效应管沟道的电阻需要很大，这在集成电路中也是难以做到的。因此衍生出来其他类型的电流源电路。

2. 比例电流源电路

图 6-5（a）所示的三极管镜像电流源电路中，在 T_1 和 T_2 的发射极上分别接入电阻 R_1 和 R_2，通过调整 R_1 和 R_2 的关系可使输出电流 I_o 与基准电流 I_R 成比例。此外，对于图 6-6 所示的 MOS 管电流源电路，调整 MOS 管沟道的宽长比，同样能改变输出电流 I_o 与基准电流 I_R 的比例。这种电路结构可以克服镜像电流源电路功耗和电阻 R 较大的缺点，称为比例电流源电路，如图 6-7 所示。

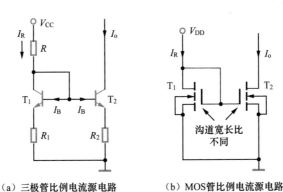

（a）三极管比例电流源电路　　　（b）MOS管比例电流源电路

图 6-7　比例电流源电路

对于图 6-7（a）来说，有

$$U_{BE2} + I_{E2}R_2 = U_{BE1} + I_{E1}R_1 \approx U_{BE1} + I_R R_1 \qquad (6-3)$$

其中 $U_{BE1} = U_T \ln \dfrac{I_{C1}}{I_{ES1}}$，$U_{BE2} = U_T \ln \dfrac{I_{C2}}{I_{ES2}}$，且 U_{BE1} 和 U_{BE2} 近似相等，故有

$$I_o = I_{C2} \approx I_{E2} \approx \frac{R_1}{R_2} I_R \qquad (6-4)$$

其中基准电流 $I_R \approx \dfrac{V_{CC} - U_{BE1}}{R + R_1}$。

值得注意的是，R_1 和 R_2 是电流负反馈电阻，因此比例电流源电路比镜像电流源电路具有更高的输出电流稳定性。

类似地，图 6-7（b）中的 MOS 管 T_1 和 T_2 工作在恒流区，漏极电流分别为

$$I_{D1} = \frac{\mu_n C_{OX} W_1}{2L_1} (U_{GS1} - U_{T1})^2$$

$$I_{D2} = \frac{\mu_n C_{OX} W_2}{2L_2} (U_{GS2} - U_{T2})^2 \qquad (6-5)$$

由于 $U_{GS1} = U_{GS2}$，且 μ_n、C_{OX}、U_T 相同，因此有

$$I_o = \frac{S_2}{S_1} I_R \qquad (6\text{-}6)$$

其中 $S_1 = \dfrac{W_1}{L_1}$ 和 $S_2 = \dfrac{W_2}{L_2}$ 表示沟道宽长比。

3. 微电流源电路

集成电路输入级放大管集电极（发射极）静态电流很小，一般只有几十微安，甚至更小。为了获得较小的电流 I_o，可将三极管比例电流源电路中 R_1 的阻值减小到零，得到图 6-8 所示的微电流源电路。

由图 6-8 可知

$$U_{BE1} = U_{BE2} + I_{E2}R_2 \qquad (6\text{-}7)$$

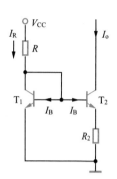

图 6-8　微电流源电路

考虑到两管参数一致，即 $I_{ES1} = I_{ES2}$，因此

$$I_{E2}R_2 = U_{BE1} - U_{BE2} = U_T \ln \frac{I_{E1}}{I_{E2}} \qquad (6\text{-}8)$$

由于 $I_o \approx I_{E2}$ 且 $I_R \approx I_{E1} = \dfrac{E_C - U_{BE1}}{R}$，则有

$$I_o = \frac{1}{R_2} U_T \ln \frac{I_R}{I_o} \qquad (6\text{-}9)$$

式（6-9）对于输出电流 I_o 来说是个超越方程，可通过图解法或试探法求解。

4. 威尔逊电流源电路

为了提高电流源电路的设计精度，可采用威尔逊电流源电路，如图 6-9 所示。图 6-9（a）使用三极管构建了威尔逊电流源电路，其中 T_2 的集电极与发射极之间的等效输出动态电阻串联在 T_3 的发射极，其作用与比例电流源电路中 R_2 的作用相同，利用电流负反馈提升输出电流 I_o 的稳定性，具有良好的温度特性。经分析可知该电流源电路具有很高的输出电阻。

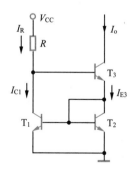

（a）三极管威尔逊电流源电路

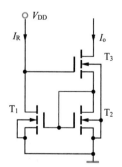

（b）MOS管威尔逊电流源电路

图 6-9　威尔逊电流源电路

针对图 6-9（a）所示的三极管威尔逊电流源电路，列出 T_1、T_2 和 T_3 之间的电流关系，为

$$\begin{cases} I_R = I_{C1} + I_{B3} = I_{C1} + \dfrac{I_o}{\beta_3} \\[2mm] I_o = I_{C3} = \dfrac{\beta_3 I_{E3}}{1+\beta_3} \\[2mm] I_{C1} = I_{C2} \\[2mm] I_{E3} = I_{C2} + \dfrac{I_{C1}}{\beta_1} + \dfrac{I_{C2}}{\beta_2} \end{cases}$$

若 T_1、T_2 和 T_3 的参数一致，即 $\beta_1 = \beta_2 = \beta_3 = \beta$，则有

$$I_o = \left(1 - \frac{2}{\beta^2 + 2\beta + 2}\right) I_R \tag{6-10}$$

由此可见，相比式（6-1）所示的镜像电流源电路的输出电流，威尔逊电流源电路的输出电流更接近基准电流 I_R。这也就是说，三极管 β 值的变化对威尔逊电流源电路的输出电流 I_o 的影响较小，传输精度有明显的提高。

类似地，图 6-9（b）使用 MOS 管组成了威尔逊电流源电路，其等效电路如图 6-10 所示。

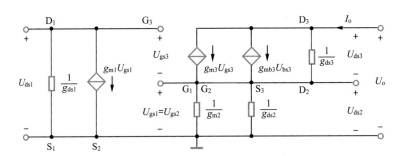

图 6-10　MOS 管威尔逊电流源等效电路

由此同样可列出各管的电压电流关系为

$$\begin{cases} I_o = g_{m3} U_{gs3} + g_{mb3} U_{bs3} + g_{ds3} U_{ds3} \\[2mm] U_o = U_{ds3} + U_{ds2} \\[2mm] U_{ds1} = U_{gs3} + U_{ds2} \\[2mm] U_{ds2} = U_{gs2} = U_{gs1} = \dfrac{I_o}{g_{m2} + g_{ds2}} \\[2mm] U_{ds1} = -\dfrac{g_{m1} U_{gs1}}{g_{ds1}} \end{cases}$$

工程中认为 $g_m \gg g_{ds}$，并且假设 $g_{m1} = g_{m2} = g_{m3}$，$\dfrac{1}{g_{m1}}$ 较小，则可以得到 MOS 管威尔逊电流源电路的近似输出电阻为

$$r_{\mathrm{o}} \approx \frac{g_{\mathrm{m1}}}{g_{\mathrm{ds1}}} \cdot \frac{1}{g_{\mathrm{ds3}}} = A_{\mathrm{u1}} r_{\mathrm{ds3}} \tag{6-11}$$

因此输出电流 I_{o} 与基准电流 I_{R} 之间的关系为

$$I_{\mathrm{o}} = I_{\mathrm{R}} + \frac{U_{\mathrm{o}}}{A_{\mathrm{u1}} r_{\mathrm{ds3}}} \tag{6-12}$$

式（6-12）中，$\dfrac{U_{\mathrm{o}}}{A_{\mathrm{u1}} r_{\mathrm{ds3}}}$ 为电流源电路误差项。由于威尔逊电流源电路的等效输出电阻 r_{o} 很大（可达几十兆欧），因此该误差项一般可以忽略不计，即电流源的传输精度很高。

5. 多路电流源电路

将上述镜像电流源电路、比例电流源电路等各种基本电流源电路并行连接，可组成多路电流源电路。多路电流源电路采用相同的基准电流 I_{R}，由三极管构成的多路电流源电路如图 6-11 所示。

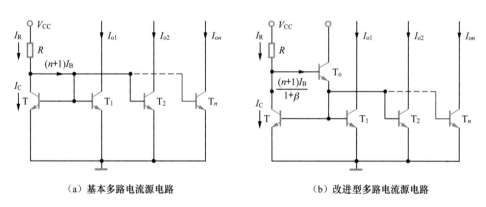

（a）基本多路电流源电路　　　　　　　（b）改进型多路电流源电路

图 6-11　三极管多路电流源电路

在图 6-11（a）所示的三极管多路电流源中，若各三极管特性一致，则各路输出电流相等，即

$$I_{\mathrm{o}} = I_{\mathrm{o1}} = I_{\mathrm{o2}} = \cdots = I_{on} = I_{\mathrm{C}} = I_{\mathrm{R}} - (n+1) I_{\mathrm{B}} \tag{6-13}$$

式（6-13）所示的多路电流源电路的输出电流 I_{o} 相对于基准电流 I_{R} 的偏差为 $(n+1)I_{\mathrm{B}}$，输出电流越多（即 n 值越大），偏差就越大。为了降低偏差，可使用图 6-11（b）所示的改进型多路电流源电路。电路中利用三极管 $\mathrm{T_{o}}$ 作为中间缓冲级，此时输出电流 I_{o} 与基准电流 I_{R} 之间的关系为

$$I_{\mathrm{o}} = I_{\mathrm{o1}} = I_{\mathrm{o2}} = \cdots = I_{on} = I_{\mathrm{C}} = I_{\mathrm{R}} - \frac{n+1}{1+\beta} I_{\mathrm{B}} \tag{6-14}$$

即输出电流 I_{o} 与基准电流 I_{R} 之间的偏差是基本多路电流源的 $\dfrac{1}{1+\beta}$。

类似地，利用 MOS 管同样可以组成多路电流源电路，如图 6-12 所示。

假设各 MOS 管的参数相等，开启电压均为 $U_{\mathrm{GS,th}}$，当 $U_{\mathrm{GS}} = U_{\mathrm{GS1}} = U_{\mathrm{GS2}} = \cdots = U_{\mathrm{GS}n}$ 时，各个 MOS 管的输出电流正比于沟道的宽长比。若宽长比定义为 $S = \dfrac{W}{L}$，各 MOS 管的宽长比为 S、S_1、S_2、S_n，则有

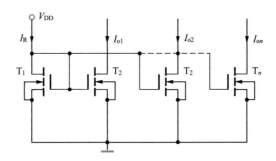

图 6-12　MOS 管多路电流源电路

$$I_{o1} = \frac{S_1}{S} I_R$$

$$I_{o2} = \frac{S_2}{S} I_R$$

$$\cdots$$

$$I_{on} = \frac{S_n}{S} I_R \qquad (6\text{-}15)$$

由此可见，通过改变 MOS 管的几何尺寸可以获得不同大小的输出电流，因此图 6-12 也称为几何比例电流源电路。

例 6-1　图 6-13 所示电路为某运放的电流源电路部分。其中 $V_{CC} = 15$ V，$R_4 = 3$ kΩ，$R_5 = 39$ kΩ，T_{10}、T_{11}、T_{12} 和 T_{13} 的电流放大系数 $\beta = 50$，其发射结电压 $U_{BE} = 0.7$ V，求 T_{10} 和 T_{13} 的集电极电流 I_{C10} 和 I_{C13}。

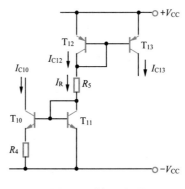

图 6-13　例 6-1 题图

解　图中 R_5 上的电流 I_R 为基准电流，即

$$I_R = \frac{2V_{CC} - 2U_{BE}}{R_5} = \frac{30 - 1.4}{39} \text{ mA} \approx 0.73 \text{ mA}$$

T_{10} 和 T_{11} 构成微电流源电路，根据式（6-9）可以求得 T_{10} 的集电极电流 I_{C10}，即

$$I_{C10} = \frac{U_T}{R_4} \ln \frac{I_R}{I_{C10}} = \frac{26}{3} \ln \frac{0.73}{I_{C10}} \text{ μA}$$

利用图解法或试探法可以求得 $I_{C10} \approx 28\ \mu A$。

T_{12} 和 T_{13} 构成镜像电流源电路，根据式（6-1）可以求得 T_{13} 的集电极电流 I_{C13}，即

$$I_{C13} = \left(1 - \frac{2}{\beta + 2}\right)I_R = \left(1 - \frac{2}{50 + 2}\right)\times 0.73\ \text{mA} \approx 0.70\ \text{mA}$$

由例 6-1 可知，电流源电路分析中应当首先求出基准电流 I_R，该电流是运放电路中唯一能够通过回路方程直接计算出的；然后利用电流源电路输出电流与基准电流 I_R 之间的关系，分别求出各个输出电流。

6.2.2　集成电路中电流源电路的应用

在集成电路中，电流源电路经常被用作直流偏置电路，电流源电路的输出电阻也可以作为负载电阻使用。

1. 将电流源电路作为放大电路的直流偏置电路

电流源电路作为放大电路的直流偏置电路，可以提供恒定的直流电流，并且易于集成。图 6-14 给出了电流源电路作为直流偏置电路的共集放大电路，其中 T_1 和 T_2 组成镜像电流源电路，为放大管 T_3 提供稳定的偏置电流 I_o。

图 6-14 中特性相同的三极管 T_1 和 T_2 组成的镜像电流源中，基准电流 $I_R = \dfrac{V_{CC} - U_{BE1}}{R}$，因此偏置电流 I_o 为

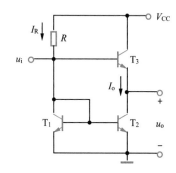

图 6-14　电流源电路作为直流偏置电路的共集放大电路

$$I_o = I_{C2} = \left(1 - \frac{2}{\beta_2 + 2}\right)I_R \tag{6-16}$$

2. 以电流源电路为有源负载的放大电路

在共射或共源放大电路中，为提高电压增益，一般需要增大集电极电阻 R_C 或漏极电阻 R_D。然而，集成电路中电阻值通常不宜过大，并且增大 R_C 或 R_D 会导致电源电压增大。因此，在集成放大电路中通常采用电流源电路取代 R_C 或 R_D，这样便可在不增大电源电压的情况下，既获得合适的静态电流，又得到较大的电压增益。在第 3 章介绍的晶体管基本放大电路中，R_C 或 R_D 为纯负载电阻，实际电路设计中可用电流源电路输出端的等效电阻替代电路中的负载电阻，称为有源负载。

例 6-2　在图 6-15（a）所示电路中，T_1 为放大管，T_2 和 T_3 组成镜像电流源电路，并作为 T_1 的有源负载。假设 T_2 和 T_3 的特性完全相同，求该放大电路的空载电压增益。

解　图 6-15（a）所示放大电路的交流等效电路图如图 6-15（b）所示，其电压增益为

$$A_u = \frac{u_o}{u_i} = -\frac{\beta_1\left(r_{ce1}\,/\!/\,r_{ce2}\right)}{R_B + h_{ie1}}$$

其中 T_1 的输出电阻 $r_{ce1} = \dfrac{1}{h_{oe1}}$，$T_2$ 的输出电阻 $r_{ce2} = \dfrac{1}{h_{oe2}}$。

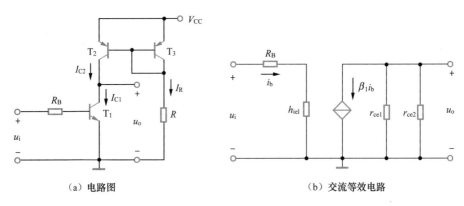

（a）电路图　　　　　　　　　　　（b）交流等效电路

图 6-15　例 6-2 题图及分析图

如果例 6-2 中 u_o 端加了负载 R_L，且 $R_L \ll (r_{ce1}//r_{ce2})$，则可以认为 T_1 的集电极动态电流 $\beta_1 i_b$ 几乎全部流向负载 R_L，该放大电路的电压增益近似为

$$A_u \approx -\frac{\beta_1 R_L}{R_B + h_{ie1}}$$

在模拟集成电路中，电流源电路除了上述两种应用外，还常用于电流的传输和放大，这部分内容将在现代集成电路设计相关课程中进行介绍。

6.3　差分放大电路

放大电路中的耦合电容和旁路电容都是大电容，其容量与半导体材料面积成正比。在有限面积的集成电路中制作如此大的电容是不现实的，因此集成电路中大都采用直接耦合方式实现多级放大。在采用直接耦合时，若前一级受到温度变化、电源电压波动等因素影响，出现静态工作点不稳定、产生零点漂移的现象，则这种漂移现象会传递到后一级，并会逐级放大，造成失真。

为了克服这种由于温度变化而产生的漂移现象，第一种方法是在电路中引入直流负反馈，稳定静态工作点，第二种方法是根据温度补偿原理，利用热敏元件抵消温度对放大管的影响。本节将介绍第三种方法，即在集成电路中采用特性相同的晶体管，使温度对晶体管特性的影响相互抵消，构成差分放大（简称差放）电路。这本质上也是一种温度补偿的思路。

从传输系统角度分析，若一对输入信号大小相等、极性相同（或电流方向相同），则称其为共模信号（common-mode signals）；若一对输入信号大小相等、极性相反（或电流方向相反），则称其为差模信号（differential-mode signals）。集成电路中输入级电路通常采用差放电路。对于差放电路，有用信号都是差模形式的。而集成电路输入级差放采用特性相同的晶体管，其温度漂移、外界干扰等噪声大都呈现共模形式，即共模噪声，表现为两个输入端对地的噪声。

6.3.1　差放电路的组成与四种接法

利用三极管设计的差放有共射差放、共集差放和共基差放，利用场效应管设计的差放有共源差放、共漏差放等，本节主要介绍共射差放。典型的共射差放电路如图 6-16 所示，它由两个完全对称的共射放大电路组成。由于电路结构和参数对称，即 $R_{B1} = R_{B2} = R_B$，$R_{C1} = R_{C2} = R_C$，因此 T_1 和 T_2 特性一致，即 $\beta_1 = \beta_2 = \beta$，$r_{be1} = r_{be2} = r_{be}$，并且两个电路的发射极通过射极公共电阻 R_{EE} 耦合。

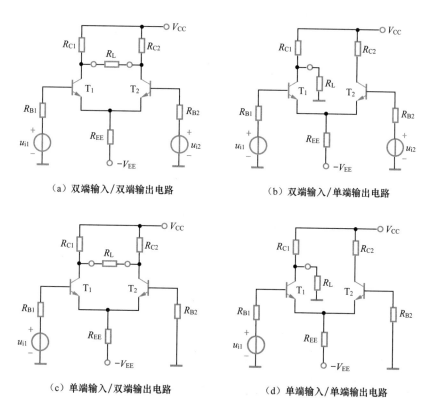

（a）双端输入/双端输出电路　　　　　（b）双端输入/单端输出电路

（c）单端输入/双端输出电路　　　　　（d）单端输入/单端输出电路

图 6-16　典型的共射差放电路

从放大对象"低频小信号"角度来说，输入信号 u_{i1} 和 u_{i2} 从差分对管的两个基极输入，称为双端输入；若只从某一个基极输入，则称为单端输入。输出信号从差分对管的两个集电极输出，称为双端输出；若从其中任意一个集电极输出，则称为单端输出。因此差放电路有四种接法，分别为双端输入/双端输出电路、双端输入/单端输出电路、单端输入/双端输出电路和单端输入/单端输出电路，分别如图 6-16（a）～图 6-16（d）所示。实际上单端输入是双端输入的一个特例，图 6-16（c）和图 6-16（d）所示的电路中，可以认为 $u_{i1} = u_i$，$u_{i2} = 0$。双端输入信号可以分解为一对共模信号和一对差模信号，即

$$u_{i1} = u_{ic1} + u_{id1}, \quad u_{i2} = u_{ic2} + u_{id2} \tag{6-17}$$

因此共模输入信号和差模输入信号分别为

$$u_{ic1} = u_{ic2} = \frac{u_{i1} + u_{i2}}{2} \tag{6-18}$$

$$u_{id1} = -u_{id2} = \frac{u_{i1} - u_{i2}}{2} \tag{6-19}$$

式（6-17）～式（6-19）中，下标"c"表示共模信号，"d"表示差模信号。

6.3.2 差放电路分析

差放电路的分析也需要遵循放大电路分析的"先静态后动态"原则。本节重点分析双端输入 / 双端输出、双端输入 / 单端输出的差放电路，单端输入可转化为双端输入形式再进行分析。

1. 差放电路静态分析

静态情况下，$u_{i1} = u_{i2} = 0$。由于电路结构和参数对称，晶体管特性一致，因此两个三极管的静态工作状态相同，即 $I_{BQ1} = I_{BQ2} = I_{BQ}$，$U_{BEQ1} = U_{BEQ2} = U_{BEQ}$，$I_{CQ1} = I_{CQ2} = I_{CQ}$，$U_{CQ1} = U_{CQ2}$，流过射极电阻 R_{EE} 的电流等于 T_1 和 T_2 的发射极电流之和，即 $I_{REE} = I_{EQ1} + I_{EQ2} = 2I_{EQ}$。根据基极回路方程，有

$$I_{BQ}R_B + U_{BEQ} + 2I_{EQ}R_{EE} = V_{EE} \qquad (6\text{-}20)$$

则可以求得静态工作点：

基极静态电流

$$I_{BQ} = \frac{V_{EE} - U_{BEQ}}{R_B + 2(1+\beta)R_{EE}} \qquad (6\text{-}21)$$

集电极静态电流

$$I_{CQ} = \beta I_{BQ} \qquad (6\text{-}22)$$

管压降

$$U_{CEQ} = V_{CC} - I_{CQ}R_C + V_{EE} - 2I_{EQ}R_{EE} \qquad (6\text{-}23)$$

2. 对差模信号的放大作用

当差放电路双端输入为一对大小相等的差模信号时，即 $u_{id1} = -u_{id2}$，电路差模输入电压定义为

$$u_{id} = u_{id1} - u_{id2} = 2u_{id1} \qquad (6\text{-}24)$$

在差模输入信号的作用下，差分对管的两个发射极电流 i_{ed1} 和 i_{ed2} 大小相等、方向相反，即 $i_{ed1} = -i_{ed2}$，因此流过射极公共电阻 R_{EE} 的总电流为零；R_{EE} 两端的交流电压为零，即 R_{EE} 对地短路，T_1 和 T_2 的发射极等效接地。此外，又因为 $u_{id1} = -u_{id2}$，则 $u_{od1} = -u_{od2}$，因此负载电阻 R_L 的中点电位等于零，即每个三极管的负载为 $\dfrac{R_L}{2}$。根据上述分析，在输入差模信号的情况下，图 6-16（a）所示的双端输入 / 双端输出的共射差放电路交流通路如图 6-17 所示。

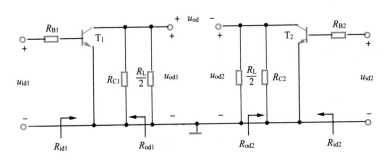

图 6-17　共射差放电路差模输入交流通路

由于电路对称、三极管特性一致，即 $R_{B1} = R_{B2} = R_B$，$R_{C1} = R_{C2} = R_C$，$\beta_1 = \beta_2 = \beta = h_{fe}$，$h_{ie1} = h_{ie2} = h_{ie}$，因此可以求出差模电压增益 A_{ud}、差模输入电阻 R_{id}、差模输出电阻 R_{od}。

双端输出时，差模电压增益 A_{ud} 为差模输出电压 u_{od} 与差模输入电压 u_{id} 之比，即

$$A_{ud} = \frac{u_{od}}{u_{id}} = \frac{u_{od1} - u_{od2}}{u_{id1} - u_{id2}} = \frac{2u_{od1}}{2u_{id1}} = \frac{u_{od1}}{u_{id1}} = -\frac{h_{fe}\left(R_C \ // \ \dfrac{R_L}{2}\right)}{R_B + h_{ie}} \quad (6\text{-}25)$$

差模输入电阻 R_{id} 为

$$R_{id} = R_{id1} + R_{id2} = 2(R_B + h_{ie}) \quad (6\text{-}26)$$

差模输出电阻 R_{od} 为

$$R_{od} = R_{od1} + R_{od2} = 2R_C \quad (6\text{-}27)$$

由此可见，在双端输出情况下，虽然差放电路使用了两个三极管，但其差模电压增益 A_{ud} 等于单管共射放大电路的增益，即差放电路以牺牲一个三极管的增益为代价来抑制温度漂移的影响。此外，在双端输出情况下，差放电路的输入电阻 R_{id} 和输出电阻 R_{od} 都是单管放大电路的两倍。

若将负载电阻 R_L 只加在 T_1（或 T_2）的集电极上，即差放电路为单端输出，则差模电压增益 A_{ud} 为差模输出电压 u_{od1} 与差模输入电压 u_{id} 之比，即

$$A_{ud} = \frac{u_{od}}{u_{id}} = \frac{u_{od1}}{u_{id1} - u_{id2}} = \frac{u_{od1}}{2u_{id1}} = -\frac{1}{2}\frac{h_{fe}(R_C \ // \ R_L)}{R_B + h_{ie}} \quad (6\text{-}28)$$

差模输入电阻 R_{id} 为

$$R_{id} = R_{id1} + R_{id2} = 2(R_B + h_{ie}) \quad (6\text{-}29)$$

差模输出电阻 R_{od} 为

$$R_{od} = R_{od1} = R_{od2} = R_C \quad (6\text{-}30)$$

由此可见，在单端输出情况下，差放电路的差模电压增益 A_{ud} 等于单管共射放大电路增益的一半，输入电阻 R_{id} 是单管放大电路的两倍，输出电阻 R_{od} 与单管放大电路相同。

3. 对共模信号的抑制作用

当差放电路双端输入为一对大小相等的共模信号（$u_{ic1} = u_{ic2} = u_{ic}$）时，差分对管的集电极电流变化量相同，即 $i_{cc1} = i_{cc2} = i_{cc}$，因此集电极电位的变化也相同，即 $u_{c1} = u_{c2}$。则在双端输出情况下，有 $u_{oc} = u_{c1} - u_{c2} = 0$，因此共模电压增益为

$$A_{uc(双)} = \frac{u_{oc}}{u_{ic}} = \frac{0}{u_{ic}} = 0 \quad (6\text{-}31)$$

式（6-31）表明，在双端输出时，利用差放电路的对称性，可将共模信号完全抑制。

在共模输入信号的作用下，差分对管的两个发射极电流 i_{ec1} 和 i_{ec2} 大小相等、方向相同，即 $i_{ec1} = i_{ec2}$，因此流过射极公共电阻 R_{EE} 的总电流 $i_{ec} = i_{ec1} + i_{ec2} = 2i_{ec1}$，$R_{EE}$ 两端的交流电压 $u_{REE} = 2i_{ec1}R_{EE}$，则单边差放电路的射极电阻应等效为 $2R_{EE}$，如图 6-18 所示。

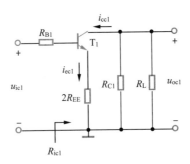

图 6-18　共射差放电路共模输入情况下的单边交流通路

因此图 6-18 所示电路的单端共模输入电压增益为

$$A_{uc(单)} = \frac{u_{oc1}}{u_{ic1}} = \frac{-i_{cc1}(R_C \,//\, R_L)}{i_{bc1}(R_B + h_{ie}) + i_{ec1} \cdot 2R_{EE}} = \frac{-h_{fe}(R_C \,//\, R_L)}{R_B + h_{ie} + (1 + h_{fe}) \cdot 2R_{EE}} \tag{6-32}$$

一般情况下，$(1 + h_{fe}) \cdot 2R_{EE} \gg R_B + h_{ie}$，因此式（6-32）可简化为

$$A_{uc(单)} = -\frac{R_C \,//\, R_L}{2R_{EE}} \tag{6-33}$$

若 $2R_{EE} > (R_C\,//\,R_L)$，则 $A_{uc(单)} < 1$，即单端输出差放电路对共模信号也有很强的抑制能力，并且 R_{EE} 越大，$A_{uc(单)}$ 就越小，对共模信号的抑制能力也就越强。

单端共模输入电阻为

$$R_{ic1} = R_B + h_{ie} + (1 + h_{fe}) \cdot 2R_{EE} \tag{6-34}$$

在双端共模输入时，其共模输入电阻 R_{ic} 等价为两个单端共模输入电阻的并联，即

$$R_{ic} = R_{ic1} \,//\, R_{ic2} = \frac{1}{2}\Big[R_B + h_{ie} + (1 + h_{fe}) \cdot 2R_{EE}\Big] \tag{6-35}$$

4. 共模抑制比

差放电路抑制共模信号和放大差模信号的能力常用共模抑制比（common mode rejection ratio）来衡量。它被定义为放大器对差模信号的电压放大倍数 A_{ud} 与对共模信号的电压放大倍数 A_{uc} 之比，即

$$K_{CMR} = \left|\frac{A_{ud}}{A_{uc}}\right| \tag{6-36}$$

K_{CMR} 的数值越大，说明电路性能越好。在电路和差分对管参数完全对称时，双端输出的共模增益 $A_{uc} = 0$，因此共模抑制比 $K_{CMR} = +\infty$。

在单端输出时，由式（6-28）和式（6-33）可得

$$K_{CMR} = \left|\frac{A_{ud}}{A_{uc}}\right| \approx \frac{h_{fe}R_{EE}}{R_B + h_{ie}} \tag{6-37}$$

由此可见，为了提高差放电路对共模信号的抑制能力，必须选用大的 R_{EE}。集成电路中通常采用电流源电路为有源负载来替代 R_{EE}。

5. 四种差放电路的动态性能指标小结

根据上述分析，按照输入、输出接法不同划分的四种典型差放电路，其交流性能具有如下

规律：

① 差放电路的主要性能指标只与输出方式（单端输出或双端输出）有关，而与输入方式无关；

② 差放电路双端输出时的差模电压增益等于单边差模等效电路的电压增益，单端输出时的差模电压增益等于单边差模等效电路电压增益的一半（当 $R_L = +\infty$ 时）；

③ 差模输入电阻是单边差模等效输入电阻的两倍，单端输出方式的输出电阻是双端输出方式的一半。

四种典型差放电路的动态性能指标如表 6-1 所示。

表 6-1　四种典型差放电路的动态性能指标

输出方式	双端输出		单端输出	
输入方式	双端输入	单端输入	双端输入	单端输入
典型电路				
A_{ud}	$A_{ud} = -\dfrac{h_{fe}\left(R_C \mathbin{/\mkern-5mu/} \dfrac{R_L}{2}\right)}{R_B + h_{ie}}$		$A_{ud} = -\dfrac{1}{2}\dfrac{h_{fe}\left(R_C \mathbin{/\mkern-5mu/} R_L\right)}{R_B + h_{ie}}$	
A_{uc}	$A_{uc} = 0$		$A_{uc} = -\dfrac{R_C \mathbin{/\mkern-5mu/} R_L}{2R_{EE}}$	
K_{CMR}	$K_{CMR} = +\infty$		$K_{CMR} \approx \dfrac{h_{fe}R_{EE}}{R_B + h_{ie}}$	
R_{id}	$R_{id} = 2(R_B + h_{ie})$		$R_{id} = 2(R_B + h_{ie})$	
R_{ic}	$R_{ic} = \dfrac{1}{2}\left[R_B + h_{ie} + (1 + h_{fe}) \cdot 2R_{EE}\right]$		$R_{ic1} = R_B + h_{ie} + (1 + h_{fe}) \cdot 2R_{EE}$	
R_{od}	$R_{od} = 2R_C$		$R_{od} = R_C$	
应用	输入可不接地，输出两端均不接地	单端信号转换为双端信号	双端信号转换为单端信号	输入可不接地，输出需接地

6. 差模电压传输特性

放大电路输出电压与输入电压之间的关系称为电压传输特性，表示为

$$u_o = f(u_i) \tag{6-38}$$

分析差放电路的差模电压传输特性有助于了解差模输入信号的线性工作范围和大信号输入时的输出特性。假设差放电路完全对称，流过射极公共电阻 R_{EE} 的电流不会随差模输入电压的变化而变化，则在分析差模电压传输特性时，可用理想电流源电路替代 R_{EE}，其简化差放电路如图 6-19 所示。

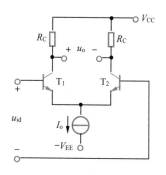

图 6-19　简化差放电路

由于三极管的发射结正偏，根据 PN 结伏安特性可得 T_1 和 T_2 的发射结电压关系、电流关系为

$$i_{C1} \approx i_{E1} \approx I_S e^{u_{BE1}/U_T}$$
$$i_{C2} \approx i_{E2} \approx I_S e^{u_{BE2}/U_T}$$
$$u_{id} = u_{BE1} - u_{BE2}$$
$$I_o \approx i_{C1} + i_{C2}$$

（6-39）

则有如下关系

$$I_o = i_{C1}(1 + e^{-u_{id}/U_T}) = i_{C2}(1 + e^{u_{id}/U_T})$$

（6-40）

即

$$i_{C1} = \frac{I_o}{2}\left(1 + \tanh\frac{u_{id}}{2U_T}\right), \quad i_{C2} = \frac{I_o}{2}\left(1 - \tanh\frac{u_{id}}{2U_T}\right)$$

（6-41）

因此输出电压可以表示为

$$u_o = -(i_{C1} - i_{C2})R_C = -R_C I_o \tanh\frac{u_{id}}{2U_T}$$

（6-42）

式（6-42）为三极管差放电路双端输出时的电压传输特性表达式，图 6-20（a）给出了 i_{C1}、i_{C2} 与 u_{id} 的关系示意图，图 6-20（b）给出了 u_o 与 u_{id} 的关系示意图。

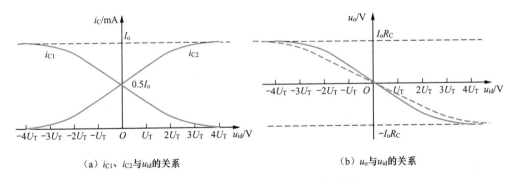

（a）i_{C1}、i_{C2} 与 u_{id} 的关系 　　（b）u_o 与 u_{id} 的关系

图 6-20　差放电路差模电压传输特性示意图

由图 6-20 可知，差放电路有以下几点特性。

（1）当差模输入电压 $u_{id} = 0$ 时，差放电路处于平衡状态，$i_{C1} = i_{C2}$，$i_{CQ1} = i_{CQ2} = \frac{I_o}{2}$。

（2）当差模输入电压 $|u_{id}| \leqslant U_T \approx 26$ mV 时，u_o 与 u_{id} 成线性关系，这一范围是差放电路小信号的线性工作区域。

（3）当差模输入电压 $U_T < |u_{id}| < 4U_T$ 时，u_o 与 u_{id} 成非线性关系。利用差模电压传输的非线性，可以实现各种非线性运算功能。

（4）当差模输入电压 $|u_{id}| \geqslant 4U_T$ 时，曲线趋于平坦，进入限幅区，此时 T_1 和 T_2 一个饱和，一个截止。利用 u_{id} 的正、负极性，使两个三极管轮流进入限幅区，可实现高速开关功能，如数字电路中的发射极耦合逻辑（Emitter Coupled Logic, ECL）电路。

（5）在 T_1 和 T_2 各自的发射极串入电阻（如 $R_{E1} = R_{E2} = R_{EE}$），由于 R_{E1} 和 R_{E2} 的负反馈作用，

差模电压传输特性的线性工作范围扩大（如图 6-20（b）中虚线所示），并且 R_{E1} 和 R_{E2} 越大，其线性范围越宽，其代价是降低了差模电压增益。

6.3.3 改进型差放电路

1. 恒流源差放电路

由差放电路的动态分析可知，要提高共模抑制比应加大射极公共电阻 R_{EE}。但一方面，集成电路难以制造大电阻；另一方面，增加 R_{EE} 之后，需要提高负电源电压以静态保证工作点不变，这是不经济的。为了同时确保使用较低的电源电压和较大的射极等效电阻 R_{EE}，可以使用恒流源电路替代 R_{EE}。恒流源电路动态电阻大，同时可以提供一个稳定的偏置电流，且恒流源中晶体管压降只有几伏，不必提高负电源电压。我们将这种电路称为恒流源差放电路。典型的恒流源共射差放电路如图 6-21（a）所示。

恒流源
差分放大电路

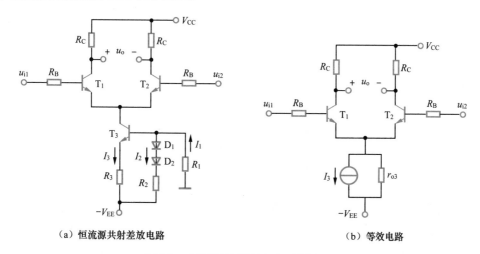

（a）恒流源共射差放电路　　　　　　　　　　（b）等效电路

图 6-21　恒流源共射差放电路及其等效电路

图 6-21（a）中，T_3、R_1、R_2、R_3、D_1、D_2 组成电流源有源负载电路，电路参数应满足 $I_2 \gg I_{B3}$，则有

$$I_1 \approx I_2 = \frac{V_{EE} - 2U_D}{R_1 + R_2} \tag{6-43}$$

列出 T_3 的发射结回路方程，即

$$U_{BE3} + I_3 R_3 = 2U_D + I_2 R_2 \tag{6-44}$$

若 $R_1 = R_2$ 且 $U_{BE3} = U_D$，则 T_3 的集电极电流 I_{C3} 为

$$I_{C3} \approx I_3 = \frac{V_{EE}}{2R_3} \tag{6-45}$$

式（6-45）表明 T_3 的集电极电流 I_{C3} 只与电源电压 V_{EE} 和电阻 R_3 相关，基本不受温度影响。

接下来计算电流源的等效输出电阻。图 6-21（a）中的电流源部分电路如图 6-22（a）所示。考虑 T_3 的输出电阻 $r_{ce3} = \dfrac{1}{h_{oe3}}$，其微变等效电路如图 6-22（b）所示。

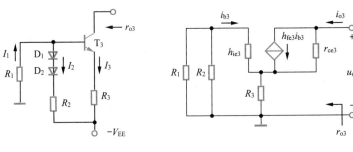

（a）电流源部分电路　　　　　　　　（b）微变等效电路

图 6-22　计算电流源输出电阻的电路

根据输出电阻的计算方法，在图 6-22（b）微变等效电路的输出端加载激励信号 u_{o3}，得到激励电流 i_{o3}，则可以进一步求得其等效输出电阻 r_{o3}。具体来说，列出等效电路输出端和输入端的回路方程，即

$$\begin{cases} u_{o3} = (i_{o3} - h_{fe3}i_{b3})r_{ce3} + (i_{o3} + i_{b3})R_3 \\ i_{b3}(h_{ie3} + R_{B3}) + (i_{o3} + i_{b3})R_3 = 0 \end{cases} \quad (6\text{-}46)$$

其中，$R_{B3} = R_1 // R_2$。

由此可得输出电阻 r_{o3}，即

$$r_{o3} = \frac{u_{o3}}{i_{o3}} = \left(1 + \frac{h_{fe3}R_3}{h_{ie3} + R_{B3} + R_3}\right)r_{ce3} + R_3 // (r_{ce3} + R_{B3}) \quad (6\text{-}47)$$

式（6-47）可进一步近似为

$$r_{o3} \approx \left(1 + \frac{h_{fe3}R_3}{h_{ie3} + R_{B3} + R_3}\right)r_{ce3} \quad (6\text{-}48)$$

若假设三极管 T_3 的 $h_{fe3} = 40$，$r_{ce3} = 100\text{ k}\Omega$，$h_{ie3} = 2\text{ k}\Omega$，$R_1 = R_2 = 6\text{ k}\Omega$，$R_3 = 5\text{ k}\Omega$，则 $r_{o3} = 2.1\text{ M}\Omega$。由此可见电流源电路的等效输出电阻 r_{o3} 很大，并且 R_3 越大，电流源输出电阻 r_{o3} 也就越大。

基于以上分析，图 6-21（a）所示的恒流源共射差放电路可以等效为图 6-21（b）。图中电流源输出电流为 $I_3 = \dfrac{V_{EE}}{2R_3}$，电流源内阻 $r_{o3} \approx \left(1 + \dfrac{h_{fe3}R_3}{h_{ie3} + R_{B3} + R_3}\right)r_{ce3}$。

例 6-3　恒流源差放电路如图 6-23（a）所示。已知 $V_{CC} = 12\text{ V}$，$V_{EE} = 6\text{ V}$，$R_B = 1\text{ k}\Omega$，$R_C = 10\text{ k}\Omega$；恒流源的输出电流 $I_3 = 1\text{ mA}$，等效电阻 $r_{o3} = 10\text{ M}\Omega$；差分对管 T_1 和 T_2 的参数一致，$r_{bb'} = 200\ \Omega$，$\beta = 50$，$U_{BEQ} = 0.7\text{ V}$。① 求差分对管的 h_{ie}。② 计算该电路空载时的差模电压增益 A_{ud}、输入电阻 r_{id}、输出电阻 r_{od}。③ 若将该电路改成单端输出方式（如采用 T_1 集电极输出），作用在负载 $R_L = 5\text{ k}\Omega$ 电阻之上，如图 6-23（b）所示，利用直流表测得输出电压 $u_o = 3\text{ V}$，交流输入电压 u_i 约为多少（共模输出电压忽略不计）？

解　① 恒流源为差分对管 T_1 和 T_2 提供固定的射极静态电流（忽略恒流源内阻 r_{o3} 的影响），且 T_1 和 T_2 参数一致，因此

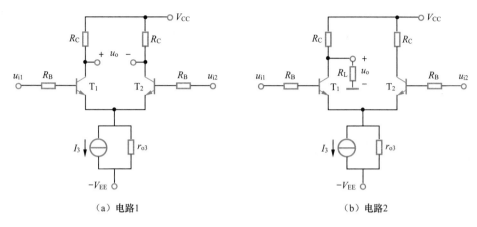

（a）电路1　　　　　　　　　（b）电路2

图 6-23　例 6-3 题图

$$I_{EQ} = I_{EQ1} = I_{EQ2} = \frac{I_3}{2} = 0.5\,\text{mA}$$

于是可以得到差分对管的 h_{ie} 为

$$h_{ie} = r_{bb'} + (1+\beta)\frac{U_T}{I_{EQ}} = 200\,\Omega + (1+50)\frac{26\,\text{mV}}{0.5\,\text{mA}} \approx 2.85\,\text{k}\Omega$$

② 该差放电路为双端输出，输出空载（即 $R_L = +\infty$），则差模电压增益为

$$A_{ud} = -\frac{\beta R_C}{R_B + h_{ie}} = -\frac{50 \times 10\,\text{k}\Omega}{1\,\text{k}\Omega + 2.85\,\text{k}\Omega} \approx -130$$

输入电阻 $R_{id} = 2(R_B + h_{ie}) = 2 \times (1\,\text{k}\Omega + 2.85\,\text{k}\Omega) \approx$
7.7 kΩ，输出电阻 $R_{od} = 2R_C = 20\,\text{k}\Omega$。

③ 由于直流表测得的输出电压 u_o 中既有直流分量（静态），又有交流分量（动态），因此需要首先计算出静态时 T_1 的集电极电位，而后用测得的电压减去静态电位就得到动态输出电压。

在单端输出（T_1 集电极输出）情况下，输出回路不对称，影响了 T_1 的静态工作点和动态参数。首先画出 T_1 集电极输出情况下的直流通路，如图 6-24 所示。

图 6-24 中，V'_{CC} 和 R'_C 是利用戴维南定理计算得到的等效电源和电阻，分别为

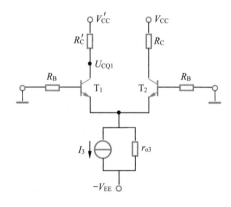

图 6-24　单端输出情况下差放电路的直流通路

$$V'_{CC} = \frac{R_L}{R_C + R_L}V_{CC} = \frac{5\,\text{k}\Omega}{10\,\text{k}\Omega + 5\,\text{k}\Omega} \times 12\,\text{V} = 4\,\text{V}$$

$$R'_C = R_C /\!/ R_L \approx 3.3\,\text{k}\Omega$$

因此 T_1 集电极电位为

$$U_{CQ1} = V'_{CC} - I_{CQ}R'_C \approx V'_{CC} - I_{EQ}R'_C \approx 2.35\,\text{V}$$

187

则交流分量电压值为

$$u_o = u_O - U_{CQ1} = 3\text{ V} - 2.35\text{ V} = 0.65\text{ V}$$

在已知交流输出电压值 u_o 且忽略共模输出电压时，若能够计算出单端输出差放电路的差模电压增益，就可以得到交流输入电压 u_i 的数值。由式（6-28）可知单端输出共射差放电路的差模电压增益 A_{ud} 为

$$A_{ud} = -\frac{1}{2}\frac{\beta R'_C}{R_B + h_{ie}} = -\frac{1}{2} \times \frac{50 \times 3.3\text{k}\Omega}{1\text{k}\Omega + 2.85\text{k}\Omega} \approx -21.4$$

故交流输入电压 u_i 为

$$u_i = \frac{u_o}{A_{ud}} = \frac{0.65\text{V}}{-21.4} \approx -30\text{ mV}$$

2. 场效应管差放电路

为了获得更高输入电阻的差放电路，可以使用场效应管替代前述电路中的三极管。图 6-25（a）所示的共源差放电路特别适用于直接耦合多级放大电路的输入级。由于场效应管输入电阻很大，因此可以认为该电路的输入电阻无穷大。类似于三极管差放电路，场效应管差放电路同样也存在四种接法，此处不再赘述。

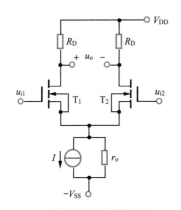

（a）场效应管共源差放电路

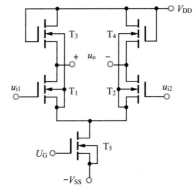

（b）E/E型NMOS差放电路

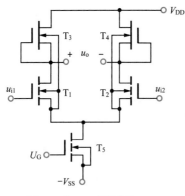

（c）E/D型NMOS差放电路

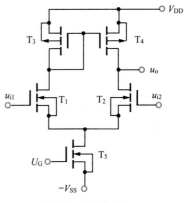

（d）CMOS差放电路

图 6-25　共源差放电路

在集成电路中，增强型 MOS 管和耗尽型 MOS 管常被作为有源负载和电流源电路使用，因此图 6-25（a）中的漏极电阻 R_D 和电流源经常用 MOS 管替代，构成图 6-25（b）、图 6-25（c）、图 6-25（d）所示的有源负载差放电路。其中图 6-25（b）使用增强型 NMOS 管作为有源负载和放大管，称为 E/E 型 NMOS 差放电路；图 6-25（c）使用耗尽型 NMOS 管作为有源负载，增强型 NMOS 管作为放大管，称为 E/D 型 NMOS 差放电路；图 6-25（d）使用增强型 PMOS 管作为有源负载，增强型 NMOS 管作为放大管，称为 CMOS 差放电路[1]。

场效应管差放电路的分析过程与三极管类似，与 6.3.2 小节中所述的差放电路的动态性能规律具有相同的结论。对于使用场效应管作为有源负载的差放电路来说，应首先计算出有源负载的等效电阻，再利用差放电路的动态性能规律给出相应的放大性能结果。

下面我们以图 6-25（d）所示的 CMOS 差放电路为例对场效应管差放电路进行分析。

（1）静态分析

由于电路结构对称，T_1 和 T_2 参数相同，T_3 和 T_4 参数相同，且场效应管栅极输入电流为零，因此 $T_1 \sim T_4$ 的漏极电流均相等，即

$$I_{DQ1} = I_{DQ2} = I_{DQ3} = I_{DQ4} = \frac{1}{2} I_{DQ5} \tag{6-49}$$

根据漏极电流 I_D 与栅源电压 U_{GS} 之间的控制关系，即 $I_D \approx K(U_{GS} - U_{GS,th})^2$，可以分别求得 U_{GSQ1} 和 U_{GSQ3}，并且 T_1 的漏源电压为 $U_{DSQ1} = U_{DQ1} - U_{SQ1} = V_{DD} + U_{GSQ3} - U_{GSQ1}$，$T_3$ 的漏源电压 $U_{DSQ3} = U_{GSQ3}$。根据差分电路的对称性可得 $U_{GSQ2} = U_{GSQ1}$、$U_{GSQ4} = U_{GSQ3}$，$U_{DSQ2} = U_{DSQ1}$，$U_{DSQ4} = U_{DSQ3}$。

（2）动态分析

当输出端为空载（即 $R_L = +\infty$）时，输入差模信号（即 $u_{id1} = -u_{id2} = u_i$）的 CMOS 差放电路的交流通路如图 6-26（a）所示。为简单起见，假设电路中 $T_1 \sim T_4$ 的低频跨导 g_m 相同。

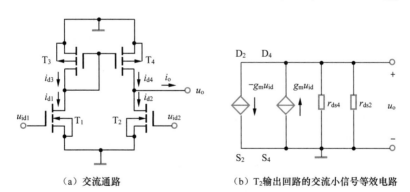

（a）交流通路　　　　　（b）T_2 输出回路的交流小信号等效电路

图 6-26　CMOS 差放电路输入差模信号时

若认为各管的漏源动态电阻 r_{ds} 足够大，可得各管漏极动态电流为 $i_{d1} = g_m u_{id}$，$i_{d2} = -g_m u_{id}$，$i_{d3} = g_m u_{gs3}$，$i_{d4} = g_m u_{gs4}$，并且 $i_{d1} = i_{d3} = i_{d4}$，则有 $u_{gs3} = u_{gs4} = u_o$。于是 T_2 输出回路的交流小信号等效电路如图 6-26（b）所示，由此求得差放电路的电压增益 A_{ud} 为

$$A_{ud} = \frac{u_o}{u_{id1} - u_{id2}} = \frac{(i_{d2} - i_{d4})(r_{ds2} /\!/ r_{ds4})}{2u_{id}} = g_m(r_{ds2} /\!/ r_{ds4}) \tag{6-50}$$

1　CMOS 是互补金属氧化物半导体，英文是 Complementary Metal Oxide Semiconductor。

由式（6-50）可知，虽然 CMOS 差放电路使用单端输出，但其电压增益 A_{ud} 并没有因此减小一半，这是因为采用了 T_3 和 T_4 组成的镜像电流源电路作为有源负载。

当输入共模信号（$u_{ic1} = u_{ic2} = u_{ic}$）时，各管子的漏极电流大小相等、方向相同，因此输出电流 $i_o = 0$。这表明 CMOS 单端输出的共模信号也具有双端输出的效果，即理想情况下共模信号输出为零。

3. 组合差放电路

为了改善差放电路的某些特性，可采用组合差放电路。下面介绍共射 - 共基组合差放电路和共集 - 共基组合差放电路，分别如图 6-27 和图 6-28 所示。

（1）共射 - 共基组合差放电路

在图 6-27 所示的共射 - 共基组合差放电路中，T_1 和 T_2 组成共射差放电路，T_3 和 T_4 组成共基差放电路，T_5 和 T_6 组成镜像电流源电路，作为 T_3 和 T_4 的有源负载。

假设共射 - 共基组合差放电路输入差模信号时，若 T_1 的集电极输出电流为 i_{c1}，则 T_3 的发射极输入电流 $i_{e3} = i_{c1}$，T_5 的集电极电流 i_{c5} 近似等于 T_3 的集电极输出电流，即 $i_{c5} \approx i_{c3} \approx i_{e3} = i_{c1}$。根据镜像电流源电路的原理，$T_6$ 的集电极输出电流 $i_{c6} = i_{c5} = i_{c1}$。根据共射差放电路的对称性，T_2 的集电极输出电流为 $i_{c2} = -i_{c1}$，则 T_4 的发射极输入电流 $i_{c4} \approx i_{c2} = -i_{c1}$，因此输出电流 i_o 为

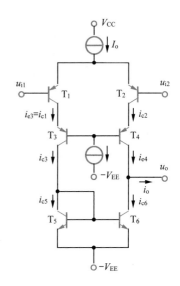

图 6-27　共射 - 共基组合差放电路

$$i_o = i_{c4} - i_{c6} = -2i_{c1} \tag{6-51}$$

由式（6-51）可知，共射 - 共基组合差放电路的单端输出具有双端输出的特点，这是使用了镜像电流源电路所导致的。

计算共射 - 共基组合差放电路的差模电压增益可以借用多级放大电路增益的计算方法，即该组合差放电路的电压增益 A_{ud} 为

$$A_{ud} = A_{ud2} \cdot (2A_{ud4(单)}) \tag{6-52}$$

其中 A_{ud2} 为双端输入 / 双端输出共射差放电路的电压增益；A_{ud4} 为双端输入 / 单端输出共基差放电路的电压增益，分别为

$$A_{ud2} = -\frac{h_{fe2}h_{ib4}}{h_{ie2}} = -\frac{h_{fe2}h_{ie4}}{h_{ie2}(1+h_{fe4})} \tag{6-53}$$

$$A_{ud4(单)} = \frac{1}{2}\frac{h_{fe4}r_{o6}}{h_{ie4}} \tag{6-54}$$

将式（6-53）和式（6-54）代入式（6-52），得到

$$A_{ud} = -\frac{h_{fe2}h_{ie4}}{h_{ie2}(1+h_{fe4})} \cdot \frac{h_{fe4}r_{o6}}{h_{ie4}} \approx -\frac{h_{fe2}r_{o6}}{h_{ie2}} \tag{6-55}$$

其中 r_{o6} 为 T_6 的等效输出电阻。

（2）共集 - 共基组合差放电路

图 6-28 所示的共集 - 共基组合差放电路又称为互补差放电路，它采用高 β 值的 NPN 管（T_1 和 T_2）和低 β 值的横向 PNP 管 [1]（T_3 和 T_4）组成，其中 T_1 和 T_2 为共集差放电路，T_3 和 T_4 为共基差放电路。由于共集电路电流增益大、输入电阻高，共基电路电压增益大，因此该组合差放电路具有输入电阻高、电流和电压增益大的特点。

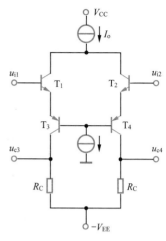

图 6-28 共集 - 共基组合差放电路

根据差放电路的动态性能规律，图 6-28 所示电路的差模输入电阻为

$$R_{id} = 2[h_{ie1} + (1 + h_{fe1}) h_{ib3}] \tag{6-56}$$

若忽略三极管的基极体电阻 $r_{bb'}$，则式（6-56）中

$$h_{ie1} = (1 + h_{fe1}) \frac{U_T}{I_{EQ1}} = (1 + h_{fe1}) \frac{U_T}{I_o / 2}, \quad h_{ib3} = \frac{h_{ie3}}{1 + h_{fe3}} = \frac{U_T}{I_{EQ3}} = \frac{U_T}{I_o / 2}。$$ 故式（6-56）可进一步改写为

$$R_{id} \approx \frac{8 h_{fe1} U_T}{I_o} \tag{6-57}$$

差模电压增益为

$$A_{ud} = \frac{u_{od}}{u_{id}} = \frac{u_{c3}}{u_{id1}} = -\frac{h_{fe1} h_{fb3} R_C}{R_{id} / 2} = -\frac{h_{fb3} I_o R_C}{4 U_T} \tag{6-58}$$

这种组合电路利用 NPN 管的高 β 值，弥补了横向 PNP 管低 β 值的弱点。由于横向 PNP 管反向击穿电压高，因此差模输入电压范围大幅提高（高达 ±30 V）。此外，由于该组合电路具有很高的输入电阻，故广泛应用于集成运放（F007、FC54、LM741 等）的输入级。

6.3.4 差放电路的失调及其温漂

差放电路在理想情况下要求电路完全对称，三极管参数一致，零输入信号时，其双端输出电压也为零。然而在实际应用中，电路难以完全对称（如电阻值有差别），晶体管参数也会略有差别，这会导致零输入信号情况下的输出电压不为零，这种现象称为差放电路的失调。

补偿差放电路失调现象的方法是人为在输入端加入补偿电压或电流。补偿电压的绝对值称为输入失调电压，用 U_{os} 表示，即

$$U_{os} = |U_{BE1} - U_{BE2}| \tag{6-59}$$

补偿电流的绝对值称为输入失调电流，用 I_{os} 表示，即

$$I_{os} = |I_{B1} - I_{B2}| \tag{6-60}$$

---

1 横向 PNP 管的载流子在晶体管断面的水平方向上运动，受到工艺限制，基区宽度不可能很小，因此其 β 值较低。但横向 PNP 管具有较高的 PN 结反向击穿电压，并且结电容较大，特征频率较低。

U_{os} 和 I_{os} 表示了差放电路不对称造成的输入失调量的大小。

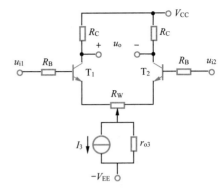

解决差放电路的失调还可以引入调零电路。如图 6-29 所示，在差分对管 T_1 和 T_2 的发射极之间引入一个阻值很小的电位器 R_W，称之为发射极调零。通过调整 R_W 的滑动端，可使差放电路在 $u_{i1} = u_{i2} = 0$ 时的交流输出电压 $u_o = 0$，因而 R_W 常称为调零电位器。请注意，如果差放电路使用较大阻值的 R_W 才能调零，则说明该电路的对称性很差，必须重新选择电路元件。

图 6-29 带有调零电位器的恒流源共射差放电路

通过上述调零电路可以在某一温度下补偿差分电路的失调，但失调会随时间、温度、电源电压等外界因素的变化而变化，这就是失调漂移。其中温度变化导致失调发生变化的现象称为温度漂移，即温漂。实际应用中，差分电路的温漂主要由输入失调电压和输入失调电流的温漂引起。

输入失调电压的温漂是指在规定温度范围内，输入失调电压随温度变化的变化率，也称为输入失调电压温度系数，用 $\dfrac{\Delta U_{os}}{\Delta T}$ 表示；而温度变化导致输入失调电流的变化称为输入失调电流的温漂，也称为输入失调电流温度系数，用 $\dfrac{\Delta I_{os}}{\Delta T}$ 表示。

温漂是半导体器件受温度影响较大、电路 β 和 I_{CBO} 不对称等原因共同引起的，同时由于失调漂移是随机的，因此任何调零装置都难以跟踪。为了减小温漂，需要两个三极管处于同温环境且严格对称，这对于在同一块半导体基片上制作的集成电路来说，易于实现。

6.4 功率放大电路

实用电路中需要放大电路的末级（输出级）输出一定的功率，用于驱动负载。以输出较大功率为目的，向负载提供足够信号功率的放大电路称为功率放大电路，简称功放。从能量控制和转换的角度来说，功放电路与其他放大电路本质上没有区别，其内涵都是"放大"。功放电路不只追求输出高电压或高电流，还要在确定的电源电压下尽可能获得更大的功率，因此功放电路工作在大信号状态下，其电路分析和元件选择与小信号放大电路有着明显的区别。

6.4.1 功放电路概述

1. 功放电路的主要性能指标

（1）最大输出功率 P_{om}

功放电路提供给负载的信号功率称为输出功率。当输入为正弦波且输出基本不失真时，输出功率是交流功率，表达式为 $P_o = I_o U_o$，式中 I_o 和 U_o 均为交流有效值。最大输出功率 P_{om} 是在电路参数确定的情况下，负载上能够获得的最大交流功率。为了获得较大的输出功率，功放管的电压和电流要有足够大的输出幅度。功放管一般在接近极限情况下使用。

（2）转换效率 η

功放电路本质上并不是放大功率，而是在输入交流小信号的控制下，把电源输出的直流功率

转换为交流输出功率。功放电路的最大输出功率与电源所提供的功率之比称为转换效率，即

$$\eta = \frac{P_o}{P_{DC}} \quad\quad (6\text{-}61)$$

其中电源提供的功率 P_{DC} 是功放电路中直流电压源输出的电流平均值与电压之积。转换效率 η 值越大，说明功放电路效率越高。如何提高转换效率是功放电路的主要问题之一。

（3）非线性失真

功放电路为了提供足够大的功率，一般要工作在大信号状态下，而功放管的非线性会使输出信号产生非线性失真，因而高输出功率和非线性失真是一对矛盾。这个矛盾需要针对具体的应用场合进行讨论，例如，在对非线性失真要求严苛的测量系统中，需要重点考虑失真大小；而在要求输出功率较大的伺服放大电路中，则需要重点关注输出功率。

2. 功放电路中的三极管

功放电路中为使输出功率尽可能大，要求功放管工作在极限状态。例如，在三极管功放电路中，功放管的集电极电流要接近集电极最大允许电流 I_{CM}，管压降接近集电极 - 发射极间的反向击穿电压 $U_{BR,CEO}$，耗散功率接近集电极最大允许耗散功率 P_{CM} 等，如图 6-30 所示。因此在选择功放管时需要特别注意这些极限参数的选择，保证功放管能够安全工作。特别要注意的是，功放管通常为大功率管，使用时需要安装合适的散热片。

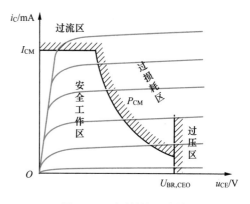

图 6-30　三极管的极限参数

在输入信号为余弦波的情况下，按照功放管导通时间的长短可将功放电路分为四种工作状态，分别为甲类、乙类、甲乙类、丙类，如图 6-31 所示，正弦信号的周期为 T。输入信号为余弦波的情况下，若功放管不会出现截止状态（全周期内功放管都导通），称为甲类；若只有半个周期导通，称为乙类；若每个周期 T 内导通时间大于半周期且小于全周期，称为甲乙类；若导通时间小于半周期，称为丙类。前三类功放电路常应用于低频功放电路；而丙类是工作在失真状态的，它常用于射频功放电路。

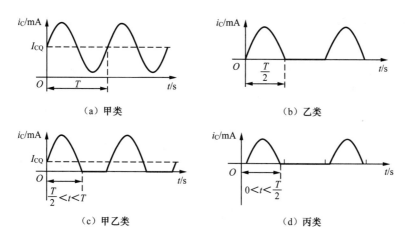

图 6-31　功放电路的工作状态

除了通过功放管导通角（或导通时间）对功放电路进行分类，还存在一种丁类功放电路，其基本原理是晶体管在极短的时间内完全导通或完全截止。

6.4.2 甲类功放电路

甲类功放电路又称为 A 类功放电路（class A），即我们前面学习的低频小信号放大电路。甲类功放电路工作时，无论是否存在交流输入信号，晶体管永远处于导通状态，电源始终不断地输送功率。当没有信号输入时，这些功率全部消耗在电路内部元器件上，并转化为热量耗散出去；当有信号输入时，其中一部分转化为有用的输出功率。下面以射极跟随器为例讨论甲类功放。

射极跟随器的电压增益近似为 1，但具有很大的电流增益，能够获得较大的功率增益。同时，射极跟随器具有很低的输出电阻，带负载能力强，通常作为集成放大电路的输出级。以电流源电路作为射极偏置电路的射极跟随器电路如图 6-32（a）所示，其中 T_1 为射极跟随器输出级，T_2 为恒流源偏置电路，提供集电极静态电流 I_{CQ}，并作为 T_1 发射极的有源负载。当输入信号 $u_i = 0$ 时，$u_o = 0$，$I_{CQ} = I_o$，$U_{CEQ} = V_{CC}$，令 $I_o = V_{CC}/R_L$，则交流负载线如图 6-32（b）所示。

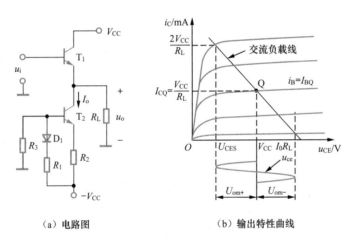

（a）电路图　　　（b）输出特性曲线

图 6-32　集成射极跟随器

若输入信号 u_i 为正弦波，T_1 工作在放大区，则输出电压与输入电压的关系为

$$u_o \approx u_i \tag{6-62}$$

输入信号 u_i 处于正半周，当输入为最大值时，T_1 进入临界饱和状态，u_o 正向振幅达到最大值。若 T_1 的饱和管压降 $U_{CES} \approx 0.2\ \text{V}$，则最大正向输出电压为

$$U_{om+} \approx V_{CC} - 0.2 \tag{6-63}$$

输入信号 u_i 处于负半周且在一定限制下（T_1 不截止，u_o 没有出现削波），加载在 T_1 上的发射结电压 u_{BE} 减小。在临界截止时，$i_c \approx i_e = 0$，最大反向输出电流为 T_2 恒流源提供的电流，即 $I_{om-} = i_e - I_0 = -I_0$，因此最大反向输出电压为

$$U_{om-} = I_{om-} R_L = -I_0 R_L \tag{6-64}$$

U_{om+} 和 U_{om-} 在输出特性曲线上的表示如图 6-32（b）所示。因此最大输出电压和最大输出功

率分别为

$$U_{om} = \min\left[\left|U_{om+}\right|, \left|U_{om-}\right|\right] \tag{6-65}$$

$$P_{om} = \frac{U_{om}}{\sqrt{2}}\frac{I_{om}}{\sqrt{2}} = \frac{U_{om}^2}{2R_L} \tag{6-66}$$

图 6-32（a）所示电路为双电源供电，则直流电源提供的功率为

$$P_{DC} = 2V_{CC} \tag{6-67}$$

因此该集成射极跟随器输出级的效率为

$$\eta = \frac{P_{om}}{P_{DC}} = \frac{U_{om}^2}{4V_{CC}^2} \tag{6-68}$$

若 $U_{om} = U_{om+} = U_{om-} \approx V_{CC}$，式（6-68）可进一步整理为

$$\eta = \frac{P_{om}}{P_{DC}} = \frac{U_{om}^2}{4V_{CC}^2} = 25\% \tag{6-69}$$

$\eta = 25\%$ 是该电路的转换效率。

由于甲类功放在 $u_i = 0$ 时依然存在静态电流 I_0，因此其集电极最大功耗为

$$P_{cm} = P_{DC} = 4P_{om} \tag{6-70}$$

例 6-4　在图 6-32（a）所示电路中，$V_{CC} = 15\text{ V}$，$I_0 = 1.85\text{ A}$，$R_L = 8\ \Omega$。假设 T_1 发射结的偏置电压 $U_{BEQ} \approx 0.7\text{ V}$，当正弦信号输入电压 $u_i = 0$ 时，输出电压 $u_o = 0$。请计算最大输出功率 P_{om}、直流电源供给功率 P_{DC}、转换效率 η。

解　由于 $U_{om+} \approx V_{CC} - 0.2\text{ V} = 14.8\text{ V}$，$U_{om-} = -I_0R_L = -14.8\text{ V}$，因此最大输出电压 $U_{om} = 14.8\text{ V}$，最大输出功率为

$$P_{om} = \frac{U_{om}^2}{2R_L} = 13.69\text{ W}$$

在正弦信号的完整周期内，其 i_C 和 u_{CE} 的平均值就是其静态值，即 $i_{C(AV)} = I_0 = 1.85\text{ A}$，$u_{CE(AV)} = V_{CC}$，则直流电源供给功率为

$$P_{DC} = 2V_{CC}I_0 = 55.5\text{ W}$$

该放大器的转换效率为

$$\eta = \frac{P_{om}}{P_{DC}} = 24.7\%$$

为了提高甲类功放电路的转换效率，可以采用变压器耦合连接负载，如图 6-33 所示。

由于变压器的线圈电阻可以忽略不计，集电极直流电阻为零，因此该电路的直流负载线垂直于横轴且过点 $(V_{CC}, 0)$，如图 6-33（b）所示。忽略基极回路的损耗，则单电源供电情况下提供的直流功率为

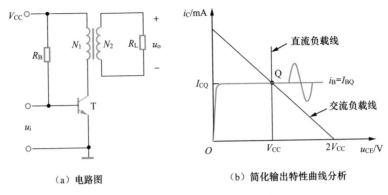

（a）电路图　　　　　　　　　（b）简化输出特性曲线分析

图 6-33　单管变压器耦合功放电路

$$P_{DC} = V_{CC} I_{CQ} \tag{6-71}$$

静态时电源提供的功率全部消耗在功放管上。

从变压器向负载端看进去的交流等效电阻为 $R_L' = \left(\dfrac{N_1}{N_2}\right)^2 R_L$，因此交流负载线是过静态工作

点 Q、斜率为 $-\dfrac{1}{R_L'}$ 的直线。通过调整变压器匝数比 $\dfrac{N_1}{N_2}$ 实现阻抗匹配，使交流负载线与横轴交点

约为 $(2V_{CC}, 0)$。此时，流过 R_L' 的交流电流最大幅值为 $I_{om} = I_{CQ}$，交流电压的最大幅值约为 $U_{om} = V_{CC}$。因此，理想变压器情况下的最大输出功率为

$$P_{om} = \frac{V_{CC}}{\sqrt{2}} \frac{I_{CQ}}{\sqrt{2}} = \frac{1}{2} V_{CC} I_{CQ} \tag{6-72}$$

故变压器耦合功放电路的最大转换效率 η_{max} 为

$$\eta_{max} = \frac{P_{om}}{P_{DC}} = \frac{\frac{1}{2} V_{CC} I_{CQ}}{V_{CC} I_{CQ}} = 50\% \tag{6-73}$$

总而言之，甲类功放电路的转换效率不高，变压器耦合情况下的最大转换效率只能达到 50%，且输入信号为零时转换效率为 0。然而，由于甲类功放电路具有最佳的线性工作方式，即使不用负反馈其开路失真也很低，因此被称为音频理想放大电路。由于其效率低、需要大型散热器，因此其体积很大，制造成本高，售价很贵，一般只在高保真（High-Fidelity，Hi-Fi）音响中使用。

6.4.3　乙类功放电路

在分析甲类功放电路时可以发现，电源提供的功率保持不变，当输入信号 $u_i = 0$ 时，转换效率为零；输入信号越大，i_c 幅值越大，负载上获得的功率也就越大，功放管上的损耗也就越小，转换效率也就越高。为了提升功放电路的转换效率，希望在 $u_i = 0$ 时电源不提供功率（功放管处于截止状态），并且负载获得的功率随着输入信号的增大而增大。对于输入正弦波信号来说，通常需要采用两只功放管，在信号的正负半周轮流导通，这种电路称为推挽功放电路，即乙类功放

电路，也称为 B 类功放电路（class B）。

1. 三极管乙类功放电路的工作原理

使用三极管组成的乙类功放电路有诸多类型，包括变压器耦合、无输出变压器（Output Transfomerless，OTL）、无输出电容（Output Capacitorless，OCL）和桥式推挽（Balanced Transformerless，BTL），其电路图如图 6-34 所示。

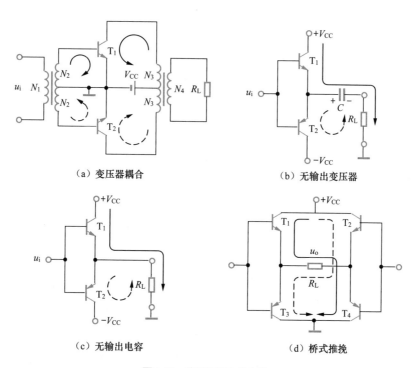

（a）变压器耦合   （b）无输出变压器

（c）无输出电容   （d）桥式推挽

图 6-34　典型乙类功放电路

（1）变压器耦合功放电路

在图 6-34(a)所示的变压器耦合功放电路中，T_1 和 T_2 的特性完全相同。当输入信号为零时，T_1 和 T_2 均处于截止状态，电源提供的功率为零，负载上的电压也为零。若忽略晶体管的发射结开启电压，当输入电压信号为正弦波且处于正半周（T_1 基极输入为 "+"，T_2 基极输入为 "−"）时，T_1 导通，T_2 截止，如图 6-34（a）中实线箭头所示；当正弦波处于负半周（T_1 基极输入为 "−"，T_2 基极输入为 "+"）时，T_1 截止，T_2 导通，如图 6-34（a）中虚线箭头所示。由此可知，T_1 和 T_2 轮流导通，负载 R_L 上获得正弦波电压信号。上述描述的图解分析如图 6-35 所示，R_L 上能够获得的最大电压幅值近似等于 V_{CC}。这种特性完全相同的管子在电路中交替导通工作称为 "推挽" 工作方式。

（2）无输出变压器功放电路

变压器耦合功放电路可以实现阻抗变化，但由于存在变压器，它的体积庞大，低频、高频特性差，因此可使用无输出变压器的乙类功放电路，如图 6-34（b）所示。OTL 功放电路的输出端使用大电容取代了变压器，它使用一对 NPN 型、PNP 型的互补三极管，这两个三极管的特性理想对称。

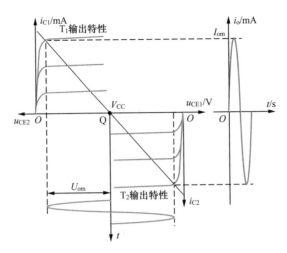

图 6-35　变压器耦合功放电路的图解分析

当输入信号 $u_i = 0$ 时，前级电路应使两个三极管的基极电位为 0，由于三极管的特性理想对称，因此它们的发射极电位也为 0，输出电容两端电压也为 0。若电容容量足够大，则其对交流信号来说可视为短路。忽略三极管的发射结开启电压，当输入电压信号为正弦波且处于正半周（$u_i > 0$）时，正电源 $+V_{CC}$ 供电，T_1 导通，T_2 截止，如图 6-34（b）中实线箭头所示，此时 T_1 为射极输出，即负载 R_L 上的输出电压 $u_o \approx u_i$；当正弦波处于负半周（$u_i < 0$）时，负电源 $-V_{CC}$ 供电，T_1 截止，T_2 导通，如图 6-34（b）中虚线箭头所示，此时 T_2 也为射极输出，即负载 R_L 上的输出电压 $u_o \approx u_i$。这种不同类型的互补三极管交替工作，并且都采用射极输出的工作方式，称为"互补"工作方式。

（3）无输出电容功放电路

由于 OTL 功放电路中存在大容量电容，无法耦合直流信号或低频信号，其低频特性不理想，因此可将输出耦合电容去掉，构成图 6-34（c）所示的无输出电容功放电路，也称为互补功放电路。OCL 电路采用双电源供电，电路中也使用一对特性理想对称的 NPN 型、PNP 型互补三极管。静态时 T_1 和 T_2 均截止，输出电压为零。假设三极管的发射结开启电压忽略不计，其工作方式与 OTL 功放电路类似。当输入电压信号为正弦波且处于正半周（$u_i > 0$）时，正电源 $+V_{CC}$ 供电，T_1 导通，T_2 截止，如图 6-34（c）中实线箭头所示，T_1 为射极输出，即负载 R_L 上的输出电压 $u_o \approx u_i$；当正弦波处于负半周（$u_i < 0$）时，负电源 $-V_{CC}$ 供电，T_1 截止，T_2 导通，如图 6-34（c）中虚线箭头所示，T_2 也为射极输出，即负载 R_L 上的输出电压 $u_o \approx u_i$。由此可见，T_1 和 T_2 交替工作，正负电源交替供电，在输入信号正负半周内，$u_o \approx u_i$。

（4）桥式推挽功放电路

OTL 功放电路虽然没有使用变压器和大电容，但电路需要采用双电源供电。为了实现单电源供电且不用变压器或大电容，可采用桥式推挽功放电路，如图 6-34（d）所示。电路中所有三极管的特性理想对称，静态时均处于截止状态，负载上电压为零。假设三极管的发射结开启电压忽略不计，当输入电压信号为正弦波且左端为"+"右端为"–"，T_1 和 T_4 导通，T_2 和 T_3 截止，如图 6-34（d）中实线箭头所示，负载 R_L 上的输出信号为正半周电压；当输入电压信号为正弦波且左端为"–"右端为"+"时，T_2 和 T_3 导通，T_1 和 T_4 截止，如图 6-34（d）中虚线箭头所示，负载 R_L 上的输出信号为负半周电压。

BTL 功放使用的三极管数量最多，实现四个三极管特性的理想对称较难，三极管的总损耗较大，会使转换效率降低。此外由于电路采用双端输入/双端输出的方式，输入和输出均无接地点，因此某些场合不适用。

总而言之，在乙类功放电路中，两套对称电路交替工作。由于其成本低且功率转换效率高，大多数多媒体音箱都采用乙类功放电路。

2. 三极管乙类功放电路分析

集成功率放大电路中较多使用 OTL 和 OCL 功放电路。本节以 OCL 功放电路为例介绍乙类功放电路的输出功率、转换效率等，假设输入正弦波电压信号 $u_i = U_{om} \sin \omega t$。

（1）输出功率 P_o

OCL 功放电路的输出特性曲线可参考图 6-35。电路的输出功率 P_o 表示为

$$P_o = U_o I_o = \frac{U_{om}}{\sqrt{2}} \cdot \frac{I_{om}}{\sqrt{2}} = \frac{1}{2} \cdot \frac{U_{om}^2}{R_L} \tag{6-74}$$

由于 T_1 和 T_2 为射极跟随，当电路输入信号足够大时可以忽略三极管的饱和管压降 U_{CES}，即 $U_{om} = V_{CC} - U_{CES} \approx V_{CC}$，OCL 功放电路可以获得最大输出功率，即

$$P_{om} = \frac{1}{2} \cdot \frac{U_{om}^2}{R_L} \approx \frac{1}{2} \cdot \frac{V_{CC}^2}{R_L} \tag{6-75}$$

（2）电源直流功率 P_{DC}

在 OCL 功放电路中，每个晶体管只在半个正弦波周期内导通，其电流平均值 I_{DC} 可表示为

$$I_{DC} = \frac{1}{2\pi} \int_0^\pi i_c \mathrm{d}(\omega t) = \frac{1}{2\pi} \int_0^\pi \frac{U_{om}}{R_L} \sin \omega t \mathrm{d}(\omega t) = \frac{U_{om}}{\pi R_L} \tag{6-76}$$

因此两组电源提供的直流平均功率为

$$P_{DC} = 2 I_{DC} V_{CC} = \frac{2 U_{om} V_{CC}}{\pi R_L} \tag{6-77}$$

考虑到电路输入信号足够大时，可以忽略三极管的饱和管压降 U_{CES}，因此两组电源提供的最大直流功率为

$$P_{DC(max)} = \frac{2 V_{CC}^2}{\pi R_L} \tag{6-78}$$

（3）转换效率 η

根据转换效率的定义，有

$$\eta = \frac{P_o}{P_{DC}} = \frac{\pi U_{om}}{4 V_{CC}} \tag{6-79}$$

当输出电压幅值达到最大，即 $U_{om} \approx V_{CC}$ 时，最大转换效率 η_{max} 为

$$\eta_{max} = \frac{P_{om}}{P_{DC(max)}} = \frac{\pi}{4} \approx 78.5\% \tag{6-80}$$

$\eta_{max} \approx 78.5\%$ 的结论是针对乙类功放电路的，是在假定负载电阻是理想的、忽略饱和管压降 U_{CES}、输入信号足够大的前提下给出的，实际应用中转换效率低于这一数值。

（4）集电极功耗 P_c

由电源提供的直流功率除转换为交流输出功率外，其余损耗在三极管的集电极上，即集电极功耗 P_c 为

$$P_c = P_{DC} - P_o = \frac{2U_{om}V_{CC}}{\pi R_L} - \frac{U_{om}^2}{2R_L} = \frac{2V_{CC}}{\pi}\sqrt{\frac{2P_o}{R_L}} - P_o \qquad (6\text{-}81)$$

令式（6-81）对 P_o 的导数为零，可以求得上述函数的极大值，该值即集电极最大功耗 P_{cm}，即

$$\frac{dP_c}{dP_o} = \frac{V_{CC}}{\pi}\sqrt{\frac{2}{P_oR_L}} - 1 = 0 \qquad (6\text{-}82)$$

也就是说，当 $P_o = \frac{2V_{CC}^2}{\pi^2 R_L}$ 时，存在集电极最大功耗 P_{cm}，即

$$P_{cm} = \frac{2V_{CC}^2}{\pi^2 R_L} = \frac{4}{\pi^2}P_{om} \approx 0.4P_{om} \qquad (6\text{-}83)$$

每个三极管的集电极最大功耗为

$$P_{cm（单）} = \frac{V_{CC}^2}{\pi^2 R_L} = \frac{2}{\pi^2}P_{om} \approx 0.2P_{om} \qquad (6\text{-}84)$$

式（6-84）给出了功放管的选择依据之一。例如，当要求最大输出功率 $P_{om} = 1$ W 时，则需要选择两个集电极最大功耗为 $P_{cm(单)} = 0.2P_{om} = 0.2$ W 的功放管。

3. 乙类功放电路中功放管的选择

由于功放电路要求输出电压大且输出电流大，因此需要根据三极管的集电极最大电流 I_{CM}、最大允许耗散功率 P_{CM}、反向击穿电压 $U_{BR,CEO}$ 这些极限参数来选择适当的三极管。下面我们以图 6-36 所示的 OCL 功放电路为例介绍乙类功放电路的功放管选择。

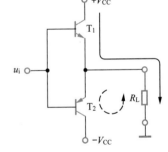

图 6-36　OCL 功放电路

（1）集电极最大允许电流 I_{CM}

由于乙类功放电路中是两个三极管交替导通工作，因此两管的集电极最大电流可表示为

$$I_{cm} = \frac{V_{CC} - U_{CES}}{R_L} \qquad (6\text{-}85)$$

若忽略饱和管压降 U_{CES}，则为了确保三极管安全工作，要求每只三极管的集电极最大允许电流 I_{CM} 满足

$$I_{CM} > I_{cm} \approx \frac{V_{CC}}{R_L} \qquad (6\text{-}86)$$

（2）最大允许耗散功率 P_{CM}

根据前述分析可知，OCL 功放电路单管集电极最大功耗 $P_{cm（单）} \approx 0.2P_{om}$，其中 P_{om} 为最大输出功率。为了确保三极管安全工作，每个三极管的最大允许耗散功率 P_{CM} 应满足

$$P_{CM} \geqslant 0.2P_{om} \qquad (6\text{-}87)$$

（3）反向击穿电压 $U_{BR,CEO}$

在 OCL 功放电路中，一个三极管饱和导通时，另一个三极管处于截止状态且承受最大反向电压。回顾第 2 章内容，三极管的反向击穿电压 $U_{BR,CEO}$ 为处于截止状态的三极管所能承受的最大反向电压。为了确保三极管安全工作，NPN 管的反向击穿电压 $U_{BR,CEO}$ 为

$$U_{BR,CEO} > U_{CE(max)} = 2V_{CC} - U_{CES} \approx 2V_{CC} \tag{6-88}$$

类似地，PNP 管的反向击穿电压 $U_{BR,ECO} > 2V_{CC}$。因此 OCL 功放电路的最大反向电压 $|U_{BR,CEO}| > 2V_{CC}$。

综上所述，OCL 功放电路的功放管选择准则：①每个三极管的集电极最大允许电流 $I_{CM} > \dfrac{V_{CC}}{R_L}$；②每个三极管的最大允许耗散功率 $P_{CM} \geqslant 0.2\,P_{om}$；③每个三极管的最大反向电压 $|U_{BR,CEO}| > 2V_{CC}$。

例 6-5 在图 6-36 所示的 OCL 功放电路中，电源电压 $V_{CC} = 16\ \text{V}$，负载电阻 $R_L = 8\ \Omega$，忽略饱和管压降 U_{CES}，极限参数为 $I_{CM} = 5\ \text{A}$，$|U_{BR,CEO}| = 50\ \text{V}$，$P_{CM} = 5\ \text{W}$。请问：①最大输出功率 P_{om} 是多少？该功放管能够安全工作吗？②功放电路在 $\eta = 0.6$ 时的输出功率 P_o 是多少？

解　① 根据 OCL 功放电路的参数，可以求得功放管的极限参数如下。

集电极最大电流 $I_{cm} \approx \dfrac{V_{CC}}{R_L} = \dfrac{16\ \text{V}}{8\ \Omega} = 2\ \text{A}$；每个三极管需要承担的反向电压 $|U_{CE(max)}| \approx 2V_{CC} = 32\ \text{V}$；负载上获得的最大输出功率 $P_{om} \approx \dfrac{V_{CC}^2}{2R_L} = 16\ \text{W}$，则每个三极管的集电极最大功耗 $P_{cm(单)} \approx 0.2P_{om} = 3.2\ \text{W}$。

由此可知，$I_{CM} = 5\ \text{A} > I_{cm}\ (= 2\ \text{A})$，$|U_{BR,CEO}| = 50\ \text{V} > 2V_{CC}(= 32\ \text{V})$，$P_{CM} = 5\text{W} > P_{cm(单)}\ (= 3.2\ \text{W})$，所选三极管的各个极限参数均满足要求，因此可以安全工作。

② 由于 $\eta = \dfrac{P_o}{P_{DC}} = \dfrac{\pi U_{om}}{4V_{CC}}$，因此有

$$U_{om} = \eta \cdot \frac{4V_{CC}}{\pi} = \frac{0.6 \times 4 \times 16\text{V}}{\pi} = 12.2\ \text{V}$$

故相应的输出功率 P_o 为

$$P_o = \frac{1}{2} \cdot \frac{U_{om}^2}{R_L} = \frac{(12.2\text{V})^2}{2 \times 8\Omega} \approx 9.3\ \text{W}$$

例 6-6 在图 6-34（c）所示的 OCL 功放电路中，负载电阻 $R_L = 8\ \Omega$，负载所需的最大功率为 16 W，假设三极管的饱和管压降 U_{CES} 和发射结的开启电压忽略不计，请计算：①电源电压 V_{CC} 至少应取多少？②若电源电压 $V_{CC} = 20\ \text{V}$，则管子的集电极最大允许电流 I_{CM}、最大反向电压 $|U_{BR,CEO}|$ 和集电极最大功耗 P_{cm} 各为多少？

解　① 由于忽略饱和管压降 U_{CES}，根据 $P_{om} \approx \dfrac{V_{CC}^2}{2R_L} = \dfrac{V_{CC}^2}{2 \times 8} = 16\ \text{W}$，可以求出电源电压 $V_{CC} \geqslant 16\text{V}$。

② 当电源电压 $V_{CC} = 20\ \text{V}$ 时，输出电压峰值 $U_{om} = 16\ \text{V}$，因此三极管的集电极最大允许电

流为

$$I_{CM} > I_{cm} \approx \frac{U_{om}}{R_L} = \frac{16V}{8\Omega} = 2\,A$$

最大反向电压 $|U_{BR,CEO}| > 2V_{CC} = 2 \times 20\,V = 40\,V$，单管集电极最大功耗 $P_{cm} = \frac{V_{CC}^2}{\pi^2 R_L} = \frac{20^2}{\pi^2 \times 8} = 5.07\,W$。

4. MOS 场效应管互补功放电路

将图 6-36 所示 OCL 功放电路中的三极管替换为 MOS 场效应管，可以得到 MOS 场效应管乙类双电源互补对称功率放大电路，简称 MOS 场效应管互补功放电路，如图 6-37 所示。

类似前述三极管功放电路的分析，如果输入信号 u_i 足够大，MOS 管的阈值电压可以忽略不计，则图示电路可以实现静态时两管不导通、存在输入信号时 T_1 和 T_2 两管轮流导通的互补工作方式。由于两管都是源极输出，因此也称为互补源极功率输出级。假设电路中功放管的可变电阻区范围非常小，可以忽略，负载 R_L 上的最大电压可以达到电源电压 V_{DD}，相应的功放电路分析和计算方法与三极管乙类功放电路的类似。

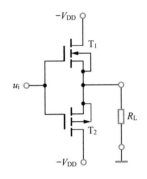

图 6-37 MOS 场效应管乙类双电源互补对称功放电路

6.4.4 甲乙类功放电路

为了简化乙类功放电路的分析，我们假设三极管的发射结开启电压可以忽略不计。然而在实际应用中，由于三极管存在开启电压 U_{BEO}，因此乙类功放电路的输入信号 $|u_i|$ 必须大于这个阈值电压，功放管才能导通。若输入信号 $|u_i| < U_{BEO}$，尽管 T_1 和 T_2 都有正向电压，但两管都截止，i_{C1} 和 i_{C2} 都近似为零，负载 R_L 上没有输出电流，此时输出电压波形会在信号正、负半周交替过零处产生非线性失真，称为交越失真（crossover distortion）。交越失真的产生原因如图 6-38 所示。

乙类功放电路的交越失真

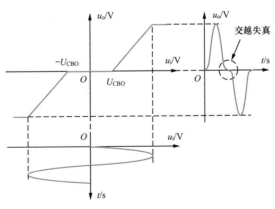

图 6-38 交越失真的产生原因

克服交越失真的方法：给两个三极管稍微加上一定的正偏，使其处于临界导通（或微导通）状态，可以解决输入信号在零附近时三极管无法导通的问题。此时功放电路工作在甲乙类状态，功率转换效率较乙类功放电路略有下降。

1. 双电源供电的三极管甲乙类功放电路

常用的甲乙类双电源互补推挽功放电路如图 6-39 所示。

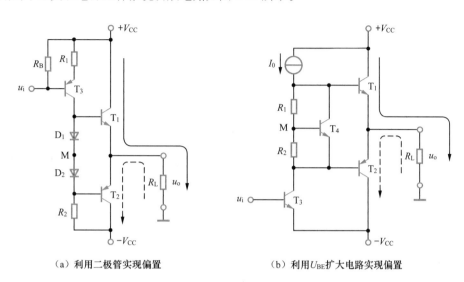

（a）利用二极管实现偏置　　　　　　　（b）利用 U_{BE} 扩大电路实现偏置

图 6-39　甲乙类双电源互补推挽功放电路

图 6-39（a）为两级级联放大电路，利用二极管实现偏置，其中 T_3 为共射组态放大电路，实现前置放大，称为激励级或推动级，主要功能是提高输入信号的电压幅值。T_1 和 T_2 组成互补推挽功放电路。

当输入信号 $u_i = 0$（静态）时，二极管 D_1 和 D_2 上产生的压降为 T_1 和 T_2 提供合适的直流偏置电压，通过调整电阻 R_1、R_2 和 T_3 的参数，可使 D_1 和 D_2 之间 M 点的电位为零。如果 D_1 和 D_2 的导通压降略大于 T_1 和 T_2 发射结的开启电压，则可使两管处于微导通状态。由于电路对称，静态时 T_1 和 T_2 的集电极电流相等，即 $i_{C1} = i_{C2}$。而输出电流 $i_o = i_{C1} - i_{C2} = 0$，因此负载 R_L 上的输出电压 $u_o = 0$。当输入信号 $u_i \neq 0$（动态）时，T_1 和 T_2 轮流导通，实现输入信号的功率放大。

然而，图 6-39（a）所示电路中二极管的导通压降和三极管的发射结开启电压难以调整，偏置电压也难以调整到理想状态，因此可以使用三极管 U_{BE} 扩大电路来实现偏置，如图 6-39（b）所示。

图 6-39（b）中 T_4 的基极电流 i_{B4} 很小，因此可以认为流过 R_1 和 R_2 的电流近似相等，即

$$\frac{U_{BE4}}{R_2} \approx \frac{U_{CE4}}{R_1 + R_2} \tag{6-89}$$

T_4 的发射结开启电压基本恒定，因此

$$U_{CE4} \approx \left(1 + \frac{R_1}{R_2}\right) U_{BE4} \tag{6-90}$$

由于 $U_{CE4} = U_{BE1} + U_{BE2}$，因此通过调整 R_1 和 R_2 的比值可以得到合适的 U_{CE4}，使 T_1 和 T_2 在输入信号 $u_i = 0$ 时微导通。由 T_4、R_1 和 R_2 组成的偏置电路可以使 U_{CE4} 与 U_{BE4} 之间呈现任意倍数，因此该偏置电路又称为 U_{BE} 倍增电路。

2. 单电源供电的三极管甲乙类功放电路

将图 6-39（a）所示的双电源互补推挽功放电路中的负电源置为零，即 $-V_{CC} =$

单电源供电的
晶体三极管
甲乙类功放电路

0，并在输出端与负载 R_L 之间接入一个大电容 C，即可得到甲乙类单电源互补推挽功放电路，如图 6-40 所示。

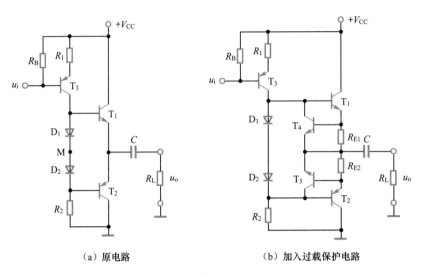

（a）原电路　　　　　　　　　（b）加入过载保护电路

图 6-40　甲乙类单电源互补推挽功放电路

由于 T_1 和 T_2 对称，在静态时只要将图中 D_1 和 D_2 间 M 点的电位设置为 $\frac{V_{CC}}{2}$，则 T_1 和 T_2 的射极静态电位就会固定为 $\frac{V_{CC}}{2}$，输出耦合电容两端的电压也为 $\frac{V_{CC}}{2}$。由于输出耦合电容 C 较大，在低频工作期间，其电压基本保持不变。

当输入余弦波信号 $u_i \neq 0$ 且处于负半周时，T_3 的集电极输出反相，输出大于零，为 T_3 输出余弦波的正半周，此时 T_1 导通，T_2 截止，电源 V_{CC} 经过 T_1 给电容 C 缓慢充电，负载电阻 R_L 上获得正半周信号；当输入信号 $u_i \neq 0$ 且处于正半周时，T_3 的集电极输出电压为负半周，则 T_2 导通，T_1 截止，已充有 $\frac{V_{CC}}{2}$ 电压的电容 C 通过负载电阻 R_L 缓慢放电，R_L 上获得负半周信号。只要时间常数 $R_L C$ 足够大（一般远大于输入信号的最长周期），即可认为用大电容 C 和正电源 V_{CC} 实现了原来的双电源供电作用，电容两端的电压近似为 $\frac{V_{CC}}{2}$。

在单电源互补推挽功放电路中，每个三极管的工作电压变为 $\frac{V_{CC}}{2}$，输出电压最大值也只能达到 $\frac{V_{CC}}{2}$，因此在分析其输出功率、电源直流功率、转换效率时也需要修正对应的电源电压数值。

在实际应用电路中需要对功放管 T_1 和 T_2 进行保护，防止输出电流过载，进而损坏功放管。在图 6-40（b）中，T_4 和 T_5 实现了对功放管 T_1 和 T_2 的过载自动保护，其原理如下：在正常工作时，T_4 和 T_5 处于截止状态，保护电路不起作用；若输出电流过载（或输出短路），会增大电阻 R_{E1} 和 R_{E2} 上的压降，使 T_4 和 T_5 导通，对注入 T_1 和 T_2 的基极电流进行了分流，限制了 T_1 和 T_2 集电极电流的增大，实现了输出电流过载自动保护功能。

3. 复合管甲乙类功放电路

图 6-39 中的两个电路的功率增益是由电流增益决定的。由于只采用了单管，电流增益仅为该管的 β。为了进一步提升输出级的电流增益，将图 6-39（b）中的 T_1 和 T_2 用复合管替代，

如图 6-41 所示，称之为准互补推挽功率输出电路。

　　该输出电路的功放管由两个复合管构成，T_1 和 T_2 构成的复合管可以等效为一个 NPN 管，T_3 和 T_4 构成的复合管可以等效为一个 PNP 管。等效之后，该电路的输出功率、电源直流功率、转换效率分析与前述分析类似，此处略去。

4. MOS 场效应管甲乙类功放电路

　　使用 MOS 场效应管同样可以制作成甲乙类互补功放电路。在图 6-42（a）中，MOS 管上下对称，T_1 和 T_2 为互补源极跟随器；T_3 和 T_4 的栅源电压为 T_1 和 T_2 提供直流偏置电压，使 T_1 和 T_2 工作在甲乙类状态；T_5 和 T_6 分别为放大管和负载

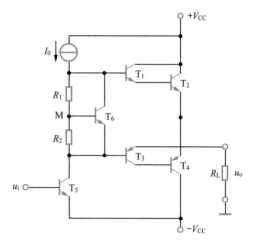

图 6-41　准互补推挽功率输出电路

管，组成 CMOS 驱动电路。这种电路的输出电阻较大，且由于 MOS 管工作时具有较大的栅源电压（$U_{GS} > U_{GS,th}$），因此输出电压 u_o 的最大幅值受到限制，电路的动态范围不大。

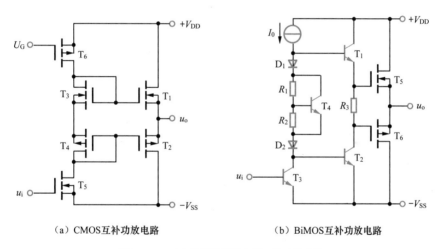

（a）CMOS互补功放电路　　　　　　（b）BiMOS互补功放电路

图 6-42　MOS 管甲乙类双电源互补功放电路

　　另一种性能更好的输出级电路如图 6-42（b）所示，它是由双极 - 金属氧化物半导体（Bipolar Metal-Oxide-Semiconductor，BiMOS）制作而成的甲乙类双电源互补对称功放电路。图中 R_1、R_2、T_4 构成 U_{BE} 倍增电路，并与两个二极管 D_1 和 D_2 一起为 T_1 和 T_2 提供合适的静态偏置电压，克服交越失真；R_3 上的电压为 T_5 和 T_6 提供合适的静态偏置电压。T_1 和 T_2 为射极跟随器，具有很低的输出电阻，与 T_5 和 T_6 的栅极电容构成很小的时间常数，可以极大地提高输出级的工作速度。

6.4.5　丁类功放电路

　　功放电路的主要目标是提高输出功率与效率，而甲类、乙类（或甲乙类）、丙类是以减小功放管导通角的思路提高功放电路的转换效率的。然而导通角的减小是有一定限度的，这是因为导通角太小时，转换效率虽然很高，但集电极最大电流 I_{cm} 下降很多，输出功率反而下降。如果想

尽可能维持输出功率不变，则需要加大电源电压，但电源电压的增大可能引起功放管的击穿。

为了进一步提高功放电路的转换效率和输出功率，可采用丁类功放电路，它又称为 D 类功放电路（class D）。其实现方法与甲类、乙类、甲乙类均不相同，它不要求功放管的线性，而是更为关注功放管的开关响应速度与饱和管压降，因此也称为开关管。丁类功放电路中的开关管交替工作在饱和导通与截止状态。饱和导通时管压降很低，一般近似为零（如三极管的饱和管压降 $U_{CES} \approx 0.3$ V）；截止时功放管的电流近似为零。因此工作在开关状态下的功放管功耗很小，可以获得很高的转换效率，理论上可达到 100%，考虑到功放管的饱和管压降，一般可以达到 90% 左右。

为了使功放管工作在开关状态，通常采用脉冲宽度调制（Pulse Width Modulation，PWM）将音频信号转换为脉冲信号，控制功放管的饱和导通与截止，其基本原理框图如图 6-43（a）所示。它由脉宽调制器（包括三角波发生器、电压比较器、音频输入信号）、场效应管组成的开关放大器、电感 L 和电容 C 构成的低通滤波器构成。图中的驱动级用来驱动开关放大器，使放大器输出信号表现为在 $+V_{DD}$ 和 $-V_{SS}$ 间切换的高频矩形波。

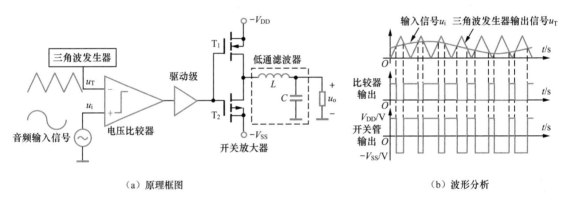

（a）原理框图　　　　　　　　　　　　　　　（b）波形分析

图 6-43　丁类功放电路

音频输入信号 u_i（以正弦波信号为例）与三角波发生器的输出信号 u_T 送入电压比较器（将在 7.4 节介绍）。当 $u_i > u_T$ 时，比较器的输出电压近似等于比较器的正电源电压；反之则近似等于比较器的负电源电压，因此比较器的输出波形为 PWM 波形，如图 6-43（b）所示。PWM 波形控制 T_1 和 T_2 的饱和导通和截止，得到图 6-43（b）所示的开关管输出波形。脉冲波形的平均值由其占空比决定，而占空比又正比于音频信号 u_i，即脉冲波形的平均值正比于音频信号 u_i，通过 LC 低通滤波器滤除高频分量，即可从脉冲波形中恢复放大后的音频信号 u_i。

根据上述分析，丁类功放电路的性能主要取决于以下几个方面。

① 三角波频率：三角波为采样脉冲，需要满足采样定理。

② 三角波稳定度：决定信号放大的失真程度。

③ 比较器精度：精度越高，调制信号的动态范围就越大。

④ 低通滤波器上限截止频率：要高于音频信号的最高频率。

⑤ 实际应用中还需要考虑射频干扰等。

图 6-44 给出了一种典型丁类功放电路的 Multisim 仿真示意图。在图 6-44（a）所示的电路中，信号源 XFG1 输出幅值为 400 mV、频率为 10 kHz 的正弦信号，将其作为音频信号；信号源 XFG2 输出幅值为 1 V、频率为 300 kHz 的三角波。图 6-44（b）所示为示波器中的输入／输出波形。

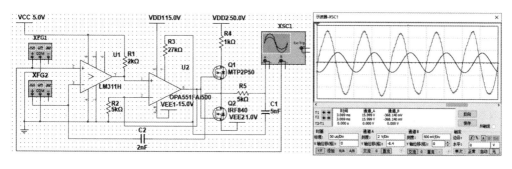

|（a）仿真电路图|（b）输入/输出波形|

图 6-44　丁类功放电路 Multisim 仿真示意图

典型的丁类集成功放电路有 TPA3255 芯片。由于其转换效率高、体积小，几乎不产生热功耗，不需要大型散热器，因此广泛应用于语音放大电路。由于丁类功放电路中的功放管工作在导通饱和和截止两个状态，因此有时也称为数码功放电路。

6.5　模拟集成运放

至此，读者已经掌握运放基本组成部分（包括本书介绍的电流源有源负载、差分放大电路、多级放大电路、功率放大电路）。本节以"化整为零"的思想简要分析典型运放的内部结构及工作原理，讲解复杂集成电路原理图的定性分析方法。

6.5.1　双极型模拟集成运放

以通用集成运放 LM741 为例，其电路图如图 6-45 所示，初级是共集 - 共基组合差放电路，中间级为电压放大电路，输出级为互补推挽功放电路。电路中的直流偏置电路基本都由电流源电路实现，电路中的电阻基本都用恒流源的等效电阻替代。

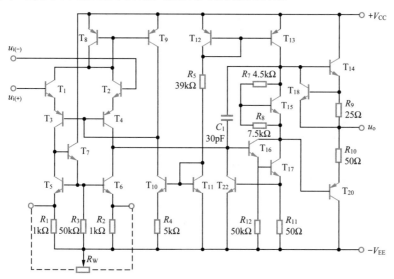

通用集成运放
LM741的电路
分析

图 6-45　通用集成运放 LM741 的电路图

1. 电流源电路

LM741 中存在多个电流源电路。T_5 和 T_6 构成比例电流源电路，不但作为输入级差放电路的有源负载，并且将 T_3 的集电极动态电流转换为 T_4 输出电流的一部分。由于电路的对称性，当差模信号输入时，$i_{c3} = -i_{c4}$，并且 $i_{c5} = i_{c3}$（忽略 T_7 的基极电流），$i_{c6} = i_{c5}$（比例电阻 $R_1 = R_2 = 1\ \text{k}\Omega$），则 $i_{c6} = -i_{c4}$。由此可知，T_{16} 的基极输入电流 $i_{b16} = i_{c4} - i_{c6} = 2i_{c4}$，即使输入级差放电路的单端输出具有双端输出的效果。此外，T_5 和 T_6 构成的电流源电路还对共模信号起抑制作用。当输入共模信号时，有 $i_{c6} = i_{c5} \approx i_{c3} = i_{c4}$，因此 T_{16} 的基极电流 $i_{b16} = i_{c4} - i_{c6} \approx 0$。共模信号基本不能传递到下一级，提高了整个电路的共模抑制比。

T_8 和 T_9 构成镜像电流源电路，T_{10} 和 T_{11} 构成微电流源电路，T_{12} 和 T_{13} 构成镜像电流源电路，共同为差分输入级提供恒定的偏置电流。运放 LM741 中电阻 R_5 上的基准电流 I_{R5} 为

$$I_{R5} = \frac{V_{CC} - U_{BE12} - U_{BE11} - (-V_{EE})}{R_5} \tag{6-91}$$

则 T_{10} 的集电极电流 I_{C10} 可以根据微电流源公式计算得到。如果某种原因使差分输入级的集电极静态电流增大，T_8 和 T_9 的集电极电流会随之增大，但由于 I_{C10} 基本恒定并且 $I_{C10} = I_{C9} + I_{B3} + I_{B4}$，会使 I_{B3} 和 I_{B4} 减小，因此导致差分输入级的集电极静态电流减小。从以上定性分析可知，这些电流源能够稳定差分输入级的静态工作点。

2. 输入级——组合差放电路

在 LM741 的输入级中，T_1 和 T_2 为共集差放电路，具有较大的电流增益 β，T_8 是其有源负载；T_3 和 T_4 为共基差放电路，为横向管，虽然 β 小但耐压高；T_5、T_6、T_7、R_1、R_2 和 R_3 为其有源负载。因此该运放的输入级是由 T_1、T_2、T_3 和 T_4 构成的共集 - 共基组合差放电路，不仅能够提高电路的输入电阻，改善其频率响应特性，而且可以承受较高的输入电压并具有较强的放大能力。6.3.3 节中已经给出了该组合差放电路的电压增益分析过程，此处不再赘述。

3. 中间级

LM741 的中间级是由 T_{16} 和 T_{17} 组成的共集 - 共射级联放大电路，T_{13} 作为其有源负载。由于 T_{13} 的输出电阻 r_{ce13} 远大于 R_7、R_8 和 T_{15} 组合支路的动态电阻，因此该共射放大电路的电压增益为

$$A_u = \frac{u_{c17}}{u_{c4}} = -\frac{\beta_{16}\beta_{17}(r_{ce13} // r_{ce17} // R_{ip})}{r_{be16} + (1 + \beta_{17})r_{be17}} \tag{6-92}$$

其中 R_{ip} 为互补推挽功放电路的输入电阻。

此外，电容 C_1 作为相位补偿元件，避免出现自激振荡。

4. 输出级——互补推挽功放电路

LM741 的输出级是由 T_{14} 和 T_{20} 两个功放管构成的互补推挽功放电路，R_9 和 R_{10} 用于弥补功放管的非对称性；R_7、R_8 和 T_{15} 构成了 U_{BE} 倍增电路，为输出级设置合适的静态工作点，以消除交越失真；T_{18} 与 R_9 构成 T_{14} 的过流保护电路，实现输出电流过载自动保护功能。

此外，图 6-45 中的外接电位器 R_W 起到调零作用。通过调整 R_W 的滑动端，可以改变 T_5 和 T_6 的发射极电阻，调整输入级的对称程度，使在输入为零时输出也为零，抑制运放的失调。

6.5.2　单极型模拟集成运放

场效应管运放比三极管运放输入电阻高、功耗低、集成度高。以四通道通用 CMOS 运放 MC14573 为例，其单通道电路图如图 6-46 所示，包括电流源电路、共源差放电路（输入级）、共源差放电路（输出级）。

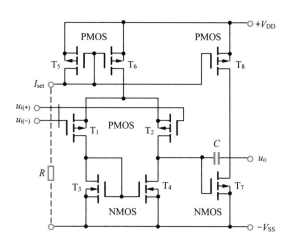

图 6-46　四通道通用 CMOS 运放 MC14573 的单通道电路图

1. 电流源电路

MC14573 采用电流源电路偏置，由 T_5、T_6 和 T_8 组成多路电流源电路，为两级放大电路提供静态偏置。具体来说，T_5 和 T_6 组成的镜像电流源电路为差分输入级提供静态偏置，其基准电流 I_R 可通过外接电阻 R 确定；T_5 和 T_6 组成的镜像电流源电路除为输出级提供静态偏置外，也作为输出级的有源负载。

基准电流 I_R 通过式（6-93）给出：

$$\begin{cases} U_{GS5} = I_R R - V_{SS} - V_{DD} \\ I_R = I_{D5} = K_5(U_{GS5} - U_{GS,th5})^2 \end{cases} \quad (6\text{-}93)$$

2. 输入级——共源差放电路

MC14573 的第一级由 T_1、T_2、T_3 和 T_4 共同组成，其中 T_1 和 T_2 构成 PMOS 共源差放电路，T_3 和 T_4 是其有源负载，实现双端输出到单端输出的转换。根据差放电路的分析可知，该输入级的差模电压增益为

$$A_{ud} = \frac{u_{o2}}{u_{id}} = -g_{m2}(r_{ds2} // r_{ds4}) \quad (6\text{-}94)$$

此外，差模输入电阻可达 $10^{12}\ \Omega$。

3. 输出级——共源放大电路

MC14573 的第二级也为共源放大电路，其中 T_7 为放大管，T_8 为其有源负载，因此第二级也具有很强的电压放大能力，电压增益为

$$A_{u7} = \frac{u_o}{u_{o2}} = -g_{m7}(r_{ds7} // r_{ds8}) \quad (6\text{-}95)$$

在输出电阻方面，由于输出级采用共源组态，其输出电阻较大，带负载能力较差，输出电阻为

$$R_{o} = r_{ds7}//r_{ds8} \tag{6-96}$$

在实际应用中，MC14573 是为高负载电路设计的，适用于以场效应管为负载的电路。此外，输出级中的电容 C 用于频率补偿，以保证系统的稳定性。在使用中，MC14573 的工作电源电压 V_{DD} 与 V_{SS} 之间的差值应满足 5 V $\leqslant (V_{DD} - V_{SS}) \leqslant$ 15 V，既可以单电源供电，也可以双电源供电，并且允许正、负电源不对称，可以根据输出电压的动态范围需求选择电源电压的数值。

由上述分析可知，MC14573 差模电压增益大，功耗低，电路简单，但输出电阻较大。

6.5.3　集成运放的主要性能指标

在实际应用中，为了正确使用集成运放，设计者需要阅读运放芯片手册，熟悉其管脚排列、电气性能指标等外特性，这些外特性直接影响到运放的应用场景和使用要求。使用运放时需要考虑的主要性能指标（参数）如下。

（1）电源电压

运放的电源电压（power supply voltage）要求直接影响其应用场合，通信系统和民品应用一般要求单极性、低电压；工业控制则需要高电压。此外，理想运放的特性不会随电源电压的变化而变化，而实际应用中的电源电压波动会影响运放的输出特性、稳定特性和频率特性，通常用电源电压抑制比（power supply rejection ratio）衡量，定义为运放电源电压发生变化所引起的输入失调电压的变化，即 $K_{PSR} = \dfrac{\Delta V_{CC}}{\Delta U_{IO}}$（或 $K_{PSR}(dB) = 20\lg\left|\dfrac{\Delta V_{CC}}{\Delta U_{IO}}\right|(dB)$）。通用运放的 K_{PSR} 一般在 100 dB 左右。

（2）最大差模输入电压 U_{idmax}

当运放所加的差模信号增大到一定程度时，输入级至少存在一个 PN 结承受反向电压。U_{idmax} 用于衡量运放中不会使两输入端发射结反向击穿的最大差模输入电压（maximum differential input voltage）。超过 U_{idmax} 时，运放输入级差分管将出现反向击穿现象。对于平面工艺制成的 NPN 管，$U_{idmax} \approx 5$ V；横向 PNP 管的 U_{idmax} 可超过 30 V。

（3）最大共模输入电压 U_{icmax}

最大共模输入电压（maximum common input voltage）U_{icmax} 表示在保证运放正常工作条件下，共模输入电压的允许范围。当共模电压超过 U_{icmax} 时，输入级差分对管出现饱和，运放的共模抑制比将明显下降，以至于失去共模抑制能力。

（4）开环差模电压增益 A_{ud}

开环差模电压增益（open loop voltage gain）A_{ud} 表示运放在开环（无反馈）情况下的差模电压放大倍数。该参数越大越好，A_{ud} 一般为 $10^5 \sim 10^6$（即 100 ~ 120 dB）。性能较好的运放，其 A_{ud} 可超过 140 dB。

（5）共模抑制比 K_{CMR}

与差放电路中的定义相同，集成运放的共模抑制比（common mode rejection ratio）K_{CMR} 表示

为差模电压增益与共模电压增益的比值，即 $K_{CMR} = \left| \dfrac{A_{ud}}{A_{uc}} \right|$（或 $K_{CMR}(dB) = 20 \lg \left| \dfrac{A_{ud}}{A_{uc}} \right| (dB)$），是衡量运放的差分输入级对称程度、表征运放抑制共模干扰信号能力的参数，其数值越大越好。通常来说，普通运放的 K_{CMR} 约为 $70 \sim 100$ dB，高性能运放的 K_{CMR} 可达到 160 dB。

（6）输入电阻 R_{id}

输入电阻（input resistance）R_{id} 即差模输入电阻，表示运放工作在线性区时，两输入端的电压变化量与对应的输入端电流变化量的比值，是运放输入级向差模输入信号索取电流大小的标志。采用三极管作为运放差分输入级的输入电阻小于 10 MΩ，采用场效应管为运放差分输入级的输入电阻通常大于 10^3 MΩ。

（7）输入失调电压 U_{IO}

在运放的两个输入端之间加一个直流补偿电压，使其输出端为零电位的直流补偿电压即输入失调电压（input offset voltage）。它反映了运放的对称程度和电平配合情况，U_{IO} 越小，对称性和电平配合情况越好。

（8）输入失调电压温漂 $\dfrac{dI_{IO}}{dT}$

在规定的温度范围内，单位温度变化所引起的输入失调电压变化量即输入失调电压温漂（input offset voltage drift），它是输入失调电压的温度系数。$\dfrac{dU_{IO}}{dT}$ 数值越小，运放的温漂越小。

（9）输入失调电流 I_{IO}

输入信号为零时，放大器两个输入端偏置电流之差即输入失调电流（input offset current）$I_{IO} = |I_{B1} - I_{B2}|$。它是维持静态直流输出电流为零（或某一预定值）而需要在运放两输入端之间加的补偿差分电流，反映了运放输入级差分对管输入电流对称性。I_{IO} 越小，差分对管 β 的对称性越好。

（10）输入失调电流温漂 $\dfrac{dI_{IO}}{dT}$

在规定的温度范围内，单位温度变化所引起的输入失调电流变化量即输入失调电流温漂（input offset current drift），它是输入失调电流的温度系数。

（11）输入偏置电流 I_{IB}

输入偏置电流（input bias current）I_{IB} 表示运放两个输入端偏置电流的平均值，即运放工作在线性区时流入输入端的平均电流，$I_{IB} = \dfrac{I_{B1} + I_{B2}}{2}$，用于衡量差分对管输入电流的大小。当 I_{IB} 较大时，信号源内阻对运放静态工作点的影响较大，输入失调电流 I_{IO} 和温漂 $\dfrac{dI_{IO}}{dT}$ 也较大，进而影响运放精度。新型运放的偏置电流 I_{IB} 一般在 pA 级别，这对于系统性能和稳定性有利。

（12）增益带宽积 GBW

增益带宽积（gain-bandwidth product）也称为单位增益带宽，指运放闭环增益下降到 0 dB（即 $A_{ud} = 1$，失去电压放大能力）时所对应的信号频率。该指标常用于实际应用中的运放选型。例如，在正弦小信号放大时，单位增益带宽等于输入信号频率与该频率下增益的乘积。

（13）转换速率 SR

转换速率（slew rate）也称为压摆率，表示运放对信号变化速度的适应能力，是衡量运放在大幅值信号下的工作速度的参数，通常用于大信号处理中的运放选型。它的定义为大信号（含阶跃信号）送入运放输入端，从其输出端测得的输出上升速率，其单位为 V/μs。当输入信号变化

斜率的绝对值小于 SR 时，输出电压能够按照线性规律变化。信号幅值越大，频率越高，要求运放的 SR 越大。通用运放的转换速率 $SR \leqslant 10$ V/μs，高速运放的转换速率 $SR > 10$ V/μs，目前高速运放的最高转换速率可达到 6000 V/μs。

本章小结

本章从集成电路基础入手，分析了集成运放的结构特点、电路组成、主要性能指标，以化整为零的思想分析了两种通用集成运放的内部结构及工作原理，讲解了复杂集成电路原理图的定性分析方法。运放实际上是一种高性能直接耦合放大电路，它由输入级、中间级、输出级和偏置电路四部分组成。运放的输入级多用差放电路，中间级为多级或复合管共射（共源）电路，输出级常采用互补推挽功放电路，偏置电路多采用电流源电路。本章具体内容包括以下几部分。

1. 电流源电路

电流源电路是模拟集成电路中应用广泛的单元电路，它充分利用集成电路工艺中元件参数一致性好的特点制作而成，不仅可以为各级放大电路提供合适的静态电流，还可以作为有源负载替代集成电路中的高阻值电阻，获得更高的电压放大倍数。此外，电流源电路还要求温度稳定性好，受电源电压因素影响小。常用的电流源电路包括镜像电流源电路、比例电流源电路、微电流源电路、多路电流源电路等。

2. 差放电路

差放电路利用两组电路元件参数一致性好的特点制作而成，它能够在放大差模信号的同时，对共模信号（如由于温度变化而产生的漂移）具有较强的抑制能力。根据输入/输出端接法的不同，差放电路又分为双端输入/双端输出、双端输入/单端输出、单端输入/双端输出、单端输入/单端输出四种类型，性能指标包括差模电压增益、共模抑制比、差模输入电阻、差模输出电阻等。

利用电流源电路作为有源负载或者构成组合差放电路都能够进一步提升差放电路的性能，这常用于集成功放电路的输入级。

3. 功放电路

功放电路要在电源电压确定的情况下，输出尽可能大、不失真的信号功率，并且应具有尽可能高的功率转换效率，因此功放管常常工作在极限状态。按照功放管工作的导通角，功放电路可分为甲类、乙类、甲乙类、丙类。丁类功放属于另一类功放，是以开关管的开关状态控制电源功率进行输出的。

由于功放电路的输入信号幅值较大，分析时通常采用图解分析法。首先求出负载上可能获得的交流电压幅值，计算出最大输出交流功率 P_{om}；而后求出电源电压提供的直流平均功率 P_{DC}，由此得到功率转换效率 η。

由于功放电路要求输出电压大且输出电流大，选择功放管时应重点考虑三极管的极限参数，如三极管的集电极最大允许电流 I_{CM}、最大允许耗散功率 P_{CM}、反向击穿电压 $U_{BR,CEO}$。

📝 习题

6.1 电流源电路如图 6-47 所示，请给出输出电流 I_o 和基准电流 I_R 之间的关系。

6.2　图 6-48 使用比例电流源电路作为射极输出放大电路的有源负载，可增大输入电阻，使电压增益更接近于 1。若图中 T_2 和 T_3 特性相同，$U_{BE} = 0.7\,V$，试求电路中的 I_{C2}。

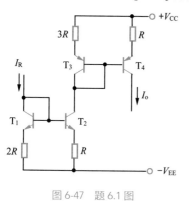

图 6-47　题 6.1 图

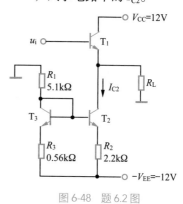

图 6-48　题 6.2 图

6.3　多路比例电流源电路如图 6-49 所示，已知各管特性一致且 $U_{BE} = 0.7\,V$，试求输出电流 I_{o1} 和 I_{o2}。

6.4　几何比例电流源电路如图 6-50 所示，已知基准电流 $I_R = 30\,\mu A$，各管的沟道宽长比已在图中给出，试求输出电流 I_{o1} 和 I_{o2}。

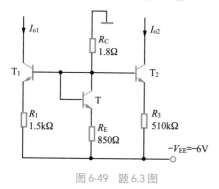

图 6-49　题 6.3 图

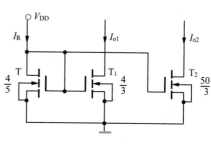

图 6-50　题 6.4 图

6.5　差分放大电路如图 6-51 所示，已知三极管参数为 $\beta = 100$，$U_{BE} = 0.7\,V$，$r_{bb'}$ 忽略不计。若 $R_L = 10\,k\Omega$，试求：（1）双端输出时的 R_{id}、R_{od}、A_{ud}；（2）单端输出时的 R_{ic}、R_{oc}、A_{uc} 以及 K_{CMR}。

6.6　差分放大电路如图 6-52 所示，已知三极管参数为 $\beta = 100$，$U_{BE} = 0.7\,V$，$r_{bb'}$ 忽略不计，并且已知 $r_{ce} = 50\,k\Omega$。若 $I_{EE} = 1.04\,mA$，$R_L = 10\,k\Omega$，试求：（1）双端输出时的 R_{id}、R_{od}、A_{ud}；（2）单端输出时的 R_{ic}、R_{oc}、A_{uc} 以及 K_{CMR}；（3）与题 6.5 的结果进行比较分析。

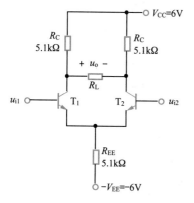

图 6-51　题 6.5 图

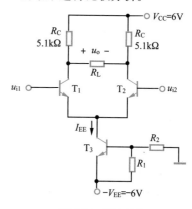

图 6-52　题 6.6 图

6.7 恒流源差分放大电路如图 6-53 所示。已知晶体管的 $\beta = 100$，$U_{BE} = 0.7\text{ V}$，$r_{bb'} = 80\ \Omega$，$r_{ce} = 100\text{ k}\Omega$。

（1）求各管的静态工作点 I_{CEQ} 和 U_{CEQ}；

（2）画出差放电路的交流通路和其低频小信号等效电路图；

（3）计算双端输出时的差模电压增益和差模输入电阻。

6.8 共射 - 共基级联差放电路如图 6-54 所示，已知 T_1 的发射极电位 $U_{E1} = 0\text{ V}$，$R_1 = R_2$。

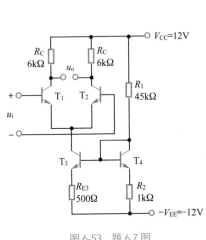

图 6-53　题 6.7 图

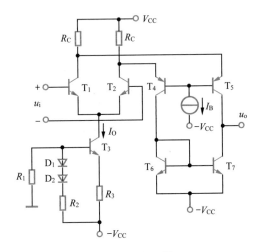

图 6-54　题 6.8 图

（1）给出流过电阻 R_1 和 R_2 的直流电流之间的关系；

（2）求直流电流 I_O 的大小；

（3）求直流电压 U_{CE4} 的大小；

（4）若已知所有晶体三极管的 h 参数，写出电路的中频电压增益表达式。

6.9 在图 6-55 所示的放大电路中，所有晶体三极管的 $\beta = 80$，T_1、T_2、T_5 为硅管，$U_{BE1} = U_{BE2} = U_{BE5} = 0.7\text{ V}$，$T_4$ 为锗管，$|U_{BE4}| = 0.2\text{ V}$，各管的 $r_{bb'}$ 均为 $200\ \Omega$。忽略 RC。

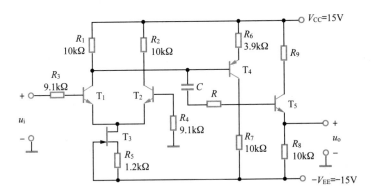

图 6-55　题 6.9 图

（1）当 $u_i = 0$ 时，$u_o = 0$，计算 I_{CQ5}、I_{CQ4}、I_{CQ1} 以及 U_{GSQ3}；

（2）当电路空载，即 $R_L = +\infty$ 时，计算该电路的电压增益；

（3）当电路输出端接 $R_L = 12\text{ k}\Omega$ 的负载时，计算该电路的电压增益。

6.10 电路如图 6-56 所示，已知负载电阻 $R_L = 20\ \Omega$，要求输出功率为 10 W。请确定功放管要求的极限参数，包括功放管的最大允许耗散功率 P_{CM}、功放管的反向击穿电压 $U_{BR,CEO}$、功放管的集电极最大允许电流 I_{CM} 和电源电压 V_{CC}。

6.11 单电源供电的 OTL 功放电路如图 6-57 所示，假定负载电阻 $R_L = 8\ \Omega$，要求最大输出功率为 20 W。

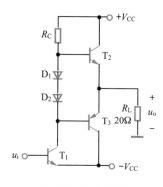

图 6-56 题 6.10 图

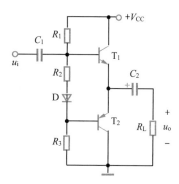

图 6-57 题 6.11 图

（1）电源电压 V_{CC} 为多少？

（2）直流电源供给功率 P_{DC} 为多少？

（3）三极管的反向击穿电压 $U_{BR,CEO}$ 是多少？

（4）放大电路的效率最大值是多少？

6.12 电路如图 6-58 所示，$R_5 = R_6 = R_7 = R_8 = 1\ \text{k}\Omega$，$V_{CC} = 12\ \text{V}$，忽略晶体三极管的饱和压降 U_{CES}。

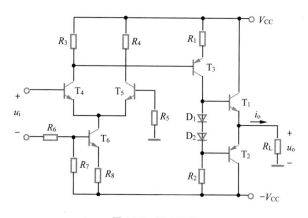

图 6-58 题 6.12 图

（1）简述该电路的组成结构，定性描述该电路的功能，并说明电路中 D_1、D_2、T_1、T_2、T_3 所起的作用。

（2）计算 T_6 的集电极静态电流 I_{C6}，并说明 T_6、R_6、R_7、R_8 组成的电路功能。

（3）为了稳定输出电压，应增大输入电阻，请在图示电路中引入合适的负反馈电阻，并说明引入的负反馈类型。

（4）在满足深度负反馈条件下，当 $A_{uf} = 10$ 时，计算 R_f 的取值。

（5）求最大输出功率 P_{om}；当 $A_{uf} = 10$ 时，为使输出功率达到 P_{om}，求输入电压有效值。

6.13　μA747 是一种通用型双电源供电的双运放，该运放内部的电路结构示意图如图 6-59 所示。

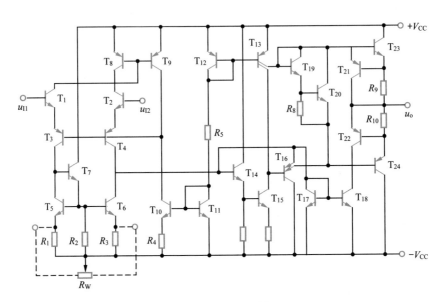

图 6-59　题 6.13 图

（1）μA747 的输入级由哪些三极管组成？组成了何种组合放大电路？

（2）T_{10} 与 T_{11} 组成了何种电流源电路？已知 T_{12} 与 T_{13} 参数对称，且 β 与 U_{BE} 均相同，请给出流过 R_5 的电流 I_{R5} 以及 T_{13} 的集电极输出电流 I_{C13} 的表达式。

（3）μA747 的输出级由哪些三极管组成？组成了何种输出级功率放大电路？其中晶体管 T_{21}、T_{22} 的作用为何？

第 **7** 章

基于运放的信号运算与处理电路

"运算放大器（operational amplifier）"一词是由美国电气工程师约翰·拉格齐尼（John Ragazzinni）创造的，初衷是用其来进行加、减、微分、积分等数学运算，并将其作为模拟计算机中的基本运算模块，因而得名运算放大器。

1941 年，贝尔实验室的卡尔·斯沃策尔（Karl Swartzel）利用真空管率先发明了一种可以进行加法运算的放大器，称为"加算放大器（summing amplifier）"。随着集成电路的提出，1963 年，美国仙童半导体公司的鲍勃·维德拉（Bob Widlar）设计了第一个含有 9 个晶体管的集成运算放大器 μA702，并将其投放市场，售价近 300 美元。但其在输出电压不足时很容易产生问题。1965 年，鲍勃·维德拉进一步设计制造出了高性能运算放大器 μA709，它具有更高的增益、更大的带宽、更低的输入电流、易于使用的 ±15V 直流电压，且最初售价仅为70 美元。

1966 年，借助于芯片内部补偿的思想，仙童半导体公司进一步设计出了性能更优且更为稳定的 μA741 运算放大器，它很快取代了 μA709。μA741 运算放大器是微电子工业发展史上的里程碑，很多集成电路制造商至今仍在生产 μA741，这也是电子工程课程中讲解运算放大器原理的典型案例。1975 年，美国国家半导体公司宣布生产出了一种 Bi-JFET 运算放大器——LF155 系列，它以结型场效应管作为输入模块，其余模块由三极管构成，这是首次将具有良好匹配性的结型场效应管与标准三极管集成在同一块芯片上。如今，一块芯片上可以集成多个运算电路，如双运算放大器（一个完整的电路包含两个运算放大器）及四运算放大器。这些运算放大器由三极管、结型场效应管、绝缘栅场效应管、CMOS 管等组合而成。

运算放大器的应用早已超出预期，虽然目前数字信号处理芯片的应用已经非常普及，大量硬件工作已经软件化，但运算放大器依然是模拟电子技术中用途非常广泛的集成电路，是电子工业中重要的模拟集成器件。结合外部反馈网络，运算放大器可实现各种功能电路，如比较器、有源滤波器、电压电流转换电路、整流电路、限压电路、峰值检波器等。

本章在介绍集成运算放大器（简称运放）基本概念和基本工作状态的基础上，重点分析典型的运放基本运算电路和比较器，并进一步介绍有源滤波器、电流—电压 / 电压—电流变换电路、有源限压电路、峰值检波器等典型运放应用电路。

7.1 基本概念

7.1.1 运放的内部结构

典型的运放由三大部分组成，分别是输入级、中间级和输出级，如图 7-1 所示。

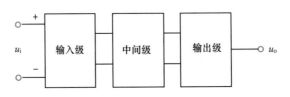

图 7-1 运放的基本组成结构

① 输入级：也称为前置级。对输入级的基本要求是输入电阻高，差模电压增益大，共模信号抑制能力强，静态电流和失调偏差小。输入级常采用差放电路。差放电路有两个输入端，用于放大两个输入信号的差值，同时抑制噪声等共模输入信号。

② 中间级：通常由多级放大电路组成，目的是进一步提高电压增益，多采用共射组态放大电路或共源放大电路，放大倍数可达几千倍。

③ 输出级：主要作用是提高输出功率，降低输出电阻（即提高带负载能力）。通常情况下，输出级电路还有减小非线性失真、增大输出电压的动态范围、提供过压和过流保护的作用。输出级常采用以共集组态为基本单元的推挽功放电路。

7.1.2 运放的符号

运放通用的国际标准符号如图 7-2（a）所示，它有同相和反相两个输入端，一个输出端。典型运放需要两个大小相等、一正一负的直流电源供电，如图 7-2（b）所示。本书在后续电路应用讲解中，常常不画出运放的直流电源，以便简化电路，但是读者在理解和分析电路工作原理时应考虑运放的供电电源。

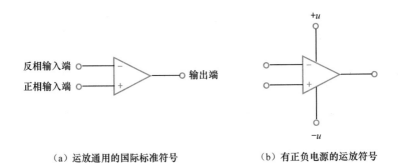

（a）运放通用的国际标准符号　　　　（b）有正负电源的运放符号

图 7-2 运放的符号

例如，运放 LM324 的封装形式、内部结构及管脚排列如图 7-3 所示，共 14 个管脚，芯片内共有 4 个独立的集成放大电路。每个放大电路有两个输入端，一个是同相输入端，另一个是反相输入端；输出端只有一个，是同相输出端。

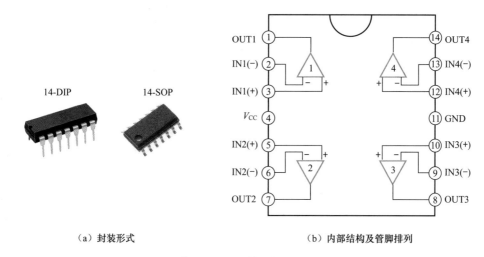

（a）封装形式　　　　　　　　　　　　（b）内部结构及管脚排列

图 7-3　运放 LM324 的封装形式、内部结构及管脚排列

7.1.3　运放的理想模型

电子学的一个重要作用是提供电路模型，使我们便于分析和预测电路的性能。运放的理想模型如图 7-4 所示。从输入端看，输入电压 u_i 加在了两个输入端之间，输入电阻为无穷大，即流入正相和反相两个输入端的电流都近似为 0，这个特性对于分析各种运放应用电路都很有用。从输出端看，理想运放的输出相当于理想电压源，输出电压值为 $A_u u_i$，输出电阻为 R_o（等于零）。

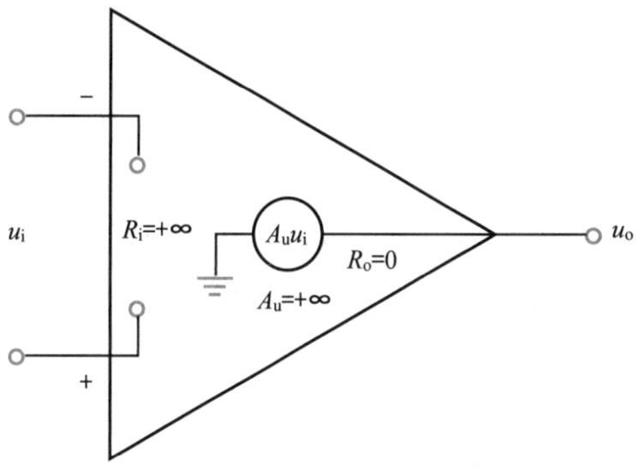

运放的理想模型具有以下几个重要的特性：

① 开环电压增益 $A_u = +\infty$；

② 输入电阻 $R_i = +\infty$；

③ 输出电阻 $R_o = 0$；

④ 频带宽度 $BW = +\infty$；

⑤ 共模抑制比 $K_{CMR} = +\infty$；

⑥ 失调、漂移和内部噪声为零。

图 7-4　理想的运放模型

运放的理想模型省略了很多细节，简化了电路的分析过程，使运放的基本特性便于理解，非常适合于电路的工程分析。

7.1.4　运放的实际模型

尽管很多的运放应用电路可以用运放的理想模型来分析，但实际运放与理想运放还是有些差

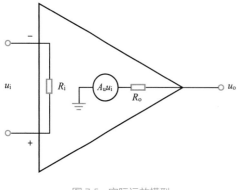

图 7-5　实际运放模型

距。实际运放具有高电压增益、高输入电阻和低输出电阻的特性，如图 7-5 所示。另外，运放有电压和电流两个极限值，输出电压的峰 - 峰值一般略小于两个直流电源的电压差值，输出电流也受功耗和元件额定功率的限制，以免损坏器件。

商用运放的性能指标与理想运放有所不同，利用运放的理想模型进行电路分析必然带来误差。但是，在一般的工程分析计算中，这些误差比较小，是允许的，且随着新型运放的不断出现，性能指标越来越接近理想值，分析误差也越来越

小。因此，我们只有在进行误差分析时，才考虑实际输入电阻、输出电阻和失调因素等带来的影响。

7.2　运放的线性运用和非线性运用

运放的内部是一个比较复杂的级联放大电路，电路分析过程是非常复杂的。虽然通过第 6 章的学习对其有了一定的认知，但是如果仅仅考虑其外特性，如电压增益、输入电阻、输出电阻等，运放应用电路的分析则会简单很多。本节主要介绍利用运放的外部特征进行运放应用电路分析的基本方法。

运放的线性运用和非线性运用

7.2.1　运放的开环电压传输特性

如前所述，通常运放的输入电阻都很大，如 LM353 的输入电阻为 10^{12} Ω；输出电阻小，通常为 100 Ω 甚至更低，一般可以忽略；开环电压增益也很大，如 LM353 的大信号电压增益的典型值为 100(V/mV)，即 10 万倍。

运放的电压传输特性如图 7-6 所示。需要说明的是，运放的输出值一般不超过电源的正、负电压值范围。通常来说，对于双电源运放，输出的正向最大值 U_{omax} 要比正电源电压 V_{CC} 略小一点，输出的负向最大值的幅值 $|U_{omin}|$ 要比负电源电压 V_{EE} 略小一点。由于运放的开环电压增益非常大，当输入幅值很小时，输出即饱和达到极限值，所以运放在开环时，输入信号的线性放大范围非常小。

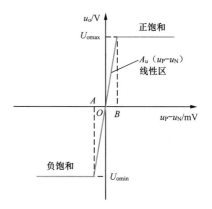

图 7-6　运放的电压传输特性

7.2.2　运放的非线性运用

如图 7-6 所示，运放在开环运用状态下，线性放大的输入范围在 A、B 之间，范围非常小。由于线性区非常小，所以理想化后可以忽略不计，如图 7-7 所示。非线性运用是指运放输入和输

出成非线性关系的应用，输出主要在正、负饱和值之间的非线性区，此时运放为开环运用或以正反馈为主的应用。

理想运放在非线性运用时的主要特征也称为饱和工作状态特征，具体特征如下。

① 由于理想运放的输入电阻为 $R_i = +\infty$，所以理想运放的同相和反相输入端电流为零，即 $i_+ = i_- = 0$，称为"虚断"。

② 当 $u_+ > u_-$ 时，输出 u_o 为正饱和值；当 $u_+ < u_-$ 时，输出 u_o 为负饱和值。

当电路中的运放工作在非线性状态时，上述两个特征是分析运放应用电路输入信号和输出信号关系的基本出发点。

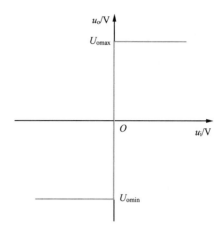

图 7-7　运放理想化后非线性运用时的传输特性

7.2.3　运放的线性运用

如图 7-8 所示，当理想运放引入负反馈时，闭环增益减小，即闭环增益的传输特性线性区的斜率变小。在输出正、负饱和值不变的情况下，输入信号的线性范围增大，变为图 7-9 所示的 C 和 D 之间，闭环电压增益为 A_{uf}，其输入 u_i/ 输出 u_o 关系为线性，此时的应用称为线性运用。

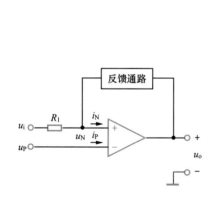

图 7-8　引入负反馈的运放电路

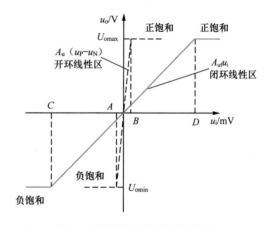

图 7-9　运放线性运用时的传输特性

在线性运用时，运放以负反馈（闭环）为主。需要说明的是，尽管线性运用时线性范围较大，但是在实际应用过程中，由于运放的电源是有限值，所以输出同样有正、负饱和值，在运放线性运用时，应避免输出信号工作在饱和区。

理想运放在线性运用时的主要特征如下。

① 理想运放的同相输入端和反相输入端电流为零，即 $i_+ = i_- = 0$，称为"虚断"。

② 理想运放的同相输入端和反相输入端电位相等，即 $u_+ = u_-$，称为"虚短"。注意：利用"虚短"特性时，u_+、u_- 两端不能同时接电压源。

③ 如 $u_+ = 0$，利用"虚短"特性，则 $u_- = 0$，反相输入端称为"虚地"。注意："虚地"与地

之间的电阻为零；运放线性运用时的特征主要是"虚断"和"虚短"，只有当运放应用电路中同相输入端或反相输入端接地时，另一端才称为"虚地"。

当电路中的运放工作在线性状态时，上述三个特征是分析运放应用电路输入信号和输出信号关系的基本出发点。

7.3　运放基本运算电路

本节主要介绍运放的基本运算电路，如同相比例放大、反相比例放大、加法、减法、积分、微分等运算。由于这些运算电路均采用了负反馈，所以运放工作在线性状态，利用运放线性状态下的"虚断""虚短"和"虚地"特性可进行电路分析。

7.3.1　反相和同相比例放大电路

1. 反相比例放大电路

反相比例放大电路也称为反比例运算电路。反相比例放大电路如图 7-10 所示，输入信号 u_i 经过输入端电阻 R 送到运放的反相输入端，同相输入端经过电阻 R_P 接地；反馈电阻 R_f 跨接在运放的输出端和反相输入端之间，形成了电压并联负反馈，所以运放工作在线性状态。

图 7-10 中的 R_P 称为平衡电阻，通常取 $R_P = R // R_f$，其作用是保持运放输入级差放电路具有良好的对称性，从而提高运算精度。

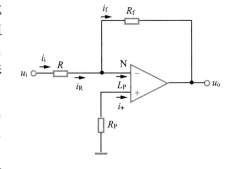

图 7-10　反相比例放大电路

根据理想运放在线性工作状态时的"虚断""虚短"和"虚地"特征，对反相比例放大电路进行分析。

根据"虚断"特征，有

$$i_+ = i_- = 0 \tag{7-1}$$

根据"虚短"特征，有

$$u_+ = u_- \tag{7-2}$$

电路中将平衡电阻 R_P 接地，因为 $i_+ = 0$，所以 R_P 各点等电位，$u_+ = 0$；利用"虚短"特征，反相输入端 $u_- = u_+ = 0$，此时称反相输入端为"虚地"。

根据图 7-10，列写节点 N 的电流方程如下

$$i_R = i_f \tag{7-3}$$

其中

$$\begin{cases} i_R = \dfrac{u_i - u_-}{R} = \dfrac{u_i}{R} \\ i_f = \dfrac{u_- - u_o}{R_f} = \dfrac{-u_o}{R_f} \end{cases} \tag{7-4}$$

将式（7-4）代入式（7-3），整理得输出电压与输入电压的关系为

$$u_o = -\frac{R_f}{R}u_i \qquad (7-5)$$

反相比例放大电路的电压增益为

$$A_u = \frac{u_o}{u_i} = -\frac{R_f}{R} \qquad (7-6)$$

式（7-6）表明反相比例放大电路的输出 u_o 与输入 u_i 成反比例关系，比例系数为$-\dfrac{R_f}{R}$，负号表示 u_o 与 u_i 反相。

2. 同相比例放大电路

同相比例放大电路如图 7-11 所示，输入信号 u_i 经过平衡电阻 R_P 送到运放的同相输入端，反相输入端经过电阻 R_1 接地；反馈电阻 R_f 跨接在运放的输出端和反相输入端之间，将输出电压引入反相输入端。依据负反馈的判断准则，这是一个电压串联负反馈，所以电路工作在线性状态。

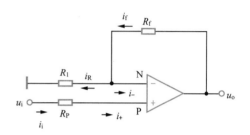

图 7-11　同相比例放大电路

根据运放在线性状态的"虚断"和"虚短"两个特征，对图 7-11 所示的同相比例放大电路进行分析。

根据运放的"虚断"特征，$i_+ = i_- = 0$，节点 N 的电流方程为 $i_R = i_f$，所以运放反相输入端和同相输入端的电压分别为

$$\begin{cases} u_- = \dfrac{R_1}{R_1 + R_f}u_o \\ u_+ = u_i \end{cases} \qquad (7-7)$$

根据运放的"虚短"特征，有

$$u_- = u_+ \qquad (7-8)$$

将（7-7）代入式（7-8）得

$$u_i = \frac{R_1}{R_1 + R_f}u_o \qquad (7-9)$$

整理得电压增益为

$$A_u = \frac{u_o}{u_i} = 1 + \frac{R_f}{R_1} \qquad (7-10)$$

式（7-10）说明同相比例放大电路的输出 u_o 与输入 u_i 成比例关系，比例系数为$1 + \dfrac{R_f}{R_1}$，输出 u_o 与输入 u_i 同相。

7.3.2　加法和减法运算电路

1. 反相加法电路

反相加法电路如图 7-12 所示，图中共有 n 个输入信号 $u_i (i = 1, 2, \cdots, n)$，这

加法和减法
运算电路

n 个输入信号均加在运放的反相输入端，其中 R_P 为平衡电阻，通常取 $R_P = R_1 /\!/ R_2 /\!/ \cdots /\!/ R_n /\!/ R_f$。显然对于每个输入信号而言，都存在电压并联负反馈，电路中的运放工作在线性状态。

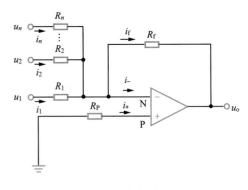

图 7-12　反相加法电路

根据运放在线性工作状态时的"虚断"特征，有

$$i_- = i_+ = 0 \qquad (7\text{-}11)$$

即 n 个节点的电流方程为

$$i_1 + i_2 + \cdots + i_n = i_f \qquad (7\text{-}12)$$

电路中同相端电流 $i_+ = 0$，所以平衡电阻 R_P 两端等电位，即 $u_- = 0$。
利用"虚短"特征，可得

$$u_- = u_+ \qquad (7\text{-}13)$$

所以

$$u_- = u_+ = 0 \qquad (7\text{-}14)$$

由图 7-12 所示电路可知，接入节点 N 的各支路电流分别为

$$\begin{cases} i_1 = \dfrac{u_1 - u_-}{R_1} = \dfrac{u_1}{R_1} \\[2mm] i_2 = \dfrac{u_2 - u_-}{R_2} = \dfrac{u_2}{R_2} \\[2mm] \qquad\quad\vdots \\[2mm] i_n = \dfrac{u_n - u_-}{R_n} = \dfrac{u_n}{R_n} \\[2mm] i_f = \dfrac{u_- - u_o}{R_f} = \dfrac{-u_o}{R_f} \end{cases} \qquad (7\text{-}15)$$

将式（7-15）代入式（7-12），有

$$\frac{u_1}{R_1} + \frac{u_2}{R_2} + \cdots + \frac{u_n}{R_n} = -\frac{u_o}{R_f} \qquad (7\text{-}16)$$

整理得输出电压为

$$u_o = -R_f\left(\frac{u_1}{R_1} + \frac{u_2}{R_2} + \cdots + \frac{u_n}{R_n}\right) \qquad (7\text{-}17)$$

当 $R_f = R_1 = R_2 = R_3$ 时，有

$$u_o = -(u_1 + u_2 + \cdots + u_n) \qquad (7\text{-}18)$$

例 7-1　计算图 7-13 所示电路的输出电压大小，并阐述此电路实现的功能。

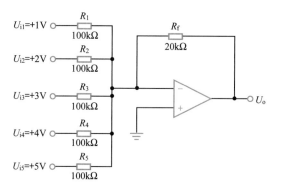

图 7-13　例 7-1 题图

解　经分析，这是一个反相加法电路，电路中有五个反相输入端，各支路的输入电阻相等，即 $R_1 = R_2 = R_3 = R_4 = R_5 = R = 100 \text{ k}\Omega$，并与反馈电阻 R_f 组成了负反馈电路，因此利用运放的"虚短""虚断"特征推导出输出电压如下：

$$U_o = -\frac{R_f}{R}(U_{i1} + U_{i2} + U_{i3} + U_{i4} + U_{i5}) = -\frac{20 \text{ k}\Omega}{100 \text{ k}\Omega}(1V + 2V + 3V + 4V + 5V) = -3V$$

由输出电压和输入电压的关系可知，输出电压是五个输入电压的平均值，电路是一个平均值反相加法器。

2. 同相加法电路

同相加法电路如图 7-14 所示，共有 n 个输入信号 $u_i (i = 1, 2, \cdots, n)$，这 n 个输入信号均加在运放的同相输入端。显然对于每个输入信号而言，都存在电压串联负反馈，电路中的运放工作在线性状态。

根据运放在线性工作状态时的"虚断"特征，可得

$$i_- = i_+ = 0 \qquad (7\text{-}19)$$

列写节点 P 的电流方程和节点 N 的电压表达式如下

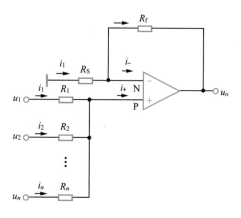

图 7-14　同相加法电路

$$\begin{cases} i_1 + i_2 + \cdots + i_n = 0 \\ u_- = \dfrac{R_S}{R_S + R_f} u_o \end{cases} \qquad (7\text{-}20)$$

利用"虚短"特征，可得

$$u_- = u_+ \qquad (7\text{-}21)$$

所以有

$$u_+ = \frac{R_S}{R_S + R_f} u_o \qquad (7\text{-}22)$$

由图 7-14 所示电路可知

$$\begin{cases} i_1 = \dfrac{u_1 - u_+}{R_1} \\[2mm] i_2 = \dfrac{i_2 - u_+}{R_2} \\ \quad\vdots \\ i_n = \dfrac{u_n - u_+}{R_n} \end{cases} \tag{7-23}$$

将式（7-23）代入式（7-20）中的上式（第 1 个公式），有

$$\frac{u_1 - u_+}{R_1} + \frac{u_2 - u_+}{R_2} + \cdots + \frac{u_n - u_+}{R_n} = 0 \tag{7-24}$$

整理式（7-24）得

$$u_+\left(\frac{1}{R_1} + \frac{1}{R_2} + \cdots + \frac{1}{R_n}\right) = \frac{u_1}{R_1} + \frac{u_2}{R_2} + \cdots + \frac{u_n}{R_n} \tag{7-25}$$

令

$$\frac{1}{R_1} + \frac{1}{R_2} + \cdots + \frac{1}{R_n} = \frac{1}{K} \tag{7-26}$$

则输出电压的表达式为

$$u_o = K\left(1 + \frac{R_f}{R_s}\right)\left(\frac{u_1}{R_1} + \frac{u_2}{R_2} + \cdots + \frac{u_n}{R_n}\right) \tag{7-27}$$

对于每个输入电压源而言，输入电阻按照定义分别推导为

$$R_i' = \frac{u_i}{i_i} = R_i + R_1 \mathbin{//} R_2 \mathbin{//} \cdots \mathbin{//} R_{i-1} \mathbin{//} R_{i+1} \mathbin{//} \cdots \mathbin{//} R_n \tag{7-28}$$

输出电阻

$$R_o' = 0 \tag{7-29}$$

7.3.3 积分和微分运算电路

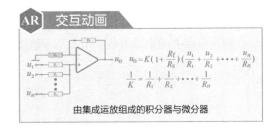

由集成运放组成的积分器与微分器

1. 积分运算电路

积分运算电路如图 7-15 所示。和反相比例放大电路相比，反馈元件不是电阻 R_f，而是电容 C，所以电路采用交流电压并联负反馈，对于交流信号而言运放工作在线性状态。电路利用电容 C 两端电压与电流之间的积分关系实现输出与输入电压信号的积分关系运算。

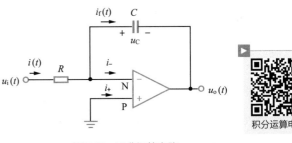

图 7-15　积分运算电路

根据运放在线性运用时的"虚断"特征，可得

$$i_- = i_+ = 0 \tag{7-30}$$

所以有

$$i_f(t) = i(t) \tag{7-31}$$

根据"虚短"和"虚地"特征，有

$$u_- = u_+ = 0 \tag{7-32}$$

故节点 N 的电流方程为

$$i(t) = \frac{u_i(t) - u_-}{R} = \frac{u_i(t)}{R} \tag{7-33}$$

电容两端的电压与关联电流的关系为

$$u_C(t) = \frac{1}{C}\int i_f(t)\mathrm{d}t \tag{7-34}$$

将式（7-31）和式（7-33）代入式（7-34），得

$$u_C(t) = \frac{1}{RC}\int u_i(t)\mathrm{d}t \tag{7-35}$$

因为节点 N 为"虚地"，所以电容两端的一端接"虚地"，一端接输出端，输出电压与电容两端的电压关系为

$$u_o(t) = -u_C(t) = -\frac{1}{RC}\int u_i(t)\mathrm{d}t \tag{7-36}$$

式（7-36）中负号表示反相，RC 称为积分常数。

小结如下。

① 积分运算电路的输出电压与输入电压成积分关系，积分常数为 RC。

② 当 $u_i(t) = E$ 时，$u_o(t) = -\dfrac{E}{RC}t$，输出电压 $u_o(t)$ 随时间变量 t 的增长以负斜率下降，最终达到负饱和值。

例如，当积分运算电路的输入信号是方波周期信号时，如图 7-16 所示，经过积分运算电路后，输出信号为三角波周期信号。

③ 在实际分析时，如果 t_0 时刻输出电压的初始值为 $u_o(t_0)$，则 t 时刻的输出电压为

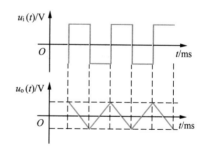

图 7-16　积分运算电路的输入与输出信号波形

$$u_o(t) = -\frac{1}{RC}\int_{t_0}^{t} u_i(t)\mathrm{d}t + u_o(t) \tag{7-37}$$

例 7-2　画出图 7-17 所示电路在给定输入波形作用下经过积分运算电路后的输出波形。

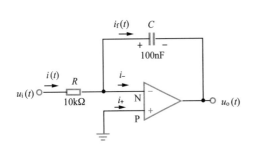 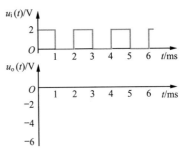

（a）积分运算电路 （b）给定输入波形

图 7-17 例 7-2 题图

分析 图 7-17（a）所示是一个积分运算电路，时间常数为

$$RC = 10 \times 10^3 \times 100 \times 10^{-9} = 10^{-3}$$

输出电压与输入电压的关系为

$$u_o(t) = -\frac{1}{RC}\int u_i(t)\mathrm{d}t = -10^3\int u_i(t)\mathrm{d}t$$

分段积分如下：

① 当 $0 < t \leqslant 1$ ms 时，$u_i(t) = 2$ V，$u_o(t_0) = u_o(t)|_{t=0} = 0$，此时输出为

$$u_o(t) = -\frac{1}{RC}\int_{t_0}^{t} u_i(t)\mathrm{d}t + u_o(t_0) = -2\times10^3 t$$

$$u_o(t)\big|_{t=1} = -2\mathrm{V}$$

② 当 $1 < t \leqslant 2$ ms 时，$u_i(t) = 0$，$u_o(t_0) = u_o(t)|_{t=1} = -2$ V，此时输出为

$$u_o(t) = -\frac{1}{RC}\int_{t_0}^{t} u_i(t)\mathrm{d}t + u_o(t_0) = -2\mathrm{V}$$

$$u_o(t)\big|_{t=2} = -2\mathrm{V}$$

③ 当 $2 < t \leqslant 3$ ms 时，$u_i(t) = 2$ V，$u_o(t_0) = -2$ V，此时输出为

$$u_o(t) = -\frac{1}{RC}\int_{t_0}^{t} u_i(t)\mathrm{d}t + u_o(t_0) = -2\times10^3 t - 2\mathrm{V}$$

$$u_o(t)\big|_{t=3} = -4\mathrm{V}$$

按照以上思路，分段累积计算输出结果。

解 输出电压与输入电压的关系为

$$u_o(t) = -\frac{1}{RC}\int u_i(t)\mathrm{d}t = -10^3\int u_i(t)\mathrm{d}t$$

其中 $RC = 10 \times 10^3 \times 100 \times 10^{-9} = 10^{-3}$，输出波形如图 7-18 所示。

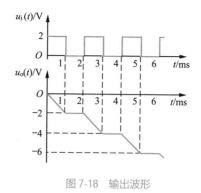

图 7-18　输出波形

2. 微分运算电路

微分运算电路如图 7-19 所示。电路采用直流电压并联负反馈，且在低频、直流情况下运放工作在线性状态。

利用运放线性运用时的"虚断"特征，有

$$i_- = i_+ = 0 \qquad (7\text{-}38)$$

节点 N 的电流关系为

$$i_C(t) = i_f(t) \qquad (7\text{-}39)$$

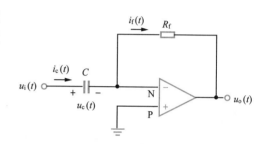

图 7-19　微分运算电路

利用运放线性运用时的"虚短"和"虚地"特征，有

$$u_N = u_P = 0 \qquad (7\text{-}40)$$

输入电容 C 两端的电流与关联电压的关系为

$$i_C(t) = C\frac{\mathrm{d}u_C(t)}{\mathrm{d}t} \qquad (7\text{-}41)$$

其中 $u_C(t) = u_i(t)$。由于 N 点为"虚地"，所以

$$i_f(t) = \frac{U_- - u_o(t)}{R_f} = \frac{-u_o(t)}{R_f} \qquad (7\text{-}42)$$

整理得输出电压为

$$u_o(t) = -R_f C\frac{\mathrm{d}u_i(t)}{\mathrm{d}t} \qquad (7\text{-}43)$$

式（7-43）说明微分运算电路的输出电压与输入电压之间具有一次微分的关系，负号表示反相。

例 7-3　对于图 7-20 所示的微分电路，在输入信号 $u_i(t)$ 分别为三角波和方波周期信号时，画出输出信号 $u_o(t)$ 的波形。

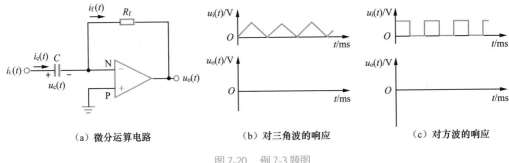

（a）微分运算电路　　　（b）对三角波的响应　　　（c）对方波的响应

图 7-20　例 7-3 题图

解　微分运算电路输出与输入关系为

$$u_o(t) = -R_f C \frac{\mathrm{d}u_i(t)}{\mathrm{d}t}$$

① 当输入为三角波周期信号时，如果微分的幅值小于运放的饱和值，则运放工作在线性状态，输出方波信号，如图 7-21（a）所示。

② 当输入是方波周期信号时，方波的上升沿和下降沿的微分输出分别是负向、正向尖脉冲信号，如图 7-21（b）所示。

从理论上讲，阶跃信号的上升沿所用时间为零，其微分输出应该是冲激信号，幅值为无穷大。但实际上信号源输出方波的上升沿和下降沿所用时间不是零，此时运放工作在非线性区，因此输出很窄的尖脉冲。

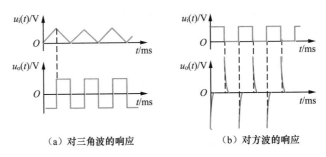

（a）对三角波的响应　　　（b）对方波的响应

图 7-21　输出波形

7.4　电压比较器

7.4.1　单门限电压比较器

单门限电压比较器是指只有一个门限电压的比较器。单门限电压比较器如图 7-22 所示，电路中运放工作在开环状态，所以运放工作在非线性区，输出 u_{o1} 只有两种状态，即正向饱和与负向饱和。图中 D_{Z1} 和 D_{Z2} 是两个稳压管，电阻 R_o 和两个稳压管组成双向稳压电路。

单门限电压比较器用于对两个输入电压进行比较，将比较结果以高、低电平的形式输出。此时电路中的运放工作在饱和区。将运放的某个输入端连接参考电压 U_R，并将输入电压 u_i 与 U_R 做比较，结果由 u_o 给出。

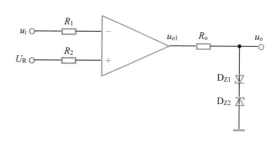

图 7-22　单门限电压比较器

电压比较器的工作原理如下。

① 当 $u_i > U_R$ 时，输出 u_{o1} 为负饱和值；稳压电路中 D_{Z2} 正向导通，近似短路；D_{Z1} 反向击穿，工作在稳压状态；稳压电路 u_o 端输出低电平 $-U_{OL}$；U_{OL} 是稳压管 D_{Z1} 的稳压值。

② 当 $u_i \leqslant U_R$ 时，输出 u_{o1} 为正饱和值；稳压电路中 D_{Z1} 正向导通，近似短路；D_{Z2} 反向击穿，工作在稳压状态；稳压电路 u_o 端输出高电平 U_{OM}；U_{OM} 是稳压管 D_{Z2} 的稳压值。

如果两个稳压管正向导通时的压降均为 U_D，稳压值均为 U_Z，则图 7-22 电路的输出电压被限定在 $\pm(U_Z + U_D)$ 范围之内。

例 7-4　电路如图 7-23 所示，当 u_i 为余弦波时，试画出 u_o 及 u_o' 的波形。

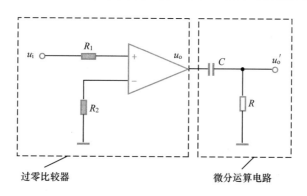

图 7-23　例 7-4 题图

解　该电路由两部分组成，第一部分是单门限电压比较器，参考电压 $u_- = 0$，也称为过零比较器；第二部分是微分运算电路。输入余弦波 u_i、比较器输出 u_o 和微分运算电路输出 u_o' 的波形如图 7-24 所示。

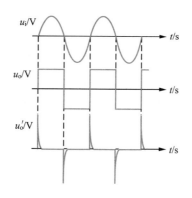

图 7-24　波形输出结果

单门限电压比较器具有电路简单、灵敏度高等特点。但是在单门限电压比较器中，输入电压在阈值电压（即参考电压 U_R）附近的任何微小变化，都将引起输出电压的跃变。灵敏度高可以说是单门限电压比较器的优点，但是如果输入信号在阈值电压附近，输出会因为干扰而出现频繁跃变，如图 7-25 所示，因此单门限电压比较器的抗干扰能力较差。常采用迟滞比较器可以较好地解决这个问题。

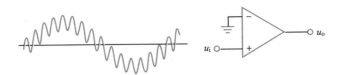

（a）将带干扰的输入信号u_i送入单门限电压比较器

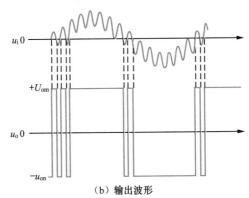

（b）输出波形

图 7-25　单门限电压比较器输出因干扰频繁跃变的示意图

7.4.2　迟滞电压比较器

迟滞电压比较器也称为滞回电压比较器，具有迟滞回环特性。输入电压的变化方向不同，比较器的阈值电压也不同。但输入电压单调变化时，输出电压只跃变一次。

迟滞电压比较器如图 7-26 所示。电路有反馈，但不是负反馈，而是电压串联正反馈，所以电路中的运放工作在非线性状态。

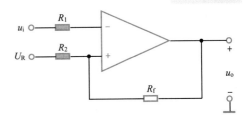

图 7-26　迟滞电压比较器

与单门限电压比较器相比较，迟滞电压比较器也只有一个参考电压 U_R，不同的是输入信号不是与外接的 U_R 进行比较，而是与同相端输入信号 U_+ 进行比较，而 U_+ 的值是由 U_R 和输出信号 u_o 共同决定的。当输出为正向饱和和反向饱和时，U_+ 的值是不同的。

迟滞电压比较器的工作原理如下。

① 当 u_i 很小，输出 u_o 为正向饱和，即 $u_o = U_{om}$ 时，同相端受到 U_{om} 和 U_R 的同时作用。利用叠加定理，分析计算得

$$U_+ = U_{\Sigma 1} = \frac{R_2 U_{om}}{R_2 + R_f} + \frac{R_f U_R}{R_2 + R_f} \tag{7-44}$$

其中 $U_{\Sigma 1}$ 称为上门限电压，也称正向阈值电压。

随着输入信号 u_i 逐渐增大，当大于 $U_{\Sigma 1}$ 的瞬间，输出反向饱和。继续增大输入电压，输出不再发生变化。

② 当 u_i 很大，输出 u_o 为反向饱和，即 $u_\mathrm{o} = U_\mathrm{on}$ 时，同相端受到 U_on 和 U_R 的同时作用，即

$$U_+ = U_{\Sigma 2} = \frac{R_2 U_\mathrm{on}}{R_2 + R_\mathrm{f}} + \frac{R_\mathrm{f} U_\mathrm{R}}{R_2 + R_\mathrm{f}} \qquad (7\text{-}45)$$

其中 $U_{\Sigma 2}$ 称为下门限电压，也称为负向阈值电压。

随着输入信号 u_i 逐渐减小，当小于 $U_{\Sigma 2}$ 的瞬间，输出正向饱和。继续减小输入电压，输出不再发生变化。

③ 门限宽度 ΔU 定义为

$$\Delta U = U_{\Sigma 1} - U_{\Sigma 2} = \frac{R_2}{R_2 + R_\mathrm{f}}(U_\mathrm{om} - U_\mathrm{on}) \qquad (7\text{-}46)$$

图 7-26 所示的迟滞电压比较器的特点小结如下：

① 改变参考电压 U_R 可改变上、下门限电压 $U_{\Sigma 1}$、$U_{\Sigma 2}$，但不影响门限宽度 ΔU；

② 改变正反馈系数 $\dfrac{R_2}{R_2 + R_\mathrm{f}}$ 将影响 ΔU、$U_{\Sigma 1}$、$U_{\Sigma 2}$；

③ U_om、U_on 是运放的正、负饱和电压，可通过加限幅电路限制其值。

迟滞电压比较器有同相输入和反相输入两种，其电路及传输特性如图 7-27 所示。

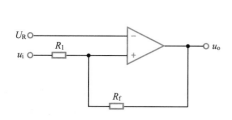

（a）同相输入迟滞电压比较器

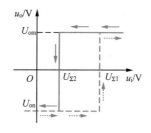

（b）同相输入迟滞电压比较器的传输特性

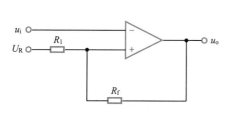

（c）反相输入迟滞电压比较器

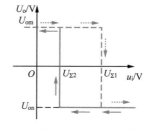

（d）反相输入迟滞电压比较器的传输特性

图 7-27　迟滞电压比较器的电路及传输特性

总的来说，迟滞电压比较器具有如下特点。

① 工作在开环或正反馈状态。

② 具有开关特性。因为开环增益很大，比较器的输出只有高电平和低电平两个稳定状态。

③ 电路中运放工作在非线性区，因为大幅度工作，输出和输入不成线性关系。

电压比较器主要用来对输入波形进行整形，可以将不规则的输入波形整形为方波输出。如图 7-28 所示，其中图 7-28（a）是单门限电压比较器的输入 / 输出信号，参考电压是 U_R；图 7-28（b）是一个零交叉检测电路的输入 / 输出信号，具有很好的抗干扰能力。

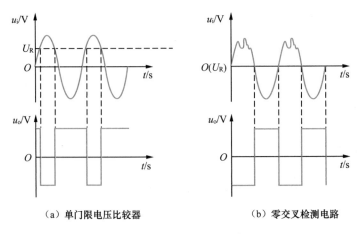

（a）单门限电压比较器　　　　　　　　　（b）零交叉检测电路

图 7-28　波形整形过程示意图

7.5　有源滤波器

滤波器是一种使规定频率范围内的信号通过，而使规定频率范围外的信号不能通过或者明显衰减的电路。工程上常用它进行信号处理、干扰抑制等。

7.5.1　滤波器的频率响应

滤波器按照频域特性的不同，可分为低通滤波器（Low Pass Filter，LPF）、高通滤波器（High Pass Filter，HPF）、带通滤波器（Band Pass Filter，BPF）和带阻滤波器（Band Elimination Filter，BEF），其理想幅频特性如图 7-29 所示。

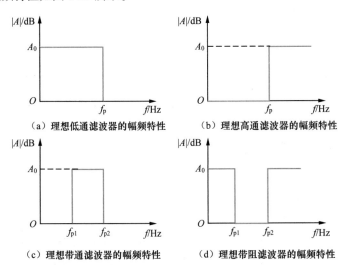

（a）理想低通滤波器的幅频特性　　　　　　（b）理想高通滤波器的幅频特性

（c）理想带通滤波器的幅频特性　　　　　　（d）理想带阻滤波器的幅频特性

图 7-29　理想滤波器的幅频特性

但是实际上利用模拟电路实现的各种滤波器均无法实现通带全通、阻带全阻、过渡带为零的理想滤波特性。实际电路实现的滤波器的幅频特性从通带到阻带有一个过渡阶段，称为过渡带，如图 7-30 所示。

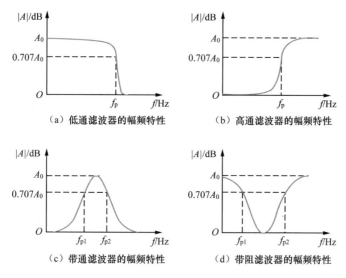

（a）低通滤波器的幅频特性　　　　（b）高通滤波器的幅频特性

（c）带通滤波器的幅频特性　　　　（d）带阻滤波器的幅频特性

图 7-30　滤波器的幅频特性

通频带的定义为通带的上限截止频率和下限截止频率的差值。一般将系统增益降到通带增益的 70.7%（或下降 3dB）时对应的频率称为滤波器的截止频率。图 7-30（c）所示的带通滤波器中，上限截止频率是 f_{p2}，下限截止频率是 f_{p1}，那么 $BW = f_{p2} - f_{p1}$；图 7-30（a）所示的低通滤波器中，上限截止频率是 f_p，下限截止频率是 0 Hz；图 7-30（b）所示的高通滤波器中，上限截止频率是 $+\infty$，下限截止频率是 f_p。

7.5.2　有源低通滤波器

1. 基本的低通滤波器

低通滤波器是使频率从直流（0 Hz）到截止频率 f_p 的信号通过，而其他频率会严重衰减的电路。在低通滤波器中，下限截止频率为 0 Hz，上限截止频率为 f_p，所以通频带等于 f_p。

基本的低通滤波器是只含一个电阻和一个电容的 RC 电路，输出电压是电容两端电压，如图 7-31 所示。

在截止频率处的增益是通带增益最大值的 70.7%，由此可以推算出此低通 RC 滤波器的截止频率是

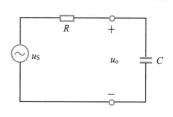

有源低通滤波器

图 7-31　基本的低通滤波器

$$f_p = \frac{1}{2\pi RC} \tag{7-47}$$

基本 RC 滤波器的增益具有 -20dB/ 十倍频的下降率。这是指当频率达到截止频率的十倍时，输出是输入的 -20dB（10%）；当频率为截止频率的一百倍时，输出为输入的 -40dB（20%）；依此类推。-20dB/ 十倍频的下降率说明滤波性能不是太好，因为有太多的无用频率（通频带外的）

通过了滤波器。理想低通滤波器的幅频特性如图 7-29（a）所示，通带以外的频率响应下降到零。因此滤波器增益的下降率越高，滤波性能越好。为了使滤波器增益的下降率更高，一种方法是在基本滤波器基础上级联更多的基本 RC 滤波器，然而简单地串联 RC 级电路会引起负载效应，即后一级的 RC 电路会等效为前一级 RC 电路的负载，从而影响前一级 RC 电路的滤波性能。另外，简单的 RC 滤波器串联也将导致滤波器有效带宽减小，得不到很好的滤波效果。但将运放和低通滤波电路结合起来，就能使下降率达到 -40dB/ 十倍频甚至更高。因此就有了加入一个或多个运放的滤波器，称为有源滤波器。

2. 一阶低通有源滤波器

一阶低通有源滤波器分为两大部分，如图 7-32 所示，一部分是 RC 基本低通滤波器，另一部分是同相比例放大器。输入信号先经过低通滤波器，筛选出低通截止频率范围内的信号，再送入同相比例放大器进行线性放大。因此，此有源滤波器的低通截止频率和增益下降率都是由 RC 基本低通滤波器决定的。由前面的分析可知，截止频率 $f_p = \dfrac{1}{2\pi RC}$，滤波器增益的下降率为 -20dB/ 十倍频，因此同相比例放大器的增益为

$$A = 1 + \frac{R_1}{R_2} \qquad\qquad (7\text{-}48)$$

有源低通滤波器相较于无源滤波器（只有 R、L、C 元件）具有无法比拟的优点。运放提供电压增益，所以信号通过有源滤波器后的增益是可调的；运放的高输入电阻防止了负载效应，低输出电阻则具有很强的驱动负载能力。另外，图 7-32 所示的有源滤波器还很容易在较宽的频率范围内进行调整。

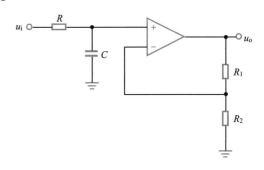

图 7-32　一阶低通有源滤波器

7.5.3　有源高通滤波器

1. 基本的高通滤波器

高通滤波器是使频率高于截止频率 f_p 的信号通过，而低于截止频率 f_p 的信号会严重衰减的电路。基本的高通滤波器中只需将图 7-31 所示 RC 电路中的电容和电阻互换位置即可，如图 7-33 所示。截止频率和下降率等基本参数都与基本的低通滤波器相同。

高通 RC 滤波器的截止频率为

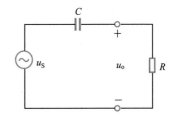

图 7-33　基本的高通滤波器

$$f_p = \frac{1}{2\pi RC} \qquad\qquad (7\text{-}49)$$

基本 RC 高通滤波器的增益下降率也是 -20dB/ 十倍频。为了使滤波器增益的下降率达到 -40dB/ 十倍频甚至更高，并且防止直接串联更多 RC 电路带来的负载效应，可将运放和高通滤波器结合起来，构成有源高通滤波器。

2. 一阶高通有源滤波电路

一阶高通有源滤波器分为两大部分，如图 7-34 所示，一部分是 RC 基本高通滤波器，另一部分是同相比例放大器。输入信号先经过 RC 高通滤波器，筛选出高于截止频率的信号，再送入同相比例放大器进行线性放大。因此，此有源滤波器的高通截止频率和增益下降率都是由 RC 基本高通滤波器决定的。由前面的分析可知，截止频率 $f_\mathrm{p} = \dfrac{1}{2\pi RC}$，下降率则为 -20dB/ 十倍频，故同相比例放大器的增益为

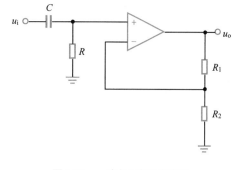

图 7-34　一阶高通有源滤波器

$$A = 1 + \frac{R_1}{R_2} \qquad\qquad (7\text{-}50)$$

7.5.4　级联有源滤波器

在图 7-35 所示的多级级联滤波器中，每一级 RC 电路都可以根据需求设置为高通或者低通滤波器，并根据最终的需求设计多级滤波器级联来实现不同类型或者不同参数的滤波器。例如，如果级联两个一阶低通滤波器，那么可以得到过渡带下降率为 -40dB/ 十倍频的低通滤波器；如果级联一个低通滤波器和一个高通滤波器，并且使低通滤波器的截止频率大于高通滤波器的截止频率，则可以实现一个带通滤波器；如果级联一个低通滤波器和一个高通滤波器，并且使低通滤波器的截止频率小于高通滤波器的截止频率，则可以实现一个带阻滤波器。由于运放具有高输入电阻和低输出电阻的特性，防止了多级有源滤波器之间的负载效应，因此可以很方便地通过级联的方式实现不同的滤波需求。

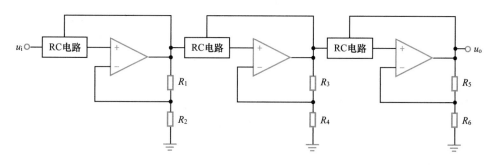

图 7-35　多级级联滤波器

7.6　其他典型应用电路

7.6.1　电流—电压 / 电压—电流变换电路

电流—电压变换电路如图 7-36 所示，其输出为电压，输入信号源为电流，所以也常称为互

阻增益放大电路，增益为 $A_R = \dfrac{U_o}{I_s}$。由于电路中引入了电压并联负反馈，所以电路中的运放工作在线性状态。利用线性状态"虚断""虚短"和"虚地"的特征，得到输出电压 U_o 和输入电流 I_s 之间的关系为

$$U_o = -I_s R_f \tag{7-51}$$

如果运放具有理想特征，则电路的输入电阻为 0，输出电阻也为 0。

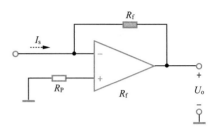

图 7-36　电流—电压变换电路

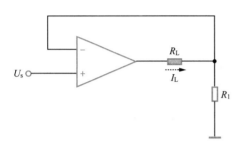

图 7-37　电压—电流变换电路

电压—电流变换电路如图 7-37 所示，其输出为电流 I_L，输入信号源为电压 U_s，所以也常称为互导增益放大电路，增益为 $A_G = \dfrac{I_L}{U_s}$。由于电路中引入了电压并联负反馈，所以电路中的运放工作在线性状态。利用线性状态"虚断""虚短"特征，得到输出电压和输入电流之间的关系为

$$I_L = \frac{U_s}{R_1} \tag{7-52}$$

7.6.2　有源限压电路

限压电路会将输出电压值限制在某个阈值以上或以下。限压电路有多种类型，图 7-38 所示是一种有源限压电路，由运放和两个对接稳压二极管组成。其工作原理是当输入电压大于或等于 $(U_Z + 0.7\,\text{V})$ 或者小于或等于 $-(U_Z + 0.7\,\text{V})$ 时，两个稳压二极管一个正向导通，一个反相稳压。由于稳压二极管正向导通和反向稳压时的电阻都非常小，所以此时运放总的反馈电阻近似为零，反馈电阻 R_2 相当于被短路，输出电压就等于限幅电压 $(U_Z + 0.7\,\text{V})$ 或 $-(U_Z + 0.7\,\text{V})$。当输出电压大于或等于 $(U_Z + 0.7\,\text{V})$ 或者小于或等于 $-(U_Z + 0.7\,\text{V})$ 时，两个稳压二极管均截止，运放总的反馈电阻近似为 R_2，此时图 7-38 电路就是一个反相比例放大电路，增益为 $\dfrac{R_2}{R_1}$。

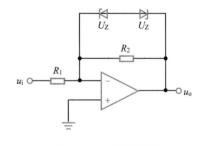

图 7-38　有源限压电路

例 7-5　限压电路如图 7-38 所示，其中 $U_Z =12\,\text{V}$，$R_1 = 100\,\Omega$，$R_2 = 2\,\text{k}\Omega$。

① 输入电压为 1 kHz、峰 - 峰值为 3 V 的正弦波，试画出输出波形。

② 输入电压为 2 kHz、峰 - 峰值为 80mV 的正弦波，试画出输出波形。

解　① 由于反相放大反馈电路的电压放大倍数为 $\dfrac{R_2}{R_1} = 20$，所以当输入的峰 - 峰值为 3 V 时，峰值是 1.5 V。经过分析计算，输入为 0.6 V 时，输出为 12 V，近似达到饱和值，如图 7-39（a）所示。

② 由于反相放大反馈电路的电压放大倍数为 $\dfrac{R_2}{R_1} = 20$，所以当输入的峰 - 峰值为 80 mV 时，输出在限幅电压 ±(12 V + 0.7 V) 范围内，因此输出在整个周期都是输入的 20 倍反相线性放大，如图 7-39（b）所示。

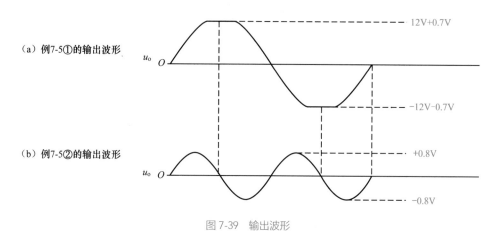

（a）例7-5①的输出波形

（b）例7-5②的输出波形

图 7-39 输出波形

7.6.3 峰值检波器

峰值检波器是用来检测输入电压的峰值并将峰值电压存储在电容里的电路，如图 7-40 所示。运放在此电路中用作电压比较器，输入电压接在运放的同相输入端。当输入电压大于电容两端电压（即反相输入端电压或输出电压）时，运放输出高电平，此时二极管正向导通，电容 C 充电；直到电容电压（输出电压）达到输出电压值，此时输入的正相反相两端电压相等，运放输出为零，二极管截止，电容停止充电。后续如果有更大的输入电压，电容又将重新充电并存储新的输入电压峰值。

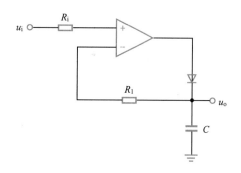

图 7-40 峰值检波器

本章小结

运放是最通用的集成电路之一，在外接不同的反馈电路时可以组成多种用途的功能电路。在分析运放的应用电路时，可以将它作为一个元件看待，利用运放在线性或者非线性状态下的特性来分析和设计电路。运放的应用非常广泛，本章只给出了放大电路、加法电路、积分 / 微分电路、有源滤波器等较基本的应用，使读者对运放有基本的认识。后续章节将继续介绍运放的其他重要应用电路。

📝 习题

7.1　在图 7-41 所示电路中，假设流过电阻 R_1、R_2、R_3 和 R_4 的电流为 i_1、i_2、i_3 和 i_4，利用"虚地""虚断"概念，计算电路的电压放大倍数 $A_{uf} = \dfrac{u_o}{u_i}$。

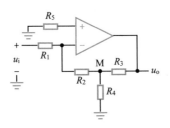

图 7-41　题 7.1 图

7.2　如图 7-42（a）所示，第一级运放的输入信号为 V_{i1} 和 V_{i2}，第二级运放的输入信号为 V_{i3}。假设第二级运放输出电压的范围为 $-12\ \text{V} \sim +12\ \text{V}$，电阻值分别为 $R_1 = 10\ \text{k}\Omega$，$R_2 = 5\ \text{k}\Omega$，$R_f = 10\ \text{k}\Omega$，$R_4 = 3.3\ \text{k}\Omega$。

（1）试求出第一级运放电路的输出电压 V_{o1}。

（2）当输入信号 V_{i3} 如图 7-42（b）所示时，请画出输出电压 V_o。

（3）当输入信号 V_{i3} 如图 7-42（c）所示时，请画出输出电压 V_o。

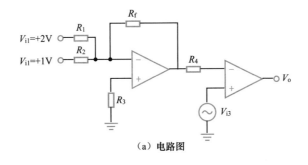

（a）电路图

（b）输入波形1　　　　　　　　　　　　（c）输入波形2

图 7-42　题 7.2 图

7.3　运放电路如图 7-43（a）所示，输出电压特性曲线如图 7-43（b）所示。

（1）如何改变输出电压 u_o 的幅值？

（2）如何改变阈值电压 U_T 的大小？以及如何改变它的极性？

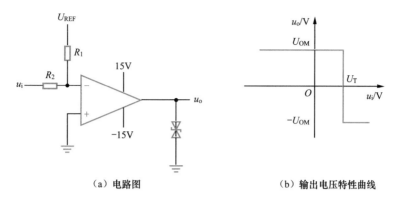

（a）电路图　　　　　　　　　　　　　（b）输出电压特性曲线

图 7-43　题 7.3 图

7.4　图 7-44（a）所示为一个两级级联运放电路，其中 $R_1 = R_2 = 10\ \text{k}\Omega$，$C = 0.01\ \mu\text{F}$。

（1）假设输入信号 V_i 如图 7-44（b）所示，请画出第一级运放电路的输出信号 V_{o1}。

（2）如果 $R_f = 20\ \text{k}\Omega$，请画出第二级运放电路的输出信号 V_o。

（3）给定电路中的稳压二极管的稳定电压 $U_Z = 12\ \text{V}$，请问如何改进电路，使电路输出信号 V_o 如图 7-44（c）所示？

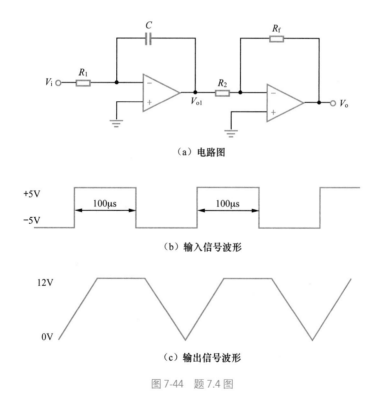

（a）电路图

（b）输入信号波形

（c）输出信号波形

图 7-44　题 7.4 图

7.5　给定一些运放和其他必要的元件，要求设计一个电路，使电路输出与输入关系满足 $u_o(t) = -u_i(t) - \int u_i(t)\mathrm{d}t$。

7.6　试分别求出图 7-45 所示的迟滞比较器的正向和负向阈值电压。

7.7　限压电路如图 7-46 所示，其中 $U_Z = 8\ \text{V}$，$R_1 = 100\ \Omega$，$R_2 = 1\ \text{k}\Omega$。

（1）当输入信号频率为 2 kHz、峰值为 1 V 的正弦波时，试画出输出波形。

（2）当输入信号频率为 1 kHz、峰值为 100 mV 的正弦波时，试画出输出波形。

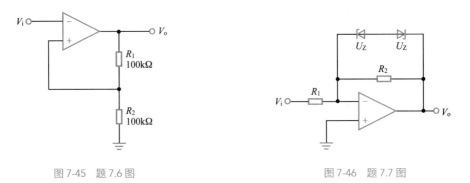

图 7-45　题 7.6 图　　　　　　　　　　　　　　　图 7-46　题 7.7 图

7.8　在图 7-47（a）所示电路中，假设输入信号如图 7-47（b）所示，试画出相应的输出信号曲线，并描述此电路实现的功能。

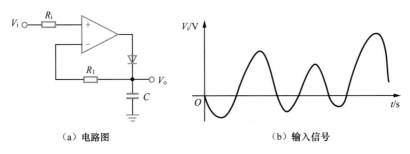

（a）电路图　　　　　　　　　　　　　　（b）输入信号

图 7-47　题 7.8 图

7.9　在图 7-48 所示电路中，运放与二极管均是理想的，$R_1 = R_4 = R_5 = R$。请分析电路输出电压 u_o 与输入电压 u_i 的函数关系。

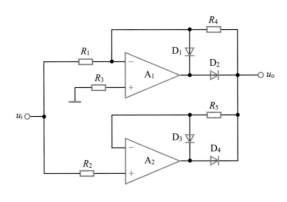

图 7-48　题 7.9 图

7.10　电水壶中的防干烧与防溢出电路可使用根据运放设计的水位检测器实现，如图 7-49 所示。图中，传感部分是置于水箱中的两个电极 H 和 L，分别对应于高、低两个极限水位。当水面高于电极时，电极导通，否则电极断开，如表 7-1 所示。

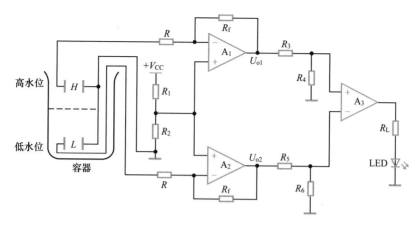

图 7-49　题 7.10 图

表 7.1　电极工作方式

水面位置	高水位电极 H	低水位电极 L
低于低水位	断开	断开
高于低水位，低于高水位	断开	导通
高于高水位	导通	导通

（1）当水面高于低水位且低于高水位时，运放 A_1、A_2 的输出电压 U_{o1}、U_{o2} 与电源电压 V_{CC} 之间的关系分别为何？

（2）若要求水面低于低水位（干烧）或高于高水位（溢出）时 LED 发光报警，请分析 $\dfrac{R_3}{R_4}$ 与 $\dfrac{R_5}{R_6}$ 之间的关系。

7.11　接触电阻是指两导体相互接触处的电阻，是用来衡量元器件之间接触性能好坏的指标。由于导体表面经常覆盖有氧化层或电化学腐蚀层等，因此当两导体相互接触时，在接触面间会产生一定的接触电阻，影响接触性能。为了研究接触的可靠性，必须测量接触电阻。测量接触电阻的基本方法是恒流源法，基本思想是将恒定电流 I_s 加到被测电阻 R_X 上，测量其电压值 U_X，再根据欧姆定律 $R_X = \dfrac{U_X}{I_s}$ 求得被测电阻值。在接触电阻的测量过程中，为了减少导线电阻的影响，多采用四线法。一种能够直接读取接触电阻值的等阻差值四线法测量电路的原理图如图 7-50 所示。该电路能直接从输出 U_o 得到被测电阻 R_X 的阻值。假设已知恒流源电流为 I_s，且 $R_1 = R_2 = R_5 + R_6$，试分析如下问题。

（1）虚线框内为四线法采样电路部分，已知 U_A、U_B 分别为 A、B 两点电位，给出待测电阻 R_X 两端电压 U_X 的表达式。

（2）请从运放工作状态出发，分别分析 A_1、A_2、A_3 完成的功能。

（3）若 $R_7 = R_9$，$R_8 = 9R_7$，$R_{10} = 19R_9$，$R_{11} = R_{12} = R_{13} = R_{14}$，试用输出电压 U_o 和电流源电流 I_s 表示待测电阻 R_X。

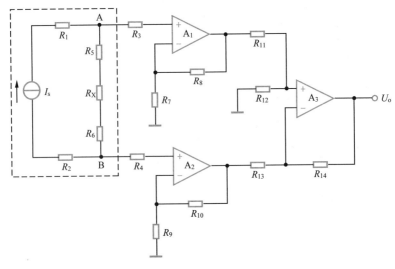

图 7-50　题 7.11 图

7.12　假设输入为混有一个高频正弦波信号和一个低频正弦波信号的电压信号，请设计一个电路系统，使电路能够将高频信号和低频信号分开，然后分别对高频信号和低频信号进行放大调幅，并最终输出一个高频三角波信号和一个低频三角波信号。要求：

（1）写出设计思路、设计思想；

（2）需要给出电路设计中每一个元器件的具体参数；

（3）画出具体电路图。

7.13　运放电路如图 7-51 所示。

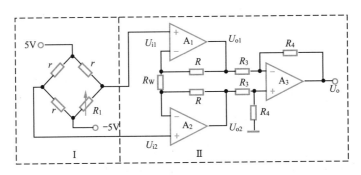

图 7-51　题 7.13 图

（1）试求电路的总电压放大倍数 $\dfrac{U_o}{(U_{i1} - U_{i2})}$。

（2）假设运放 A_1、A_2、A_3 的电源电压为 $V_{CC} = \pm 15\ V$，且最大线性输出电压范围为 $\pm(V_{CC} - 1.5\ V)$。试求在输出电压不失真的前提下，最大允许的输入电压范围 $(U_{i1} - U_{i2})$。

（3）若图中 R_1 是一个随外界物理条件变化而产生微小阻值变化的敏感电阻，由此分析讨论此电路可能的实际应用。

第 **8** 章

波形发生电路

在通信、控制、测量、仪器仪表、生物医学等领域的电子系统中，常常需要用到矩形波、锯齿波、余弦波等各种波形的周期信号，如通信系统中调制解调过程所用的载波以及超声诊断、核磁共振成像所用的信号等。产生周期信号的方式有很多种，矩形波发生电路、锯齿波发生电路、余弦波发生电路等一般常用的周期信号发生电路可以通过模拟电路实现。如果希望产生较为复杂的任意波形，则可采用有 CPU 的智能电子系统实现，更加便利。

本章主要介绍利用模拟电路设计实现的周期信号发生电路。这种电路主要有两大类：一类是非正弦波发生电路，包括方波、矩形波、三角波、锯齿波发生电路和压控振荡器；另一类是正弦波发生电路，包括 RC 正弦波振荡电路、LC 正弦波振荡电路和石英晶体正弦波振荡电路。周期信号发生电路也常称为波形发生电路。

8.1 非正弦波发生电路

8.1.1 矩形波发生电路

1. 矩形波发生电路的组成

矩形波发生电路是一种能够直接产生矩形波的周期信号发生电路。由周期信号的傅里叶级数展开可知，矩形波除含有直流成分外，还含有与矩形波周期信号同频率的基波、二次谐波及高次谐波。典型的矩形波发生电路如图 8-1 所示，电路由两部分组成，一是 7.4.2 小节介绍的迟滞电压比较器，二是前序课程中介绍的 RC 电路。

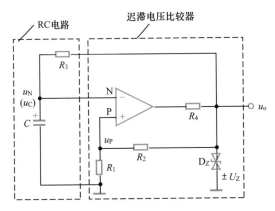

图 8-1　典型的矩形波发生电路

2. 矩形波发生电路的工作原理

在图 8-1 中，右边虚线框内的迟滞电压比较器是一个反相输入的迟滞电压比较器，其中积分电路中的 u_N 与正反馈信号 u_P 进行比较，输出 u_o 只有高电平和低电平两个状态，分别为 $+U_Z$ 和 $-U_Z$。

矩形波发生电路
的工作原理

当 $u_o = U_Z$ 时，反馈到迟滞电压比较器同相输入端的信号为

$$u_P = \frac{R_1}{R_1 + R_2} \cdot U_Z = U_T \tag{8-1}$$

当 $u_o = -U_Z$ 时，反馈到迟滞电压比较器同相输入端的信号为

$$u_P = \frac{-R_1}{R_1 + R_2} \cdot U_Z = -U_T \tag{8-2}$$

故迟滞电压比较器的两个门限分别是 U_T 和 $-U_T$。

图 8-1 所示矩形波发生电路的输出如图 8-2 所示，其工作原理如下。

① 初始态时，由于电路合闸通电前电路所有点均等电位，电容 C 两端的电压 $u_C = 0$，此时 $u_N = 0$，$u_P = 0$，$u_o = 0$。合闸通电瞬间，噪声干扰下 u_P 是大于还是小于 u_N 是一个随机态。假设 u_P 略大于 u_N，则 u_o 略大于零，经过迟滞电压比较器后，运放几乎瞬间正向饱和，输出 $u_o = U_Z$。由式（8-1）可知此时 $u_P = +U_T$，电路进入第一暂态。

② 电路进入第一暂态期间，$u_o = U_Z$，$u_P = +U_T$。电路进入第一暂态后，由于输出 u_o 为高电平 U_Z，通过 RC 回路后，电容 C 开始正向充电，其两端电压 $u_N(u_C)$ 逐渐增大，直至 $u_N = +U_T$；继续充电则 $u_N > u_P$，此时运放反向饱和，输出 u_o 从高电平 $+U_Z$ 跃变为低电平 $-U_Z$。由式（8-2）可知此时 $u_P = -U_T$，电路进入第二暂态。从第一暂态过渡到第二暂态期间，电容两端电压和输出电压波形如图 8-2（a）和图 8-2（b）所示。

③ 电路进入第二暂态期间，$u_o = -U_Z$，$u_P = -U_T$。电路进入第二暂态后，由于输出 u_o 为低电平 $-U_Z$，通过 RC 回路后，电容 C 开始反向充电，其两端电压 u_N 逐渐减小，直至 $u_N = -U_T$；继续反向充电，当 $u_N < u_P$ 时，运放正向饱和，u_o 从 $-U_Z$ 跃变为 U_Z。由式（8-1）可知，此时 $u_P = +U_T$，电路从第二暂态返回第一暂态。从第二暂态过渡到第一暂态期间，电容两端电压和输出电压波形如图 8-2（a）和图 8-2（b）所示。

电路在第一暂态和第二暂态间跳变，周而复始，输出所需要的矩形波周期信号。

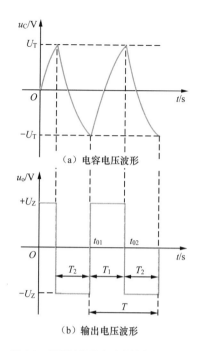

（a）电容电压波形

（b）输出电压波形

图 8-2 矩形波发生电路中的电容两端电压波形和输出电压波形

3. 矩形波发生电路的波形参数分析

根据前序课程"信号与系统"讲解的关于电路分析的三要素法，可知图 8-1 RC 电路中电容 C 两端的电压 $u_C(t)$ 为

$$u_C(t) = u_C(+\infty) - u_C(0) \cdot (1 - e^{-t/\tau}) + u_C(0) \tag{8-3}$$

其中 $u_C(0)$ 是 RC 回路中电容 C 两端电压的初始值，$u_C(+\infty)$ 是 RC 回路中电容 C 两端电压的终了值，$u_C(t)$ 是 RC 回路中 t 时刻后电容 C 两端的电压值，τ 是 RC 回路中的时间常数，$\tau = RC$。

对照图 8-1，分别计算电路中电容 C 的充电时间 T_1 和放电时间 T_2。

计算电容 C 充电时间 T_1 时，将 t_{01} 时刻定义为初始时刻，初始值 $u_C(t_{01})|_{t_{01}=0} = -U_T = -\dfrac{R_1}{R_1 + R_2}U_Z$，$u_C(+\infty) = U_Z$，$u_C(t)|_{t=T_1} = U_T = \dfrac{R_1}{R_1 + R_2}U_Z$，$\tau = R_3 C$。将相关参数代入式（8-3），有

$$\frac{R_1}{R_1 + R_2}U_Z = \left(U_Z + \frac{R_1}{R_1 + R_2}U_Z\right)(1 - e^{-T_1/\tau}) - \frac{R_1}{R_1 + R_2}U_Z \tag{8-4}$$

整理得

$$T_1 = R_3 C \ln\left(1 + \frac{2R_1}{R_2}\right) \tag{8-5}$$

计算电容反向充电时间（或称为 C 放电时间）T_2 时，初始值 $u_C(t_{02})|_{t_{02}=0} = U_T = \dfrac{R_1}{R_1 + R_2}U_Z$，$u_C(+\infty) = -U_Z$，$u_C(t)|_{t=T_2} = -U_T = -\dfrac{R_1}{R_1 + R_2}U_Z$，$\tau = R_3 C$。将相关参数代入式（8-3），有

$$\frac{-R_1}{R_1+R_2}U_Z = \left(-U_Z - \frac{R_1}{R_1+R_2}U_Z\right)(1-e^{-T_2/\tau}) + \frac{R_1}{R_1+R_2}U_Z \tag{8-6}$$

整理得

$$T_2 = R_3 C \ln\left(1 + \frac{2R_1}{R_2}\right) \tag{8-7}$$

则矩形波周期为

$$T = T_1 + T_2 = 2R_3 C \ln\left(1 + \frac{2R_1}{R_2}\right) \tag{8-8}$$

矩形波中的高电平持续时间与信号周期之比称为占空比。图 8-1 矩形波发生电路输出的矩形波占空比 $\delta = \dfrac{T_1}{T} = 50\%$。显然这是个方波周期信号，调整电路中的参数即可调整波形周期。

4. 占空比可调的矩形波电路

如果需要产生占空比可调、周期可调的矩形波，则要对图 8-1 所示电路进行修改，修改的思路就是使电路中电容 C 正向充电和反向充电的时间常数可调。如图 8-3 所示，即可实现占空比可调、周期可调的矩形波电路。显然，电路中电容 C 正向充电的时间常数是 $(R_3 + R_{W1})C$，反向充电的时间常数是 $(R_3 + R_{W2})C$。

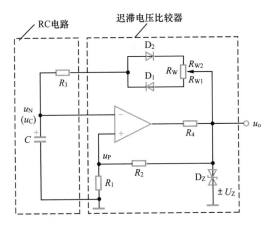

图 8-3　占空比可调的矩形波电路

由对图 8-3 所示矩形波电路的波形参数的分析可知，图 8-3 中电容 C 的充电时间为

$$T_1 = (R_3 + R_{W1})C \ln\left(1 + \frac{2R_1}{R_2}\right) \tag{8-9}$$

放电时间为

$$T_2 = (R_3 + R_{W2})C \ln\left(1 + \frac{2R_1}{R_2}\right) \tag{8-10}$$

矩形波周期为

$$T = T_1 + T_2 = (2R_3 + R_{W1} + R_{W2})C \ln\left(1 + \frac{2R_1}{R_2}\right) \tag{8-11}$$

其中 R_W 是可调电阻，$R_{W1} + R_{W2} = R_W$。

占空比为

$$\delta = \frac{T_1}{T_1 + T_2} = \frac{R_3 + R_{W1}}{R_3 + R_{W1} + R_{W2}} \qquad (8\text{-}12)$$

通过分析，由式（8-11）可知，对于图 8-3 所示的矩形波发生电路，改变电阻 R_1、R_2、R_3、R_W 和电容 C 均可以改变电路的振荡周期 T；由式（8-12）可知，调整 R_W 滑动端的位置和 R_3，均可改变矩形波的占空比 δ；调整图 8-3 中稳压管的稳定电压 U_Z，可改变矩形波的幅值大小。

图 8-3 所示电路输出的矩形波频率范围与电路中选择的运放指标有关。

8.1.2　三角波发生电路

三角波发生电路有多种设计方案，例如，将图 8-1 所示电路输出的方波信号作为积分电路的输入，其输出就是三角波，但这并非最优设计方案。

1. 三角波发生电路的组成

三角波发生电路是一种能够直接产生三角波波形的周期信号发生电路。由周期信号的傅里叶级数展开可知，三角波周期信号除含有直流成分外，还含有与其同频率的基波、二次谐波及高次谐波。典型的三角波发生电路如图 8-4 所示，由两部分组成，一是迟滞电压比较器，二是 RC 电路。图 8-4 中的运放 A_1 反相输入接地，显然这是一个同相输入迟滞电压比较器。

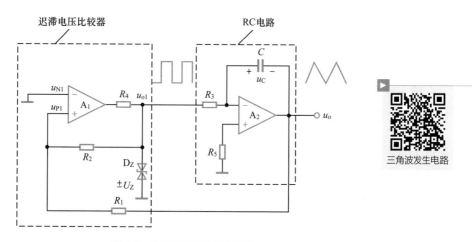

图 8-4　典型的三角波发生电路

2. 三角波发生电路的工作原理

在图 8-4 所示的典型三角波发生电路中，迟滞电压比较器的输出 u_{o1} 有两个状态，一是高电平 $+U_Z$，另一个是低电平 $-U_Z$。反相输入端的参考电平 $u_{N1} = 0$；同相输入端 u_{P1} 的值由 u_{o1} 和 u_o 共同决定，利用叠加定理，整理得

$$u_{P1} = \frac{R_1}{R_1 + R_2} \cdot u_{o1} + \frac{R_2}{R_1 + R_2} \cdot u_o \qquad (8\text{-}13)$$

当 $u_{P1} > 0$ 时，$u_{o1} = +U_Z$ 为高电平，电路的输出 $u_o = -u_C$，此时电容 C 正向充电，u_C 值越

来越大，u_o 越来越小直至 $u_{P1} = 0$；继续充电，当 $u_{P12} < 0$ 时，运放 A_1 的输出发生跳变，跳变后 $u_{o1} = -U_Z$。当 $u_{P1} = 0$ 时，依据式（8-13）可得

$$u_o = -\frac{R_1}{R_2} \cdot U_Z = -U_T \qquad (8\text{-}14)$$

当 $u_{P1} < 0$ 时，$u_{o1} = -U_Z$ 为低电平，电路中的电容 C 反向充电，u_C 值越来越小，u_o 越来越大直至 $u_{P1} = 0$；当 $u_{P1} > 0$ 时，运放 A_1 的输出发生跳变，跳变后 $u_{o1} = +U_Z$。当 $u_{P1} = 0$ 时，依据式（8-13）可得

$$u_o = \frac{R_1}{R_2} \cdot U_Z = U_T \qquad (8\text{-}15)$$

由此可知，在图 8-5（a）所示的典型三角波发生电路中，迟滞电压比较器的输出 u_{o1} 与其同相输入（即输出信号 u_o）的关系如图 8-5（b）所示。在 u_o 从小到大的变化过程中，u_{o1} 从 $-U_Z$ 转换为 $+U_Z$ 的门限是 U_T；在 u_o 从大到小的变化过程中，u_{o1} 从 $+U_Z$ 转换为 $-U_Z$ 的门限是 $-U_T$。

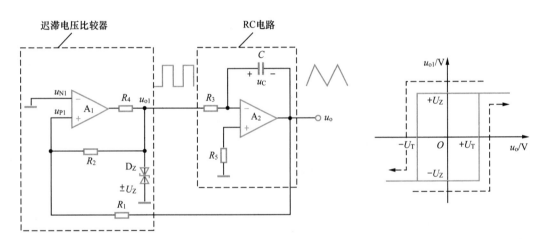

（a）典型的三角波发生电路　　　　　　　　　　（b）迟滞电压比较器的特性

图 8-5　三角发生电路及迟滞电压比较器的特性

　　图 8-5（a）所示的典型三角波发生电路的输出波形如图 8-6 所示，其工作原理如下。

　　① 初始态时，电路合闸通电前，电路所有点均等电位，电容 C 两端的电压为 0，输出 $u_o = -u_C = 0$。合闸通电瞬间，噪声干扰下 u_{P1} 是大于还是小于 u_{N1} 是一个随机态。假设 u_{P1} 略大于 u_{N1}，则运放 A_1 几乎在瞬间达到正向饱和，$u_{o1} = U_Z$，称此状态为第一暂态。

　　② 在第一暂态期间，$u_{o1} = U_Z$，此时图 8-5（a）所示电路中电容 C 正向充电，u_C 越来越大，u_o 越来越小直至 $u_o = -U_T$。由图 8-5（b）可知当 $u_o < -U_T$ 时，u_{o1} 从 $+U_Z$ 跃变为 $-U_Z$，电路进入第二暂态，波形如图 8-6 所示。

　　③ 在第二暂态期间，$u_{o1} = -U_Z$，此时图 8-5（a）所示电路

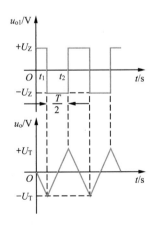

图 8-6　典型三角波发生电路的
输出波形

中电容 C 反向充电，u_C 越来越小，u_o 越来越大直至 $u_o = U_T$。由图 8-6（b）可知，当 $u_o > U_T$ 时，u_{o1} 从 $-U_Z$ 跃变为 $+U_Z$，电路返回到第一暂态。

重复上述过程，电路输出的三角波信号波形如图 8-6 所示。

3. 三角波波形参数分析

图 8-5（a）电路输出的三角波是对称信号，如图 8-6 所示，周期为 T，$t_2 - t_1 = \dfrac{T}{2}$。在 $t_1 < t < t_2$ 期间，$u_{o1}(t) = -U_Z$。在图 8-5（a）中，$u_o(t) = -u_C(t)$，则输出

$$u_o(t) = -\frac{1}{R_3 C}\int_{t_1}^{t} u_{o1}(t)\mathrm{d}t + u_o(t_1) = \frac{-U_Z}{R_3 C}\cdot(t-t_1) + (-U_T) \tag{8-16}$$

将 $u_o(t_2) = +U_T = \dfrac{R_1}{R_2}U_Z$ 代入式（8-16），整理可得

$$T = \frac{4R_1 R_3 C}{R_2} \tag{8-17}$$

三角波的正向、负向峰值分别为 U_T 和 $-U_T$。由式（8-15）可知

$$U_T = \frac{R_1}{R_2}U_Z \tag{8-18}$$

通过分析，由式（8-17）可知，改变电阻 R_1、R_2、R_3 和电容 C 可以改变三角波的周期 T。由式（8-18）可知，调整电阻 R_1、R_2 和稳压管 U_Z，可改变三角波的峰值 U_T。

8.1.3 锯齿波发生电路

仔细观察图 8-4 所示的典型三角波发生电路，如果积分电路中正向积分和反向积分的时间常数 RC 不同，则输出不再是三角波而是锯齿波。利用二极管的单向导电性，可使正向积分和反向积分有不同的通路，得到的锯齿波发生电路如图 8-7 所示。

锯齿波发生电路的输出波形如图 8-8 所示。分析其正向充电时间和反向充电时间的方法与分析三角波发生电路的方法相似，此处不再赘述。由分析计算得

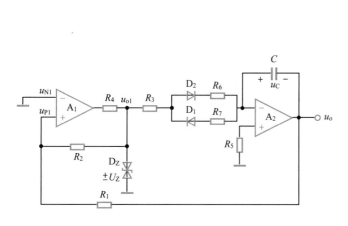

图 8-7　锯齿波发生电路

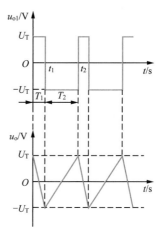

图 8-8　锯齿波发生电路的输出波形

$$T_1 = \frac{2R_1(R_3 + R_6)C}{R_2} \qquad (8\text{-}19)$$

$$T_2 = \frac{2R_1(R_3 + R_7)C}{R_2} \qquad (8\text{-}20)$$

锯齿波周期为

$$T = T_1 + T_2 \qquad (8\text{-}21)$$

8.1.4　压控振荡器

压控振荡器

振荡是指在没有外加输入信号的情况下，输出端有稳定的、具有一定频率和幅度的信号的现象。本书在 5.6 节中介绍了自激振荡概念。通常我们把输出余弦波、矩形波、锯齿波等周期信号的发生电路统称为振荡电路。

1. 压控振荡器的电路组成

对于前面介绍的矩形波和锯齿波发生电路，改变电路相关参数就可以改变振荡电路输出信号的频率。但是在实际电路应用中，需要一种通过输入电压来控制振荡信号频率的电路，称为压控振荡器（Voltage Controlled Oscillator，VCO）。图 8-9 为一种输出矩形波的 VCO 电路。该电路与图 8-7 所示的锯齿波发生电路的工作原理非常相似，其中不同之处就是在电容 C 反向充电通路中，电阻 R_7 接外加输入电压 u_i，且 $R_7 \gg R_6 + R_3$。

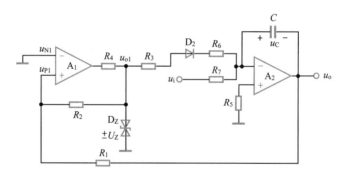

图 8-9　输出矩形波的 VCO 电路

2. 压控振荡器电路的工作原理

在图 8-9 中，当 $u_{o1} = U_Z$ 时，RC 电路中的电容 C 正向充电，电容充电电流为

$$i_C = \frac{u_{o1}}{R_3 + R_6} + \frac{u_i}{R_7} \approx \frac{u_{o1}}{R_3 + R_6} = \frac{U_Z}{R_3 + R_6} \qquad (8\text{-}22)$$

对照图 8-8，此时输出电压为

$$u_o(t) = -u_C(t) = -\frac{1}{C} \cdot \int_0^t i_C \mathrm{d}t + u_o(0) \approx -\frac{U_Z}{(R_3 + R_6)C} \cdot t + U_T \qquad (8\text{-}23)$$

当 $t = T_1$ 时，$u_o(t) = -U_T$。由式（8-18）可知 $U_T = \dfrac{R_1}{R_2}U_Z$，代入式（8-23）整理得

$$T_1 = \frac{2R_1(R_3 + R_6)C}{R_2} \tag{8-24}$$

当 $u_{o1} = -U_Z$ 时，RC 电路中的电容 C 反向充电，电容充电电流为

$$i_C = \frac{u_i}{R_7} \tag{8-25}$$

此时输出电压为

$$u_o(t) = -u_C(t) = -\frac{1}{C} \cdot \int_{t_1}^{t} i_C \mathrm{d}t + u_o(t_1) \approx -\frac{u_i}{R_7 C}(t - t_1) - U_T \tag{8-26}$$

当 $t = t_2$ 时，$u_o(t_2) = U_T = \frac{R_1}{R_2} U_Z$，代入式（8-26）整理得

$$T_2 = t_2 - t_1 = \frac{-2R_1 R_7 C}{R_2} \cdot \frac{U_Z}{u_i} \tag{8-27}$$

由于时间 $T_2 > 0$，所以 $u_i < 0\mathrm{V}$，即图 8-9 所示电路中的 u_i 是一个负电压，T_2 大小与 u_i 的模值成线性关系。由于 $R_7 \gg R_6 + R_3$，该电路的振荡信号周期为

$$T = T_1 + T_2 = \frac{2R_1(R_3 + R_6)C}{R_2} + \frac{-2R_1 R_7 C}{R_2} \cdot \frac{U_Z}{u_i} \approx \frac{-2R_1 R_7 C}{R_2} \cdot \frac{U_Z}{u_i} \tag{8-28}$$

压控振荡器输出信号的频率为

$$f = \frac{1}{T} = \frac{-R_2}{2R_1 R_7 C} \cdot \frac{u_i}{U_Z} \tag{8-29}$$

从频率的物理意义来讲，其值应大于或等于 0，由式（8-29）可知，u_i 需小于 0，这样可确保频率大于 0；从电路工作原理来讲，图 8-9 所示电路是一个输出矩形波和锯齿波的频率受控于输入 u_i 的压控振荡器，是由图 8-7 所示的锯齿波发生电路修改而得的。图 8-7 所示锯齿波发生电路中电容 C 的充、放电过程所需的信号 u_{o1} 分别是 $+U_Z$ 和 $-U_Z$，而图 8-9 压控振荡器电路中电容 C 的充、放电过程所需的信号分别是 $+U_Z$ 和 u_i，其 u_i 需与 $-U_Z$ 具有同极性，电路才能正常工作，才能够产生压控振荡信号。

小结：由式（8-29）可知，当电路参数不变时，改变输入信号 u_i 的大小就可以改变压控振荡器输出信号的频率。需要注意的是这里的输入信号 u_i 小于 0。

图 8-9 所示的压控振荡器电路由图 8-7 所示的锯齿波发生电路修改后得到，A_1 的输出 u_{o1} 是矩形波，A_2 的输出 u_o 是三角波。实际上在很多情况下，压控振荡器的输出信号 u_o 为矩形波信号，其电路的习惯画法如图 8-10 所示。当输入在 $-15 \sim -3\mathrm{V}$ 范围内时，图 8-10 所示电路的输出波形如图 8-11 所示。

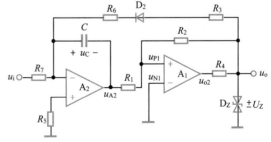

图 8-10　压控振荡器电路的习惯画法

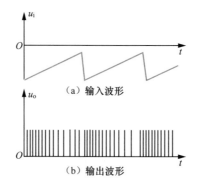

图 8-11　压控振荡器电路的输入 / 输出波形

8.2　正弦波发生电路

正弦波发生电路在没有外输入的情况下，电路自激振荡而产生单一频率、幅值稳定的周期信号，因此通常被称为正弦波振荡电路。

8.2.1　正弦波振荡条件

本书第 5 章介绍了负反馈放大电路的自激现象。对于负反馈放大电路，自激现象需要抑制。但是对于正弦波振荡器，就需要放大电路在输入为 0（即没有输入）的情况下输出频率、幅度可控的正弦波周期信号。从第 5 章对于自激现象的分析可知，自激振荡时的放

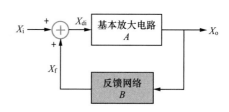

图 8-12　正反馈放大电路框图

大电路具有正反馈特征，也就是说正弦波发生电路是一个正反馈放大电路。

正反馈放大电路框图如图 8-12 所示。

图 8-12 中闭环增益为

$$A_f = \frac{X_o}{X_i} \qquad (8\text{-}30)$$

开环增益为

$$A = \frac{X_o}{X_{di}} \qquad (8\text{-}31)$$

反馈系数为

$$B = \frac{X_f}{X_o} \qquad (8\text{-}32)$$

对于正反馈，净输入为

$$X_{di} = X_i + X_f \qquad (8\text{-}33)$$

整理式（8-30）～式（8-33），得到正反馈方程式为

$$A_f = \frac{X_o}{X_i} = \frac{A}{1 - AB} \qquad (8\text{-}34)$$

当环路增益 $AB = 1$ 时，满足振荡条件。如果把正反馈放大电路看作一个系统，则式（8-34）是放大系统的系统函数。当系统函数分母为 0 时，说明系统不稳定。

图 8-12 所示的闭环电路振荡时，$X_i = 0$，$X_{di} = X_{fo}$。与第 5 章介绍的自激现象相同，振荡过程同样有起振条件和平衡条件，由起振条件过渡到平衡条件的正弦波波形示意图如图 8-13 所示。当放大电路启动时，输入信号 $X_i = 0$。实际情况下电路工作过程中会有一定的噪声干扰，通常噪声频谱很宽，如果其中某个频率的噪声恰好满足起振条件，哪怕是瞬间一个很小的干扰满足 $AB > 1$，输出也会越来越大，如图 8-13 所示。

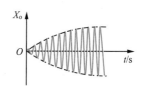

图 8-13　由起振条件到平衡条件的正弦波波形示意图

显然，起振条件是环路增益 $AB > 1$。用环路增益的幅频特性和相频特性表示起振条件：

① 幅频特性

$$|AB| > 1 \qquad (8\text{-}35)$$

② 相频特性

$$\varphi_A + \varphi_B = 2n\pi \quad (n = 0, 1, 2 \cdots) \qquad (8\text{-}36)$$

其中 $|AB|$ 为环路增益的幅值，φ_A 和 φ_B 分别是开环增益 A、反馈系数 B 的相位。

在设计振荡电路时，可利用放大电路中二极管、三极管的非线性特性。例如，利用三极管共射组态的电流增益随集电极电流的增大而减小的特性，可使振荡电路的环路增益随输出信号的增大而减小，最终满足平衡条件，稳定下来，平衡条件为 $AB = 1$。

同样，也可以利用半导体器件的温度特性。例如，利用二极管的动态电阻随着温度增大而减小的特性，将二极管的动态电阻 r_z 作为同相比例放大电路反馈电阻的一部分，反馈电阻 $R_f(t) = r_z + R$。起振时环路增益大于 1；随着振荡信号幅度的增大，电路消耗功率增大，温度升高，二极管动态电阻减小，使环路增益满足平衡条件，即环路增益为 1。

8.2.2　正弦波振荡电路的组成及分类

1. 正弦波振荡电路的组成

正弦波振荡电路通常由放大电路、反馈网络、选频网络和稳幅电路四部分组成。

放大电路对满足振荡条件的单一频率信号（即正弦波信号）进行放大。需要说明的是，这个放大电路可以是单级放大电路，也可以是多级放大电路，还可以是利用运放组成的放大电路等。放大电路增益用 A 表示。

反馈网络将输出信号反馈到输入端，反馈系数用 B 表示。由 8.2.1 小节已知正弦波振荡电路需要引入正反馈。反馈网络一般由电阻、电容和电感组成。

选频网络用来选出满足振荡条件的单一频率的信号。

稳幅电路用于稳定输出信号幅值，使振荡电路能够自动由起振条件过渡到平衡条件，最终使电路到达等幅振荡。

2. 正弦波振荡电路的分类

我们通常依据选频网络类型对正弦波振荡电路进行分类，例如，利用 LC 选频网络的正弦波振荡电路称为 LC 正弦波振荡电路，利用 RC 选频网络的称为 RC 正弦波振荡电路，利用石英晶体选频网络的称为石英晶体正弦波振荡电路。选频网络可以设置在放大电路中，也可以设置在反馈网络中。下面分别介绍 RC 正弦波振荡电路、LC 正弦波振荡电路和石英晶体正弦波振荡电路。

8.2.3 RC 正弦波振荡电路

RC 正弦波振荡电路有多种，常用的为 RC 文氏振荡电路，其又分为移相式和桥式。本小节主要介绍后者，也称为 RC 文氏桥正弦波振荡电路或桥式 RC 振荡电路。

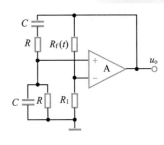

RC正弦波
振荡电路

1. 电路组成

桥式 RC 振荡电路如图 8-14 所示，包含放大电路、反馈网络、RC 选频网络和稳幅电路。

在图 8-14 中，运放 A、电阻 R_1 和 $R_f(t)$ 构成同相比例放大电路；电阻 $R_f(t)$ 为稳幅元件，与电阻 R_1 和运放 A 构成稳幅电路；RC 串联和并联网络构成选频网络，同时也是反馈网络。如果将 R、C 串联阻抗用 Z_1 表示，将 R、C 并联阻抗用 Z_2 表示，则 R_1、$R_f(t)$、Z_1 和 Z_2 构成一个电桥的四臂，称为文氏桥。

图 8-14　桥式 RC 振荡电路

2. 工作原理及振荡频率计算

为了便于理解与分析 RC 正弦波振荡电路的振荡过程，我们将图 8-14 分解为 RC 选频网络和基于运放的放大电路，如图 8-15（a）和图 8-15（b）所示。

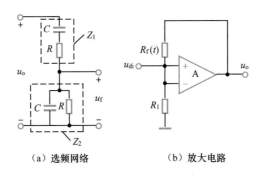

（a）选频网络　　　　　　（b）放大电路

图 8-15　图 8-14 所示桥式 RC 振荡电路的分解单元

图 8-15（a）中的 RC 串联阻抗为

$$Z_1 = R + \frac{1}{j\omega C} = \frac{1+j\omega RC}{j\omega C} \tag{8-37}$$

RC 并联阻抗为

$$Z_2 = \frac{R}{1+j\omega RC} \tag{8-38}$$

图 8-15（a）既是选频网络，也是反馈网络，其反馈系数为

$$B = \frac{u_f}{u_o} = \frac{Z_2}{Z_1+Z_2} = \frac{1}{3+j\left(\omega RC - \frac{1}{\omega RC}\right)} = \frac{1}{3+j\left(\frac{\omega}{\omega_0} - \frac{\omega_0}{\omega}\right)} \tag{8-39}$$

其中 $\omega_0 = \dfrac{1}{RC}$；反馈系数 B 的模值 $|B|$ 和相位 φ_B 为

$$|B| = \frac{1}{\sqrt{9 + \left(\dfrac{\omega}{\omega_0} - \dfrac{\omega_0}{\omega}\right)^2}} \tag{8-40}$$

$$\varphi_B = -\arctan\frac{\left(\dfrac{\omega}{\omega_0} - \dfrac{\omega_0}{\omega}\right)}{3} \tag{8-41}$$

反馈系数 B 的幅频特性与相频特性示意图如图 8-16 所示。

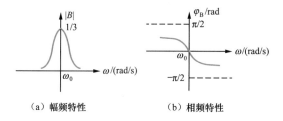

（a）幅频特性　　　　（b）相频特性

图 8-16　反馈系数的频率响应

对于选频网络，当 $\omega = \omega_0$ 时，$B = \dfrac{1}{3}$，此时反馈系数的模值最大，模值 $|B| = \dfrac{1}{3}$，相位 $\varphi_B = 0$。

图 8-15（b）是基于运放的同相放大电路，电压增益为

$$A = \frac{u_o}{u_{di}} = 1 + \frac{R_f(t)}{R_1} \tag{8-42}$$

式中 $R_f(t)$ 是稳幅元件。

当 $R_f(t) > 2R_1$ 时，$A > 3$，此时环路增益 $AB > 1$，满足正反馈放大电路的起振条件。在本电路中，$R_f(t)$ 是一个热敏电阻，输出信号增大时，电路功耗增大，温度升高，阻值减小。当 $R_f(t) = 2R_1$ 时，$A = 3$，环路增益 $AB = 1$，此时满足振荡的平衡条件。

当信号频率要求较低（几十千赫以下）时，常采用桥式 RC 振荡电路来产生低频正弦波，正弦波的角频率为 $\omega_0 = \dfrac{1}{RC}$。显然，通过调整选频网络中的电阻和电容值就可以调整输出正弦波信号的频率。但是图 8-14 所示的桥式 RC 振荡电路输出的正弦波信号的幅度无法直接调整，需要通过增加一级放大电路进行调整。

8.2.4　LC 正弦波振荡电路

LC 正弦波振荡电路有多种分类，依据正反馈方式的不同，可以分为变压器耦合式、电感反馈式、电容反馈式等类别。本小节主要介绍电容反馈式。

1. 电容反馈式 LC 正弦波振荡电路

电容反馈式 LC 正弦波振荡电路如图 8-17（a）所示，三极管 T_1 集电极的输出信号通过两个

电容 C_1 和 C_2 分压反馈到发射极。显然这是一个共基组态的放大电路，R_1 和 R_2 是三极管放大电路的基极偏置电阻，C_3 是基极旁路电容，L、C_1 和 C_2 组成并联谐振回路选频网络。图 8-17（a）的交流等效电路如图 8-17（b）所示。由于电路中的正反馈是通过电容 C_1 和 C_2 分压实现的，因此称为电容反馈式，又由于三极管的三个电极与两个串联电容的三点连接，因此电路又称为"电容三点式振荡器"。同理，将图 8-17 中的 C_1 和 C_2 用电感 L_1 和 L_2 替代，电感 L 用电容 C 替代，则电路称为电感反馈式 LC 正弦波振荡电路，也称为"电感三点式振荡器"。

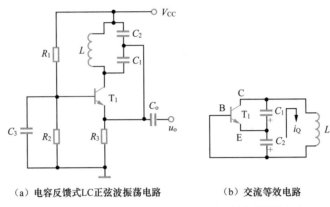

（a）电容反馈式LC正弦波振荡电路　　　　（b）交流等效电路

图 8-17　电容反馈式 LC 正弦波振荡电路及其交流等效电路

2. 工作原理及振荡频率计算

图 8-17（b）是一个交流正反馈电路。回路谐振时，谐振电流 i_Q 比较大，远大于外电流，所以 LC 回路中的电流近似为 i_Q。对于电容三点式振荡器，输出 C、E 间电压 $u_{CE} = \dfrac{-i_Q}{j\omega C_1}$，反馈到输入端的反馈电压为 B、E 间的电压 $u_{BE} = \dfrac{i_Q}{j\omega C_2}$，其输出电压 u_{CE} 与反馈电压 u_{BE} 反相。电路的振荡频率近似等于选频网络的 LC 谐振频率 f_o，即图 8-17（b）的谐振频率为

$$f_o = \frac{1}{2\pi \sqrt{\dfrac{C_1 C_2 L}{C_1 + C_2}}} \tag{8-43}$$

LC 振荡电路一般可以产生几兆到上百兆赫的正弦波信号，但是需要改变电容和电感参数方可调节振荡频率，频率调节不方便，通常用于固定频率的应用场景。

利用基于运放的同相放大电路替代图 8-17 中的三极管，同样可以得到电容反馈式 LC 正弦波振荡电路，如图 8-18 所示。

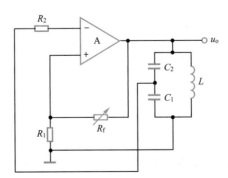

图 8-18　基于运放的电容反馈式 LC 正弦波振荡电路

8.2.5　石英晶体正弦波振荡电路

1. 石英晶体的特性

石英晶体的符号、等效电路及电抗的幅频特性如图 8-19 所示。

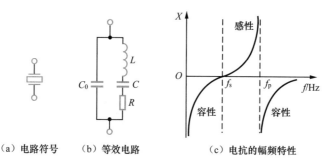

（a）电路符号　　（b）等效电路　　　　（c）电抗的幅频特性

图 8-19　石英晶体的电路符号、等效电路及电抗特性

由前序课程已知，LC 并联谐振回路的品质因数 Q 对振荡频率的稳定性有很大影响，Q 值越大，频率的稳定性越好，LC 并联谐振回路的品质因数 $Q = \dfrac{\omega_0 L}{R} = \dfrac{L}{RC}$，振荡频率 $\omega_0 = \dfrac{1}{\sqrt{LC}}$。一般 LC 并联谐振回路的 Q 值最高也只能达到数百，但石英晶体的 Q 值能够达到 $10^4 \sim 10^6$，所以石英晶体的振荡频率具有很高的稳定性。

图 8-19 所示的石英晶体串联振荡频率 f_s 为

$$f_s = \frac{1}{2\pi\sqrt{LC}}$$

并联谐振频率 f_p 为

$$f_p = \frac{1}{2\pi\sqrt{\dfrac{C_0 C L}{C_0 + C}}} = f_s \sqrt{1 + \frac{C}{C_0}}$$

在图 8-19（b）所示的石英晶体等效电路中，由于 $C_0 \gg C$，所以两个谐振频率非常接近。

观察图 8-19（c）可知，当 $f < f_s$ 和 $f > f_s$ 时，石英晶体呈容性；当 $f = f_s$ 时，石英晶体呈阻性；当 $f = f_p$ 时，石英晶体呈阻性且阻值为无穷大；当 $f_s < f < f_p$ 时，石英晶体呈感性。由于感性范围非常小，因此 $f_p \approx f_s$。

2. 石英晶体正弦波振荡电路

石英晶体正弦波振荡电路的形式有多种，最基本的有两种，一是并联石英晶体正弦波振荡电路，二是串联石英晶体正弦波振荡电路。

（1）并联石英晶体正弦波振荡电路

并联石英晶体正弦波振荡电路如图 8-20 所示。对照图 8-18，当电路中的石英晶体呈感性时，其作用等效为一个电感，此时是一个典型的电容三点式振荡器，其振荡频

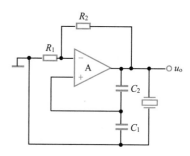

图 8-20　并联石英晶体正弦波振荡电路

率由电路中的电容 C_1、C_2 和石英晶体的等效电感 L_{eq} 决定。通常 L_{eq} 很大，振荡器的 Q 值很高。

（2）串联石英晶体正弦波振荡电路

串联石英晶体正弦波振荡电路如图 8-21 所示。当石英晶体呈现串联谐振时，谐振阻抗为零，此时图 8-21 为正反馈电路，可调电阻用于调整电路的反馈系数，通过调节使其满足自激振荡条件，振荡频率为 f_s。如果石英晶体呈现容性或感性，则电路不满足自激振荡条件。

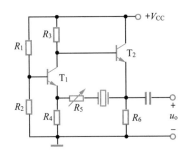

图 8-21　串联石英晶体正弦波振荡电路

本章小结

学完本章应掌握常用波形发生电路的经典电路及其工作原理，并了解其工作频率范围及应用场景，在工程设计实践中能够正确选择并应用于解决复杂工程问题。本章具体内容如下。

1. 非正弦波发生电路

本章主要介绍常用的非正弦波发生电路，主要有方波发生电路、矩形波发生电路、三角波发生电路、锯齿波发生电路和压控振荡器。周期信号之间是可以相互转换的，如锯齿波经过微分电路则转换为矩形波，反过来矩形波经过积分电路则转换为锯齿波。

2. 正弦波发生电路

正弦波振荡电路通常由放大电路、反馈网络、选频网络和稳幅电路四部分组成。起振条件是环路增益 $AB > 1$，平衡条件是环路增益 $AB = 1$。本章主要介绍了 RC 正弦波振荡电路、LC 正弦波振荡电路和石英晶体正弦波振荡电路。

非正弦波信号和正弦波信号之间也是可以相互转换的，非正弦波信号经过窄带滤波器后即可输出所需要的正弦波，而正弦波通过电压比较器可以转换为矩形波。

习题

8.1 图 8-22 所示电路为方波 - 三角波发生电路，试求出其振荡频率，并画出 u_{o1}、u_{o2} 的波形。

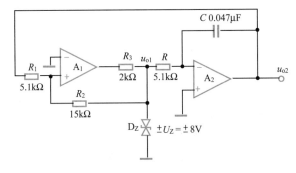

图 8-22　题 8.1 图

8.2　电路如图 8-23 所示。

（1）电路由哪几部分组成，各具有什么作用?

（2）画出 u_{o1}、u_{o2} 和 u_o 的波形。

（3）导出电路振荡周期 T 的表达式。

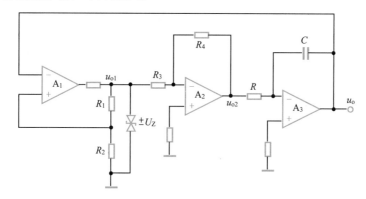

图 8-23　题 8.2 图

8.3　波形发生电路如图 8-24 所示。

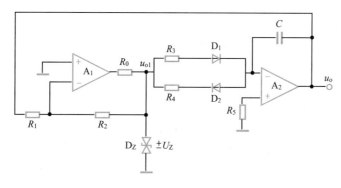

图 8-24　题 8.3 图

（1）说明电路的组成部分及其作用。

（2）若二极管导通电阻忽略不计，$\dfrac{R_1}{R_2} = 0.6$，$\dfrac{R_3}{R_4} = 5$，定性画出 u_{o1}、u_o 波形。

（3）导出电路振荡周期 T 的表达式。

8.4　判断图 8-25 所示电路的功能，画出 u_o 的波形。设电路参数 $R_1 = 10\ \text{k}\Omega$，$R_2 = 5\ \text{k}\Omega$，$R_3 = R_4 = 1\ \text{k}\Omega$，$R_5 = R_6 = 50\ \text{k}\Omega$，$C = 0.01\ \mu\text{F}$，$U_Z = 12\ \text{V}$，$u_i = 5\ \text{V}$。

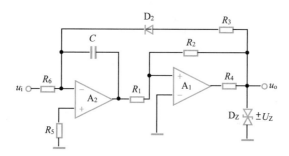

图 8-25　题 8.4 图

8.5　RC 正弦波振荡电路如图 8-26 所示，假设电路满足振荡条件，如果想增大输出信号的频率，应如何调节电路中的参数？如果想增大输出信号的峰值，可以采取哪些措施？

8.6　图 8-27 为文氏桥正弦波振荡电路，但电路不振荡。设运放 A 具有理想特性。

（1）请找出图 8-27 中的错误，并在图中加以改正。

（2）若要求振荡频率为 480 Hz，试确定 R 的阻值（用标称值）。

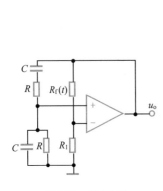

图 8-26　题 8.5 图

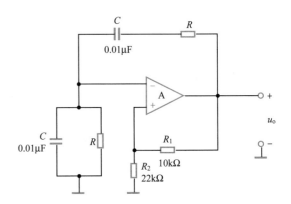

图 8-27　题 8.6 图

8.7　RC 正弦波振荡电路如图 8-28 所示。

（1）已知电路能够正常工作，请标出集成电路的同相端和反相端。

（2）分析振荡频率的调节范围。

（3）已知电路中 $R_f(t)$ 为热敏电阻，画出其阻值随流经其电流有效值 $I(t)$ 变化的关系示意图。

8.8　试将图 8-29 所示电路合理连线，组成桥式 RC 正弦波振荡电路。

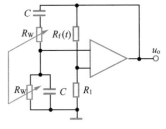

图 8-28　题 8.7 图

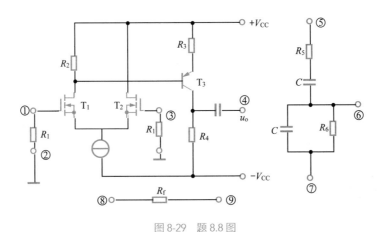

图 8-29　题 8.8 图

8.9　电路如图 8-30 所示。

（1）已知电路产生正弦波振荡，标出运放的"+"和"−"极性，并说明电路是哪种正弦波振荡电路。

（2）若 R_1 短路，电路将产生什么现象？

（3）若 R_1 断路，电路将产生什么现象？

（4）若 R_f 短路，电路将产生什么现象？

（5）若 R_f 断路，电路将产生什么现象？

8.10　电路如图 8-31 所示，根据电容三点式振荡器的工作原理，分析判断电路能否振荡。

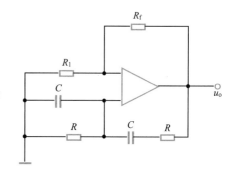

图 8-30　题 8.9 图

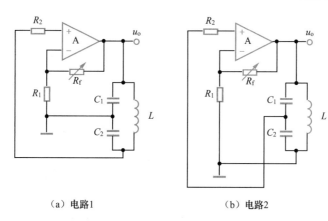

（a）电路1　　　　　　（b）电路2

图 8-31　题 8.10 图

8.11　振荡电路如图 8-32 所示。

（1）判断其属于什么类型的振荡电路。

（2）说明电路中石英晶体的作用。

（3）电路中的石英晶体工作状态是串联谐振还是并联谐振？

8.12　电路如图 8-33 所示。

（1）分析判断电路功能。

（2）电路中石英晶体的串联谐振频率和并联谐振频率分别是 f_s 和 f_p，分析电路的振荡频率是多少。

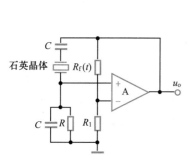

图 8-32　题 8.11 图

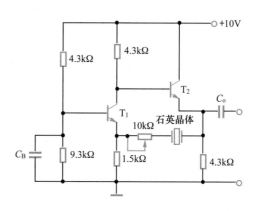

图 8-33　题 8.12 图

第 **9** 章

直流稳压电源

　　科学技术的快速发展使手机、计算机、相机等电子产品已成为人们日常生活和工作的必需品。电子产品正常工作需要直流稳压电源供电，而直流稳压电源会因供电电压波动或负载变化导致输出电压不稳定，因此需要对其进行合理设计，以满足电子产品的应用需求。

　　稳压电源的历史可以追溯到 19 世纪，爱迪生在发明电灯时就曾考虑过稳压器；20 世纪初期已存在铁磁稳压器（一种特殊类型变压器，可提供恒定电压输出）及相关技术文献；电子管面世之后，研究人员试图设计电子管直流稳压器；20 世纪 40 年代后期，研究人员利用电子器件与磁饱和元件制成了电子控制的磁饱和稳压器。晶体管诞生后，由晶体管构成的串联型调整管稳压电源逐渐成为直流稳压电源的主体。20 世纪 60 年代初期，美国通用电气公司发布了基于晶体管的开关稳压电源早期设计方案，该设计方案首先应用于航天工业之中，如 1962 年发射升空的 Telstar 卫星。随着晶体管成本的不断降低，开关稳压电源逐步应用于民用产品之中，如泰克公司生产的便携式示波器。如今，电子产品向小型化、低功耗、片式化演进，新一代芯片的工作电压越来越低。电子产品中不同单元模块需要不同直流电压供电，这推动了直流稳压电源日新月异的发展。典型的直流稳压电源实例如图 9-1 所示。

（a）直流稳压电源　　　　　（b）笔记本电脑适配器　　　　　（c）台式计算机电源

图 9-1　典型的直流稳压电源实例

　　本章主要讨论小功率直流稳压电源的组成及工作原理，阐述整流电路、滤波电路、稳压电路等的典型电路、性能指标和元件选取准则，简要描述集成稳压器和开关稳压电路，最后简要介绍直流稳压电源可能发生的故障及其检测方法。

9.1 直流稳压电源概述

直流电源是一种能量转换装置，它把其他形式的能量转换为电能供给电路，以维持电流的稳恒流动，如干电池、蓄电池、直流发电机等。在电子电路系统和设备中，直流电源是重要组成部分，它不仅提供电路所需的工作电源，而且其性能优劣会对电路性能产生巨大影响。例如，放大电路产生零点漂移的原因之一就是直流电源不理想。因此，选择电子电路直流电源时，需要同时考虑带负载能力（输出电流大小）、纹波系数等诸多参数。

本章主要介绍的直流电源为小功率线性稳压电源，它将频率为 50 Hz、电压有效值为 220 V 的我国公共电网交流电转换为幅值稳定、输出电流在几十安以下的直流电压。图 9-2 给出了小功率线性稳压电源的系统组成，它主要由电源变压器、整流电路、滤波电路、稳压电路组成。

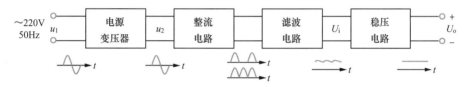

图 9-2　小功率线性稳压电源系统组成

图 9-2 中所示的各组成单元的作用如下。

① 电源变压器：直流电源的输入为 220 V 的电网电压，而电子电路中所需的直流电压数值与电网电压有效值相差甚大，因此需要先通过电源变压器降压，再对交流电压进行处理。电源变压器输出的电压有效值 u_2 与后续电路中的输出电压 u_o 有关。

② 整流电路：将电源变压器输出的双极性交流电转变为单极性脉动直流电。整流电路包括半波整流和全波整流两种，相应的输出波形如图 9-2 中所示。整

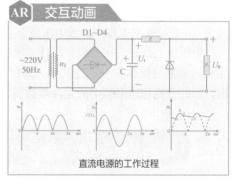

直流电源的工作过程

流电路的输出虽然为单极性信号含直流电压，但仍存在较大的交流分量（脉动的电压），会影响负载电路的正常工作。

③ 滤波电路：为了减小电压的脉动，在直流电源中加入低通滤波电路，使输出电压平滑。从时域上考虑，滤波电路可利用储能元件减小脉动；从频域上考虑，可将交流成分滤除。在理想情况下，低通滤波会将交流成分全部滤除。然而由于采用无源滤波电路，在加入负载后会影响其滤波效果。

④ 稳压电路：交流电压经过上述过程后能够转换为交流分量较小的直流电压，但考虑到电网电压参数波动、负载变化等影响，应加入稳压电路，以维持输出电压稳定不变。

直流稳压电源的技术指标分为两种：一种是特性指标，包括输出电压、输出电流（或输出功率）及输出电压范围等；另一种是质量指标，用来衡量输出直流电压的稳定程度，包括稳压系数、输出电阻、纹波电压等。

① 输出电压 U_o：直流稳压电源电路输出的电压值，该电压值在负载按要求变化时应保持稳定。在前面章节介绍的各种电路中，E_C、V_{CC}、V_{EE}、V_{DD}、V_{SS} 等都是直流电源提供的电压。

② 输出电流 I_o（或输出功率 P_o）：表示在直流电源输出稳定电压的前提下，向负载输出的电

流值，它表明电源向电路输出电能的能力，也可以用输出功率 P_o 来衡量，即 $P_o = U_o I_o$。当电源电压能够满足负载要求时，若电源功率不足，会使电源输出电压下降，导致电路不能正常工作。直流电压源一般都有一定的电流输出范围，如最大输出电流 1A、5A 等。

③ 输出电压范围：表示在符合直流稳压电源工作条件时，电源正常工作的输出电压范围。

④ 稳压系数 S_r：在负载电流、环境温度不变的情况下，输入电压的相对变化将引起输出电压的相对变化，稳压系数定义为

$$S_r = \frac{\Delta U_o / U_o}{\Delta U_i / U_i}\bigg|_{R_L=\text{常数}} = \frac{\Delta U_o}{\Delta U_i} \cdot \frac{U_i}{U_o}\bigg|_{R_L=\text{常数}} \tag{9-1}$$

稳压系数表明输入电压变化对输出电压的影响，其值越小越好。

⑤ 输出电阻 R_o：定义为输入电压不变时，输出电压变化量与输出电流变化量之比的绝对值，即

$$R_o = \left|\frac{\Delta U_o}{\Delta I_o}\right|\bigg|_{U_i=\text{常数}} \tag{9-2}$$

输出电阻表明负载电流变化对输出电压的影响。

⑥ 纹波电压：指叠加在输出电压上的交流电压分量，可通过示波器观测其峰-峰值，一般为 mV 量级。通常用纹波系数 K_r 表示纹波电压的相对大小，纹波系数定义为

$$K_r = \frac{U_{or}}{U_o} \tag{9-3}$$

其中 U_{or} 表示输出电压中谐波电压成分总的有效值。

根据以上指标，在分析、设计直流稳压电源电路时，需要特别注意：①电网电压波动对电源性能的影响应控制在一定范围内，通常考虑的波动范围为 ±10%；②负载应具有一定的变化范围。因此直流稳压电源中的元件参数需要有一定的余量，确保电源电路安全可靠地工作。

9.2 整流电路

整流电路（rectifying circuit）利用二极管的单向导电性，将变压器输出的双极性交流电压 u_1 转换成单极性脉动的直流电压 u_2。整流电路中的二极管通常称为整流管，其特点是最大整流电流 I_F 大，反向击穿电压 U_{BR} 高，反向电流 I_R 小。电源电路中常用的整流电路主要有半波整流电路和全波整流电路，桥式整流电路为典型的全波整流电路。

9.2.1 半波整流电路

半波整流电路如图 9-3（a）所示，图中变压器的输出电压 u_2 为正半周时，整流管 D 导通。若忽略整流管的导通压降，则半波整流电路的输入电压 u_2 和输出电压 u_L 的波形如图 9-3（b）所示。

假设变压器的输出电压为 $u_2 = \sqrt{2}U_2 \sin\omega t$，$U_2$ 为有效值，则输出电压 u_o（即负载 R_L 上的电压 u_L）表示为

$$u_o = u_L = \begin{cases} \sqrt{2}U_2 \sin\omega t & (0 \leqslant \omega t \leqslant \pi) \\ 0 & (\pi \leqslant \omega t \leqslant 2\pi) \end{cases} \tag{9-4}$$

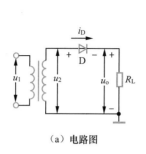 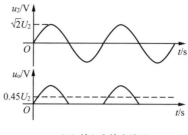

（a）电路图　　　　　　　（b）输入和输出波形

图 9-3　半波整流电路

根据周期信号平均值的计算方法，半波整流电路输出的电压平均值为

$$U_{o(AV)} = \frac{1}{2\pi}\int_0^\pi \sqrt{2}U_2 \sin\omega t \mathrm{d}\omega t = \frac{\sqrt{2}U_2}{\pi} \approx 0.45U_2 \qquad (9\text{-}5)$$

整流管应根据其最大整流电流 I_F 和最高反向工作电压 U_R 来选择。在图 9-3（a）所示的半波整流电路中，流过输出电阻 R_L 的平均整流电流为

$$I_{o(AV)} = \frac{U_{o(AV)}}{R_L} \approx 0.45 \times \frac{U_2}{R_L} \qquad (9\text{-}6)$$

整流管承受的最高反向电压为

$$U_{Rmax} = \sqrt{2}U_2 \qquad (9\text{-}7)$$

考虑到电网电压存在 ±10% 的波动，则选择整流管的极限参数为

$$\begin{cases} I_F > 1.1 \times \dfrac{0.45U_2}{R_L} \\ U_R > 1.1 \times \sqrt{2}U_2 \end{cases} \qquad (9\text{-}8)$$

半波整流电路的优点是电路结构简单，元件少，但输出电压平均值低且波形脉动大，变压器输出电压有半个周期为零，变压器的输入信号利用率低，因此其一般只应用于输出电流较小且允许交流分量较大的场合。

9.2.2　全波整流电路

针对半波整流利用率低的问题，在电路中使用两个整流管，在半周期内电流流过一个整流管，而在另外半周期内电流流经第二个整流管，并且使经两个整流管的电流以同一方向流过负载，即得到全波整流电路。典型的全波整流电路如图 9-4（a）所示。忽略整流管的导通压降，则半波整流电路的输入电压 u_2、输出电压 u_o 和流经两个二极管的电流波形如图 9-4（b）所示。

假设变压器的输出电压为 $u_2 = \sqrt{2}U_2 \sin\omega t$，$U_2$ 为有效值。若忽略整流管的导通压降，则输出电压 u_o（即负载 R_L 上的电压 u_L）可表示为

$$u_o = \left|\sqrt{2}U_2 \sin\omega t\right| \quad (0 \leqslant \omega t \leqslant 2\pi) \qquad (9\text{-}9)$$

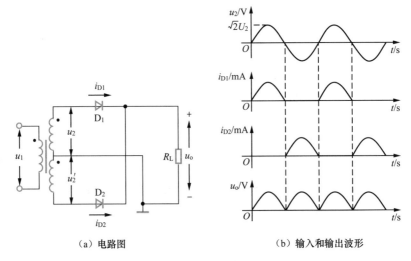

（a）电路图　　　　　　　　　　　　（b）输入和输出波形

图 9-4　全波整流电路

根据周期信号平均值的计算方法，全波整流电路输出的电压平均值为

$$U_{\text{o(AV)}} = \frac{1}{\pi}\int_0^{\pi}\sqrt{2}U_2\sin\omega t\text{d}\omega t = \frac{2\sqrt{2}U_2}{\pi} \approx 0.9U_2 \tag{9-10}$$

全波整流电路中流过输出电阻 R_{L} 的平均整流电流为

$$I_{\text{o(AV)}} = \frac{U_{\text{o(AV)}}}{R_{\text{L}}} \approx 0.9 \times \frac{U_2}{R_{\text{L}}} \tag{9-11}$$

全波整流电路中每只整流管只在半个周期内导通，则流过单个整流管的平均电流是输出电流的一半，即

$$I_{\text{o单(AV)}} = \frac{I_{\text{o(AV)}}}{2} \approx 0.45 \times \frac{U_2}{R_{\text{L}}} \tag{9-12}$$

在 u_2 的正半周，D_1 导通，D_2 截止，D_2 所承受的反向电压为 $2u_2$。类似地，在 u_2 的负半周，D_1 所承受的反向电压也为 $2u_2$。因此整流管所承受的最高反向电压为

$$U_{\text{Rmax}} = 2\sqrt{2}U_2 \tag{9-13}$$

考虑到电网电压存在 ±10% 的波动，则选择整流管的极限参数为

$$\begin{cases} I_{\text{F}} > 1.1 \times \dfrac{0.9U_2}{R_{\text{L}}} \\ U_{\text{R}} > 1.1 \times 2\sqrt{2}U_2 \end{cases} \tag{9-14}$$

需要注意的是，图 9-4（a）所示的全波整流电路本质上是两个半波整流电路结合而成的，变压器次级中心抽头为地电位，把交流电压正、负半周分成两部分。虽然每个时刻流过负载的电流并未增加，但交流电压的正、负半周上都有电流通过负载，其输出电压和输出电流平均值是半波整流的两倍，变压器的输入电压利用率提高了。但该形式的全波整流电路需要确保中心抽头两边的线圈对称，从而保证变压器输出均匀，因此制作起来较为复杂。

9.2.3 桥式整流电路

为了解决变压器中心抽头问题，可以采用桥式整流电路，如图 9-5（a）所示。它由四只整流管组成，构成原则是保证在变压器副边电压 u_2 的整个周期内，负载上的电压和电流方向始终保持不变。简化的桥式整流电路如图 9-5（b）所示。

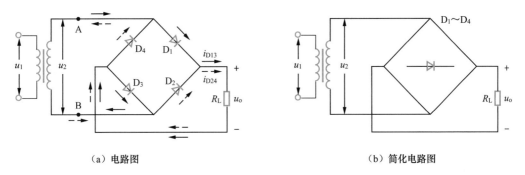

（a）电路图　　　　　　　　　　　　　　（b）简化电路图

图 9-5　桥式整流电路

假设变压器的输出电压为 $u_2 = \sqrt{2}U_2 \sin\omega t$，$U_2$ 为有效值。当 u_2 处于正半周时，电流由 A 点流出，经过整流管 D_1、负载电阻 R_L、整流管 D_3 流入 B 点，如图 9-5（a）中实线箭头所示，负载 R_L 上的电压 $u_L = u_o$，D_2 和 D_4 截止并承受反向电压 u_2；当 u_2 处于负半周时，电流由 B 点流出，经过整流管 D_2、负载电阻 R_L、整流管 D_4 流入 A 点，如图 9-5（a）中虚线箭头所示，负载 R_L 上的电压 $u_L = u_o$，D_1 和 D_3 截止并承受反向电压 u_2。

由此可见，在桥式整流电路中，D_1、D_3 和 D_2、D_4 交替导通，使负载 R_L 在 u_2 的全周期内都有电流流过且方向保持不变。因此输入 / 输出波形与图 9-4（b）所示全波整流波形相同，并且输出电压平均值 $U_{o(AV)}$、平均整流电流 $I_{o(AV)}$ 分别与式（9-10）、式（9-11）相同。桥式整流电路中使用了四只整流管，每两只整流管只在半个周期内导通，因此导通时的两只整流管的平均电流是输出平均电流的一半，即

$$I_{o导通(AV)} = \frac{I_{o(AV)}}{2} \approx 0.45 \times \frac{U_2}{R_L} \tag{9-15}$$

在截止时，两只整流管共同承担反向电压，因此每只整流管所承担的最大反向电压为 u_2 的最大值，即

$$U_{Rmax} = \sqrt{2}U_2 \tag{9-16}$$

考虑到电网电压存在 ±10% 的波动，因此桥式整流电路中选择整流管的极限参数为

$$\begin{cases} I_F > 1.1 \times \dfrac{0.45U_2}{R_L} \\ U_R > 1.1 \times \sqrt{2}U_2 \end{cases} \tag{9-17}$$

在纹波电压方面，首先对负载 R_L 上的电压 u_L（即输出电压 u_o）进行傅里叶分解，得到

$$u_o = \sqrt{2}U_2 \left(\frac{2}{\pi} - \frac{4}{3\pi}\cos 2\omega t - \frac{4}{15\pi}\cos 4\omega t - \frac{4}{35\pi}\cos 6\omega t \cdots \right) \tag{9-18}$$

则最低次谐波（2 次谐波）分量的幅值 $U_{L2} = \dfrac{4\sqrt{2}U_2}{3\pi}$，角频率为变压器输入交流余弦波信号频率的两倍，而其他谐波的角频率依次为 $4\omega, 6\omega \cdots$，这些谐波分量称为纹波。根据 9.1 节对纹波系数 K_r 的定义，可以得到图 9-5（a）所示的桥式整流电路输出的直流电压的纹波系数 K_r 为

$$K_r = \frac{U_{or}}{U_{o(AV)}} = \frac{\sqrt{U_{L2}^2 + U_{L4}^2 + \cdots}}{U_{o(AV)}} = \frac{\sqrt{U_2^2 - U_{o(AV)}^2}}{U_{o(AV)}} = \frac{\sqrt{U_2^2 - (0.9U_2)^2}}{0.9U_2} \approx 0.484 \qquad (9\text{-}19)$$

桥式整流电路的优点在于输出电压高，整流管承受的最大反向电压低，变压器输入的交流余弦波信号利用率高，因此该电路获得了广泛的应用。其主要缺点是所需的整流管数量多，但可以使用整流桥堆（即 4 个二极管桥接的集成器件）替代单独的整流管。

例 9-1　桥式整流电路如图 9-5（a）所示，已知变压器副边电压 u_2 的有效值 $U_2 = 30\ \text{V}$，负载电阻 $R_L = 50\ \Omega$，试分析下列问题。

① 输出电压与输出电流的平均值各为多少？

② 考虑电网电压存在 $\pm 10\%$ 的波动，整流管的最大平均整流电流 I_F 和最高反向工作电压 U_R 应选取为多少？

③ 若整流管 D_2 开路或者短路，分别产生什么现象？

解　① 输出电压平均值为

$$U_{o(AV)} = \frac{1}{\pi}\int_0^\pi \sqrt{2}U_2 \sin \omega t\, \mathrm{d}\omega t = \frac{2\sqrt{2}U_2}{\pi} \approx 0.9U_2 = 27\ \text{V}$$

输出电流平均值为

$$I_{o(AV)} = \frac{U_{o(AV)}}{R_L} \approx 0.9 \times \frac{U_2}{R_L} = 0.54\ \text{mA}$$

② 考虑电网电压存在 $\pm 10\%$ 的波动，桥式整流电路中整流管的最大平均整流电流 I_F 和最高反向工作电压 U_R 应分别选取为

$$I_F > 1.1 \times \frac{0.45U_2}{R_L} \approx 0.3\ \text{mA}$$

$$U_R > 1.1 \times \sqrt{2}U_2 \approx 46.7\ \text{V}$$

③ 若 D_2 开路，则 B 点→整流管 D_2→负载电阻 R_L→整流管 D_4→A 点的这条回路断开，电路只能实现半波整流。

若 D_2 短路，则 u_2 的正半周电压全部加载在整流管 D_1 上，D_1 将因为电流过大而烧坏，同时变压器也会因为线圈电流过大而烧坏。

9.3　滤波电路

整流电路的输出电压虽然是单极性的，但含有较大的交流成分。因此，在整流之后还需要加

入低通滤波电路，将脉动的直流电压转变为平滑的直流电压，减小纹波电压，提高直流电压源的性能。

电源电路中的低通滤波电路常采用无源滤波电路。如果利用理想低通滤波电路，则可以滤除所有交流成分并输出较大电流。但实际上不存在具有理想滤波特性的滤波电路，因此滤波后的输出依然有少量交流成分。实用的滤波电路包括电容滤波电路、电感滤波电路、复式滤波电路等。

9.3.1　电容滤波电路

电容滤波电路是直流电源中最常用、最简单的电路，如图 9-6（a）所示。从时域角度分析，它利用电容的充放电作用使输出电压趋于平滑。电路中的滤波电容 C 并联在整流电路的输出端（即与负载电阻并联），该电容值比较大，一般选用电解电容，应注意电解电容的正、负极。从频域角度分析，RC 电路构成模拟低通滤波器。

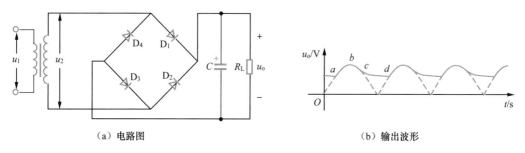

（a）电路图　　　　　　　　　　　　　　　　（b）输出波形

图 9-6　电容滤波电路

1. 滤波原理

无论变压器副边电压 u_2 处于正半周还是负半周，由于作用在电容 C 和负载 R_L 上的电压极性相同，因此统一采用 $|u_2|$ 进行分析。

① 若 $|u_2|$ 大于电容两端电压 u_C（$|u_2| > u_C$），电容 C 正向充电（u_2 正半周时 D_1 和 D_3 导通，u_2 负半周时 D_2 和 D_4 导通）。由于整流管通电阻 r_D 很小，因此充电回路时间常数 $\tau_{充电} = (2r_D // R_L)C$ 很小，电容充电速度很快，输出电压 u_o 跟随 u_2 的变化而变化，如图 9-6（b）中的 ab 段所示。

② 当 $|u_2|$ 达到峰值后开始下降，且 $|u_2| > u_C$ 时，仍然存在两个二极管导通（u_2 正半周时 D_1 和 D_3 导通，u_2 负半周时 D_2 和 D_4 导通），电容 C 通过负载电阻 R_L 和导通的二极管进行放电。由于二极管导通电阻很小，电容两端电压 u_C 下降速度很快，下降趋势与 u_2 的变化基本相同，如图 9-6（b）中的 bc 段所示。

③ 当 $|u_2| < u_C$ 时，u_C 的下降速度小于 $|u_2|$ 的下降速度，即 $u_C > |u_2|$ 会使四只整流管均反偏截止，电容 C 继续通过负载电阻 R_L 放电，u_C 以指数规律下降，放电回路时间常数为 $\tau_{放电} = R_L C$，如图 9-6（b）中的 cd 段所示。在放电到一定数值时，$|u_2|$ 增大，会再次满足 $|u_2| > u_C$，又会存在一对整流管导通（u_2 正半周时 D_1 和 D_3 导通，u_2 负半周时 D_2 和 D_4 导通），即重复上述过程。

通过以上分析可知，电容充电回路经过整流电路内阻，其值很小，因而时间常数很小；电容放电回路经过负载电阻 R_L，放电时间常数为 $R_L C$，一般远大于充电时间常数。滤波电路的性能取决于放电时间，电容越大，负载电阻越大，滤波输出电压越平滑。若滤波电容固定，负载电阻减小（负载电流增大）时，放电回路的时间常数减小，放电速度加快，纹波电压将增大，电源性能下降。

在实际工程中，放电回路时间常数通常为 $R_\text{L}C=(3\sim5)\dfrac{T}{2}$，其中 T 为 u_2 的周期。如我国市电

频率为 50 Hz，则 $T=\dfrac{1}{50\,\text{Hz}}=20\,\text{ms}$，此时输出电压的平均值为

$$U_\text{o(AV)}\approx1.2U_2 \tag{9-20}$$

当滤波电容 C 一定时，电路空载（即 $R_\text{L}=+\infty$）时，输出电压平均值为

$$U_\text{o(AV)}=\sqrt{2}U_2\approx1.4U_2 \tag{9-21}$$

当不存在滤波电容，即 $C=0$ 时，输出电压平均值为

$$U_\text{o(AV)}\approx0.9U_2 \tag{9-22}$$

考虑到电网电压存在 $\pm10\%$ 的波动，在选择滤波电容 C 时，应注意其耐压值 U_Cmax 应满足
波动最大时所需承受的电压，即

$$U_\text{Cmax}>1.1\sqrt{2}U_2\approx1.56U_2 \tag{9-23}$$

例 9-2　直流电源整流电容滤波电路如图 9-6（a）所示，已知输入交流电源的频率 $f=50$ Hz，
负载电阻 $R_\text{L}=200\,\Omega$，要求负载获得的电压 $U_\text{L}=36\,\text{V}$，请给出整流管和滤波电容的参数。

解　根据经验，放电回路时间常数满足 $R_\text{L}C=(3\sim5)\dfrac{T}{2}$ 时，输出电压的平均值为式（9-20），
由此可得

$$U_2=\frac{U_\text{o(AV)}}{1.2}=\frac{U_\text{L}}{1.2}=\frac{36\,\text{V}}{1.2}=30\ \text{V}$$

故整流管的最大平均整流电流 I_F 和最高反向工作电压 U_R 分别应选取为

$$I_\text{F}>1.1\times\frac{0.45U_2}{R_\text{L}}=1.1\times\frac{0.45\times30\,\text{V}}{200\,\Omega}\approx74.25\ \text{mA}$$

$$U_\text{R}>1.1\times\sqrt{2}U_2=1.1\times\sqrt{2}\times30\text{V}\approx46.7\ \text{V}$$

由于 $T=\dfrac{1}{50\,\text{Hz}}=20\,\text{ms}$，且 $R_\text{L}C=(3\sim5)\dfrac{T}{2}$，因此可以得到滤波电容的容量为

$$C=(3\sim5)\times\frac{T}{2R_\text{L}}=(3\sim5)\times\frac{20\,\text{ms}}{2\times200\,\Omega}=150\sim250\ \mu\text{F}$$

电容的耐压值为

$$U_\text{Cmax}>1.1\sqrt{2}U_2\approx46.7\ \text{V}$$

实际应用中可选取容量为 220 μF、耐压 50 V 的电容。

---

2. 整流二极管的导通角问题

在加入滤波电容之前，整流电路中的整流管均有半个周期处于导通状态，即整流管的导通角

$\theta = \pi$；而在加入滤波电容之后，只有当电容充电时整流管才导通，此时的整流管导通角 $\theta < \pi$。

　　电容越大，负载电阻越大，放电回路时间常数越大，滤波输出效果越好，但这会导致整流管的导通角变小，如图 9-7 所示。由于电容滤波后输出的平均电流值增大，较小的导通角会导致整流管在短时间内流过很大的冲击电流为电容充电，这严重影响整流管的寿命，因此必须选用最大平均整流电流 I_F 较大的整流管。

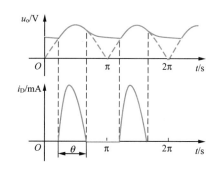

图 9-7　电容滤波电路中整流管的导通角

9.3.2　其他滤波电路

　　直流电源中还存在其他形式的滤波电路，如电感滤波电路、复式滤波电路等，下面定性介绍这两种电路。

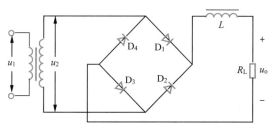

图 9-8　电感滤波电路

1. 电感滤波电路

　　电容滤波电路会使整流管的导通角较小，导致其冲击电流非常大，整流管的选取较为困难。针对这个问题可采用电感滤波的方式，即在整流电路与负载电阻之间串联一个电感线圈构成电感滤波电路，如图 9-8 所示。通常需要电感量足够大，一般采用具有铁芯的电感线圈。

　　电感滤波电路的机理是利用电感线圈中产生的感生电动势来阻止电流变化。当通过电感线圈的电流增大时，其感生电动势与电流方向相反，可阻止电流的增大，并将一部分电能转换成磁能存储在电感中；当通过电感线圈的电流减小时，其感生电动势与电流方向相同，释放出存储的能量，阻止电流的减小。利用电感滤波电路，不仅可以使负载电流和输出电压的脉动减小，波形平滑，还可以使整流管的导通角增大。

2. 复式滤波电路

　　单独使用电容或电感进行滤波时，其滤波效果可能不理想。考虑到电容、电感两种滤波元件对直流分量和交流分量的不同电抗特性，可合理地混合使用电容和电感两种滤波元件，即采用复式滤波电路。图 9-9（a）为 LC 滤波电路，图 9-9（b）为 π 型滤波电路，读者可自行分析其工作原理与性能。

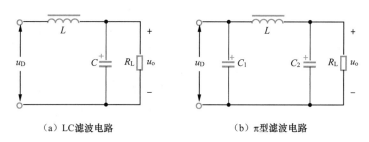

（a）LC滤波电路　　　　　　　　　（b）π型滤波电路

图 9-9　复式滤波电路

9.4 稳压电路

虽然整流、滤波电路能够将输入的交流电压转变成较为平滑的直流电压，但电网电压的波动和负载变化都会影响输出电压的平均值。具体来说，电网电压的波动会影响变压器副边电压的有效值，进而使输出电压的平均值产生波动；当负载电阻减小时，负载电流增大，流过整流、滤波电路内阻的电流也会增大，即内阻上的压降增大，导致输出电压的平均值减小。为了获得更为稳定的直流输出电压，需要采用稳压电路。

9.4.1 稳压管稳压电路

2.2.5 小节介绍了稳压二极管，它利用 PN 结的反向击穿特性，其反向电流在很大范围内变化时，PN 结两端电压几乎维持不变，从而起到稳压作用，简称为稳压管。利用稳压管 D_Z 和限流电阻 R 可以组成一种简单的稳压管稳压电路，如图 9-10（a）所示。

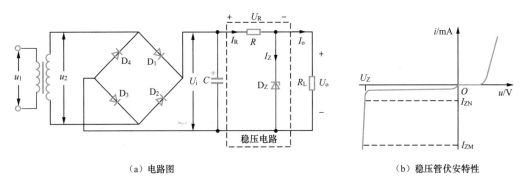

（a）电路图 （b）稳压管伏安特性

图 9-10 稳压管稳压电路及稳压管伏安特性

稳压管 D_Z 的主要参数指标包括稳定电压 U_Z、稳定电流 I_Z、动态电阻 r_Z、额定功率 P_{ZM}。根据图 9-10（a）所示的电路结构，可以得到稳压管稳压电路的基本关系为

$$U_i = U_R + U_Z = U_R + U_o \qquad (9\text{-}24)$$

$$I_R = I_Z + I_L = I_Z + I_o \qquad (9\text{-}25)$$

1. 工作原理

当电网电压升高时，稳压电路的输入电压 U_i 随之升高，输出电压 U_o 也会增大。由于稳压管两端电压等于输出电压，即 $U_Z = U_o$，因此 U_Z 也会增大。由图 9-10（b）所示的稳压管伏安特性可知，U_Z 的增大会使流过稳压管的电流 I_Z 急剧增大。由于存在式（9-25）所示的电流关系，则 I_R 也会随之急剧增大，从而导致电阻 R 两端电压 U_R 的增大。再由式（9-24）可知，U_R 的增大会使输出电压 U_o 减小。如果使输入电压 U_i 的变化量等于电阻 R 两端电压 U_R 的变化量，即 $\Delta U_i = \Delta U_R$，则可以确保输出电压 U_o 基本不变。上述稳压过程的定性分析可描述为

电网电压↑ ── U_i↑ ── U_o (U_Z)↑ ── I_Z↑ ──式（9-25）── I_R↑

U_o↓ ────式（9-24）──── U_R↑

当电网电压下降时，稳压过程的定性分析与上述过程相反。由此可见，稳压管稳压电路利用限流电阻 R 上的电压变化补偿了输入电压 U_i 的波动，从而使输出电压 U_o 基本保持不变。

当负载电阻 R_L 减小（负载电流 I_L 增大）时，根据式（9-25）所示的电流关系，I_R 会随之增大，导致电阻 R 两端的电压 U_R 增大。再根据式（9-24），U_R 的增大会使输出电压 U_o 减小，即稳压管两端电压 U_Z 减小。U_Z 的减小会使流过稳压管的电流 I_Z 急剧减小，导致 I_R 随之急剧减小。如果使流过稳压管电流 I_Z 的变化量大小等于负载电流 I_L 的变化量大小而方向相反，即 $\Delta I_Z = -\Delta I_L$，则 I_R 基本保持不变，即可以确保输出电压 U_o 基本不变。上述稳压过程的定性分析可描述为

负载电阻R_L↓ ── I_L↑ ──式（9-25）── I_R↑ ── U_R↑ ──式（9-24）── U_o (U_Z)↓

I_Z↓ ──式（9-25）── I_R↓ ── U_R↓ ──式（9-24）── U_o↑

当负载电阻 R_L 增大时，稳压过程的定性分析与上述过程相反。由此可见，稳压管稳压电路利用稳压管的电流变化补偿了负载电阻 R_L 的变化，从而使输出电压 U_o 基本保持不变。

综上所述，稳压管组成的稳压电路中，电路中限流电阻 R 必不可少：一方面用于限制稳压管的最大电流，防止电流过大烧坏稳压管；另一方面配合稳压管，达到稳定电压输出的目的。

2. 电路参数选择

根据稳压电路的指标要求（如 9.1 节所述，包括输出电压 U_o、输出电流 I_o 或输出功率 P_o、稳压系数 S_r、输出电阻 R_o 等），合理地选取稳压管、限流电阻等元件参数，是设计稳压管稳压电路的基础。在选择元件时，须已知输入电压 U_i 的波动范围、负载所需的输出电压 U_o、负载电流 I_L 的最小值 I_{Lmin} 和最大值 I_{Lmax}（或者根据负载电阻 R_L 的最大值 R_{Lmax} 和最小值 R_{Lmin} 确定 I_{Lmin} 和 I_{Lmax}）。

（1）稳压电路输入电压 U_i 的选择

一般来说，稳压电路的输入电压 U_i 应满足

$$U_i = (2 \sim 3) U_Z \qquad （9\text{-}26）$$

根据确定的 U_i 可继续选择整流、滤波电路元件的参数。

（2）稳压管的选择

稳压管所稳定的电压就是稳压管电路的输出电压，因此稳压管的稳压值可根据输出电压要求选择，即

$$U_Z = U_o \qquad （9\text{-}27）$$

当负载电流 I_L 变化时，流过稳压管的电流将产生与 I_L 大小相等、方向相反的变化，即 $\Delta I_Z = -\Delta I_L$，因此稳压管正常工作所允许的电流变化范围应大于负载电流的变化范围，即

$$I_{ZM} - I_{ZN} > I_{Lmax} - I_{Lmin} \qquad （9\text{-}28）$$

稳压管工作在反向击穿区，因此稳压管稳压工作的最小电流 I_{Zmin} 和最大电流 I_{Zmax} 均应在

$[I_{ZN} \sim I_{ZM}]$ 范围内，即满足

$$I_{Zmin} > I_{ZN}, \quad I_{Zmax} < I_{ZM} \tag{9-29}$$

（3）限流电阻的选择

若限流电阻 R 过大，则稳压管无法满足反向击穿条件，不能处于稳压工作状态；若限流电阻 R 过小，当输入电压增大时，U_i 的变化量等于 U_R 的变化量，此时限流电阻增大的电流来自于稳压管电流，则稳压管可能会因为电流过大而损坏。因此需要合理地选择限流电阻的阻值范围。

由式（9-25）可知

$$I_Z = I_R - I_o = \frac{U_i - U_o}{R} - I_o \tag{9-30}$$

电网电压最低且输出电流 I_o 最大（即负载电流 I_L 最大）时，稳压管电流 I_Z 最小，须满足

$$I_{Zmin} = \frac{U_{imin} - U_Z}{R} - I_{Lmax} > I_{ZN} \tag{9-31}$$

则限流电阻的上限值为

$$R_{max} = \frac{U_{imin} - U_Z}{I_Z + I_{Lmax}} \tag{9-32}$$

电网电压最高且输出电流 I_o 最小（即负载电流 I_L 最小）时，稳压管电流 I_Z 最大，有

$$I_{Zmax} = \frac{U_{imax} - U_Z}{R} - I_{Lmin} < I_{ZM} \tag{9-33}$$

则限流电阻的下限值为

$$R_{min} = \frac{U_{imax} - U_Z}{I_{ZM} + I_{Lmin}} \tag{9-34}$$

根据式（9-32）与式（9-34），限流电阻 R 的取值应满足

$$\frac{U_{imax} - U_Z}{I_{ZM} + I_{Lmin}} \leqslant R \leqslant \frac{U_{imin} - U_Z}{I_Z + I_{Lmax}} \tag{9-35}$$

9.4.2　串联反馈式线性稳压电路

稳压管稳压电路的输出电流较小，输出电压不可调，通常只适用于电压固定不变、负载电流较小的应用场合。为了适合更多应用场合，可以采用串联反馈式线性稳压电路。该电路以稳压管稳压电路为基础，利用三极管的电流线性放大作用，增大负载电流，因此称为线性稳压电路。电路引入深度电压负反馈，能稳定输出电压，并通过反馈网络参数调节输出电压的大小。

1. 基本调整管稳压电路

从提高输出电流的角度来说，可以将稳压管稳压电路的输出电流作为三极管基极电流，将三极管的发射极电流作为负载电流，构成图 9-11（a）所示电路。电路中引入了电压负反馈，能够稳定输出电压。图 9-11（b）是图 9-11（a）所示的基本调整管稳压电路的常见画法。

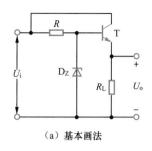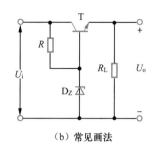

（a）基本画法　　　　　（b）常见画法

图 9-11　基本调整管稳压电路

　　基本调整管稳压电路的稳压原理如下。电网电压波动引起 U_i 增大或负载电阻 R_L 增大时，会使三极管 T 的发射极电位 U_E（即输出电压 U_o）提高。由于稳压管 D_Z 两端的电压基本不变，即 T 的基极电位 U_B 不变，因此加载在发射结上的电压 $U_{BE} = U_B - U_E$ 会减小，使 I_B 和 I_C 均减小，进而输出电压 U_o 保持不变。类似地，电网电压波动引起 U_i 减小或负载电阻 R_L 减小时，同样可以保持输出电压 U_o 不变。三极管 T 的调节作用使 $U_o = U_Z - U_{BE}$ 保持稳定，因此 T 也称为调整管。图 9-11 中 T 的基极电流变化量为 $(I_{Zmax} - I_{Zmin})$，因此负载 R_L 上的电流变化量为 $(1 + \bar{\beta})(I_{Zmax} - I_{Zmin})$，即扩展了负载电流的调节范围。

　　注意：基本调整管稳压电路中的调整管必须工作在放大状态才能起到调整作用，因此电路应满足 $U_i \geqslant U_o - U_{CES}$。由于调整管工作在线性区，且与负载串联，因此基本调整管稳压电路也称为串联型线性稳压电路。

2. 串联反馈式稳压电路

（1）电路组成与原理

　　为了进一步提高输出电压的可调范围及输出电压的稳定性，可在图 9-11 电路中引入比较放大环节，其基本原理框图如图 9-12（a）所示。

串联反馈式稳压电路

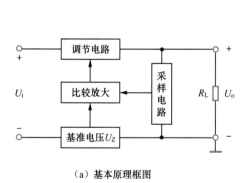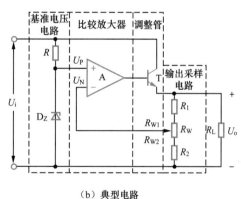

（a）基本原理框图　　　　　（b）典型电路

图 9-12　串联反馈式稳压电路

　　串联反馈式稳压电路的典型电路如图 9-12（b）所示，由基准电压电路、调整管 T、比较放大器 A、输出采样电路四部分构成。比较放大器同相端的输入电压为基准电压，反相输入端为采样电路的输出电压，采样值可通过输出采样电路进行调节。为了增大输出电流，在运放输出端加调整管并保持射极输出形式。

串联反馈式稳压电路的稳压原理如下。当电网电压波动或负载电阻变化造成输出电压 U_o 升高（或降低）时，输出采样电路将这一变化反馈回比较放大器 A 的反相输入端，使反相输入端的电压 U_N 升高（或降低）。由于同相输入端电位 $U_P = U_Z$ 保持不变，通过比较放大器 A 的放大，调整管 T 的基极电位 U_B 降低（或升高）。由于调整管电路采用射极输出形式，则输出电压 U_o 必然随 U_B 的降低（或升高）而降低（或升高），最终使输出电压 U_o 稳定。整个过程可简述为

电网电压↑ 负载R_L↓ } → U_o↑ → U_N↑ → U_B↓ → U_o↓   电网电压↓ 负载R_L↑ } → U_o↓ → U_N↓ → U_B↑ → U_o↑

从反馈角度看图 9-12（b）所示电路，该电路属于电压串联负反馈稳压电路，电压负反馈可以稳定输出电压，电压增益越大，负反馈越深，输出电压稳定性越好。

（2）稳压电路输出电压分析

利用运放工作在线性状态的"虚短"特性，有

$$U_N = U_P = U_Z \tag{9-36}$$

其中 U_Z 即稳压管 D_Z 的稳定电压。

根据运放的"虚断"特性，运放同相输入端和反相输入端的电流均为零，有

$$\frac{U_N}{R_2 + R_{W2}} = \frac{U_o}{R_1 + R_W + R_2} \tag{9-37}$$

因此输出电压 U_o 与稳压管稳定电压 U_Z 之间的关系为

$$U_o = \left(1 + \frac{R_1 + R_{W1}}{R_2 + R_{W2}}\right)U_Z \tag{9-38}$$

由此可见，图 9-12（b）所示电路的输出电压 U_o 仅与基准电压 U_Z 有关，与负载 R_L 和输入电压 U_i 的变化无关，因此输出稳定。

改变采样电路中电位器 R_W 滑动端的位置可以调节输出电压的大小。当 R_W 滑动端处于下端（$R_{W1} = R_W$，$R_{W2} = 0$）时，输出电压 U_o 最大；当 R_W 滑动端处于上端（$R_{W1} = 0$，$R_{W2} = R_W$）时，输出电压 U_o 最小。故输出电压 U_o 的取值范围为

$$\left(1 + \frac{R_1}{R_2 + R_W}\right)U_Z \leqslant U_o \leqslant \left(1 + \frac{R_1 + R_W}{R_2}\right)U_Z \tag{9-39}$$

（3）调整管 T 的极限参数

调整管 T 是串联反馈式稳压电路的核心元件，它需要处于安全工作条件之下。调整管一般为大功率管，选取原则与功放电路中的功放管基本相同，主要考虑它的极限参数 I_{CM}、$U_{BR,CEO}$ 和 P_{CM}。此外，确定调整管的极限参数时，也要考虑电网电压波动、输出电压调节范围和负载电流变化对它们的影响。

由于调整管 T 与负载电阻 R_L 串联，在忽略采样电路的分流作用时，流过调整管的电流近似等于负载电流，因而调整管的集电极最大允许电流应大于最大负载电流，即

$$I_{CM} > I_{omax} \tag{9-40}$$

由于电网电压波动会导致稳压电路输入电压产生变化，输出电压又具备一定的可调范围，因此调整管在稳压电路输入电压最高且输出电压最低时管压降 U_{CE} 最大。这个管压降的最大值 U_{CEmax} 应小于调整管的反向击穿电压，即

$$U_{CEmax} = U_{imax} - U_{omin} < U_{BR,CEO} \qquad (9\text{-}41)$$

当调整管管压降最大且负载电流也最大时，调整管的功耗最大，这一功耗应小于集电极最大允许耗散功率功耗，即

$$P_{Cmax} \approx U_{CEmax} I_{omax} < P_{CM} \qquad (9\text{-}42)$$

9.4.3　集成稳压器

上述使用分立元件组成的稳压电源具有输出功率大、适应范围较广的优点，但因体积大、焊点多、可靠性差，其应用范围受到限制。随着集成电路技术的发展，集成稳压器应运而生。集成稳压器又称为集成稳压电路，可将脉动的直流电压转换成稳定的直流电压。

集成稳压器按出线端子多少和使用情况大致可分为三端固定式、三端可调式、多端可调式及单片开关式等。前三种方式的原理与线性稳压电路原理类似，而单片开关式集成稳压器属于开关稳压电路，将在 9.5 节中介绍。

三端固定式集成稳压器将采样电路、补偿电容、保护电路、大功率调整管集成在同一芯片上，集成电路模块只有输入端、输出端和公共端。它应用广泛，但缺点是输出电压固定，因此必须生产各种输出电压、电流规格的系列产品。三端可调式集成稳压器只需外接两只电阻即可获得各种输出电压。多端可调式集成稳压器是早期集成稳压器产品，其输出功率小，引出端多，使用不方便，但精度高，价格便宜，如 CW3085、CW1511 等。

1. 三端固定式集成稳压器

三端固定式集成稳压器的输出电压固定，W7800 系列集成稳压器是常用的固定正输出电压的集成稳压器，W7900 系列集成稳压器是常用的固定负输出电压的集成稳压器。以 W7800 为例，其典型封装和电路符号如图 9-13 所示（W7900 的封装和电路符号与其类似）。集成稳压器的输出驱动电流包括 1.5A（W7800 和 W7900 系列）、0.5A（W78M00 和 W79M00 系列）和 0.1A（W78L00 和 W79L00 系列）。

（a）金属封装　　　　（b）塑料封装　　　　（c）电路符号

图 9-13　W7800 的典型封装与电路符号

常用的 W7800 与 W7900 型号与对应的输出电压如表 9-1 所示。

表 9-1　W7800 与 W7900 系列的型号与输出电压

W7800 系列		W7900 系列	
型号	输出电压	型号	输出电压
W7805	+5V	W7905	−5V
W7806	+6V	W7906	−6V
W7808	+8V	W7908	−8V
W7809	+9V	W7909	−9V
W7810	+10V	W7910	−10V
W7812	+12V	W7912	−12V
W7815	+15V	W7915	−15V
W7818	+18V	W7918	−18V
W7824	+24V	W7924	−24V

　　三端固定式集成稳压器的基本应用电路如图 9-14（a）所示，输出电压和最大输出电流由所选的稳压器所确定。电路图中的输入端电容 C_i 较小，一般小于 1 μF，用于抵消输入线较长时的电感效应，防止电路产生自激振荡；输出端电容 C_o 用于消除输出电压中的高频噪声。电容容量根据所需输出电流的脉动性进行选择，例如，选择几微法电容可输出较大的脉冲电流。但当 C_o 容量较大时，若输入端断开，C_o 将从稳压器输出端向稳压器放电，从而损坏稳压器。因此在实用的三端稳压器电路中，通常在稳压器输入端和输出端之间连接一个二极管，实现对稳压器的保护。

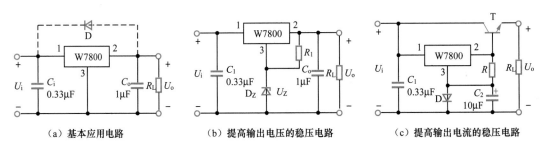

（a）基本应用电路　　　　（b）提高输出电压的稳压电路　　　　（c）提高输出电流的稳压电路

图 9-14　三端固定式集成稳压器的应用电路

　　图 9-14(a)所示电路的输出电压 U_{23} 只能是所选稳压器对应的固定输出电压，如表 2-1 所示。如果希望得到的输出电压高于集成稳压器的固定输出电压，则可采用图 9-14（b）所示的提高输出电压的稳压电路。若电路中稳压二极管 D_Z 的稳定电压为 U_Z，则电路的输出电压 U_o 为

$$U_o = U_{23} + U_Z \tag{9-43}$$

　　使用图 9-14（a）和图 9-14（b）所示电路时，W7800 的输出电流最大为 1.5A。若要提高输出电流，可采用图 9-14（c）所示的外接电路方法来实现。若 W7800 的输出电压为 U_{23}，则图 9-14（c）所示电路的输出电压 $U_o = U_{23} + U_D - U_{BE}$。理想情况下认为 $U_D \approx U_{BE}$，则 $U_o \approx U_{23}$，即二极管 D 消除了 T 发射结电压 U_{BE} 对输出电压 U_o 的影响。若 W7800 的最大输出电流为 I_{omax}，则 T 基极最大电流 $I_{Bmax} = I_{omax} - I_R$，其中 I_R 表示流过电阻 R 的电流。故流过负载 R_L 的最大电流为

$$I_{\text{Lmax}} = (1 + \overline{\beta})(I_{\text{omax}} - I_{\text{R}}) \tag{9-44}$$

例 9-3 W7805 实用电路如图 9-15 所示，分析输出电压 U_o 的可调范围。

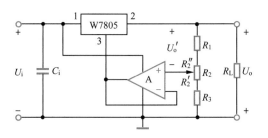

图 9-15　W7805 实用电路

解　图 9-15 所示电路的运放 A 引入了负反馈，工作在线性状态，故运放同相端电压 U_P 与反向端电压 U_N 相等，即 $U_\text{P} = U_\text{N}$。因此图中 U_o' 为

$$U_\text{o}' = U_2 - U_\text{P} = U_2 - U_\text{N} = U_2 - U_3 = U_{23}$$

即 U_o' 为 W7805 的输出电压，大小为 5V。根据 R_1、R_2 和 R_3 组成的分压电路可以得到输出电压 U_o 为

$$U_\text{o} = \left(1 + \frac{R_3 + R_2'}{R_1 + R_2''}\right)U_\text{o}'$$

当电位器 R_2 的滑动端处于下端（即 $R_2' = 0$，$R_2'' = R_2$）时，输出电压最小；而滑动端处于上端（即 $R_2' = R_2$，$R_2'' = 0$）时，输出电压最大。故输出电压 U_o 的可调范围为

$$\left(1 + \frac{R_3}{R_1 + R_2}\right)U_{23} \leqslant U_\text{o} \leqslant \left(1 + \frac{R_3 + R_2}{R_1}\right)U_{23}$$

2. 三端可调式集成稳压器

三端可调式集成稳压器的封装与电路符号与三端固定式集成稳压器类似。常用的三端可调式集成稳压器有 W117、W137 等，其中 W117 是三端可调正输出集成稳压器，W137 是三端可调负输出集成稳压器。利用 W117 设计的稳压电路实例如图 9-16 所示。

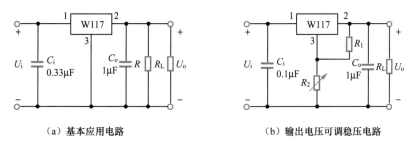

（a）基本应用电路　　　　　　　　（b）输出电压可调稳压电路

图 9-16　W117 典型应用电路

图 9-16（a）为基本应用电路，W117 的输出电压为 $U_o = 1.25\text{V}$，最大输出电流可达到 $I_{omax} = 1.5\text{A}$。电路中 R 为泄放电阻，W117 的最小负载电流 $I_{Lmin} = 5\text{mA}$，可以求得泄放电阻 R 的最大值，即 $R_{max} = \dfrac{U_{omax}}{I_{Lmax}} = \dfrac{1.25\text{V}}{5\text{mA}} = 250\ \Omega$。

为了使输出电压可调，可采取图 9-16（b）所示电路。假设流过电阻 R_1 的电流为 I_{R1}，流过电位器 R_2 的电流为 I_{R2}，W117 的 3 端电流为 I_3，则根据节点电流定律，存在

$$I_{R2} = I_{R1} + I_3 \tag{9-45}$$

R_1 上的电压为 W117 的输出电压 U_{23}，$I_{R1} = \dfrac{U_{23}}{R_1}$，故电路的输出电压 U_o 等于电阻 R_1 和电位器 R_2 上的电压之和，即

$$U_o = U_{23} + \left(\dfrac{U_{23}}{R_1} + I_3 \right) R_2 \tag{9-46}$$

整理得到

$$U_o = \left(1 + \dfrac{R_2}{R_1} \right) U_{23} + I_3 R_2 \tag{9-47}$$

由于 W117 的 3 端电流 I_3 很小，式（9-47）中的 $I_3 R_2$ 可以忽略不计，因此式（9-47）可近似为

$$U_o \approx \left(1 + \dfrac{R_2}{R_1} \right) U_{23} \tag{9-48}$$

其中 U_{23} 表示 W117 的输出电压，即 1.25 V，也可以称其为基准电压。

9.5 开关稳压电路

前述直流稳压电路均是线性电路，具有结构简单、调节方便、输出电压稳定性强、纹波电压小等优点。但它们本质上以功率消耗为代价实现电压调节与稳压，整流器、线性稳压器电路和变压器中会存在额外压降，因此线性电路输入端必须提供足够的电压与功率。此外，电路中的调整管始终工作在放大状态，自身功耗较大，效率较低。在最恶劣情况下，线性电路可能以热能方式耗散与负载消耗功率相等的功率。在高输入电压条件下，因散热而损失的功率甚至可以达到负载的两倍。因此，线性电路需要安装散热器，以解决调整管散热问题，这就导致了线性电路体积和重量大、成本高。

开关稳压电路（Switch Mode Power Supply，SMPS）是 20 世纪 60 年代发展起来的，具有体积小、效率高的特点，其效率可达 75% ～ 90%，并且可以省去变压器和散热器，体积和重量都大为减小。其缺点主要是存在较为严重的开关干扰，产生的交流电压和电流通过元件时会产生尖峰干扰。

开关稳压电路的基本结构框图如图 9-17（a）所示。其基本工作原理是将经过整流、滤波电路得到的直流电压通过功率开关管（简称开关管）变换为矩形波电压，而后将矩形波电压通过储能电路转换为平滑的直流电压，如图 9-17（b）所示。电路中的控制电路控制开关管的开关频率（即导通时间 T_{on} 与关断时间 T_{off} 的比例，可用占空比 $\delta = \dfrac{T_{\mathrm{on}}}{T}$ 描述）。开关管导通时电压小，截止时电流小，因此其自身功耗小。将开关管、电感和电容等储能元件连在一起，控制能量从输入端传送到输出端，实现所需的输出电压和电流。

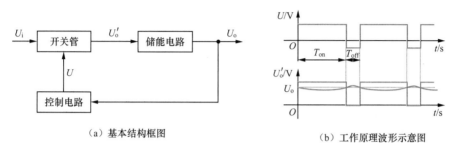

（a）基本结构框图　　　　　　　　（b）工作原理波形示意图

图 9-17　开关稳压电路

假设开关稳压电路采用理想开关管，则图 9-17（a）中的输入电压 U_{i} 与输出电压 U_{o} 之间的关系为

$$U_{\mathrm{o}} = \frac{1}{T}\int_{0}^{T_{\mathrm{on}}} U_{\mathrm{i}}\mathrm{d}t = \frac{T_{\mathrm{on}}}{T}U_{\mathrm{I}} = \delta U_{\mathrm{i}} \tag{9-49}$$

由此可见，若稳压电路的输入电压 U_{i} 发生变化，只要适当改变 U_{o}' 的脉冲占空比 δ，就可以保持输出电压 U_{o} 的稳定。控制占空比 δ 的方式包括：①脉冲宽度调制（Pulse Width Modulation，PWM）方式，即保持开关管周期 T 不变，改变导通时间 T_{on}；②脉冲频率调制（Pulse Frequency Modulation，PFM）方式，即保持 T_{on}（或 T_{off}）不变，改变开关管周期 T；③脉宽频率混合调制方式，即同时调整 T_{on}（或 T_{off}）和开关管周期 T。

除上述按照控制方式进行分类外，开关稳压电路还可以按照开关管与负载的连接方式分为串联型和并联型，按照开关管是否参与振荡分为自激励式和他激励式。本节主要介绍串联型和并联型，即串联开关稳压电路和并联开关稳压电路。

9.5.1　串联开关稳压电路

串联开关稳压电路如图 9-18（a）所示，包括开关管 T 及开关驱动电路（电压比较器 A_2）、采样电路 R_1 和 R_2、三角波发生电路、基准电压电路、比较放大电路 A_1、滤波电路（电感 L、电容 C 和续流二极管 D）。其中，采样电路、比较放大电路、基准电压电路的功能与串联反馈式线性稳压电路中的相应模块功能类似。续流二极管 D 配合电感负载使用，防止电感两端电压突变对电路元件的破坏。

由于开关管 T 和储能电感 L 串联在输入电压和负载之间，因此称之为串联型。由于其输出电压 U_{o} 总是小于输入电压 U_{i}，因此也称之为降压型稳压电路。

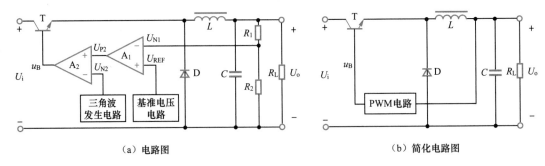

（a）电路图　　　　　　　　　　（b）简化电路图

图 9-18　串联开关稳压电路

基准电压电路输出稳定的参考电压 U_{REF}，与输入 A_1 反相端的采样电压 U_{N1} 进行比较放大后，其输出结果送入比较器 A_2 的同相端 U_{P2}，作为阈值电压与三角波发生电路的输出电压进行比较，得到控制信号 u_B，控制开关管 T"导通"或"截止"。

串联开关稳压电路的稳压原理如下。当电网电压波动或负载电阻变化造成输出电压 U_o 增大（或减小）时，输出采样电路获得的采样电压 U_{N1} 同时增大（或减小），并作用于比较放大器 A_1 的反相端，使 A_1 输出电压减小（或增大），即 U_{P2} 减小（或增大）。经过电压比较器 A_2，开关管 T 的基极控制电压 u_B 的占空比 δ 变小（或变大），则输出电压 U_o 随之减小（或增大）。整个过程可简述为

$$\left.\begin{array}{l}\text{电网电压}\uparrow\\\text{负载}R_L\downarrow\end{array}\right\}\longrightarrow U_o\uparrow\longrightarrow U_{N1}\uparrow\longrightarrow U_{P2}\downarrow\longrightarrow\delta\downarrow \qquad \left.\begin{array}{l}\text{电网电压}\uparrow\\\text{负载}R_L\downarrow\end{array}\right\}\longrightarrow U_o\downarrow\longrightarrow U_{N1}\downarrow\longrightarrow U_{P2}\uparrow\longrightarrow\delta\uparrow$$
$$U_o\downarrow \qquad\qquad\qquad\qquad\qquad\qquad\qquad\qquad\qquad U_o\uparrow$$

根据稳压原理可知，电路在保持开关周期不变的情况下，通过调整控制电压 u_B 改变开关管 T 的状态，从而调节脉冲占空比 δ 实现稳压，因此该电路也称为脉冲宽度调制型开关稳压电路，其简化电路图如图 9-18（b）所示。

请注意，由于负载电阻 R_L 的变化会影响 LC 滤波电路的滤波性能，因此图 9-18 所示电路不适用于负载变化较大的应用场合。

9.5.2　并联开关稳压电路

并联开关稳压电路中的开关管与负载并联，可将输入的直流电压经稳压电路转换成大于输入电压的稳定输出，也称为升压型稳压电路，其简化电路图如图 9-19 所示。

图 9-19 中开关管 T 的工作状态（导通或截止）受 u_B 控制。将 PWM 电路和开关管 T 等效成电子开关，二极管 D 采用理想模型，可得到图 9-20 所示的并联开关稳压电路的等效电路。当 u_B 为高电

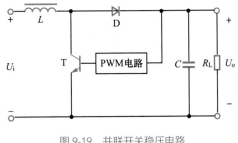

图 9-19　并联开关稳压电路

平时，T 饱和导通，U_i 通过 T 给电感 L 充电，充电电流几乎线性增大，二极管 D 因承受反向电压而截止，滤波电容 C 向负载放电，等效电路如图 9-20（a）所示；当 u_B 为低电平时，T 截止，电感 L 将产生阻止电流变化的感生电动势，其方向与 U_i 方向相同，使二极管 D 导通并给电容 C

充电，等效电路如图 9-20（b）所示。

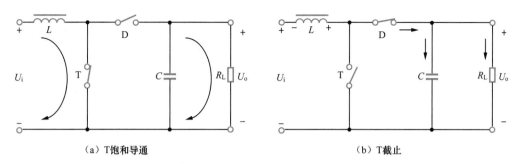

（a）T饱和导通　　　　　　　　　　　　　　　（b）T截止

图 9-20　并联开关稳压电路的等效电路

并联开关稳压电路的稳压工作原理类似于串联开关稳压电路，故分析略去。

9.6　直流稳压电源的故障检测

直流稳压电源是电子电路的重要组成部分，无论是在工业电子产品还是民用电子产品中，一般都采用直流稳压电源为其电子电路供电。稳压电源的性能直接关系到整个电子电路性能的好坏，而直流稳压电源的故障分析与检测需要从其组成部分逐一入手。

电源变压器用于将电网输入的较大的交流电压变为较小的交流电压，常见的故障包括绝缘降低和线圈短路、断路等情况。绝缘降低是变压器在工作过程中常出现的一种状况，其本质是绝缘电阻值的下降使变压器电流增加，发热严重，温度的升高使绝缘层进一步老化，形成恶性循环。原边线圈部分短路会使输出电压降低，副边线圈部分短路会使输出电压升高，严重短路时会使变压器发热甚至烧坏。短路故障可以利用万用表电压挡测量，而原边线圈或者副边线圈断路会使电路没有输出电压。

整流电路用于将交变的电压或电流转换为单极性脉动的直流电压或者电流。电路中整流管参数的选择主要考虑最大平均整流电流和最高反向工作电压。为了电路实际工作安全，所选参数要大于额定数值。桥式整流电路中的常见故障有整流管虚焊、焊反、短路等情况，如本章例 9-1 所示。如果某个整流管虚焊、断路，电路则变成半波整流电路，用示波器检查时会得到半个周期的输出电压波形；如果某个整流管焊反，会造成短路故障，此时电流很大，整流管和变压器都可能烧毁。

滤波电路用于将脉动的直流电压转变为平滑的直流电压，通常采用电容或电感实现。电容滤波电路常见的故障有击穿、开路、容量减小等情况，可以用万用表欧姆挡判断电容器的击穿或开路故障。当滤波电容被击穿造成短路时，会引起整流二极管和变压器烧坏；当滤波电容开路或者容量减小时，输出电压会减小很多，使负载输入电压偏低，不能正常工作。

稳压电路用于使输出电压不随电网波动或负载变化而变化。对于稳压管稳压电路来说，常见故障是稳压管被热击穿或者限流电阻选择不合适。稳压管热击穿后变为短路状态，由于存在限流电阻，不会烧毁电路，但是不能实现稳压功能；限流电阻选择不合适会使电路输出电压波动较大，影响稳压电路质量。

集成稳压器是更为可靠的器件，应用更为广泛。集成稳压器发生故障时，表现为输出错误电压、较大的纹波和噪声，以及振荡输出和漂移，可以使用示波器检测稳压器电路故障。如果输出电压太低，则需要检查输入电压和负载电阻；如果输出有纹波或噪声，则需要检查电容是否断路（或电容选择是否错误、极性是否正确）；如果输出出现振荡、很大的纹波或漂移，则需要检查稳压器是否过热、输出电流是否超过额定电流。

总而言之，直流稳压电源的故障分析与诊断是一项系统工程，需要在理解其工作原理的基础上，根据故障现象分析电源工作电路，判断故障原因，寻找故障环节，检查并修复元件，实现稳压电源的正常工作。

本章小结

本章介绍了直流稳压电源的组成和技术指标，详细阐述了整流电路、滤波电路、稳压管稳压电路、串联反馈式线性稳压电路的工作原理，解释了如何通过参数计算合理地选择电路中的各个元件，简要介绍了典型的集成稳压器、开关稳压电路的工作原理，具体内容如下。

1. 直流稳压电源的组成与参数

直流稳压电源由整流电路、滤波电路和稳压电路等组成。整流电路用于将交流电压转换成单极性脉动的直流电压；滤波电路可减小直流电压的脉动；稳压电路能够在电网电压波动或负载变化的情况下确保输出电压保持不变。

直流稳压电源的指标参数包括两类，分别为特性指标（输出电压、输出电流或输出功率、输出电压范围）和质量指标（稳压系数、输出电阻、纹波电压）。

2. 整流电路

整流电路有半波整流电路和全波整流电路，而最常用的是桥式整流电路。分析整流电路时，应首先在变压器副边电压正负半周情况下判断整流管导通或截止的工作状态，得到负载两端电压和电流波形；然后求出输出电压的平均值、输出电流的平均值、整流管的最大平均整流电流和最高反向工作电压。

3. 滤波电路

滤波电路包括电容滤波电路、电感滤波电路、复式滤波电路，本章重点介绍了电容滤波电路。在实际工程中，当 $R_LC=(3\sim5)\dfrac{T}{2}$ 时，电容滤波电路的输出电压约为 $1.2U_2$。对于大电流负载的应用，应采用电感滤波电路；对滤波效果要求较高时，可采用复式滤波电路。

4. 稳压电路

基本的稳压电路是采用稳压管实现的，但该电路的输出电压不可调，仅适用于负载电流较小、变化范围也较小的应用场景。电路依靠稳压管的电流调节作用和限流电阻的补偿作用，使输出电压稳定。

实用的稳压电路按照调整管的工作状态可分为线性稳压电路和开关稳压电路。线性稳压电路由调整管、基准电压电路、输出采样电路、比较放大器组成，电路中引入了深度负反馈，以稳定输出电压。典型的集成线性稳压器包括三端固定式（如 W7800 和 W7900 系列）和三端可调式（如 W117 和 W137），三个端子分别为输入端、输出端、公共端（或调整端）。

开关稳压电路中的调整管工作在开关状态，因此调整管也称为开关管。开关管导通时电压小，截止时电流小，因此其自身功耗小，电路效率高。但开关稳压电路存在较大的开关干扰，产生的交流电压和电流通过元件时会产生尖峰干扰。按照开关管与负载的连接方式，开关稳压电路可分为串联开关稳压电路和并联开关稳压电路，其中串联开关稳压电路是降压型稳压电路，并联开关稳压电路是升压型稳压电路。开关稳压电路采用脉冲宽度调制在输出频率不变的情况下控制开关管的状态，通过电压反馈调整 PWM 的占空比，从而达到稳定输出电压的目的。

📝 习题

9.1 桥式整流电路如图 9-21 所示，假设电路中的二极管出现以下情况：

（1）D_1 因虚焊而开路；

（2）D_2 因误接造成短路；

（3）D_2 极性接反；

（4）D_1、D_2 极性都接反；

（5）D_1 开路，D_2 短路。

请分析电路会出现什么问题。

9.2 桥式整流滤波电路如图 9-22 所示，已知$u_2 = 20\sqrt{2}\sin\omega t(\mathrm{V})$。

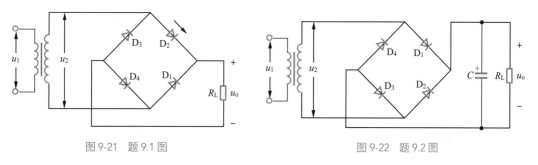

图 9-21 题 9.1 图　　　　　　　　　　图 9-22 题 9.2 图

（1）若电容 C 因虚焊而未接入电路，则输出直流电压的平均值 $U_{\mathrm{o(AV)}}$ 是多少？

（2）若电路中负载 R_L 开路，则输出直流电压的平均值 $U_{\mathrm{o(AV)}}$ 是多少？

（3）若负载 $R_L = 100\,\Omega$，试计算整流二极管的最大平均整流电流 I_F 和最高反向击穿电压 U_R。

（4）若电网频率$f = 50\,\mathrm{Hz}$，负载 $R_L = 100\,\Omega$，试确定滤波电容的参数。

9.3 分别判断图 9-23 所示的各个电路能否作为滤波电路，并简述理由。

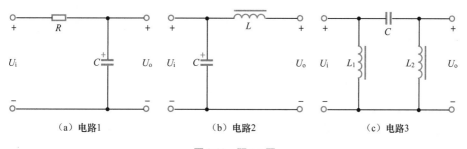

（a）电路1　　　　　　　（b）电路2　　　　　　　（c）电路3

图 9-23 题 9.3 图

9.4 稳压管稳压电路如图 9-24 所示。已知 $U_i = 20\,\mathrm{V}$，变化范围为（$20 \pm 20\%$）V，稳压管 D_Z 的稳定电压 $U_Z = 10\,\mathrm{V}$，电流范围 I_Z 为 $10 \sim 60\,\mathrm{mA}$，负载电阻 R_L 的变化范围为 $1 \sim 2\,\mathrm{k}\Omega$。

（1）确定限流电阻 R 的取值范围。

（2）若已知稳压管 D_Z 的等效电阻 $r_Z = 10 \, \Omega$，估算电路的稳压系数 S_r 和输出电阻。

9.5　电路如图 9-25 所示，已知 $U_i = 18V$，滤波电容 $C = 1000 \, \mu F$，稳压管 D_Z 的稳定电压 $U_Z = 6 \, V$，$R = R_L = 1 \, k\Omega$。

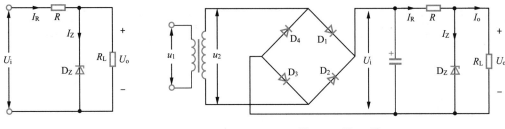

图 9-4　题 9.4 图　　　　　　　　　　　图 9-25　题 9.5 图

（1）电路中稳压管 D_Z 接反或限流电阻 R 短路时，会发生什么现象？

（2）求电路中变压器副边电压有效值 U_2 和电路输出电压 U_o。

（3）假设 u_1 为正弦波，当滤波电容 C 断开时，请画出 u_i 和 u_o 的波形示意图。

9.6　使用运放构成的串联型稳压电路如图 9-26 所示，试分析以下问题。

（1）若测得 $U_i = 24V$，则变压器副边电压的有效值 U_2 为多少？

（2）若已知 $U_2 = 15V$，整流桥中某个二极管因虚焊而开路，并且滤波电容 C_1 也开路，则 U_i 为多少？

（3）若 $U_i = 30V$，稳压管 D_Z 的稳定电压 $U_Z = 6V$，电路中 $R_1 = 2 \, k\Omega$，$R_2 = R_3 = 1 \, k\Omega$，则输出电压 U_o 的范围为多少？

（4）在（3）的条件下，若 R_L 的变化范围为 $100 \sim 300 \, \Omega$，限流电阻 $R = 400 \, \Omega$，则晶体三极管 T_1 何时功耗最大？相应的最大功耗值是多少？

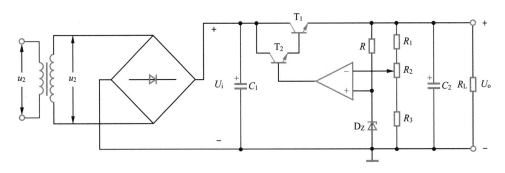

图 9-26　题 9.6 图

9.7　直流稳压电路如图 9-27 所示，若变压器副边电压有效值 $U_2 = 15V$，三端稳压器为 W7812，试分析下列问题。

（1）整流电路输出电压的平均值 $U_{o(AV)}$ 约为多少？每只整流管的最大反向击穿电压 U_{Rmax} 为多少？

（2）W7812 中调整管承受的电压约为多少？若负载电流 $I_L = 100 \, mA$，则 W7812 的功耗为多少？

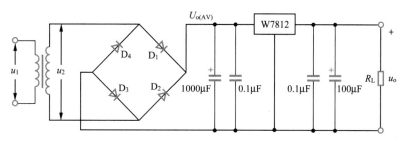

图 9-27 题 9.7 图

9.8 使用三端可调式集成稳压器 W117 构成图 9-28 所示的稳压电路。已知 W117 调整端电流 $I_W = 50\ \mu A$，输出端 2 和调整端 3 间的基准电压 $U_{23} = 1.25\ V$。试分析下列问题。

（1）当 $R_1 = 200\ \Omega$、$R_2 = 500\ \Omega$ 时，输出电压 U_o 为多少？

（2）若将 R_2 改为 $3\ k\Omega$ 的电位器，则输出电压 U_o 的可调范围为多少？

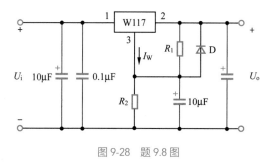

图 9-28 题 9.8 图

9.9 试分别给出图 9-29 所示各电路的输出电压表达式。

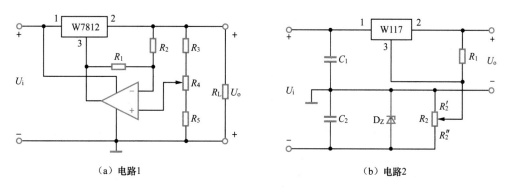

（a）电路1   （b）电路2

图 9-29 题 9.9 图

参考文献

[1] 童诗白，华成英．模拟电子技术基础 [M]．5 版．北京：高等教育出版社，2015．

[2] 华成英．模拟电子技术基础学习辅导与习题解答 [M]．北京：高等教育出版社，2015．

[3] 刘颖，霍炎，李赵红．模拟电子技术基础 [M]．北京：高等教育出版社，2021．

[4] 路勇．模拟集成电路基础 [M]．4 版．北京：中国铁道出版社，2022．

[5] 康华光，张林，陈大钦，等．电子技术基础：模拟部分 [M]．7 版．北京：高等教育出版社，2021．

[6] 霍炎，刘颖，白双，等．思政贯穿式模拟电子技术教学实践初探 [J]．电气电子教学学报，2023，45(1)：71-75．

[7] BOB DOBKIN，JIM WILLIAMS．模拟电路设计手册 [M]．张徐亮，朱万经，于永斌，译．北京：人民邮电出版社，2016．

[8] THOMAS L. FLOYD，DAVID M. BUCHLA．模拟电子技术基础：系统方法 [M]．朱杰，蒋乐天，译．北京：机械工业出版社，2015．

[9] 曾赟，曾令琴．模拟电子技术微课版教程 [M]．2 版．北京：人民邮电出版社，2022．

[10] DONALD A.NEAMEN．电子电路分析与设计：模拟电子技术 [M]．任艳频，张东辉，赵晓燕，译．4 版．北京：清华大学出版社，2021．

[11] 杨凌，阎石，高晖．模拟电子线路 [M]．2 版．北京：清华大学出版社，2019．

[12] 杨凌，李守亮，魏佳璇．模拟电子线路学习指导与习题详解 [M]．2 版．北京：清华大学出版社，2019．

[13] 郭业才，黄友锐，吴昭方，等．模拟电子技术 [M]．2 版．北京：清华大学出版社，2018．

[14] 张学亮，段争光，徐琬婷，等．模拟电子技术基础 [M]．北京：人民邮电出版社，2016．

[15] 刘颖．电子技术：模拟部分 [M]．2 版．北京：北京邮电大学出版社，2018．

[16] 史学军，陆峰，张宇飞，等．电路与模拟电子技术 [M]．北京：人民邮电出版社，2017．